蔬果切雕盘饰

动物造型详解

1500张步骤图清楚示范，你也能成为蔬果雕大师

海峡出版发行集团 THE STRAITS PUBLISHING & DISTRIBUTING GROUP | 福建科学技术出版社 FUJIAN SCIENCE & TECHNOLOGY PUBLISHING HOUSE

图书在版编目(CIP)数据

蔬果切雕盘饰动物造型详解 / 杨顺龙著 .—福州：福建科学技术出版社，2018. 1

ISBN 978-7-5335-5418-7

Ⅰ . ①蔬… Ⅱ . ①杨… Ⅲ . ①蔬菜－装饰雕塑②水果－装饰雕塑 Ⅳ . ① TS972.114

中国版本图书馆 CIP 数据核字（2017）第 226940 号

书　　名　**蔬果切雕盘饰动物造型详解**
著　　者　杨顺龙
出版发行　海峡出版发行集团
　　　　　　福建科学技术出版社
社　　址　福州市东水路76号（邮编350001）
网　　址　www.fjstp.com
经　　销　福建新华发行（集团）有限责任公司
印　　刷　福州德安彩色印刷有限公司
开　　本　787毫米×1092毫米　1/16
印　　张　12.75
图　　文　204码
版　　次　2018年1月第1版
印　　次　2018年1月第1次印刷
书　　号　ISBN 978-7-5335-5418-7
定　　价　65.00元

—作者序—

由初级果雕入门后，经基础扎实的刀功练习，读者们肯定对刀器具的使用、线修形状修饰，乃至成品的组装盘饰已有概念。并且能够经由简单的刀法运用及掌握食材本身特有的颜色、形状、质地等特点进行切雕成形，轻松完成作品并引发兴趣建立自信心，开启愉快的果雕学习大门。

“临摹”在果雕学习过程中是很重要的一环，起先借由模仿实物形体雕刻，进而建立了立体动物的形体概念，才能以形刻形。《蔬果切雕盘饰动物造型详解》是一本带领读者向前迈进学习的进阶书。以常见、可爱的小型立体动物，乃至较写实的中大型动物为题材。当了解外形、捕捉特征后，再配合专门绘制的“等分示意线条图”，借由详细的等分位置讲解及不同面向的部位图解，搭配示范照片操作，让读者能清楚地明白由哪里下刀，如此方能正确地学习并完成作品。

此书有多达1500张的步骤图，是市售果雕书中单一作品最多、示范照片最清楚的，从无到有，一步一步带领你学会果雕，改变你对果雕的刻板观念，提升果雕技法、观念及思维，加强第二专长。记住：创意无所不在，用心观察，你也是大师！

杨顺龙

2017.02.08

目录

第一章　蔬果切雕基础概念

第二章　切雕技法示范

白萝卜

第一章 蔬果切雕基础概念

基本必备刀器具

▶ 西式切刀
用于切割面积范围较小的素材，刀长 210mm。

▶ 中式片刀
用于切割面积范围较大的素材，刀长 210mm。

▶ 专业雕刻刀
将素材雕刻出形状或细部修饰时使用，刀长 100mm。

▶ 砧板
分为木质、塑料材质。木质砧板适合切雕蔬菜、生食；塑料砧板则适合切雕水果、熟食。

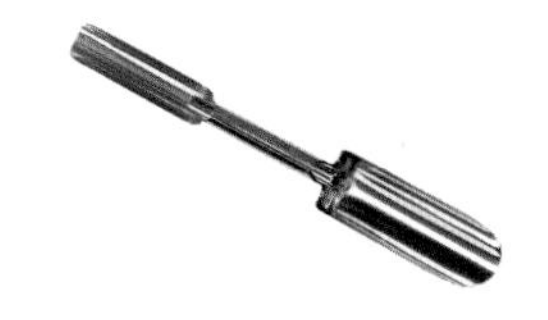

▶ 专业大圆槽刀
可将素材挖出较大圆孔，或是处理弧度造型，刀长 220mm。

▶ 专业中圆槽刀
可将素材挖出中等圆孔，或是处理弧度造型，刀长 220mm。

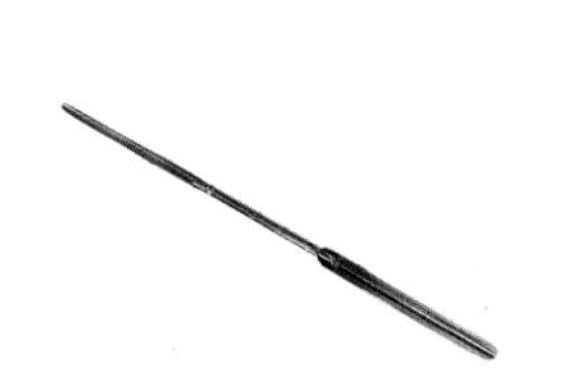

▶ 专业小圆槽刀
可将素材挖出小圆孔，或是处理弧度造型，刀长 220mm。

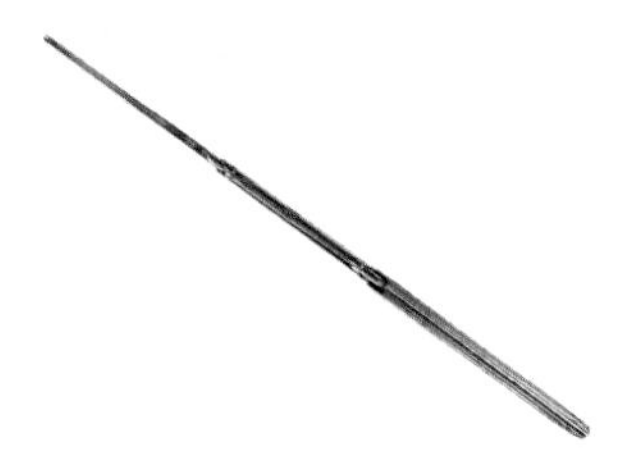

▶ 专业特小圆槽刀
可将素材挖出较小圆孔，或是处理弧度造型，刀长 220mm。

▶ 专业V形槽刀
此 V 形刀口可以将素材刻出 V 形缺口或是线条，刀长 220mm。

备注：大圆、中圆、小圆、特小圆槽刀，又称为U形槽刀。

刀具研磨示范

（一）直式研磨法

中式片刀

01 中式片刀研磨正视图

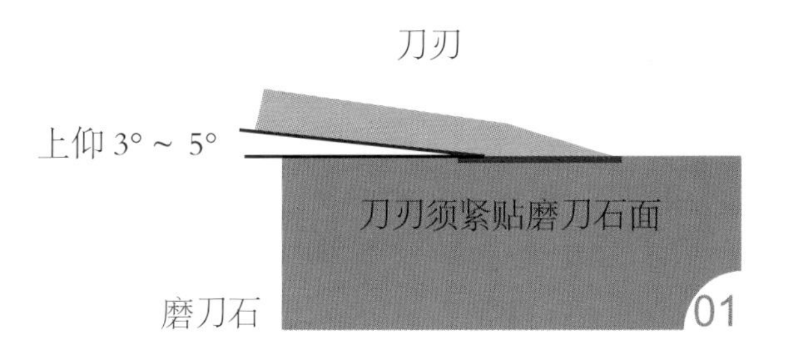

02

03

04

把片刀平放于磨刀石，刀身往上仰 3° ~ 5° ，使刀刃紧贴磨刀石面（01），左手平均施力压于刀面（02），用前推后拉的方式来回研磨，向前推时使力、往后拉时不需用力（03）。右侧刀刃磨好时，再反面研磨左侧刀刃（04），两侧刀刃须反复交叉研磨，用力匀称，才能磨出锋利的刀刃。

小贴士：研磨时，磨刀石下方须垫湿布或将其置于专用木板架上，以防滑动。双脚微张与肩同宽，上身保持端正，目视刀面，双手平均施力，规律研磨。磨好刀时，如欲试刀的锋利度，可用蔬果食材试切。

西式切刀

把切刀平放于磨刀石上，刀身往上仰3°～5°，使刀刃紧贴磨刀石面（01），左手平均施力压于刀面（05），用前推后拉方式来回研磨，向前推时使力、往后拉时不须用力（06）。右侧刀刃磨好时，再反面研磨左侧刀刃（07），两侧刀刃须反复交叉研磨，使受力匀称，才能磨出锋利的刀刃。

05

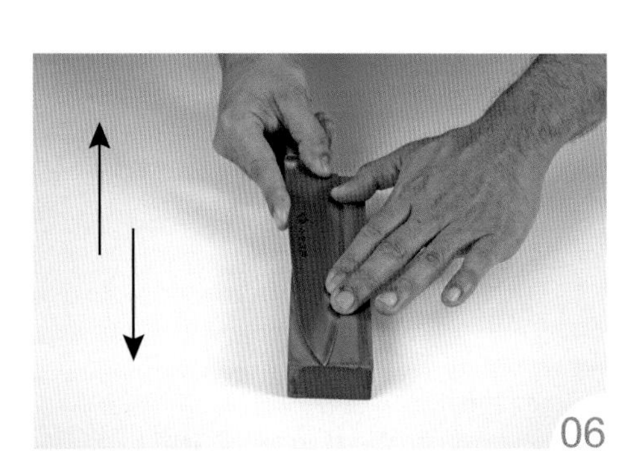

06

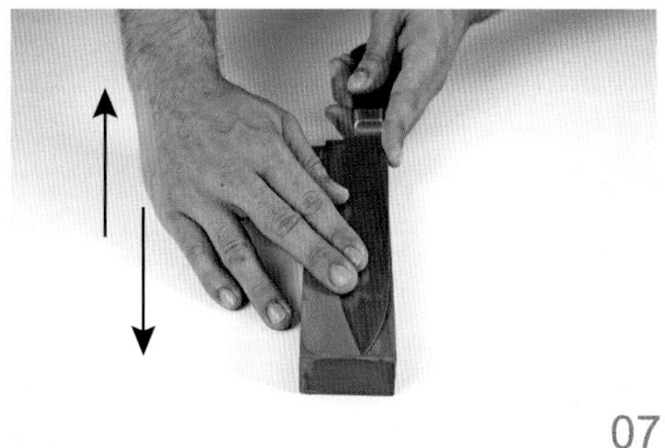

07

雕刻刀

研磨方式与西式切刀相同，皆采用直式研磨法，可将雕刻刀放在磨刀石的侧边研磨（08），或者放在磨刀石底侧研磨（09），右侧刀刃磨好时，再反面研磨左侧刀刃（10）。

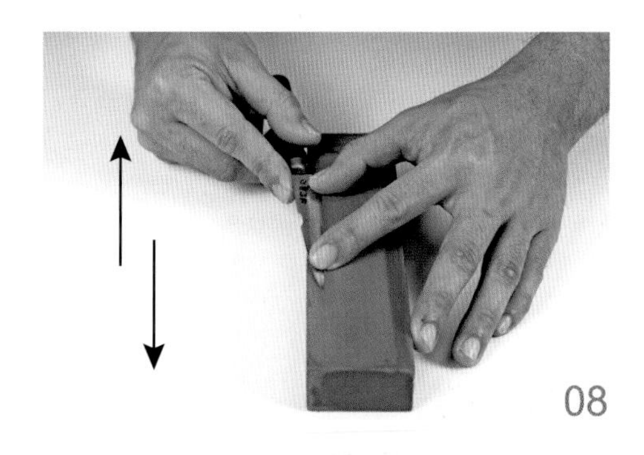

08

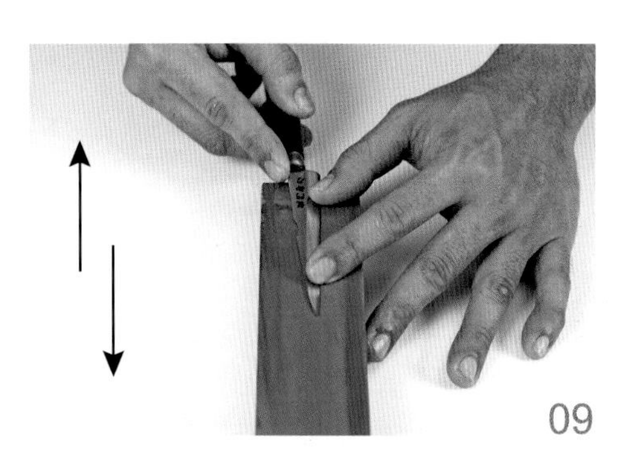

09

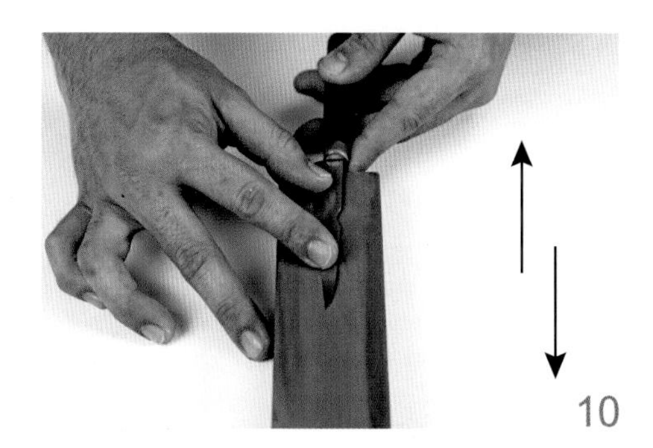

10

> 小贴士：由于雕刻刀的刀面较窄，研磨时，大拇指（或中指）和食指施力于刀面上，须特别注意手指压刀的位置，不可以太靠近刀刃，否则会容易割伤手指。

（二）横式研磨法

中式片刀

11 中式片刀研磨侧视图

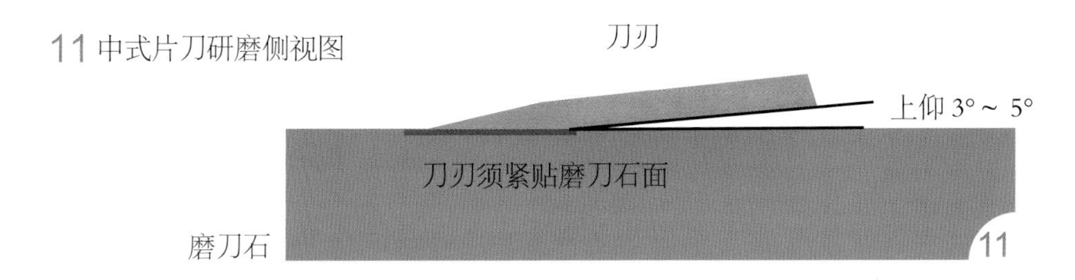

把片刀横放于磨刀石，刀身往上仰 3°～ 5° ，使刀刃紧贴磨刀石面（11），左右手平均施力压于刀面，用前推后拉、左右移动方式来回研磨（12）。向前推时使力、往后拉时不须用力，在前后研磨时，同时向左往刀后跟移动；磨至刀后跟时，再向右移动至刀尖，使整段刀刃都有磨到（14），如此来回反复研磨。内侧刀刃磨好时，再反面研磨外侧刀刃（13），两侧刀刃须反复交叉研磨，使受力匀称，才能磨出锋利的刀刃。

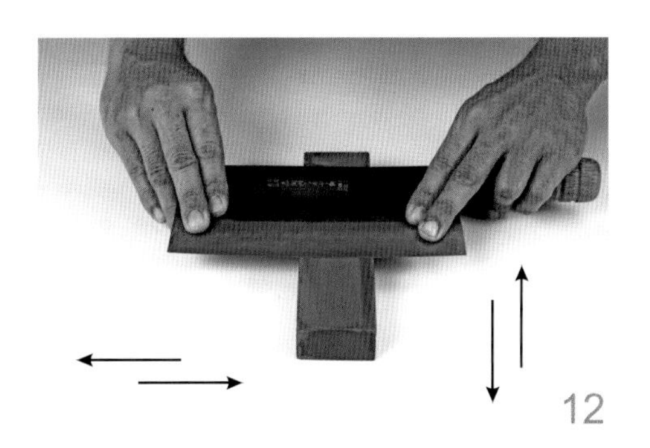

· 刀具的各部名称

14 其他各类刀具的部位名称，皆相同定义。

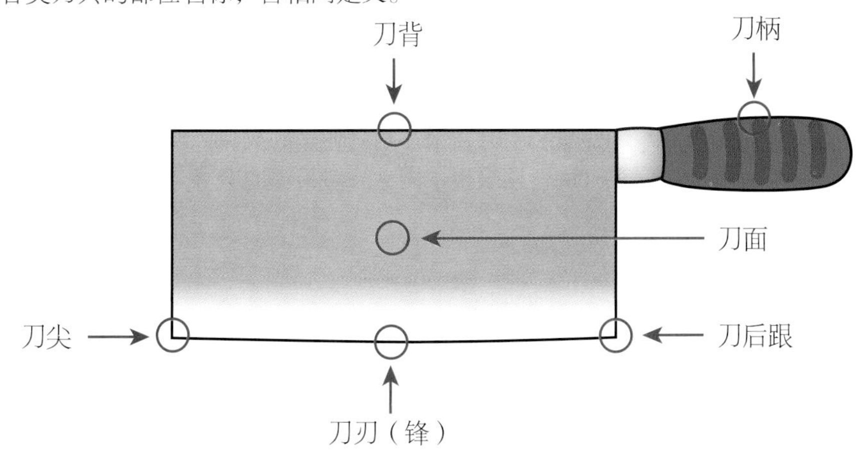

刀器具保养

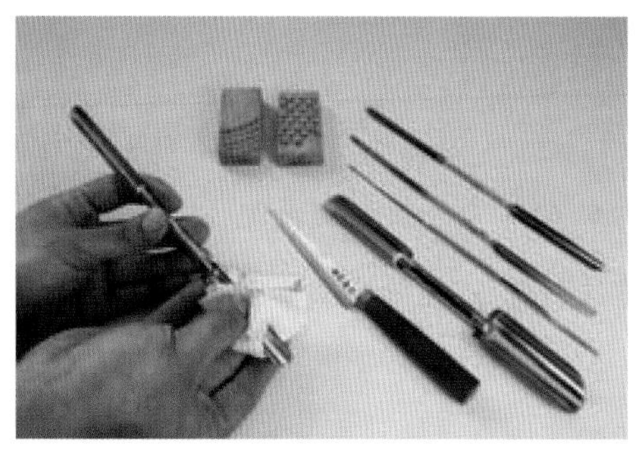

雕刻刀器具使用完毕时，可用干布或餐巾纸擦拭干净，不可残留水分、果屑，保持干燥，以免生锈。

雕刻刀、槽刀使用时，应避免掉落或刀尖直接碰触桌面，导致刀尖刃损坏，而影响操作。

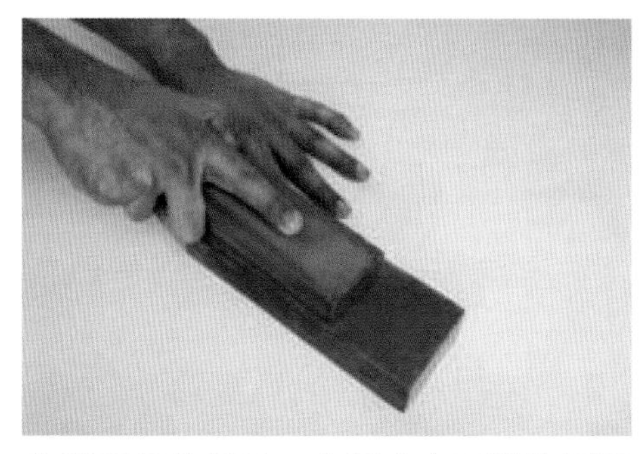

磨刀石经使用后，会形成表面凹陷不平的磨痕，可用更粗的磨刀石将它表面磨平，方便其他刀具的研磨并延长磨刀石寿命。

小贴士：雕刻刀、槽刀如不慎掉落，导致刀口损坏，可用砂轮机研磨修复，但须由专业人员操作。

果雕作品保存方法

完成精心雕琢的果雕作品后，需了解素材的质地特性及正确的保存方法，才能保持素材的鲜度、色泽，延长作品的生命周期及雕制工时，增加重复使用的次数，以达最高的经济效益。因雕刻素材的种类不同，所以保存方法、期限也不同，一般果雕的保存方法可分为：湿裹冷藏、泡水冷藏。

（一）湿裹冷藏（干冰法）

适用素材

水果类、瓜果类、蔬菜类、果雕半成品（在雕制期间，如因时间关系须暂时中断雕刻，为防止作品表面失水、质地软化，可用“干冰法”保存。如长时间中断雕刻，则需以“湿冰法”保存）。

使用方法

把果雕作品先浸泡于清水中 5 ~ 10 分钟，再放入已铺好湿布的保鲜盒中（01），盖上湿布（湿纸巾）包裹（02），再用水枪将其喷湿（03），盖上盒盖放入冰箱冷藏即可（04）。

01

02

03

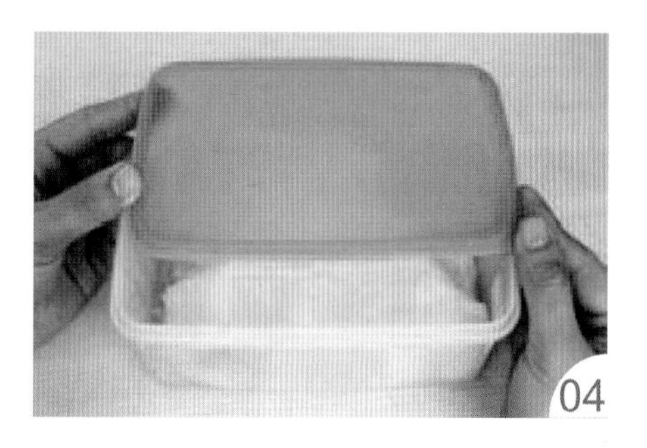

04

小贴士：1. 切雕后素材颜色会褐变的蔬果类，如苹果、茄子等，可先浸泡于盐水或酸性水（加入少许柠檬汁或白醋）中 3 ~ 5 分钟，可延缓褐变的时间。

2. 如雕刻作品须以泡水后才会呈现卷曲外翻的形变，当达到预期的形状效果时，即须取出并以“干冰法”保存，以防过度变形。

（二）泡水冷藏（湿冰法）

适用素材

根茎类常用的保存方法。

使用方法

1. 将容器装水，水的高度以能全部浸泡果雕作品为宜，再把果雕作品放入水中，加盖或封保鲜膜后再放至冰箱冷藏即可（05）。此法适用所有根茎类作品的保存。
2. 保存期间每隔 7 ~ 10 天更换一次水，才可延长保存期限。

05

小贴士：换水时，须在新调制好的水中加入冰块，让旧水与新水的温度一致，因作品会热胀冷缩，所以要以冰换冰，对果雕作品的保存会比较好。

第二章　切雕技法示范

白萝卜

运用白萝卜雕刻出姿态优雅的白鹅、白鹤、白鹭鸶，

还有惹人喜爱的小白兔，

并以各式蔬果组合作为装饰。

白鹅直飞

▶材　料

白萝卜 1 条、红萝卜 1 段、干辣椒梗 1 个

▶工　具

西式切刀、雕刻刀、大圆槽刀、小圆槽刀、水性画笔、三秒胶、牙签、剪刀

▶取材比例

高：长：宽 = 1 ：3 ：$1\frac{1}{3}$，假设高度 1 是 3 厘米，那长度 3 就是 9 厘米，宽度$1\frac{1}{3}$就是 4 厘米

※ 长脖子动物雕刻的特征重点是：由俯视或侧视看，脖子中间段须为最瘦处

· 示意图

A. 侧视图

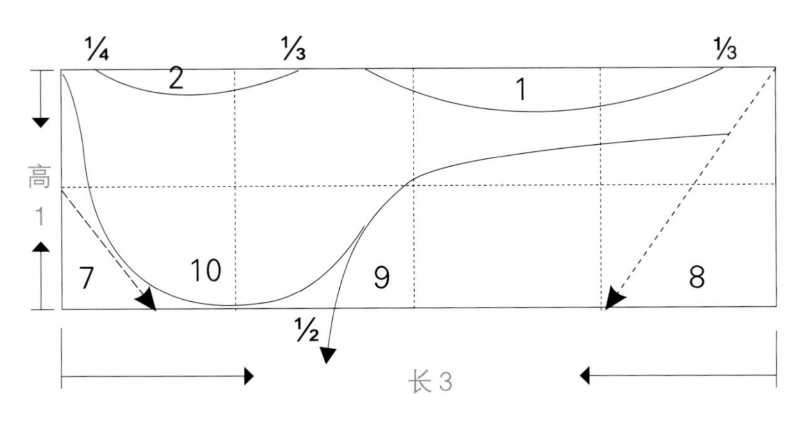

B. 俯视图

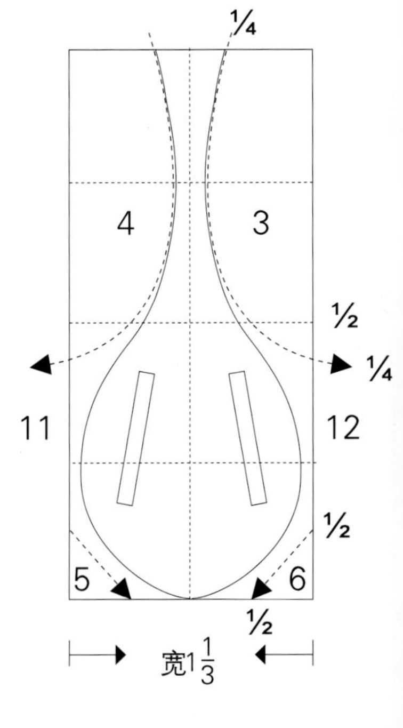

C. 嘴形

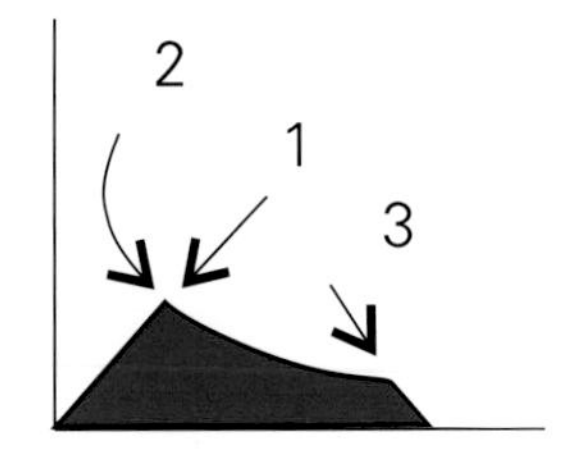

D. 翅膀

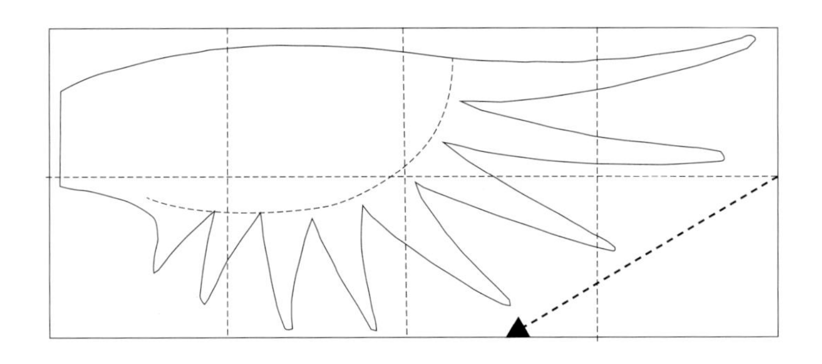

· 作法

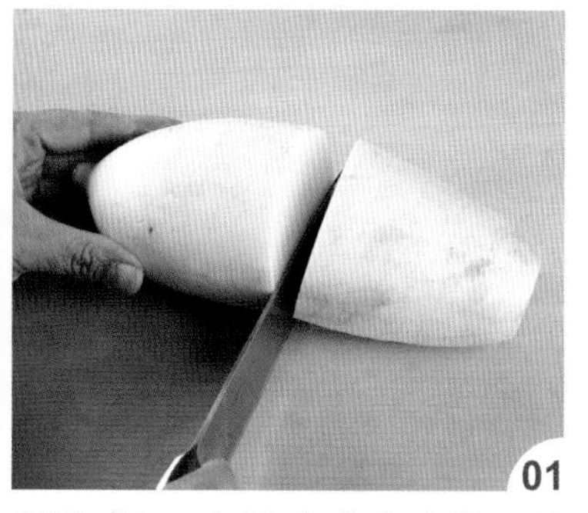

用西式切刀切取白萝卜头段，长 9 ~ 10 厘米。

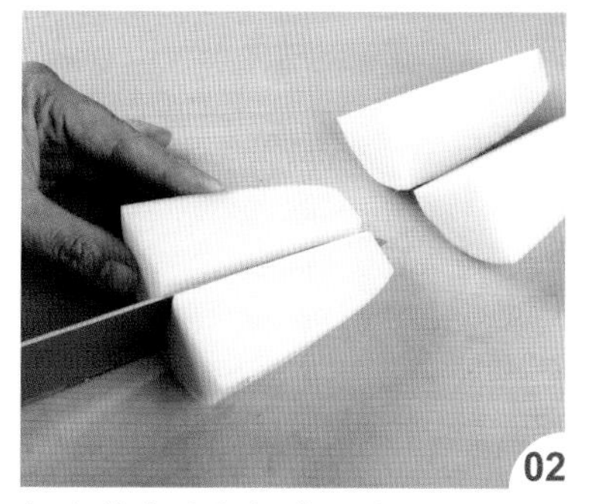

把白萝卜头段切成 4 等分。

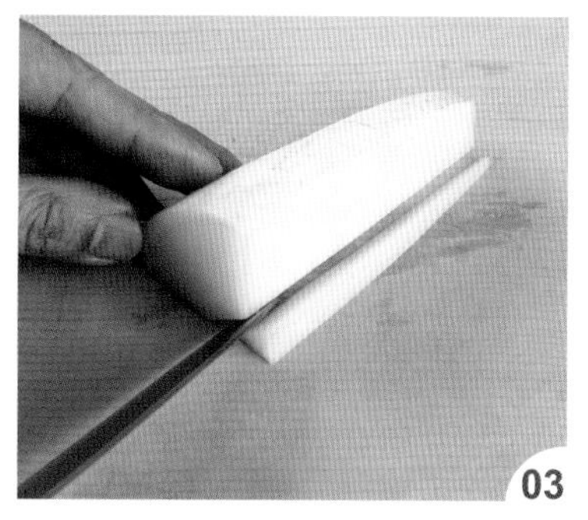

取一等分侧边平放后，再把尖角部分切除，此时的高度假设为基数 1。

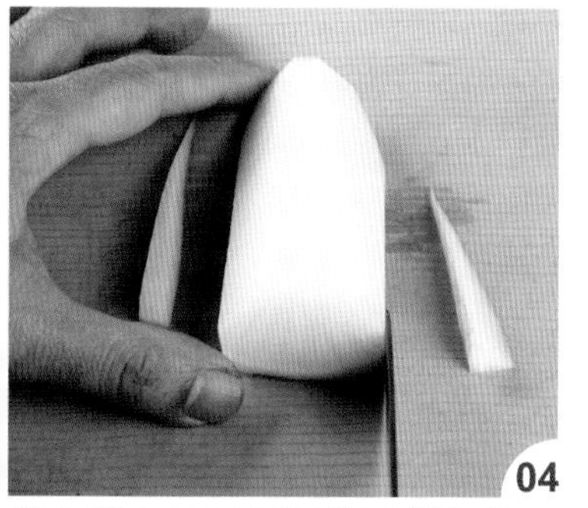

把白萝卜放正后再将两侧切除，参考示意图，此时的宽度须为作法 03 中高度的$1\frac{1}{3}$倍。

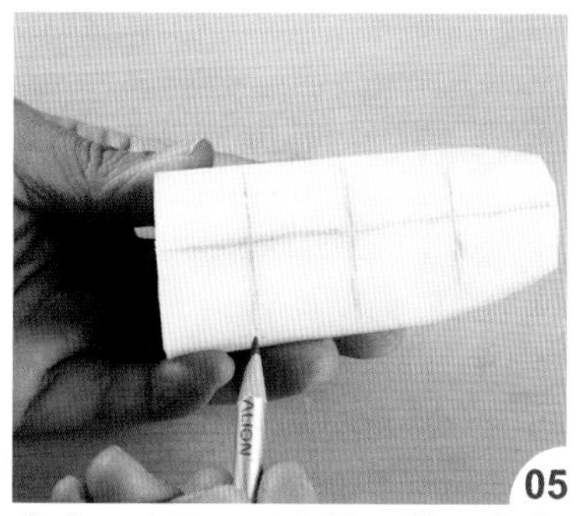

参考示意图，用水性画笔于白萝卜上画出等分线。

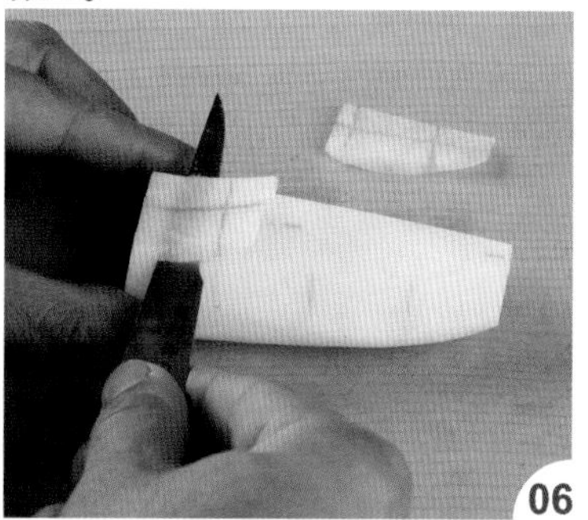

用雕刻刀将白鹅的脖子及背部弧度切出（侧视图 A1、A2）。

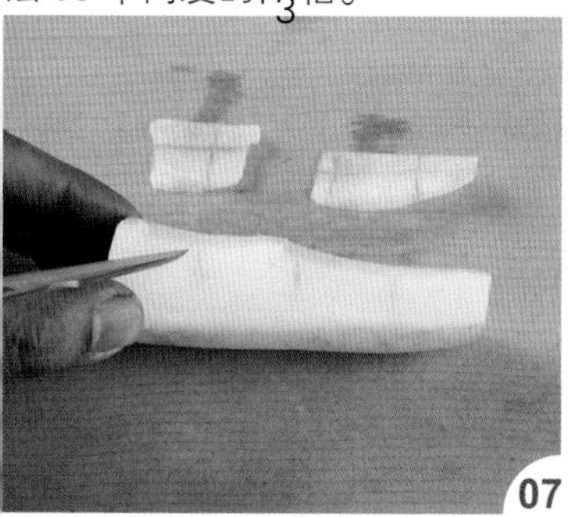

如图修出弧度。

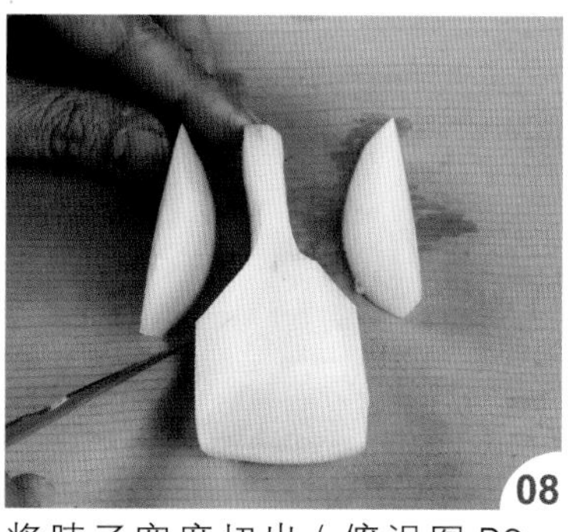

将脖子宽度切出（俯视图 B3、B4）。

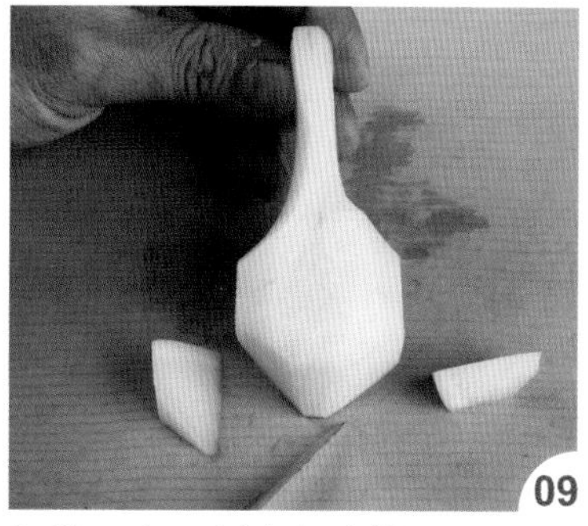

切除下方两侧边角（俯视图 B5、B6）。

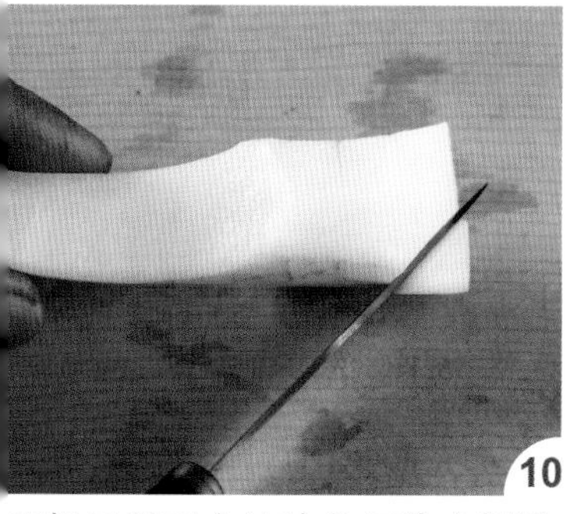

再把屁股下方的边角切除（侧视图 A7）。

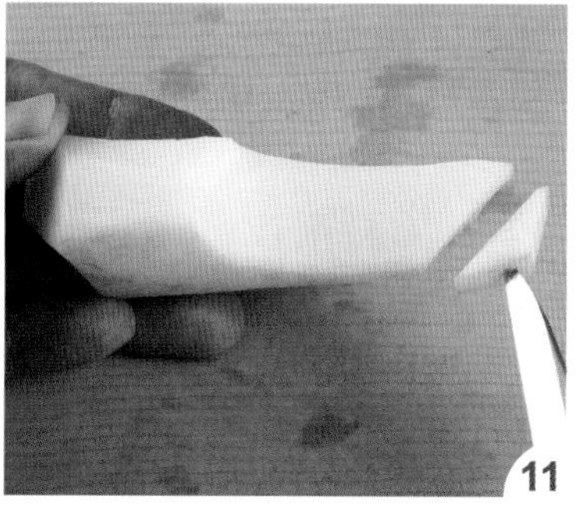

把头部斜角切出（侧视图 A8）。

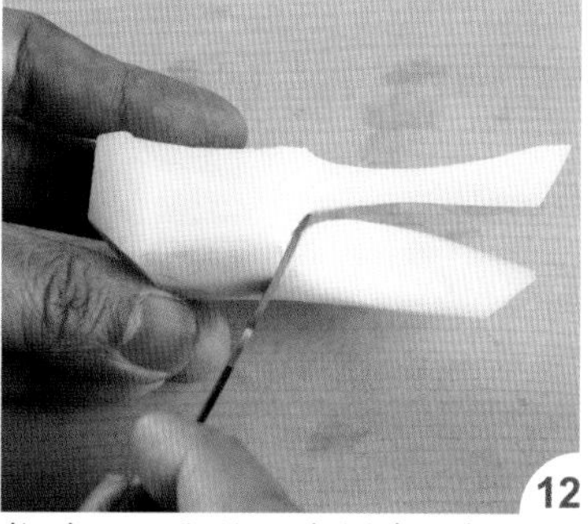

将脖子下方的弧度刻出（侧视图 A9）。

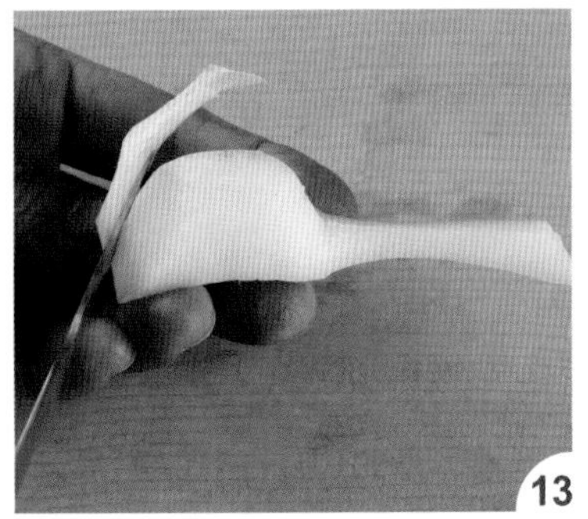

把作法 10 中的腹尾部线条刻出（侧视图 A10）。

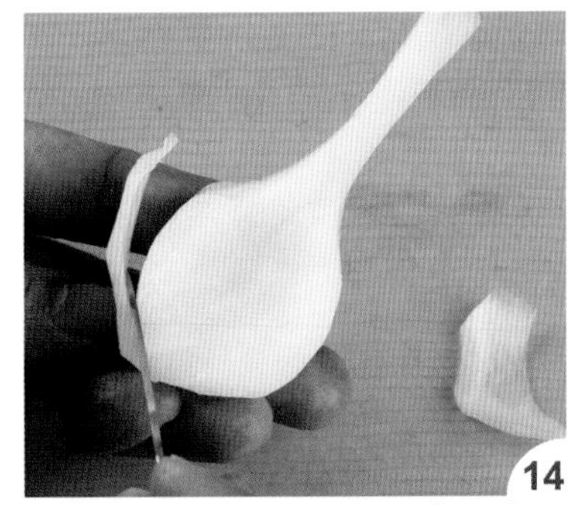

再将身体两侧的弧度切成如鸡蛋形（俯视图 B11、B12），大致完成身体的雏形。

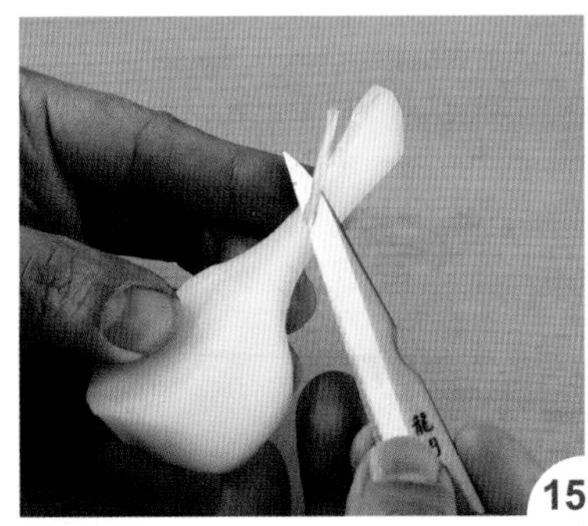

接着进行脖子四刀的切除步骤，先把右上边角修除。

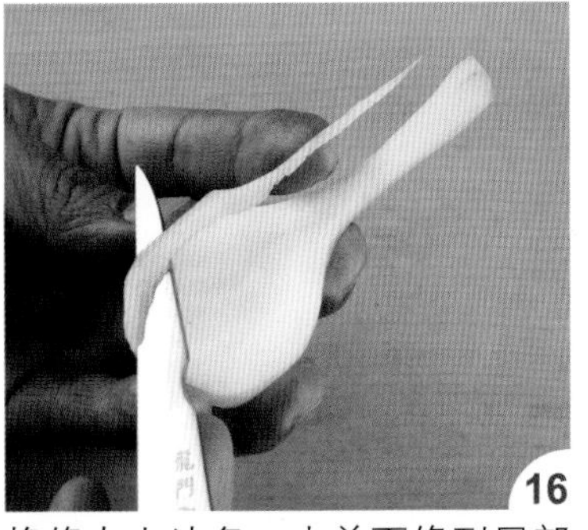

换修左上边角，由前面修到尾部中间。

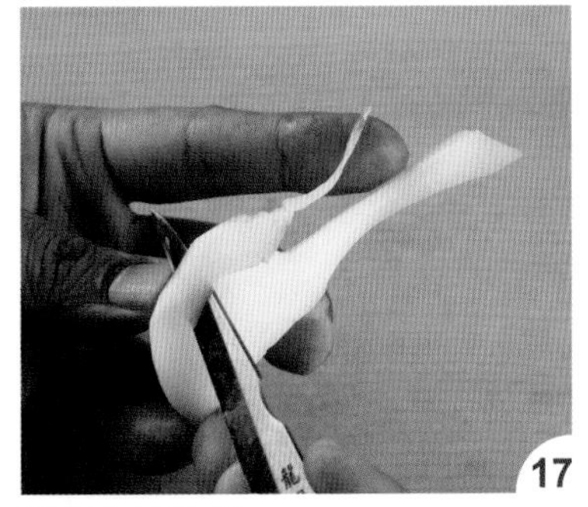

再切左下边角。

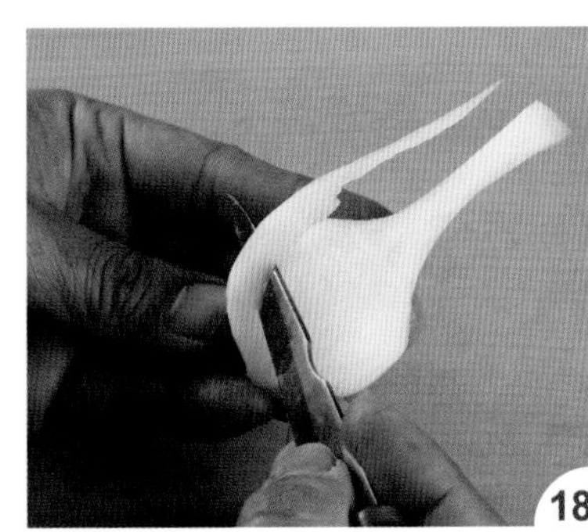

最后再把右下边角切除。

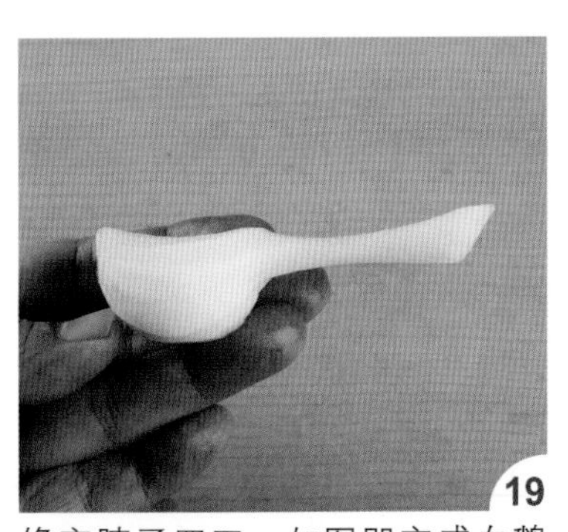

修完脖子四刀，如图即完成白鹅身体的雕刻。

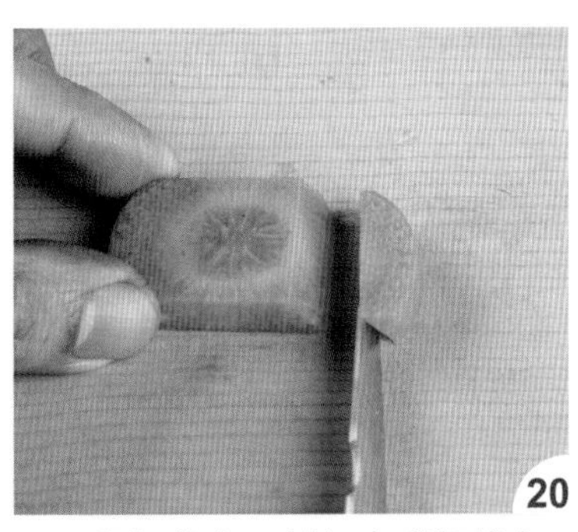

取一段红萝卜，斜切出嘴部线条（嘴形图 C1）。

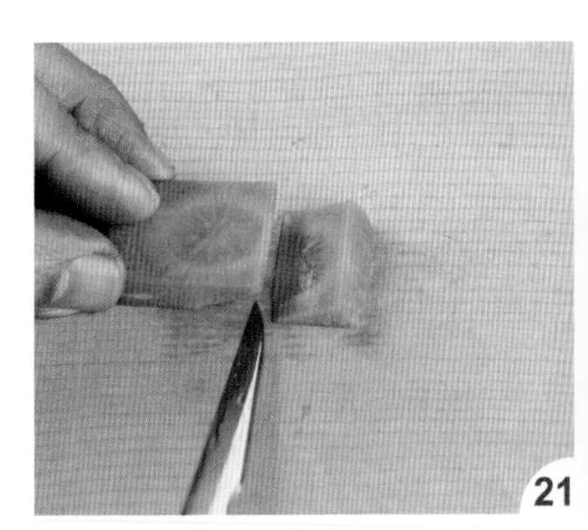

再切出弧度（嘴形图 C2）。

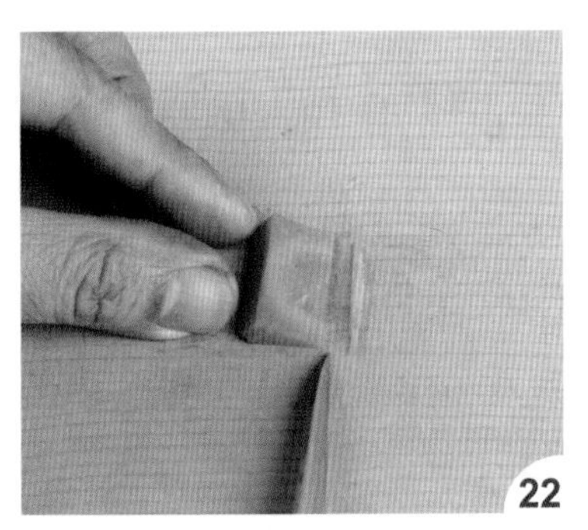

最后切出斜角（嘴形图 C3）。

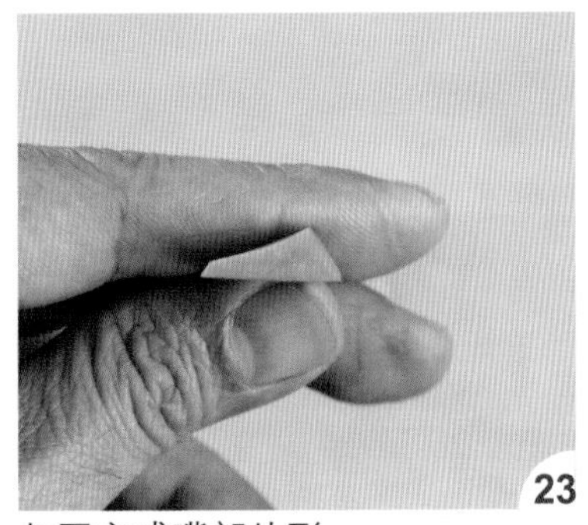

如图完成嘴部外形。

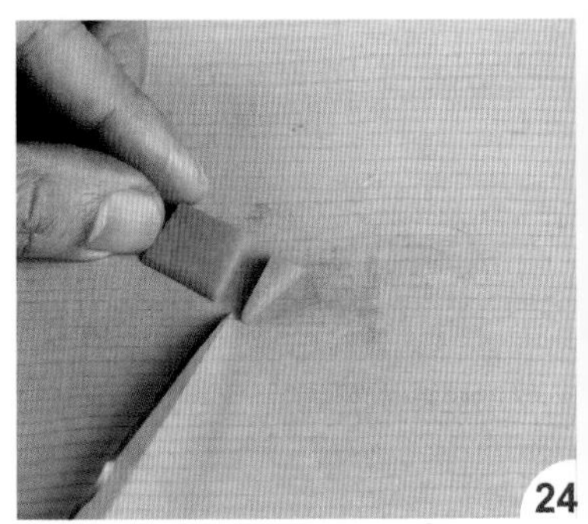

再切出嘴部宽度，前窄后宽。

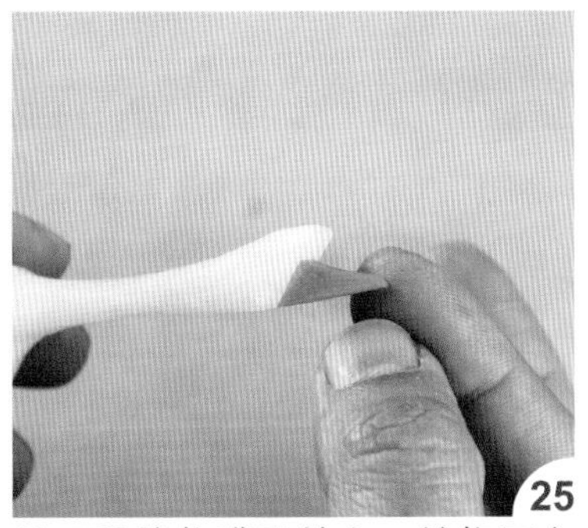

用三秒胶将嘴巴粘上，并将下方对齐脖子，让额头突出。

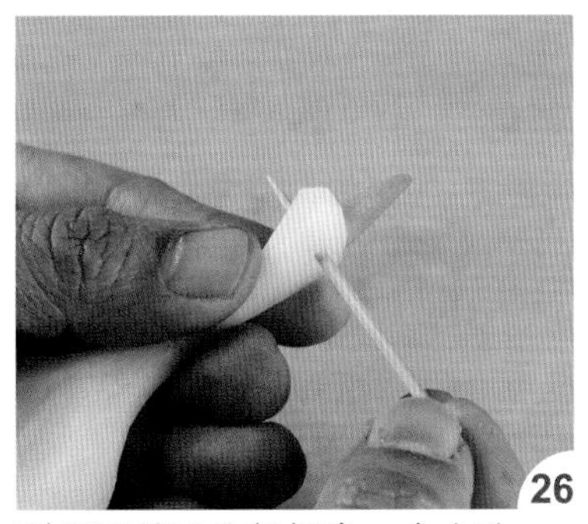

利用牙签于头部插出一个小孔。

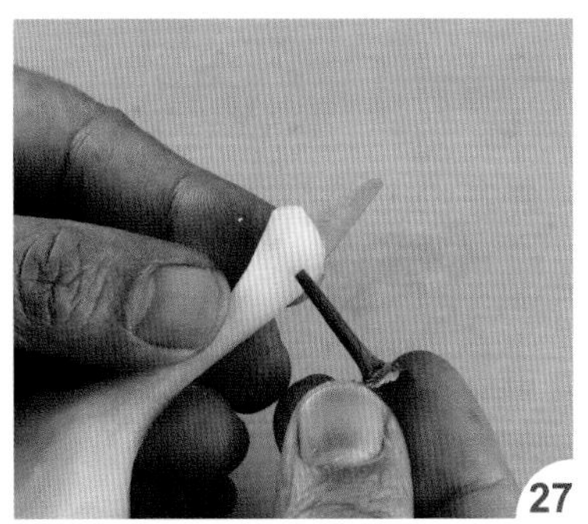

把干辣椒梗插入。

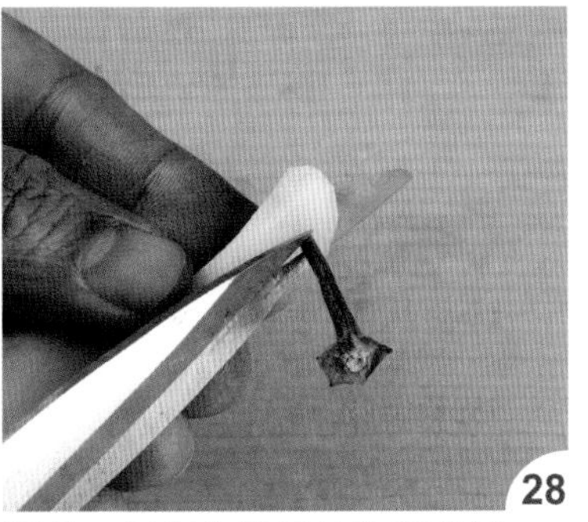

用剪刀把多余的干辣椒梗剪掉。

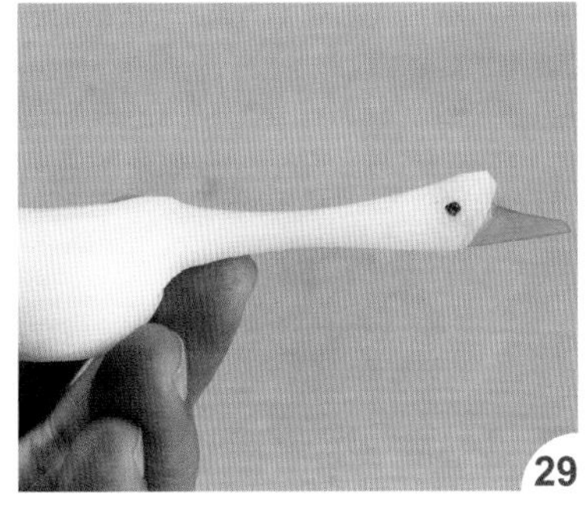

如图完成眼睛部分。

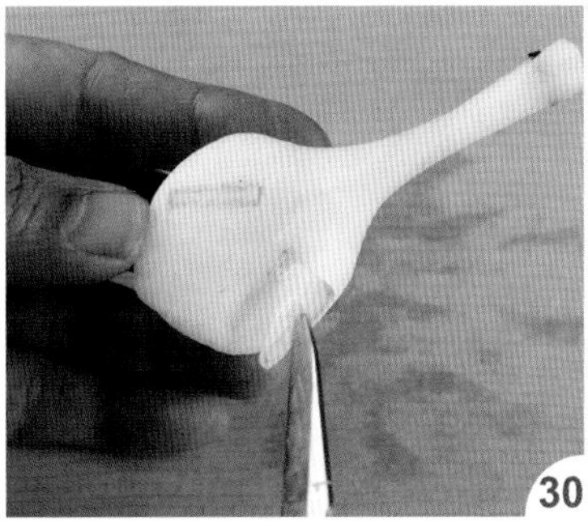

在白鹅背部画出俯视图上的八字形，并用雕刻刀刻出右侧凹槽。

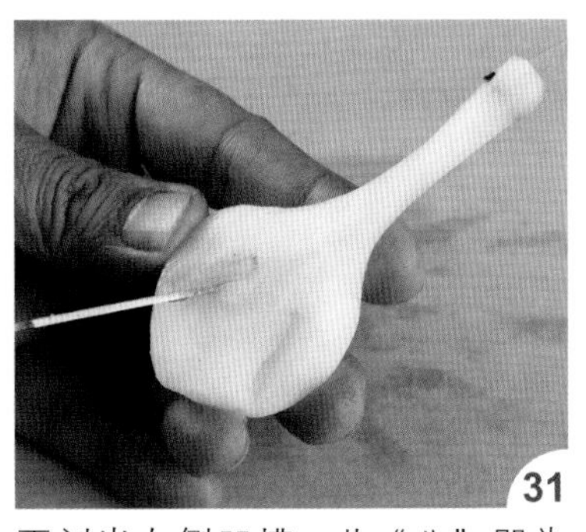

再刻出左侧凹槽，此“八”即为装翅膀的插槽。

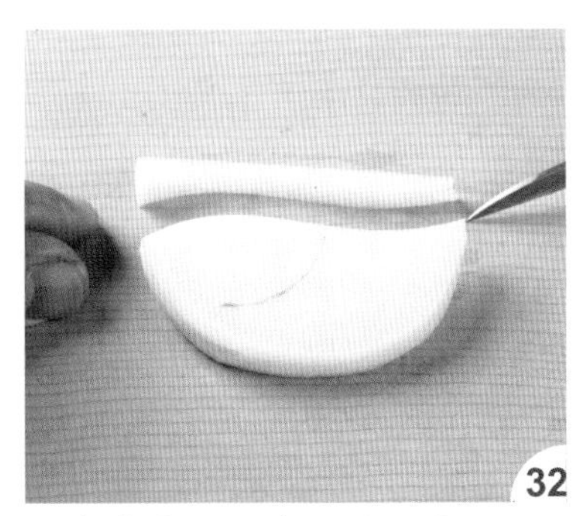

取白萝卜，切出两片厚度 0.3 ~ 0.4 厘米的半圆形并叠在一起，以雕刻刀切出翅膀图上方的弧度。

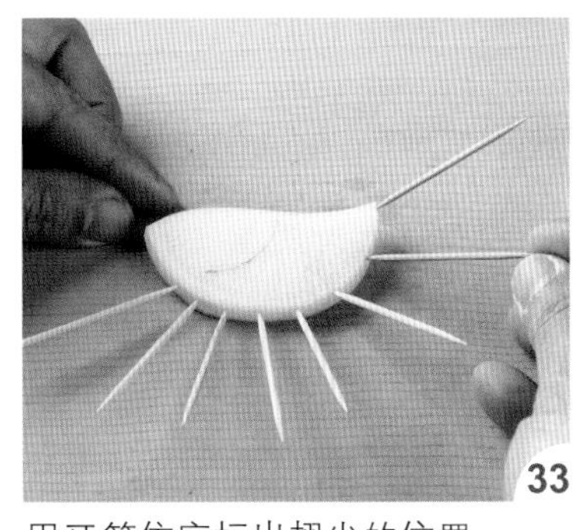

用牙签依序标出翅尖的位置。

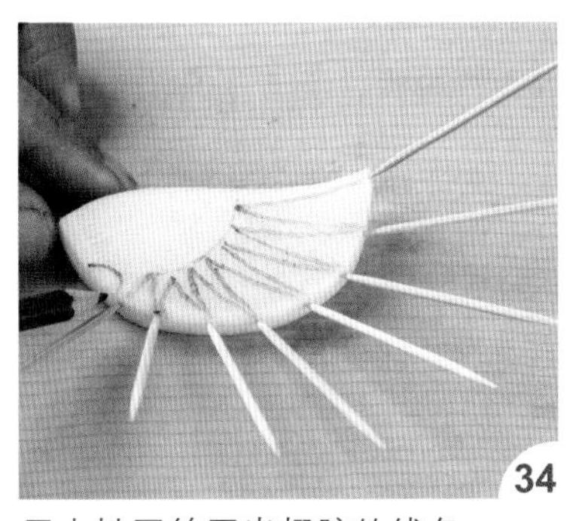

用水性画笔画出翅膀的线条。

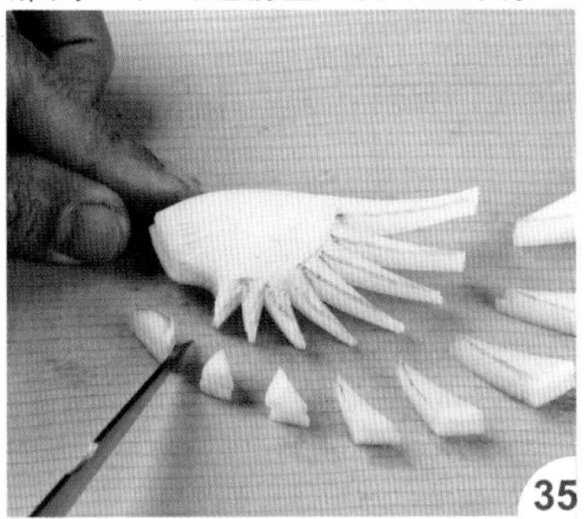

依线条刻出翅膀形状。

如图完成翅膀的雕刻。

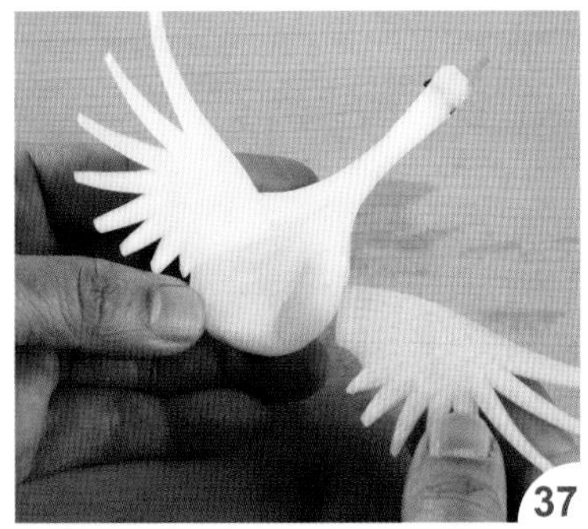

把翅膀插入背部凹槽内固定。

如图完成翅膀。

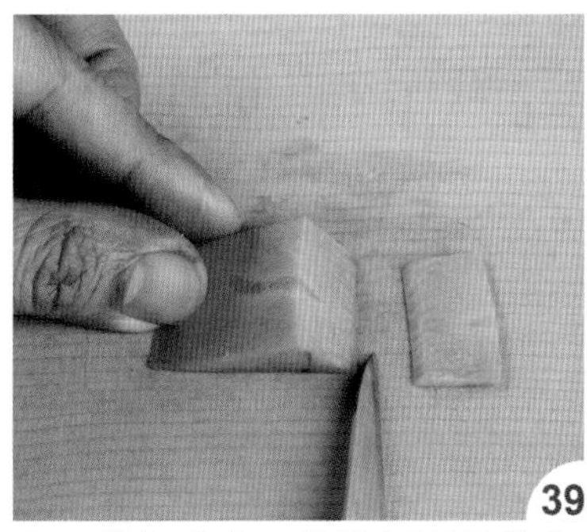

取一段红萝卜，依脚部图的线条切出斜面。

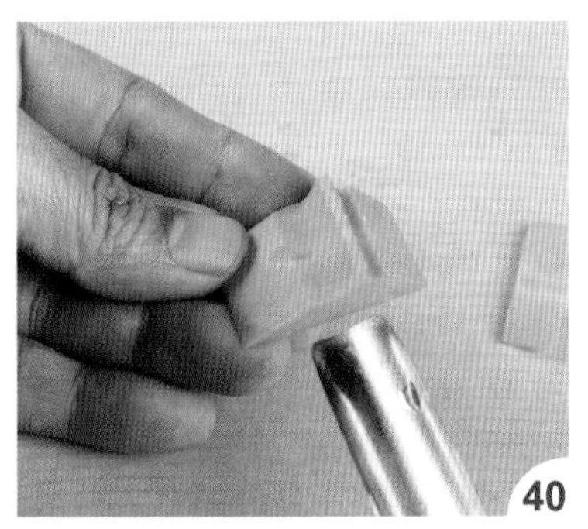

用大圆槽刀刻出脚部弧度。

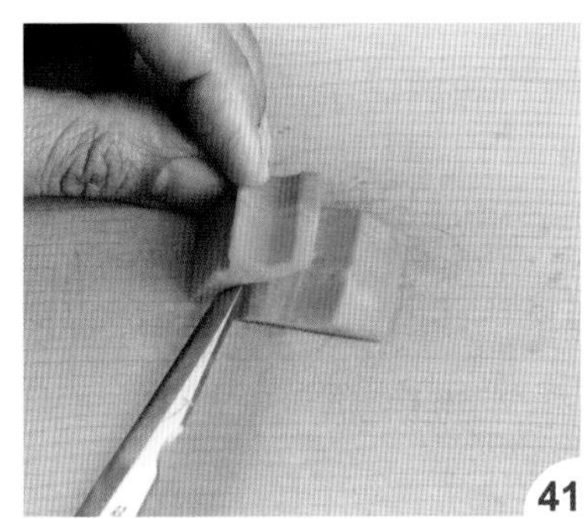

再把外形切出。

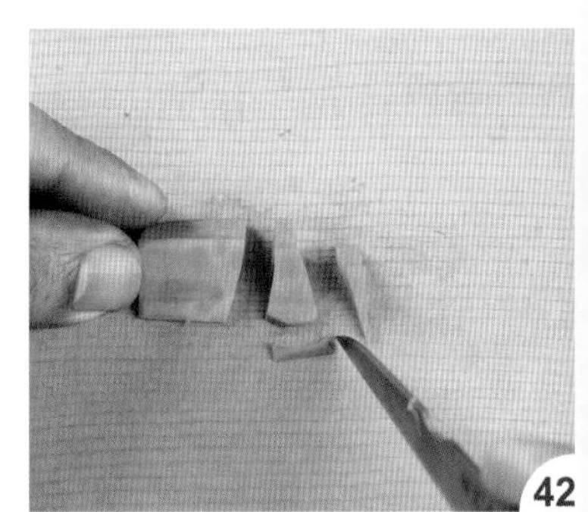

接着切出脚的宽度，上窄下宽。

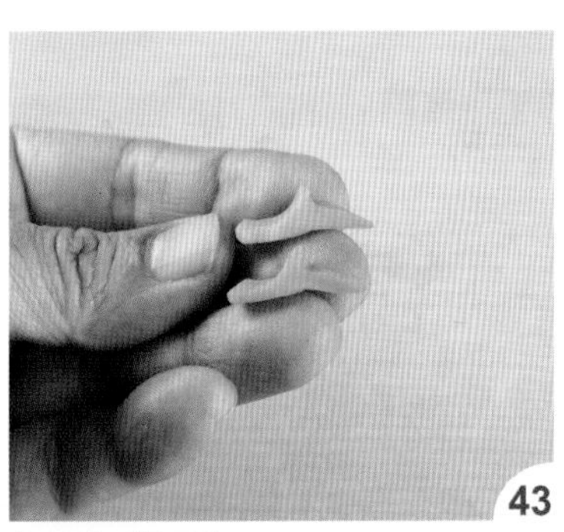

如图切出两脚。

用小圆槽刀在腹部尾端两侧挖出两个小圆孔。

再把鹅脚装上（可沾三秒胶后再粘上）。

将另一只鹅脚也装上。

如图完成作品。

白鹅觅食

▶材　料

白萝卜 1 条、红萝卜 1 段、干辣椒梗 1 个

▶工　具

西式切刀、雕刻刀、中圆槽刀、大圆槽刀、水性画笔、三秒胶、牙签、剪刀

▶取材比例

宽为直径的 $\frac{1}{3}$，假设直径是 9 厘米，那宽度就是 3 厘米

※ 脖子四刀的切除顺序是可以变更的，没有固定的顺序

· 示意图

A. 俯视图

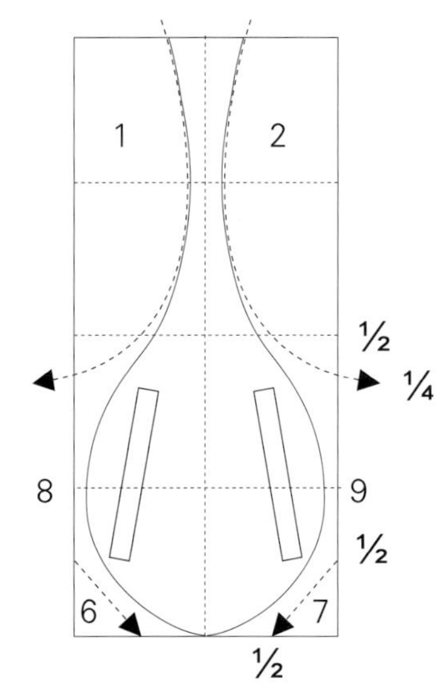

B. 侧视图

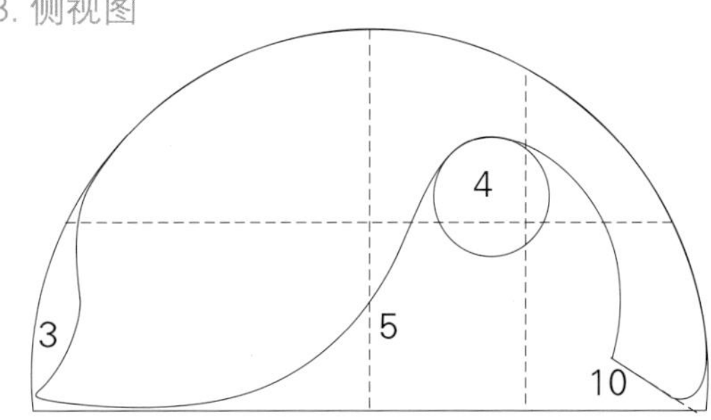

C. 嘴形

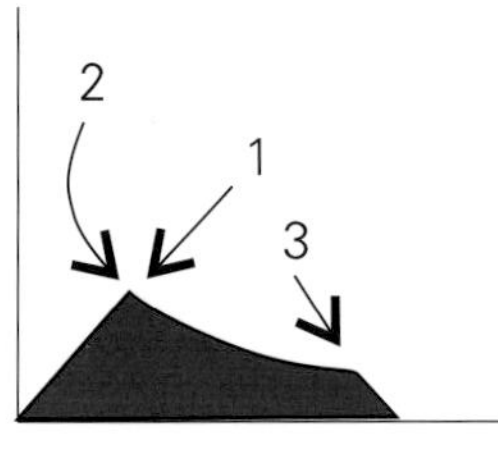

D. 翅膀

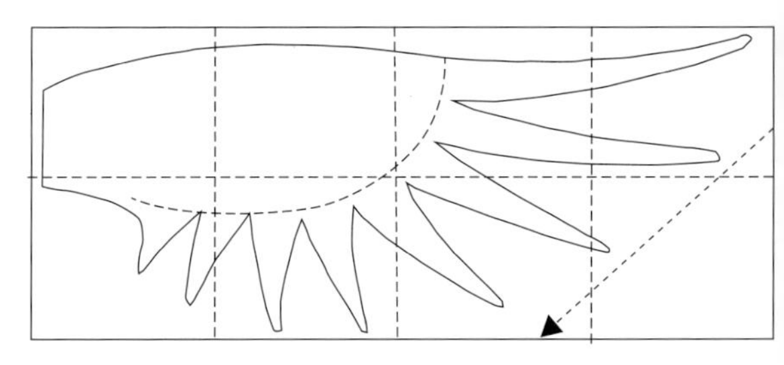

· 作法

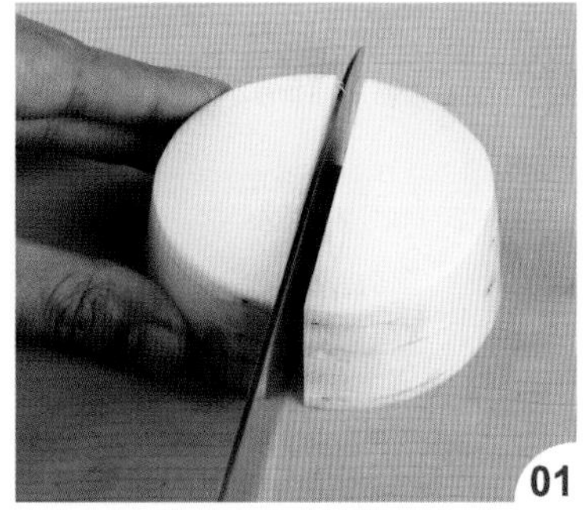

白萝卜依取材比例切段后再对半切开，取半圆来雕刻白鹅的身体。

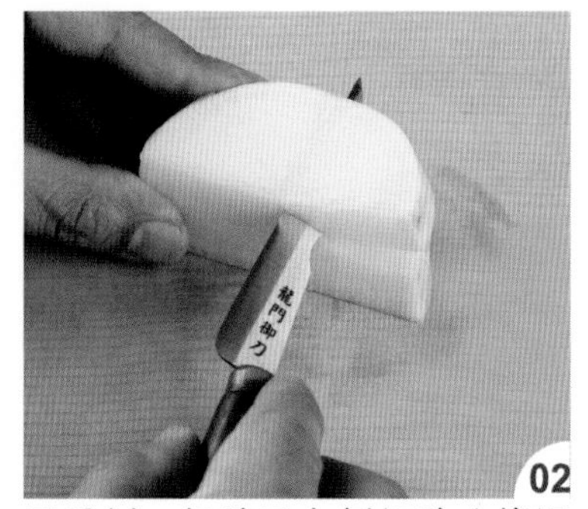

用雕刻刀把脖子左侧切除（俯视图 A1）。

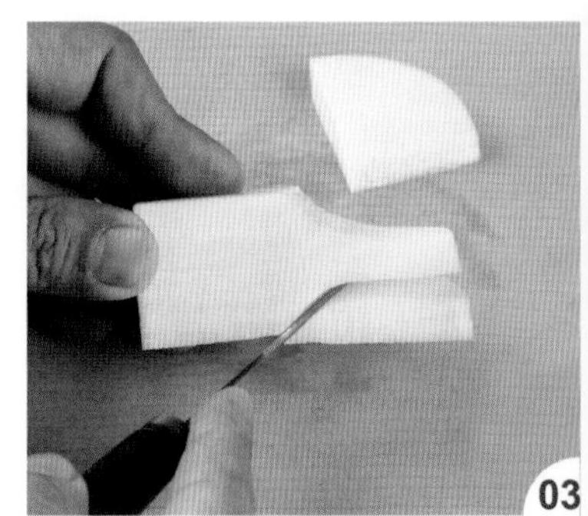

再将脖子右侧也切除（俯视图 A2）。

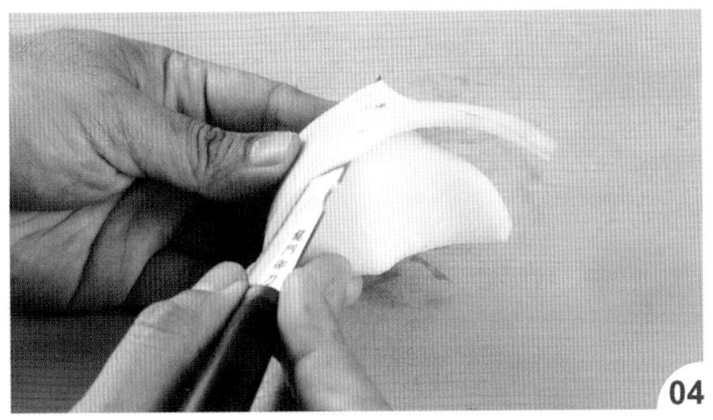

反转白萝卜片除表皮。

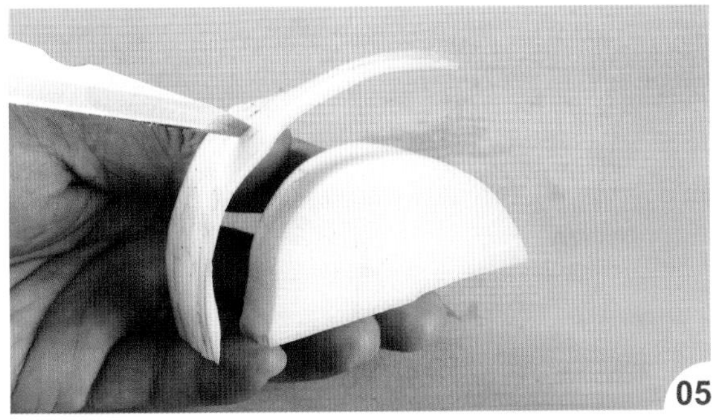

切至尾巴，并把尾部弧度也修出（侧视图 B3）。

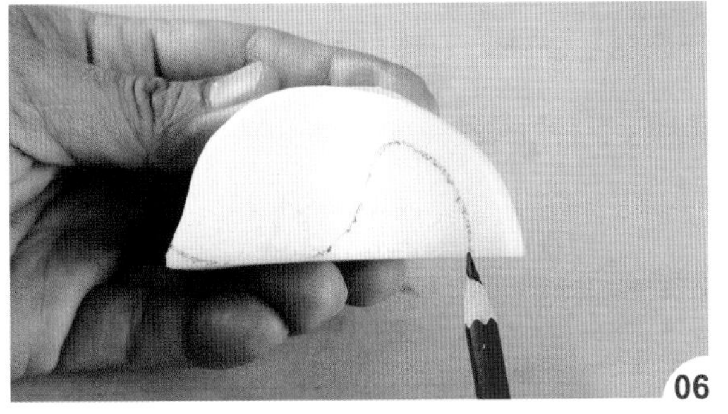

依侧视图的位置，用水性画笔把脖子及腹部线条画出。

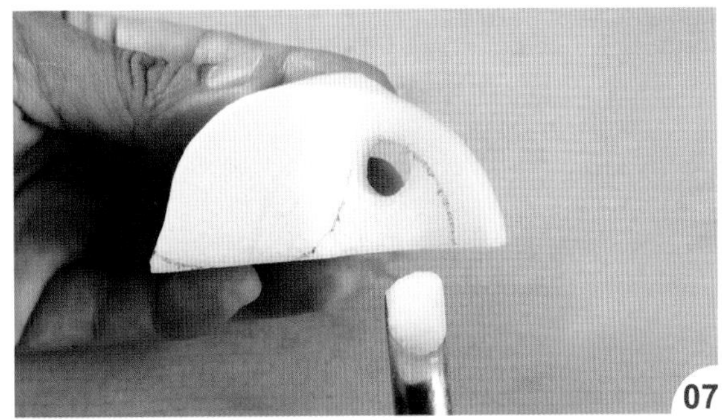

用中圆槽刀在转弯处挖出圆洞（侧视图 B4）。

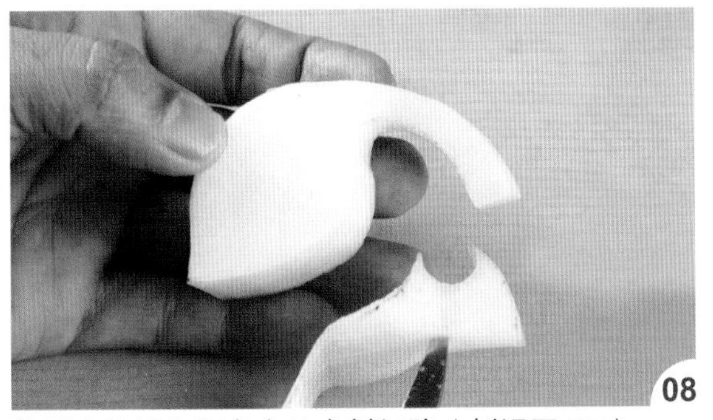

依画出的线条把多余的废料切除（侧视图 B5）。

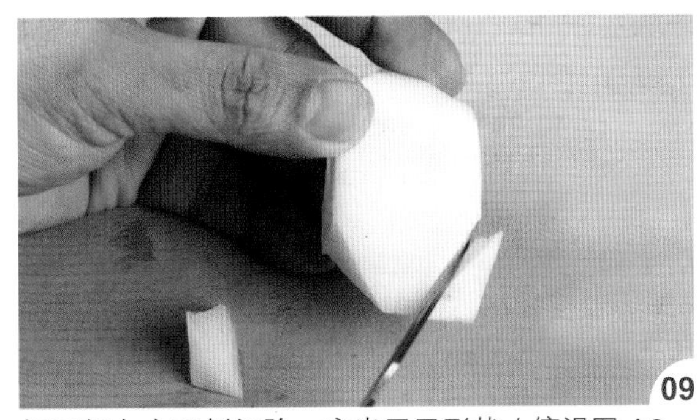

把尾部左右两侧切除，定出尾巴形状（俯视图 A6、A7）。

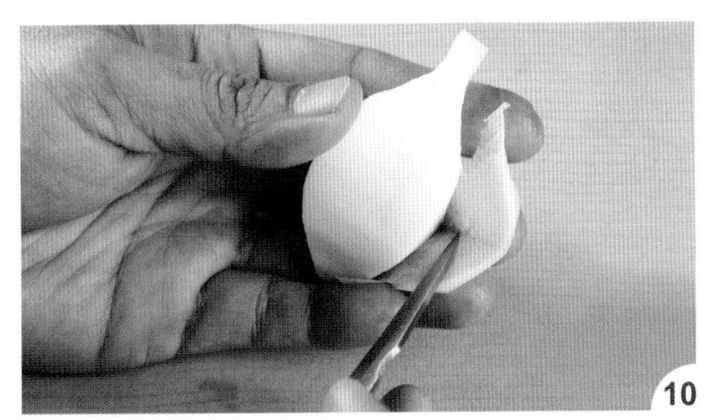

再修出身体右侧的弧度（俯视图 A9）。

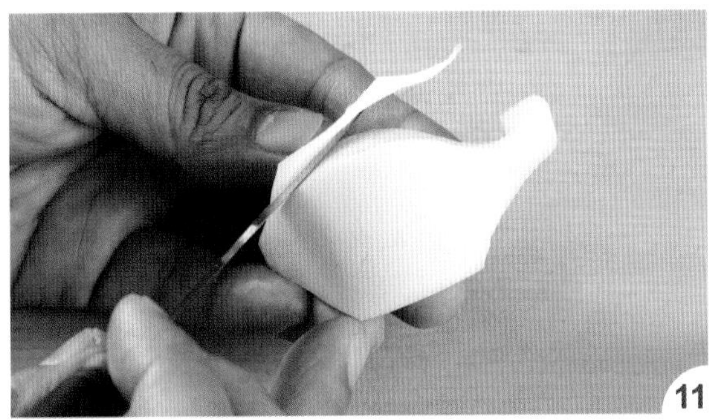

把身体左侧的弧度修出（俯视图 A8）。

把头部的斜度切出（侧视图 B10）。

接着进行脖子四刀的切除，先把右上边角修除。

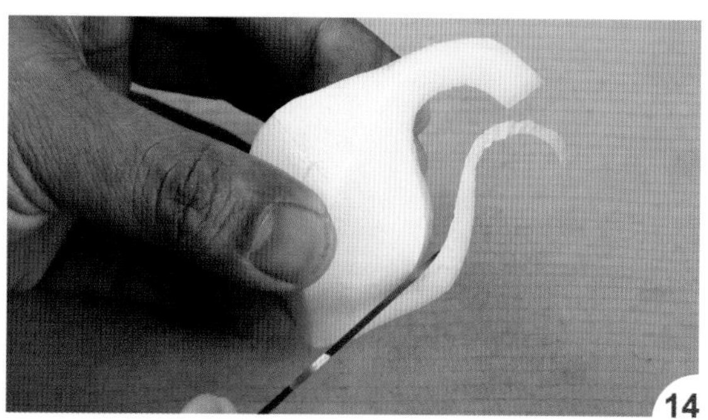

换修左上边角，由前面修到尾部中间。

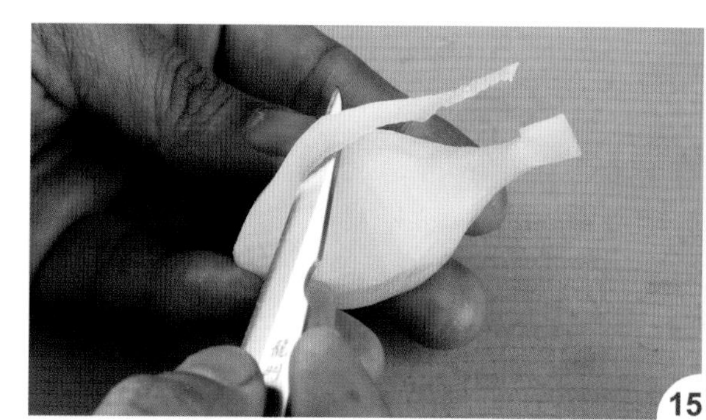

再切左下边角。

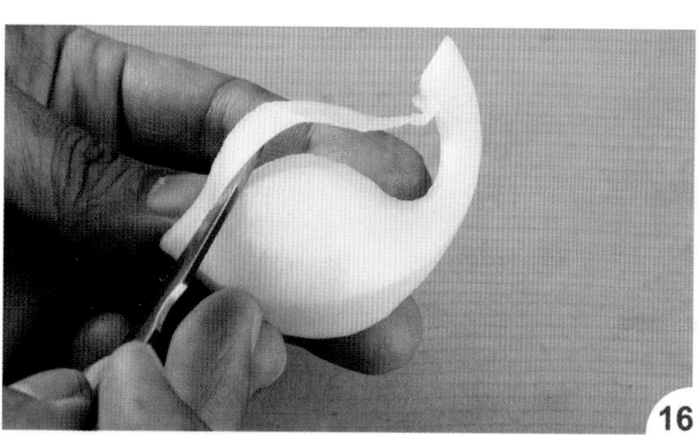

接着把右下边角切除。

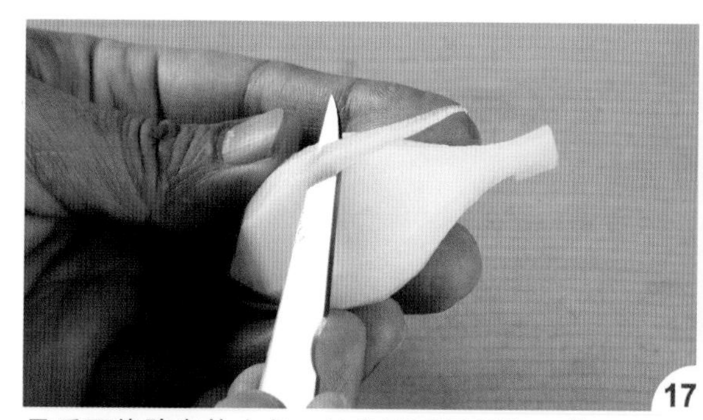

最后再修除身体小角，让身形更显圆润一些。

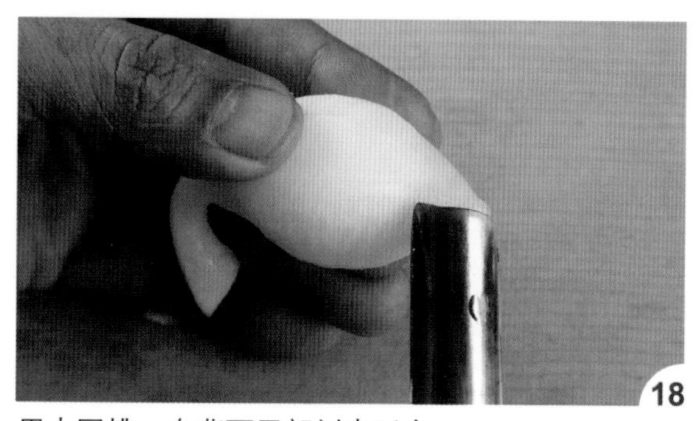

用大圆槽刀在背面尾部刻出弧度。

再把尾部的尖角刻出。

用牙签于头部插出一个小孔，将干辣椒梗插入，并用剪刀修除多余部分，完成眼睛。

取一段红萝卜，刻出嘴巴（参照 p.20 的作法 20 ~ 24）并用三秒胶粘上。

把额头的小角修成圆弧形。

取白萝卜，切出两片厚度 0.3 ~ 0.4 厘米的半圆形来制作翅膀。

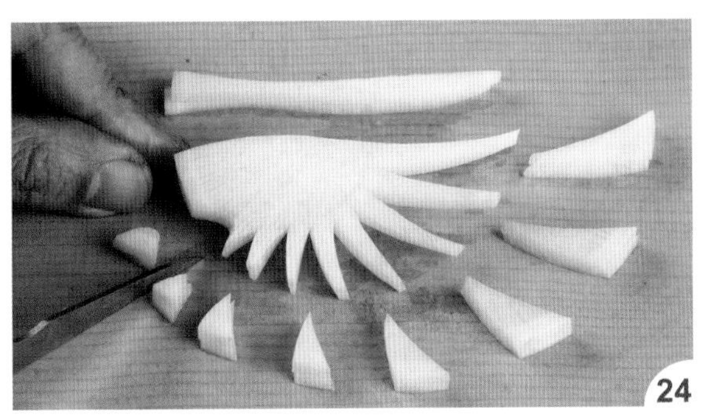

将两片白萝卜叠在一起，依线条刻出翅膀形状。

如图完成翅膀。

在白鹅背部画出俯视图上的八字形，用雕刻刀刻出凹槽，并装上翅膀。

如图完成作品。

▶材　料

白萝卜 1 条、红萝卜 1 段、干辣椒梗 1 个

▶工　具

西式切刀、雕刻刀、大圆槽刀、水性画笔、三秒胶、牙签、剪刀

▶取材比例

宽为直径的 $\frac{1}{3}$，假设直径是 9 厘米，那宽度就是 3 厘米

※ 脖子四刀的切除顺序是可以变更的，没有固定的顺序

· 示意图

A. 俯视图

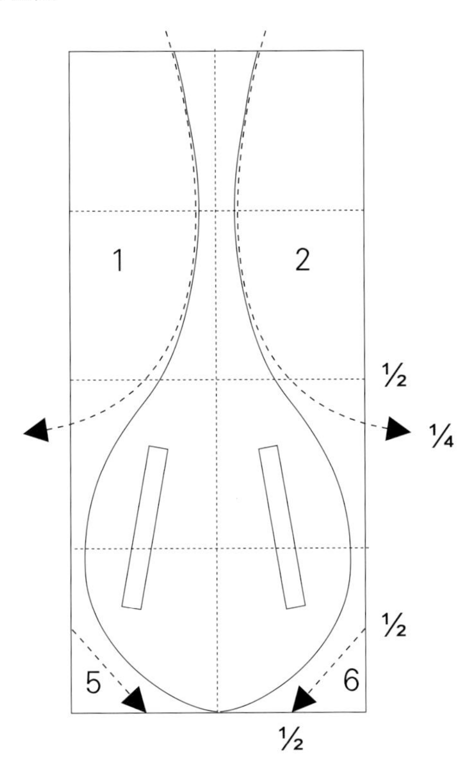

B. 侧视图

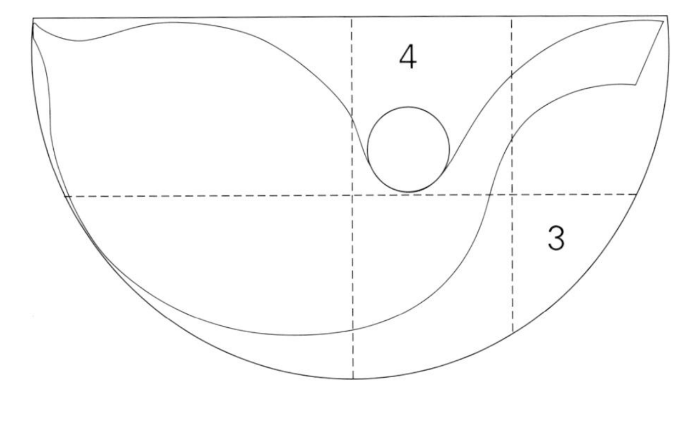

C. 嘴形

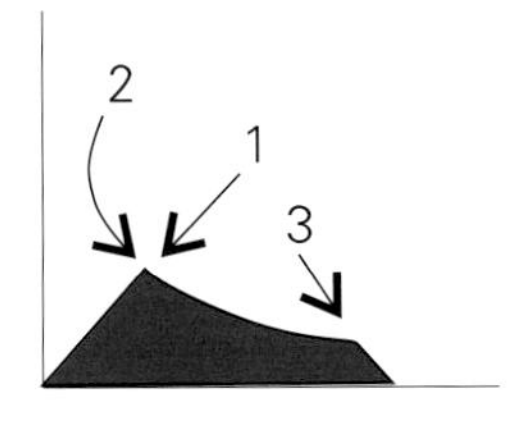

D. 翅膀

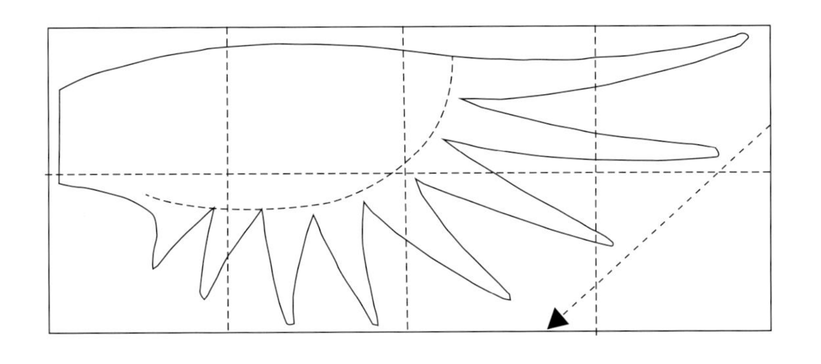

· 作法

白萝卜依取材比例切段后再对半切开，取半圆来雕刻白鹅的身体。

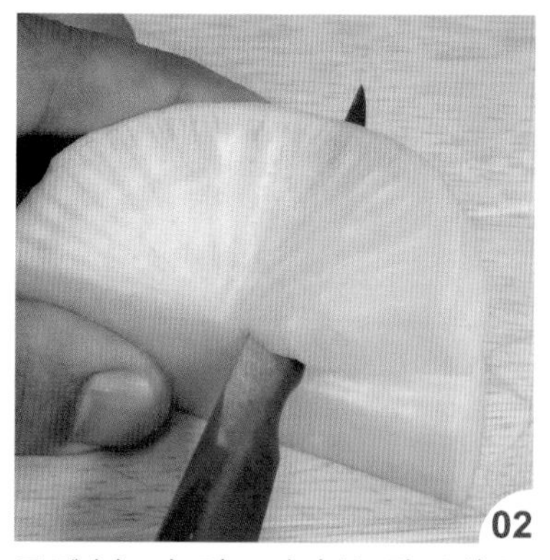

用雕刻刀把脖子左侧切除（俯视图 A1）。

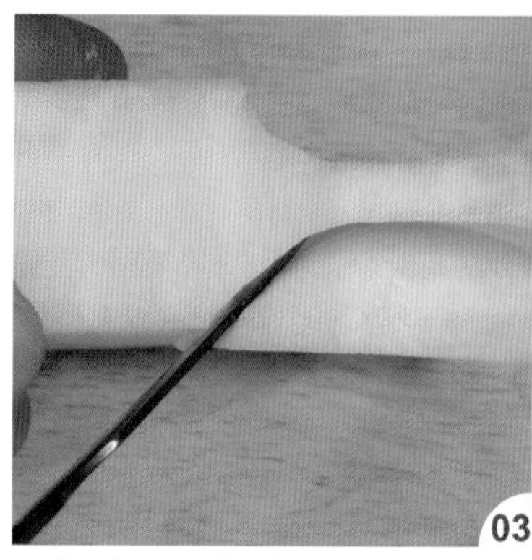

再将脖子右侧也切除（俯视图 A2），刻出脖子的粗略外形。

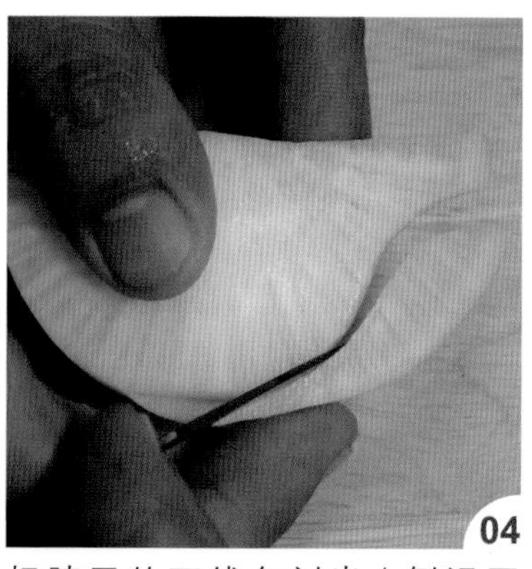

把脖子的下线条刻出（侧视图 B3）。

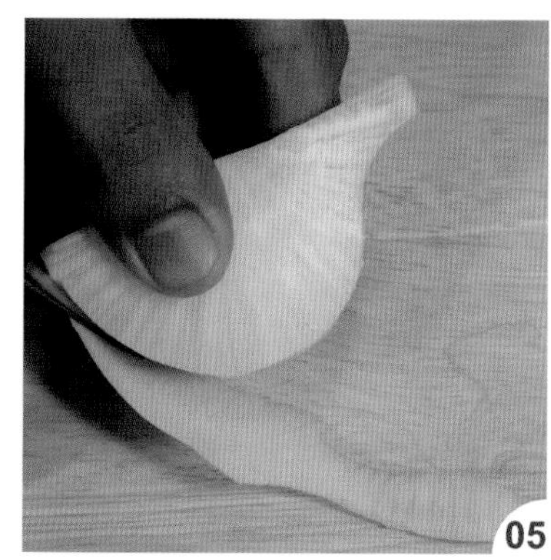

连续刻至尾部，把表皮也切除。

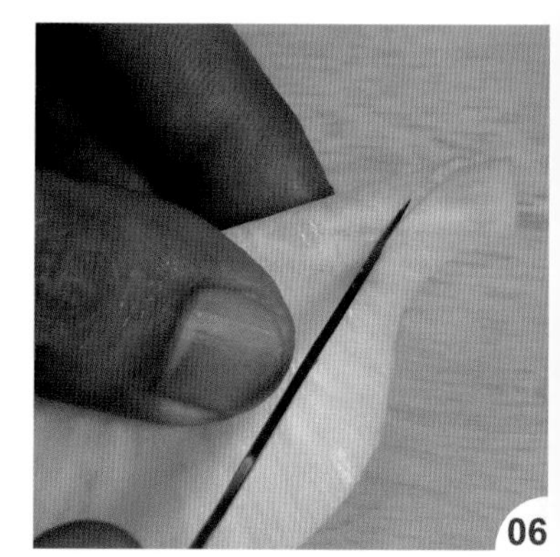

由头部后方下刀。

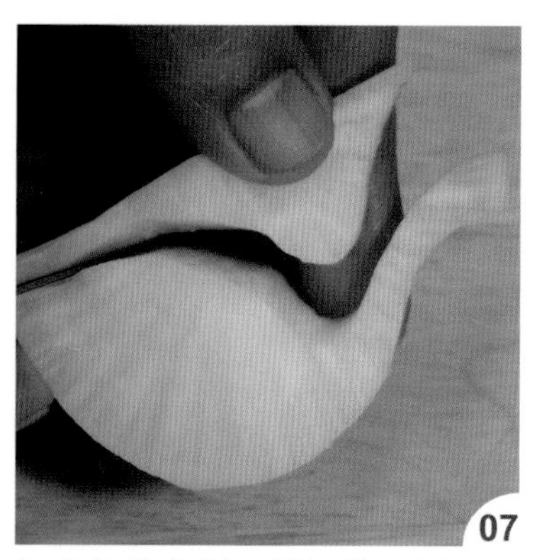

把背部的废料一并切除（侧视图 B4）。

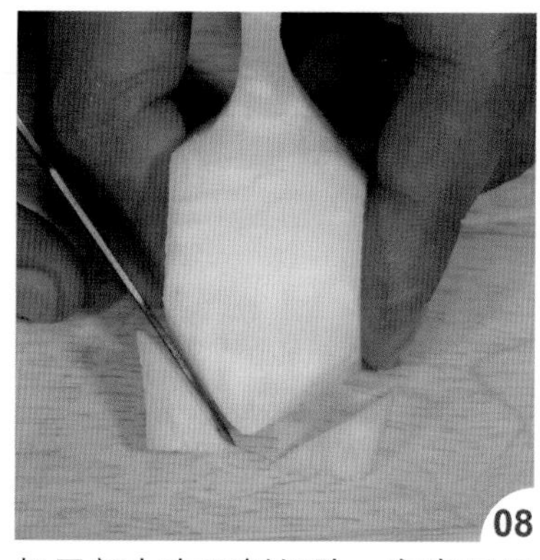

把尾部左右两侧切除，定出尾巴形状（俯视图 A5、A6）。

接着进行脖子四刀的切除步骤，先把右上边角修除。

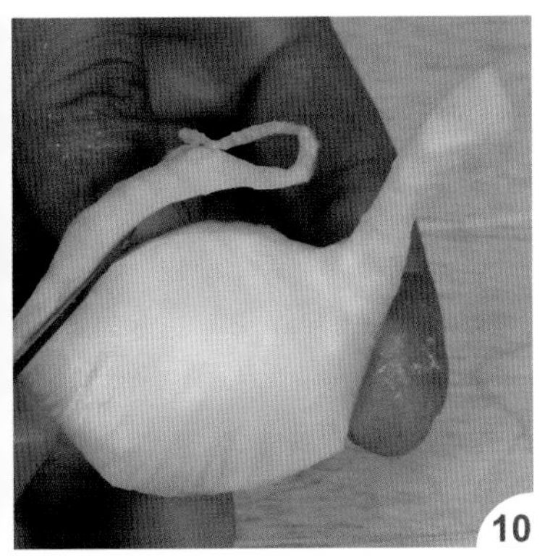

10

换修左上边角，由前面修到尾部中间。

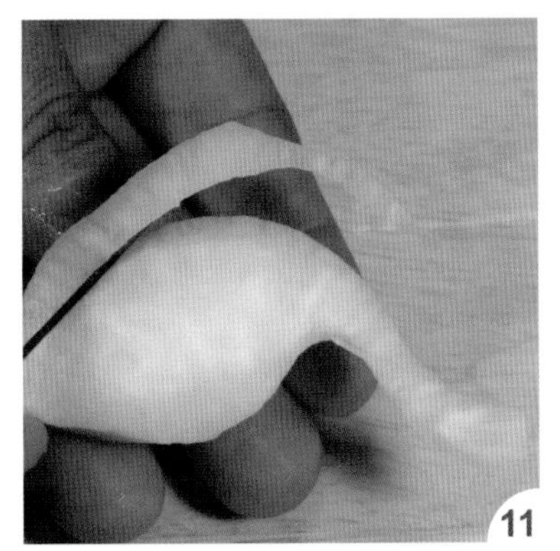

11

再切除左下边角。

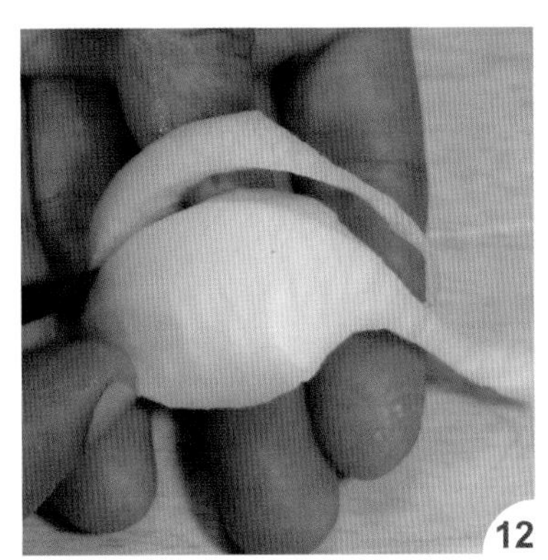

12

接着把右下边角切除。

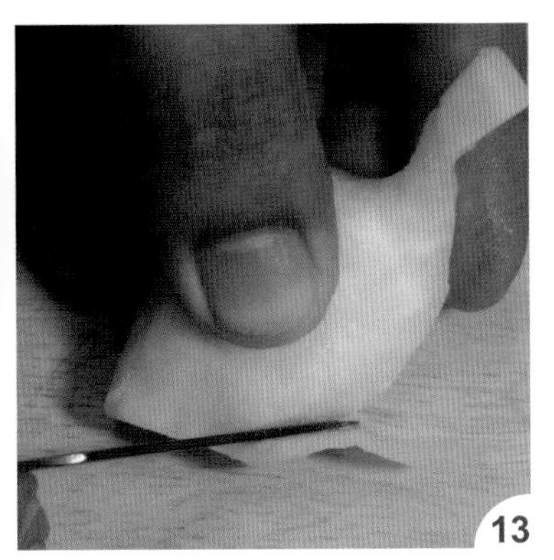

13

把身体右侧的弧度修出。

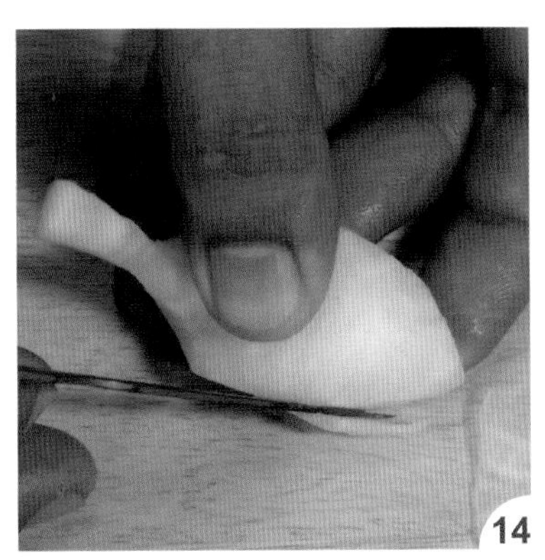

14

最后再修出身体左侧的弧度。

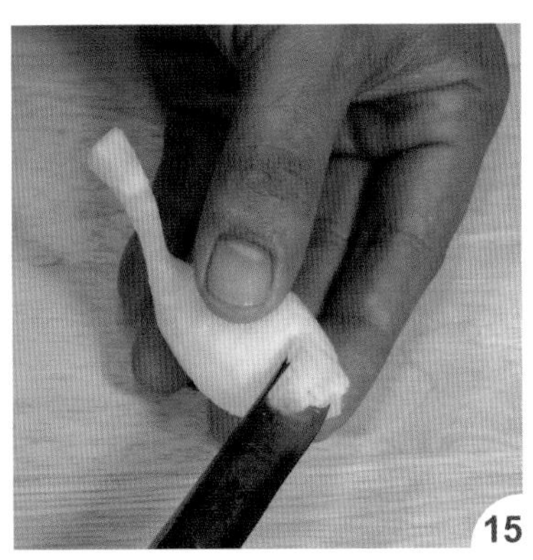

15

用大圆槽刀在背面尾部刻出弧度，再把尾部的尖角刻出。

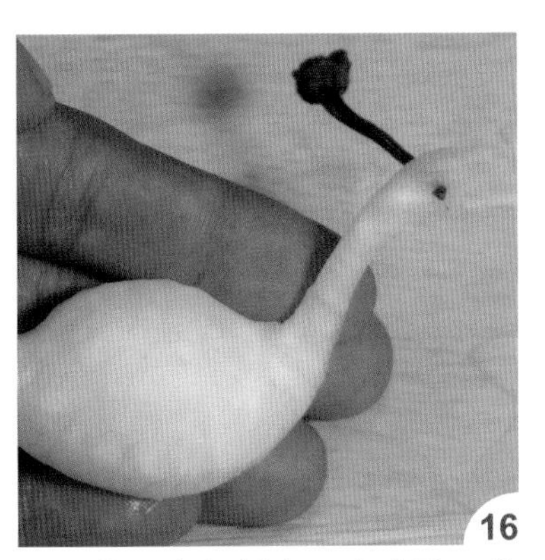

16

用牙签于头部插出一个小孔，将干辣椒梗插入，并用剪刀修除多余部分，完成眼睛。

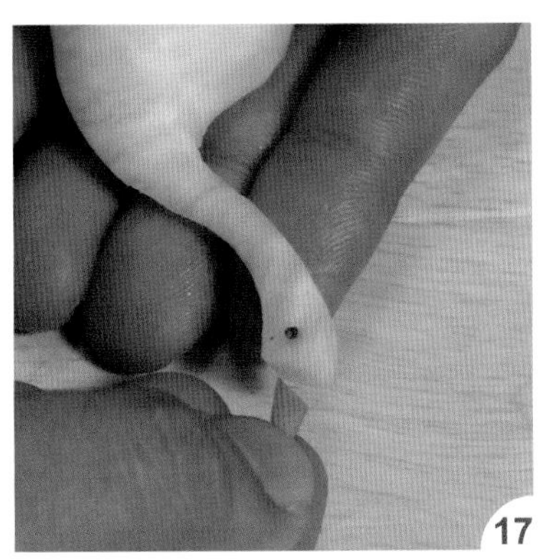

17

取一段红萝卜，刻出嘴巴（参照 p.20 的作法 20 ~ 24）并用三秒胶粘上。

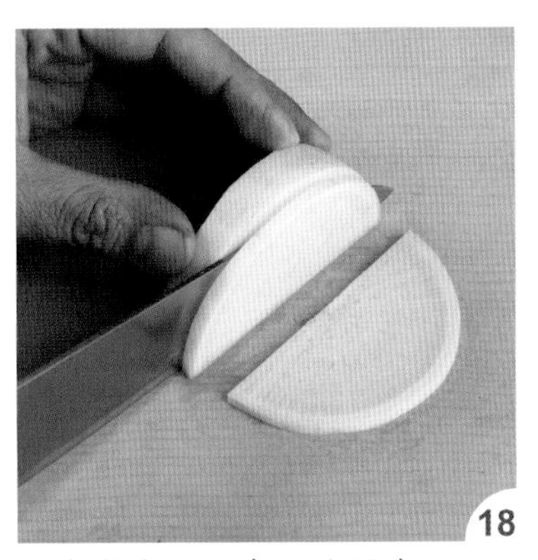

18

取白萝卜，切出两片厚度 0.3 ~ 0.4 厘米的半圆形。

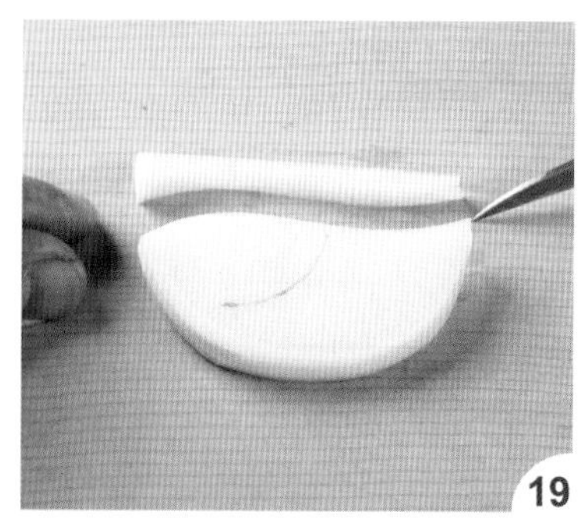

将两片白萝卜叠在一起，以雕刻刀切出翅膀图上方的弧度。

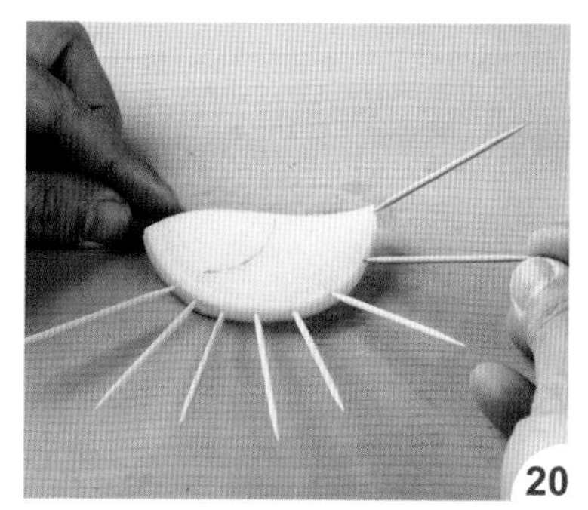

用牙签标出翅尖的位置。

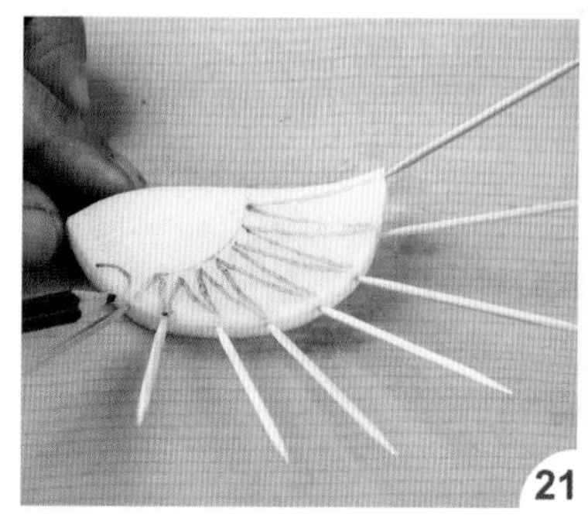

再用水性画笔画出翅膀的线条。

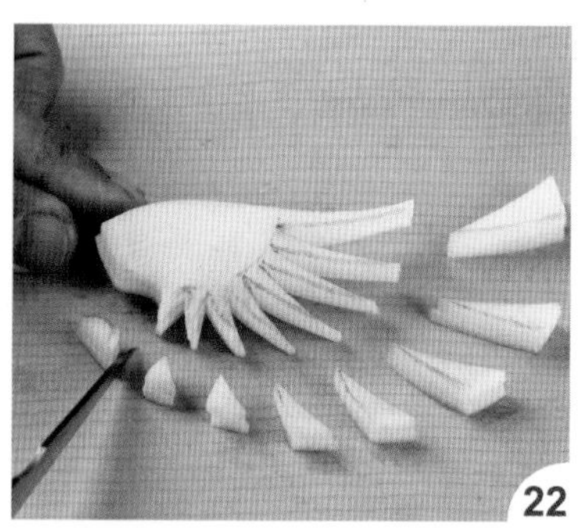

依线条刻出翅膀形状。

如图完成翅膀的雕刻。

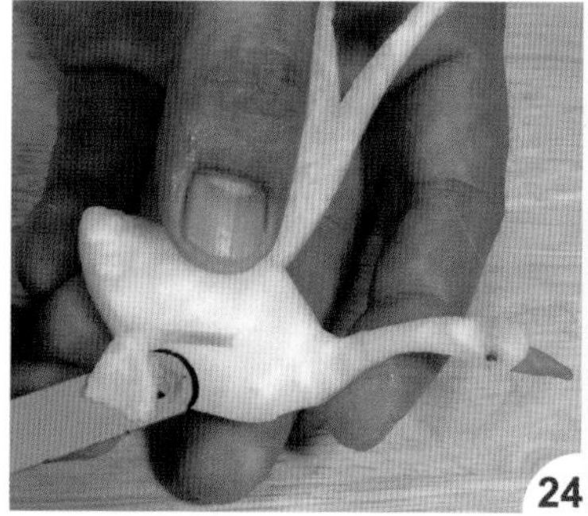

在白鹅背部画出俯视图上的八字形，并用雕刻刀刻出凹槽，装上翅膀。

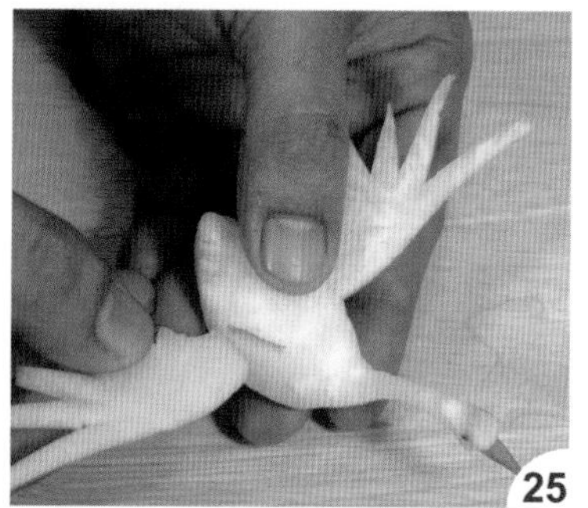

将另一边的翅膀也装上。

如图完成作品。

▶材　料

白萝卜 1 条、红萝卜 1 段、干辣椒梗 1 个

▶工　具

西式切刀、雕刻刀、中圆槽刀、小圆槽刀、V 形槽刀、水性画笔、三秒胶、牙签、剪刀

▶取材比例

宽为直径的 $\frac{1}{3}$，假设直径是 9 厘米，那宽度就是 3 厘米

※ 脖子四刀的切除顺序是可以变更的，没有固定的顺序

· 示意图

A. 俯视图

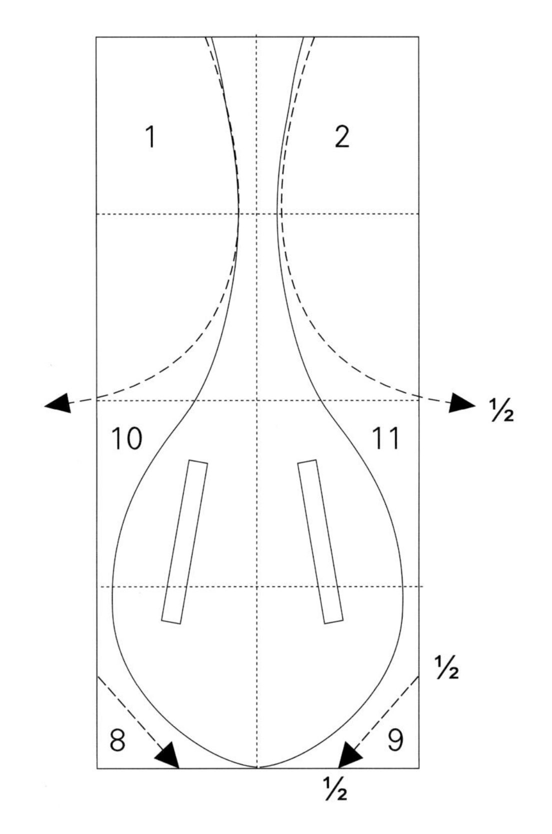

B. 侧视图

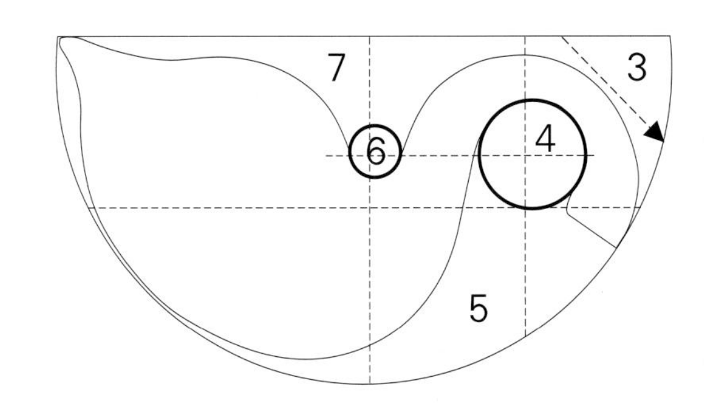

C. 嘴形

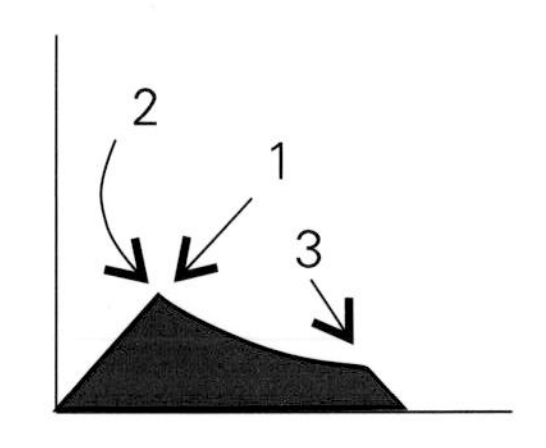

D. 翅膀

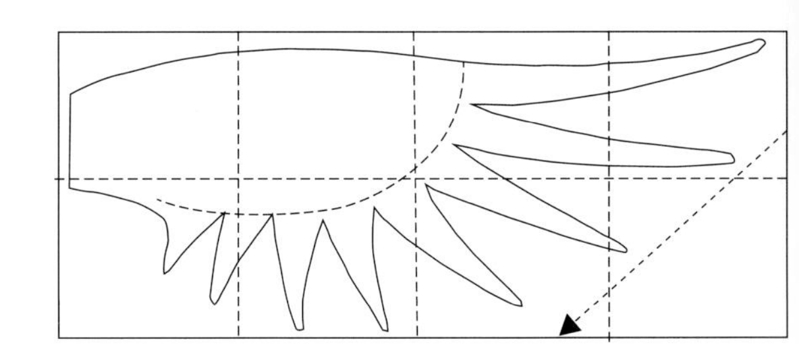

· 作法

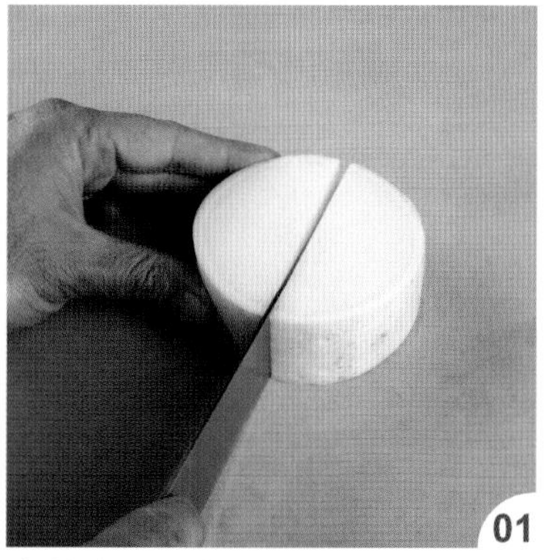

白萝卜依取材比例切段后再对半切开，取半圆来雕刻白鹅的身体。

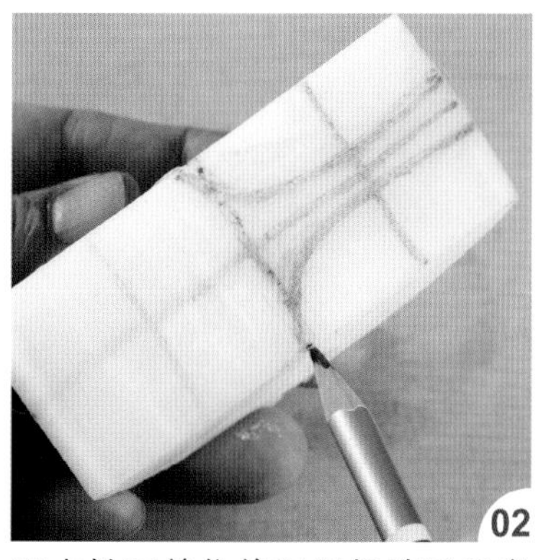

用水性画笔依俯视图把脖子及身体线条画出。

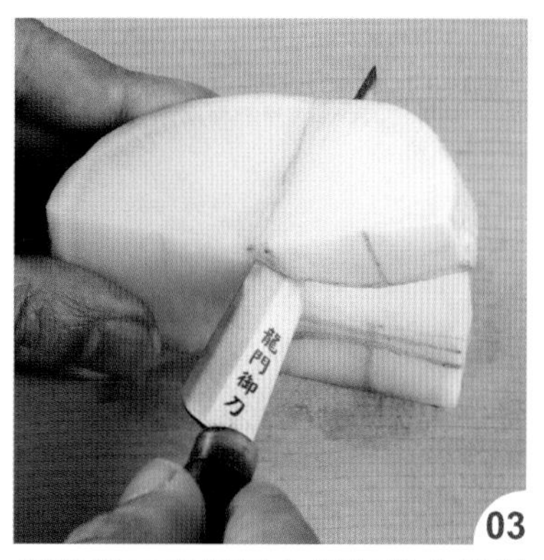

用雕刻刀把脖子左侧切除（俯视图 A1）。

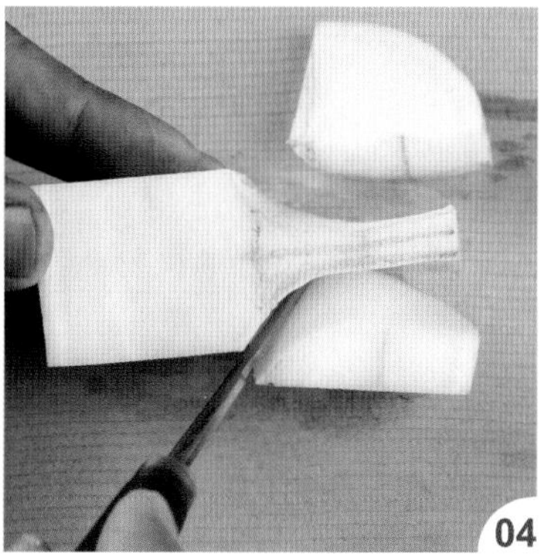

再将脖子右侧也切除（俯视图 A2）。

将右上角切除（侧视图 B3）。

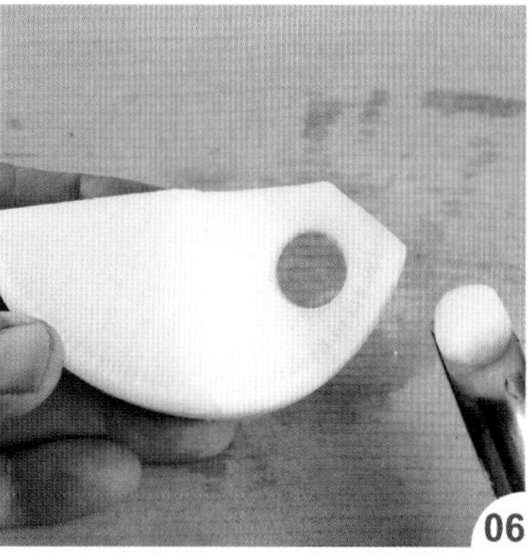

用中圆槽刀依侧视图 B4 位置挖出一圆。

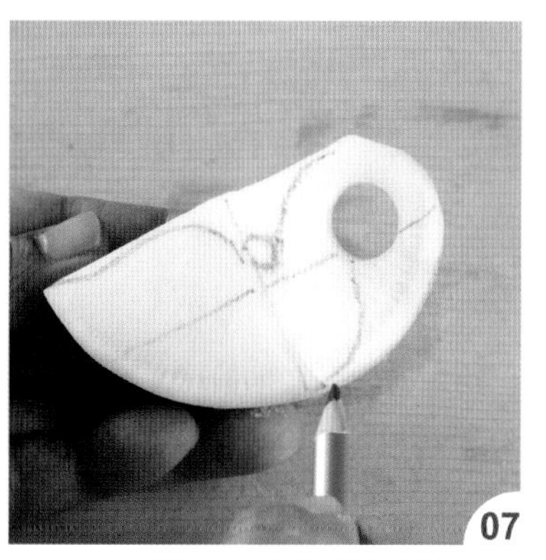

用水性画笔画出身体侧边线条。

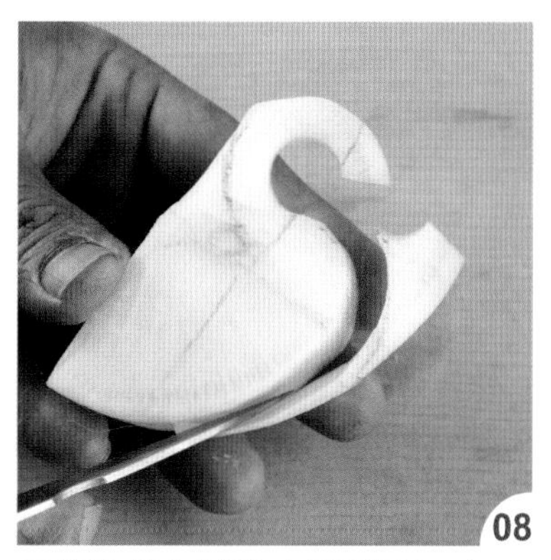

把前胸线条刻出（侧视图 B5）。

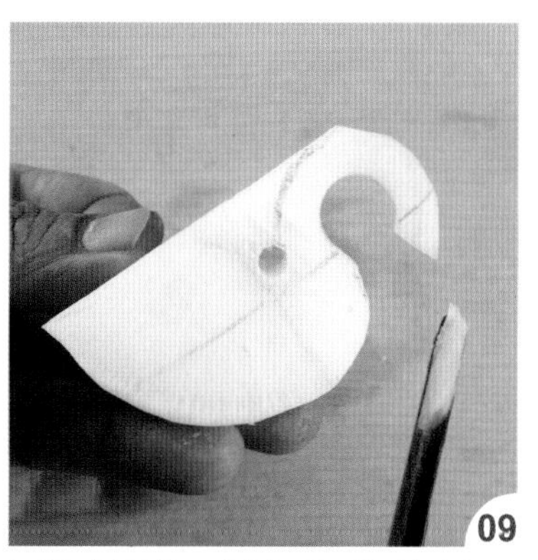

再用小圆槽刀刻出后颈部的小圆（侧视图 B6）。

10 如图再把背部的废料切除（侧视图 B7）。

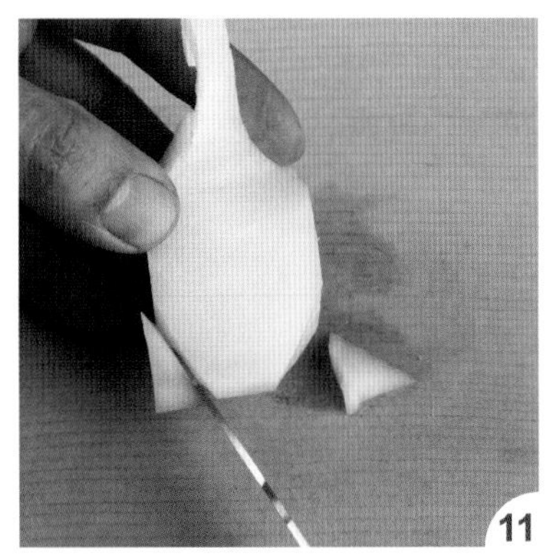

11 把尾部左右两侧切除，定出尾巴形状（俯视图 A8、A9）。

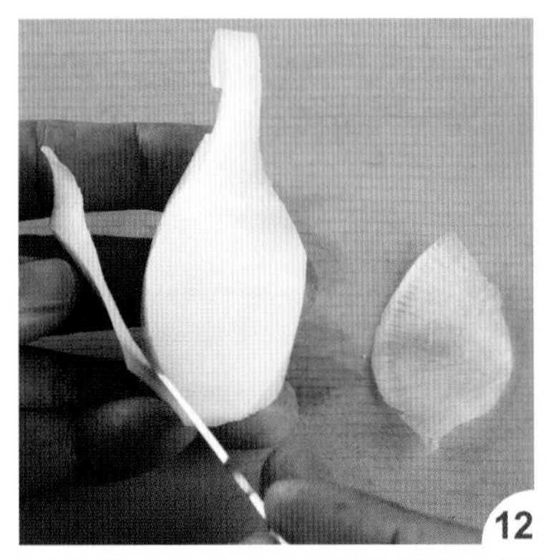

12 再修出身体左右两侧的弧度（俯视图 A10、A11）。

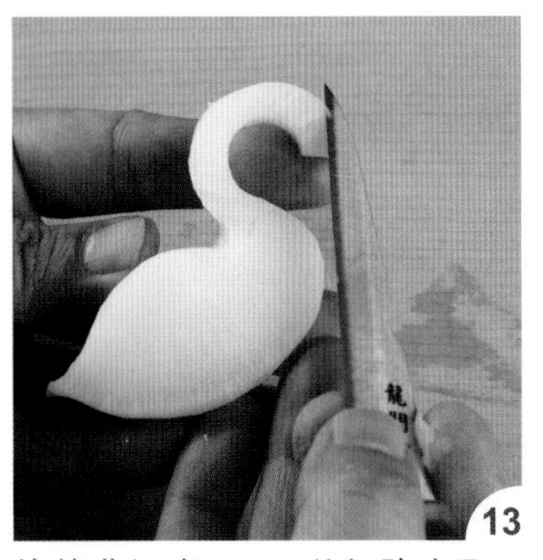

13 接着进行脖子四刀的切除步骤，由右上额头后方开始。

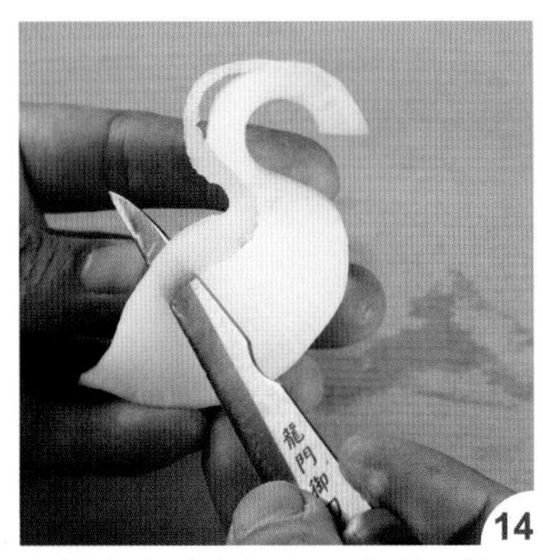

14 先把右上边角切除，由前面修到尾部中间。

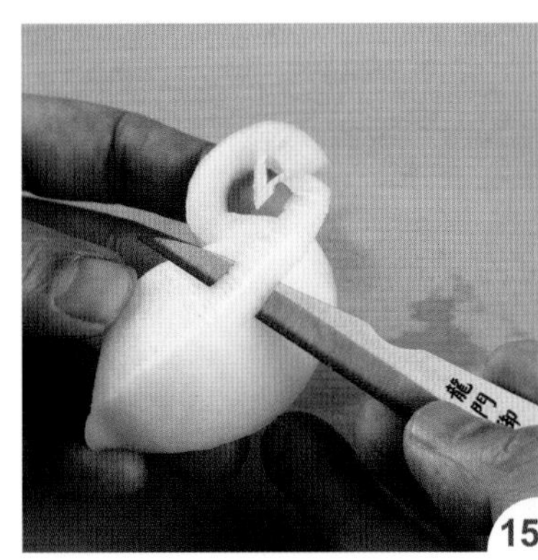

15 再把右下边角切除。

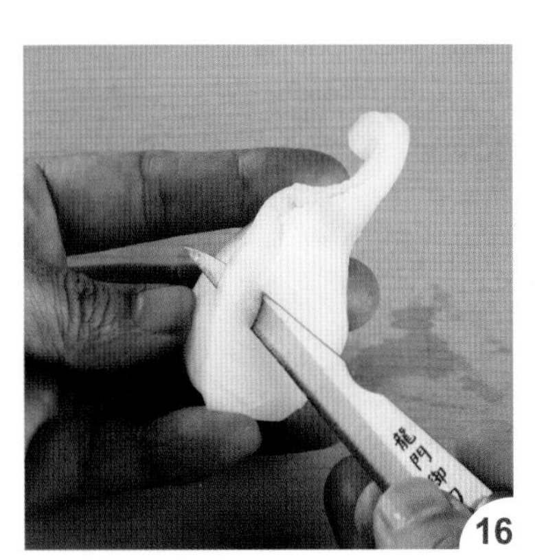

16 换修左上边角。

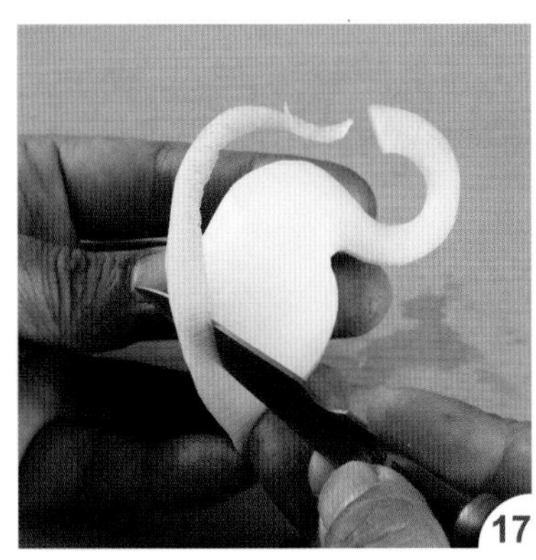

17 再切除左下边角。

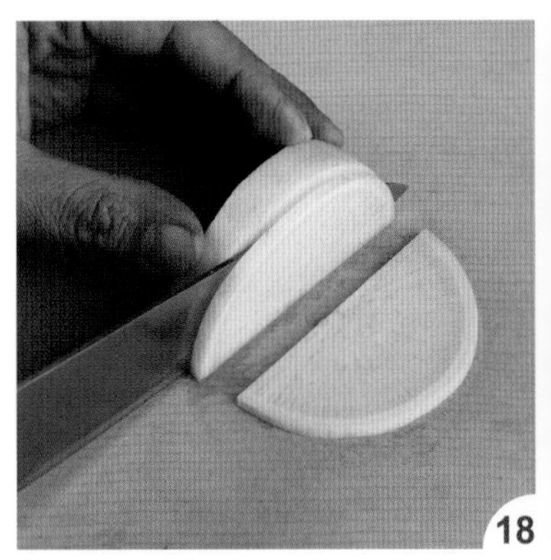

18 取白萝卜，切出两片厚度 0.3 ~ 0.4 厘米的半圆形。

将两片白萝卜叠在一起，以雕刻刀切出翅膀图上方的弧度。

用牙签标出翅尖的位置。

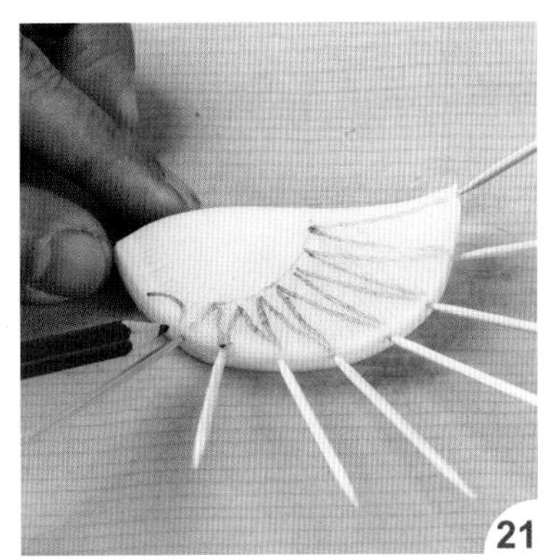

再用水性画笔画出翅膀的线条。

依线条刻出翅膀形状。

如图完成翅膀的雕刻。

装上眼睛，并把嘴巴也粘上（参照 p.20 ～ 21 的作法 20 ～ 29）。

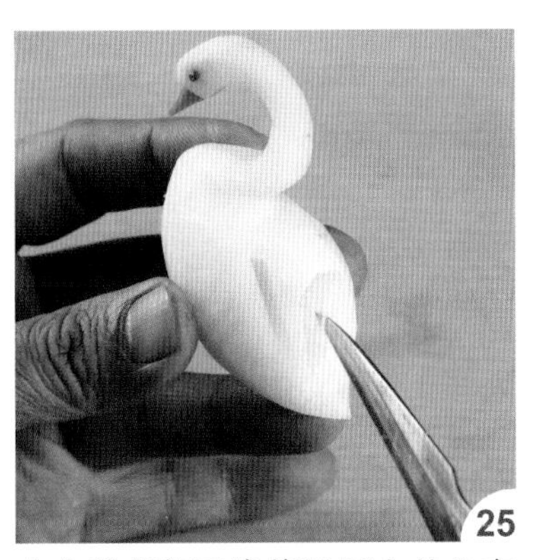

在白鹅背部画出俯视图上的八字形，并用雕刻刀刻出凹槽。

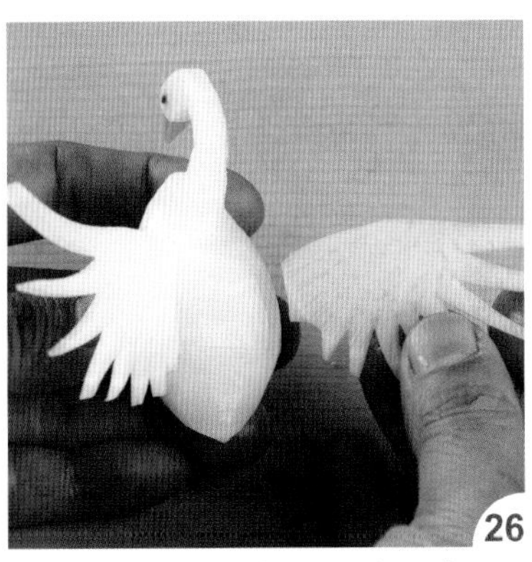

再把翅膀插入背部凹槽内固定。

最后用 V 形槽刀在尾部刻出尾毛即可。

小白鹅

▶材　料

白萝卜 1 条、红萝卜 1 段、干辣椒梗 1 个

▶工　具

西式切刀、雕刻刀、大圆槽刀、中圆槽刀、水性画笔、三秒胶、牙签、剪刀

▶取材比例

见取材比例图，高度 10 ～ 12 厘米

· 示意图

A. 取材比例

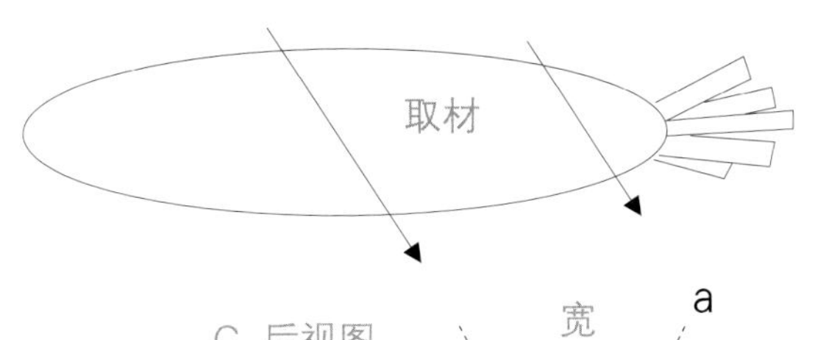

B. 侧视图

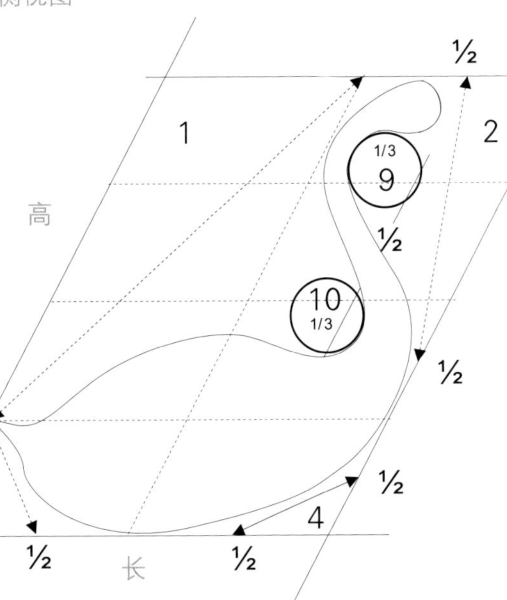

C. 后视图

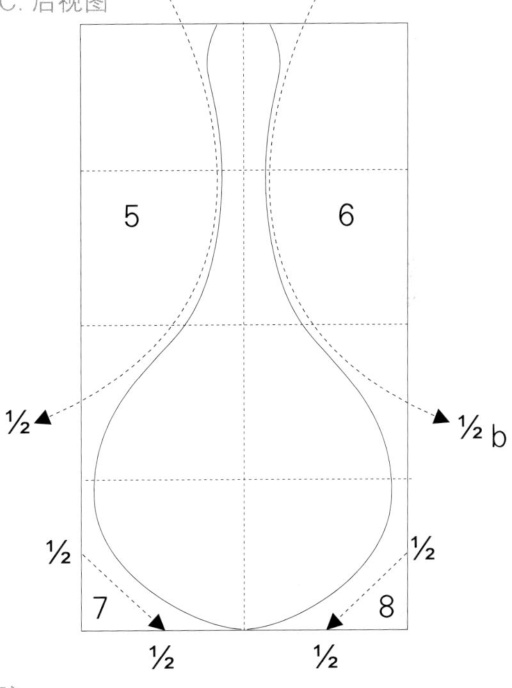

D. 嘴形

F. 翅膀

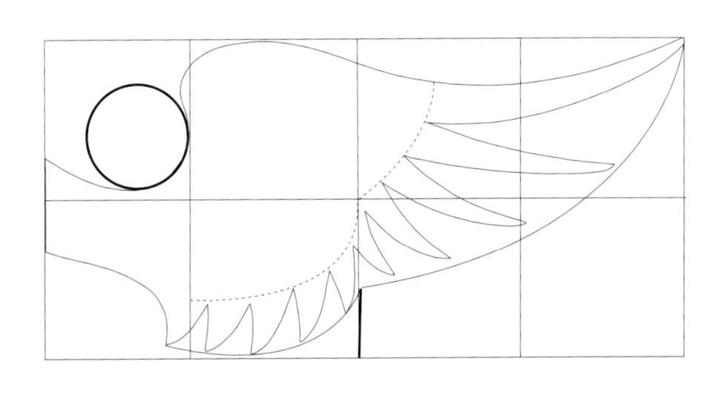

E. 脚部

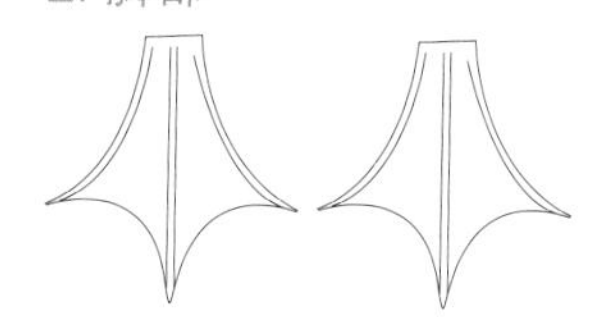

· 作法

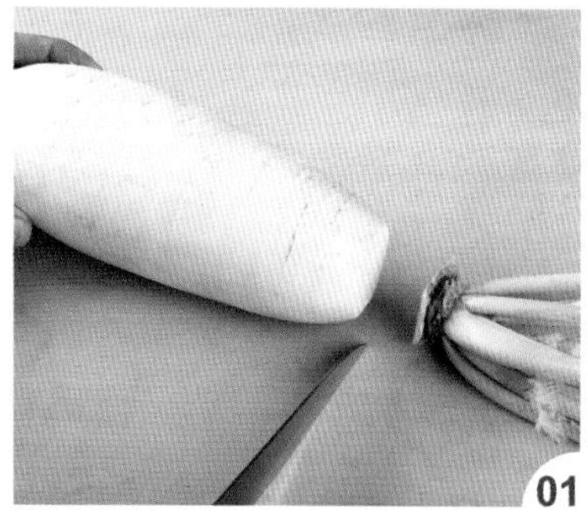
01 用西式切刀将白萝卜头部切除。

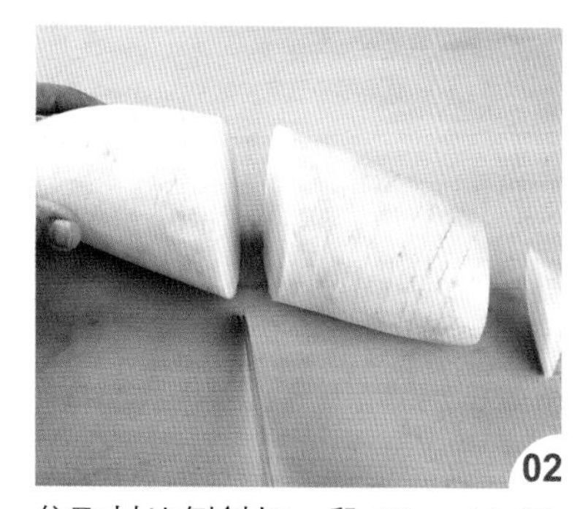
02 依取材比例斜切一段 10 ~ 12 厘米长的白萝卜。

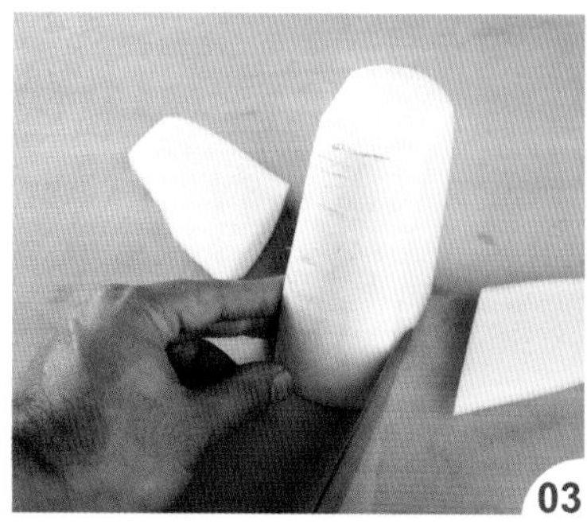
03 立起中段白萝卜，将两侧切除。

04 在白萝卜左右两侧各切一片约 0.4 厘米的厚片当翅膀素材。

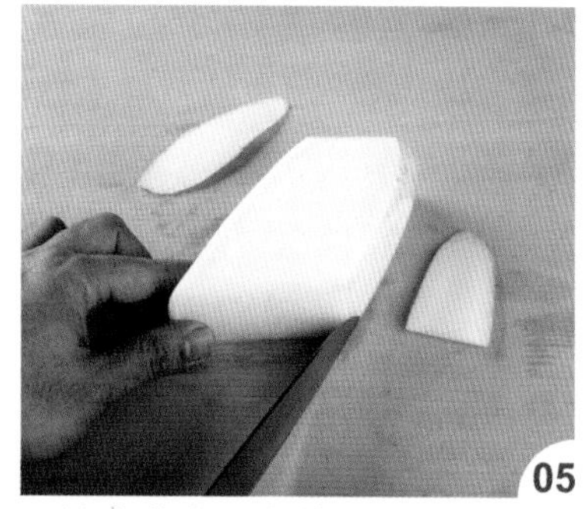
05 平放白萝卜，在前后两端稍切出平面，呈平行四边形。

06 用水性画笔先把等分画出。

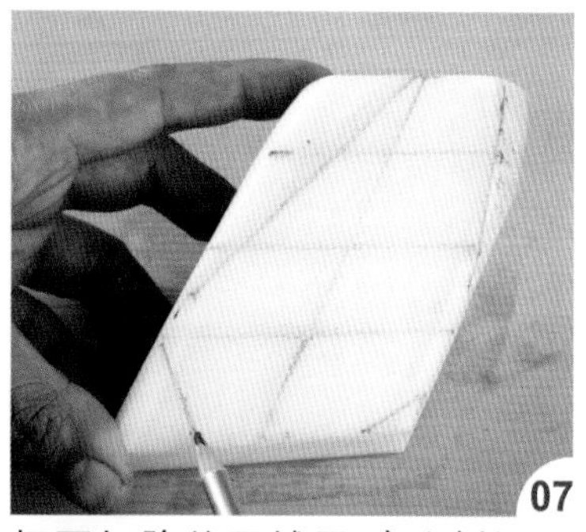
07 把要切除的区域画 出（侧视图 B1、B2、B3、B4）。

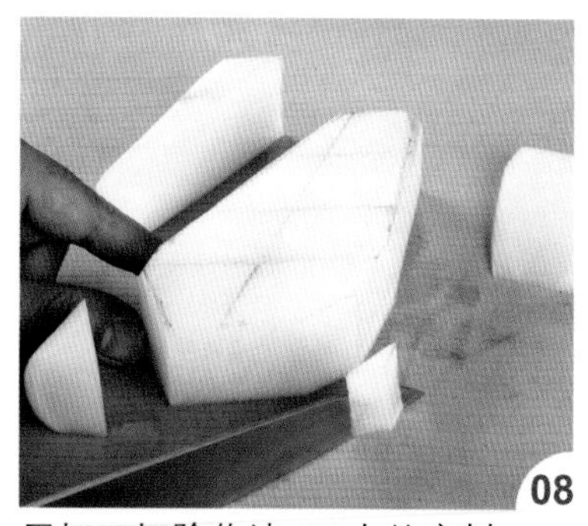
08 用切刀切除作法 07 中的废料。

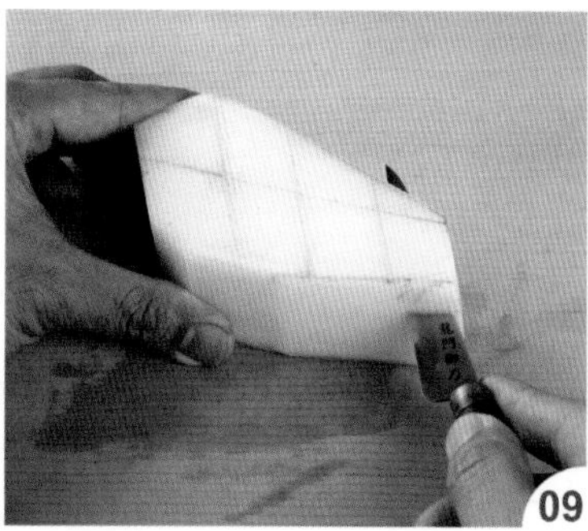
09 平放白萝卜，用雕刻刀于后视图 a 处下刀。

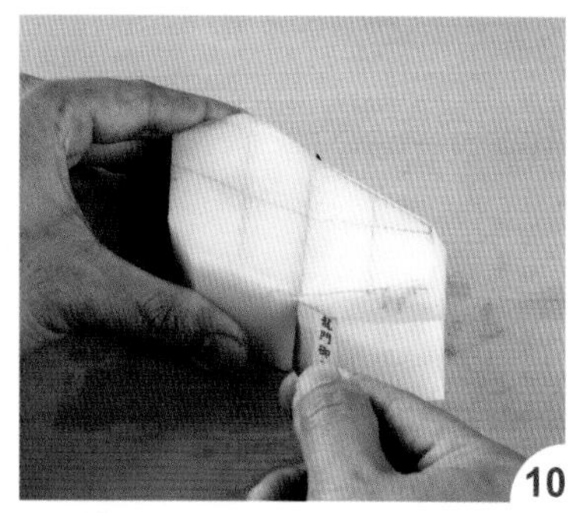
10 修出弧度，由 b 处出刀。

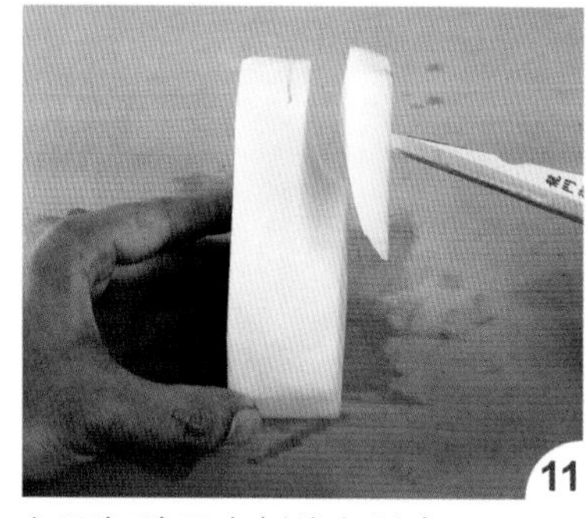
11 如图把脖子右侧线条刻出。

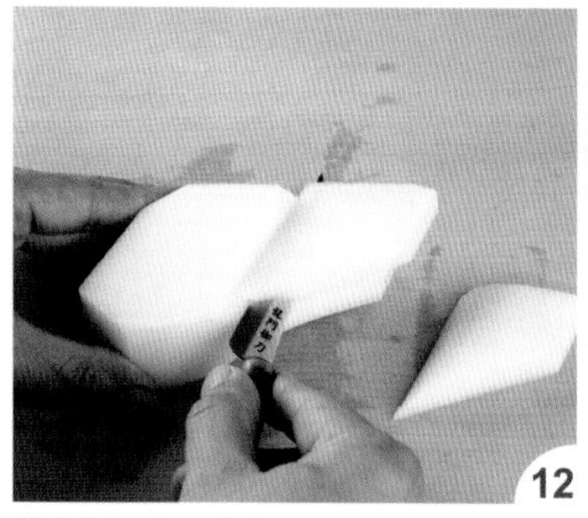
12 换刻出脖子左侧弧线。

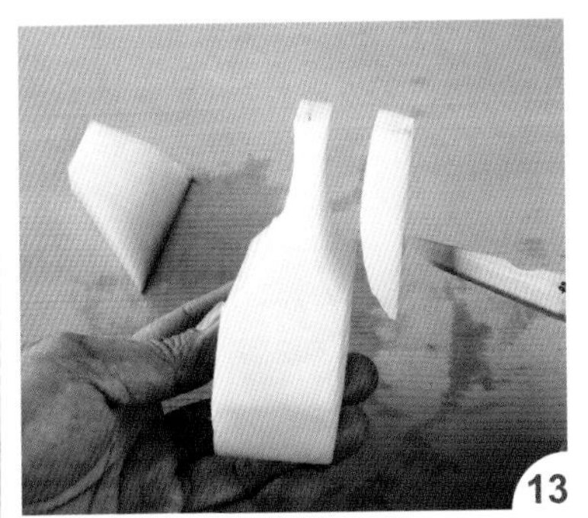

如图把两侧废料刻出（后视图C5、C6）。

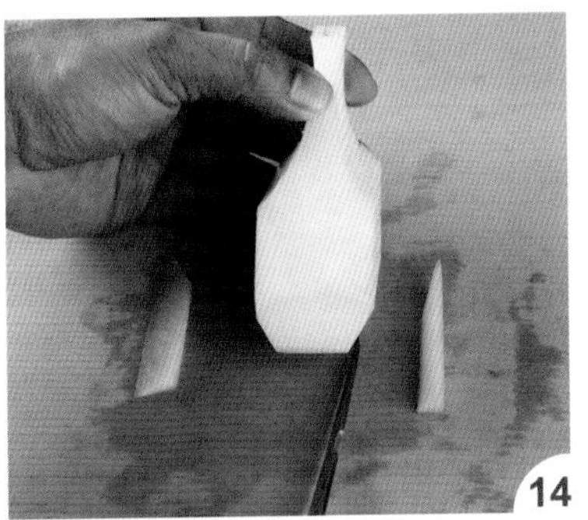

把尾部左右两侧切除，定出尾部（后视图 C7、C8）。

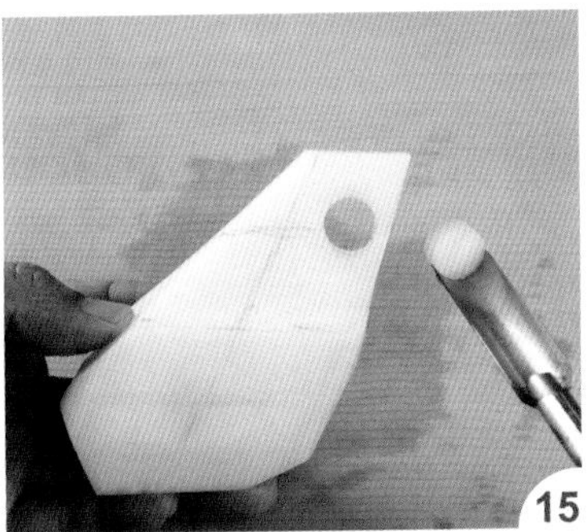

用大圆槽刀刻出颈部圆（侧视图B9）。

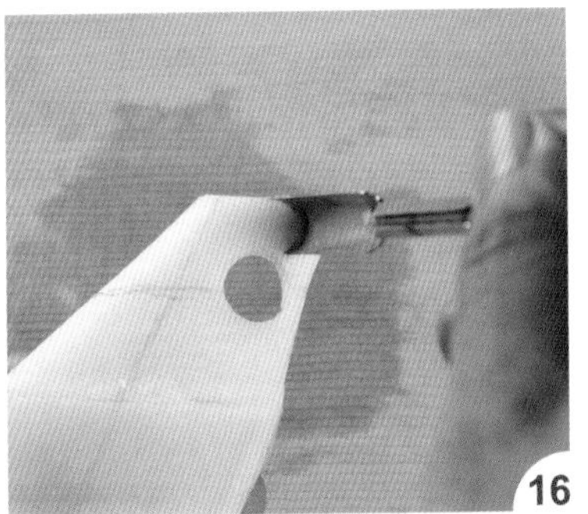

再用中圆槽刀把头部刻出。

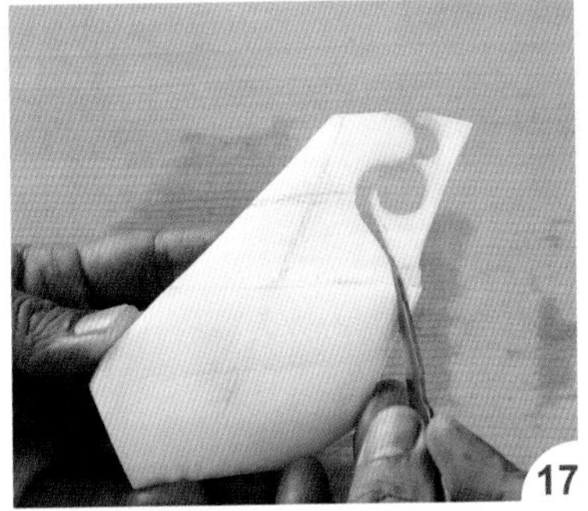

刻出前胸线条。

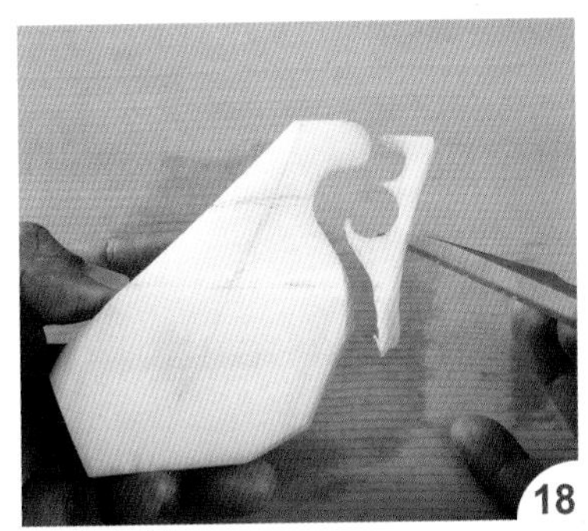

切除废料。

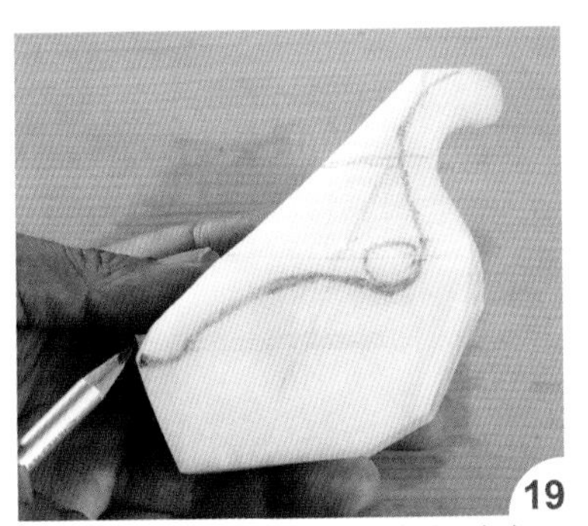

依侧视图，画出后颈及背部线条。

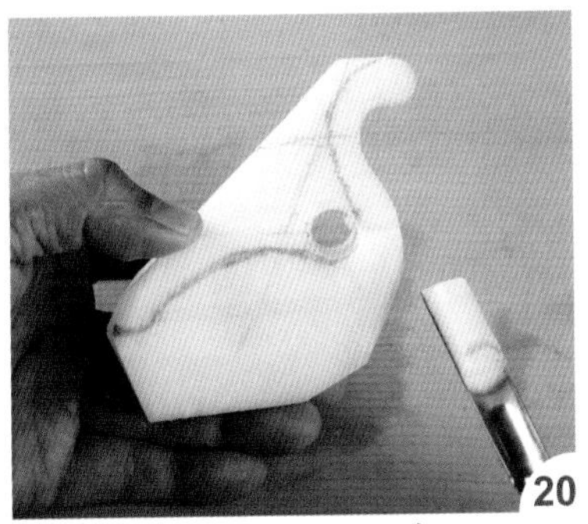

用中圆槽刀在后颈部刻出一圆（侧视图 B10）。

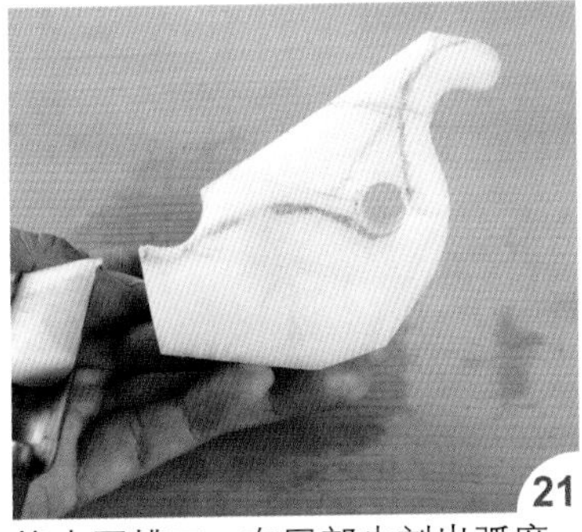

换大圆槽刀，在尾部也刻出弧度。

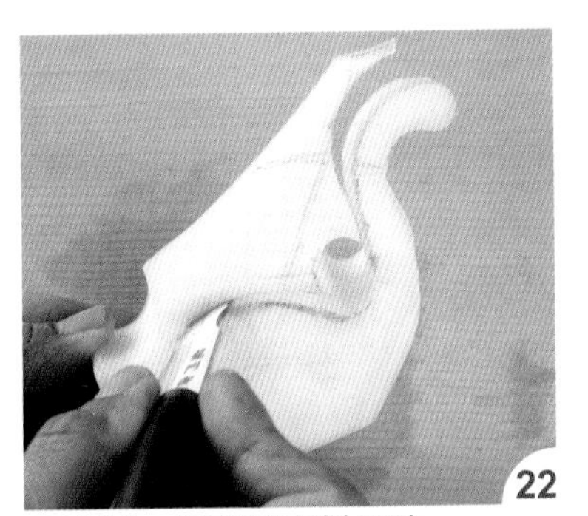

用雕刻刀把背部废料切除。

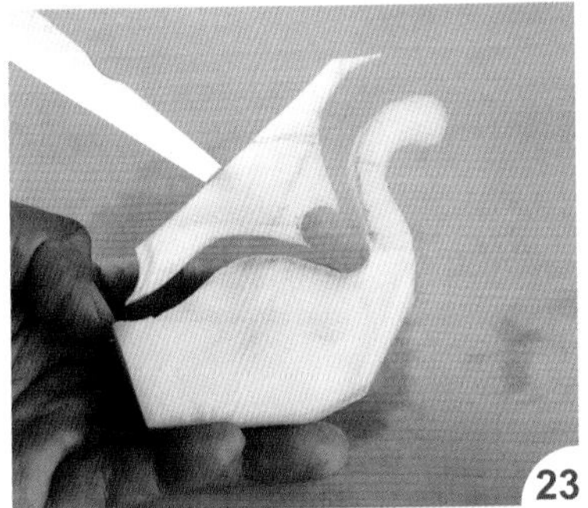

取下废料。

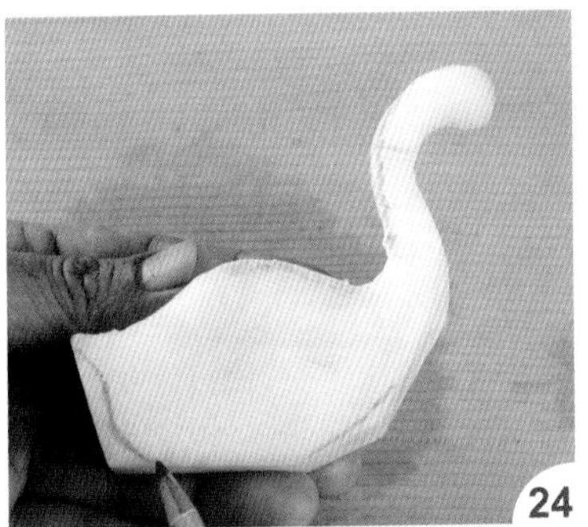

依侧视图画出下尾部及前腹部线条。

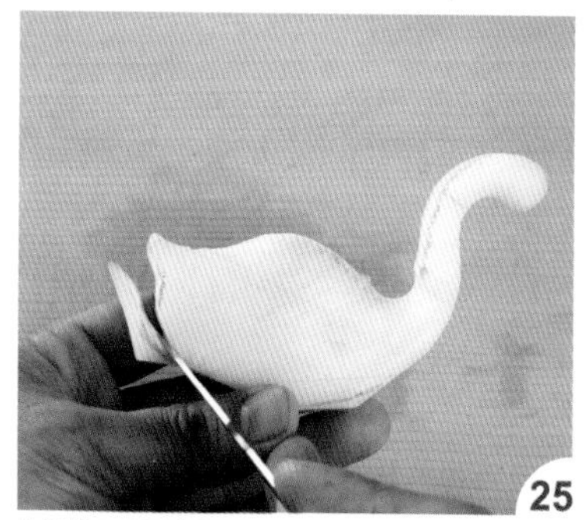

刻出下尾部。

再切出前腹部。

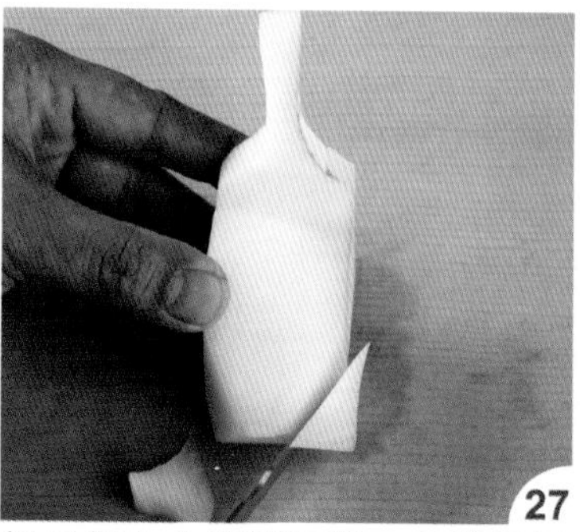

把尾部左右两侧切除，定出尾巴形状。

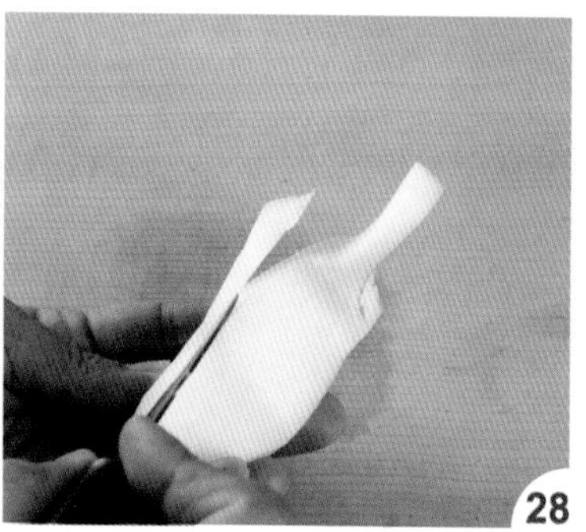

由脖子处下刀。

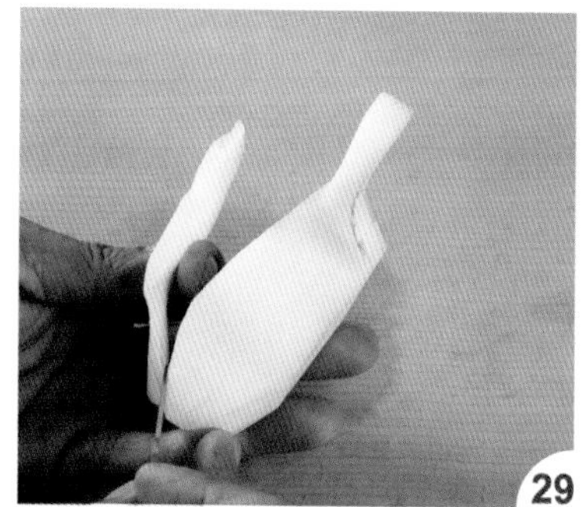

把身体左侧的弧度修出。

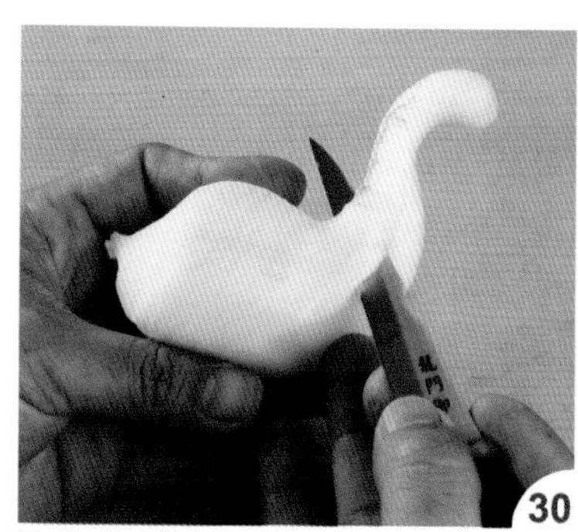

换修右侧脖子的弧度。

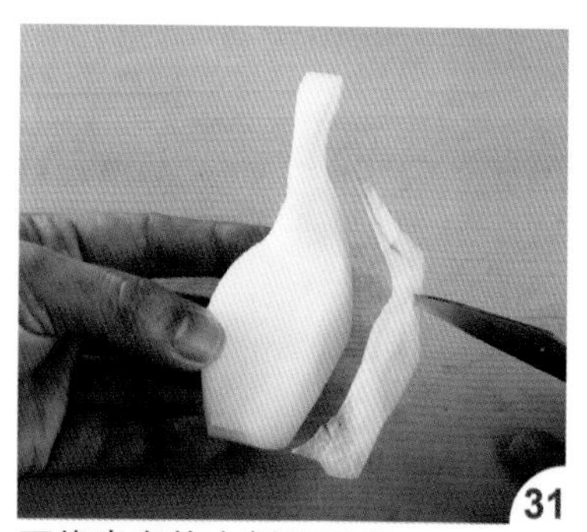

再修出身体右侧的弧度。

完成身体的雏形。

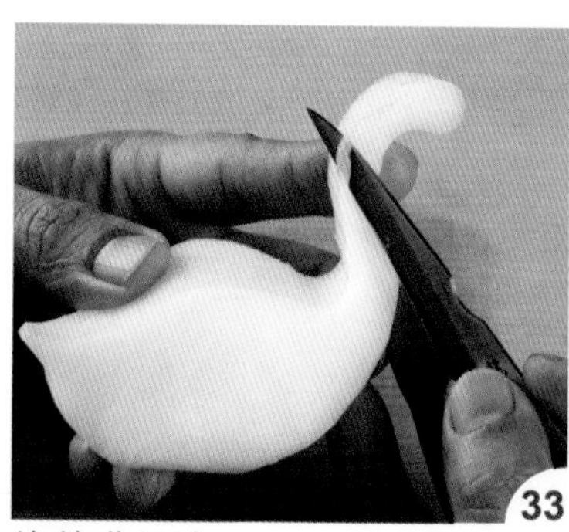

接着进行脖子四刀的切除步骤，由右上额头后方开始。

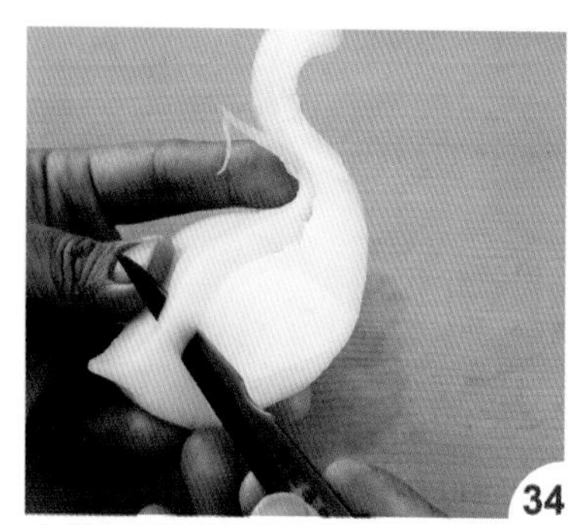

由前面修到尾部中间。

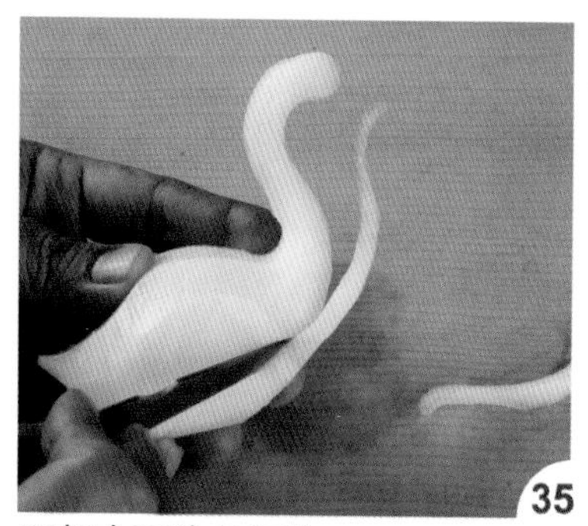

再把右下边角切除。

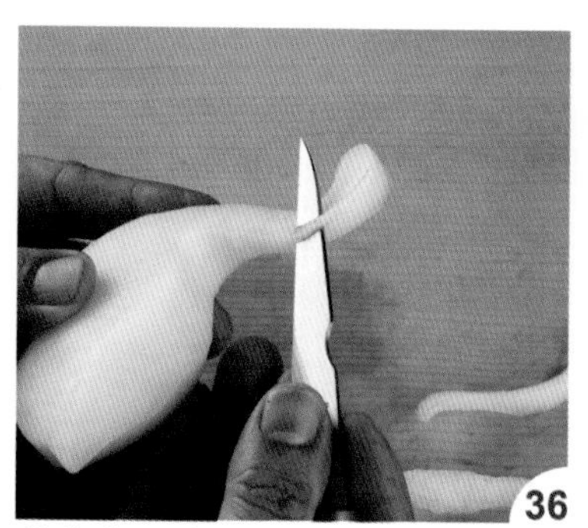

换修左上边角。

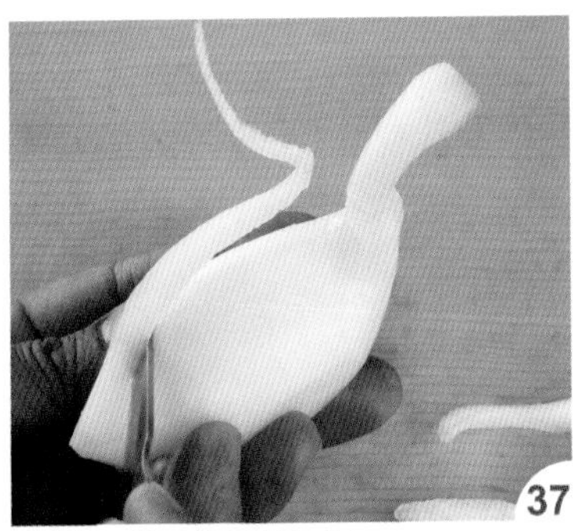
由前面修到尾部中间。

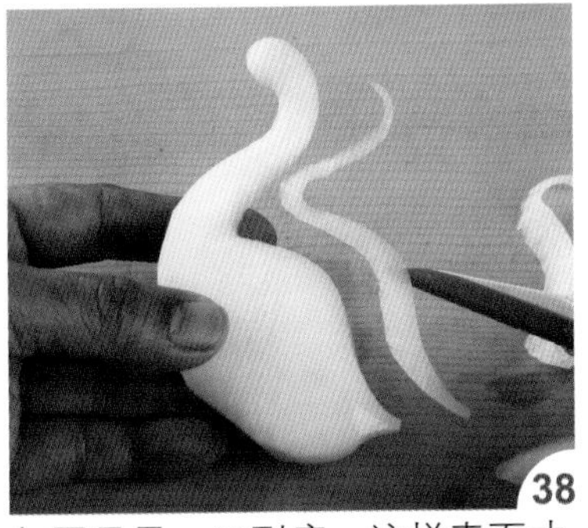
如图尽量一刀到底，这样表面才会平顺光滑。

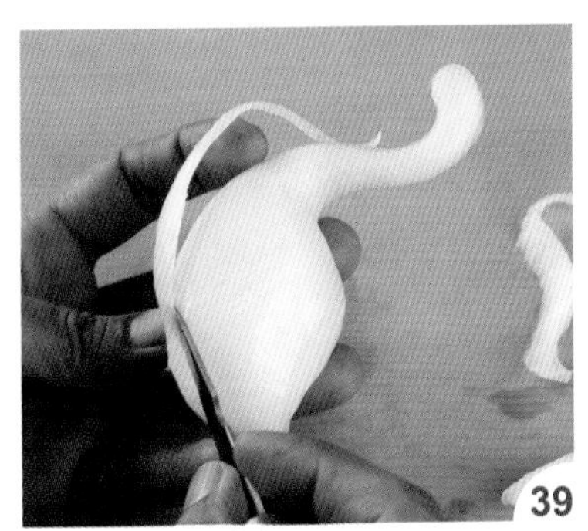
再切除左下边角。

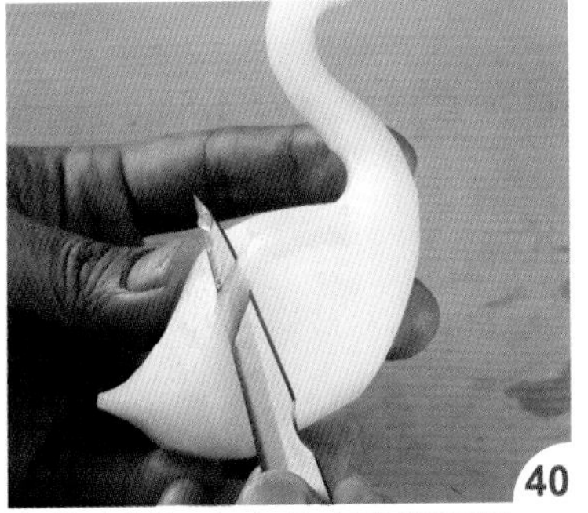
身体右侧还有小角也要修平顺。

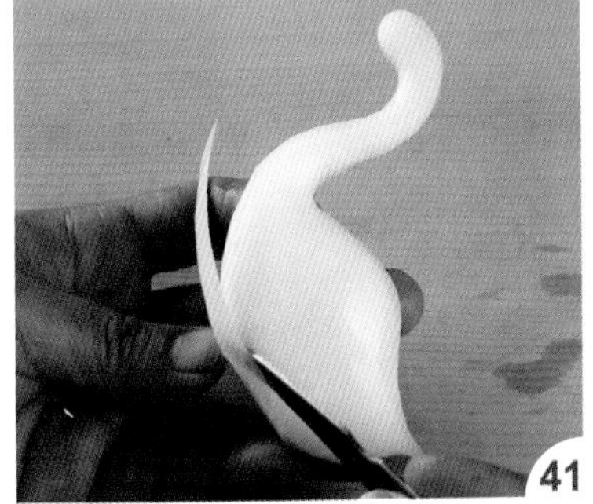
以相同手法换修身体左侧。

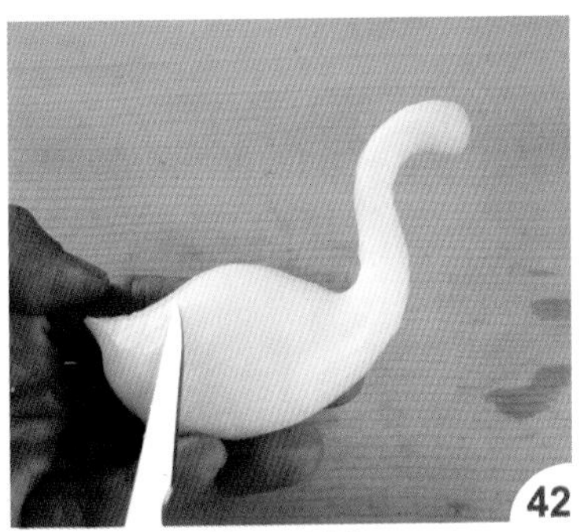
如图完成身体的雕刻。

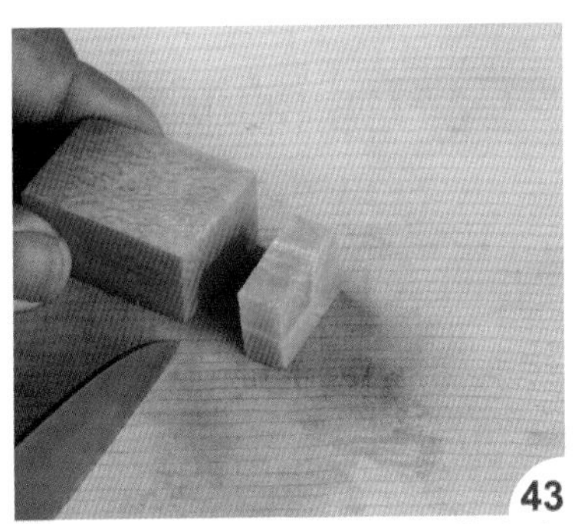
切取一段与头部同宽的红萝卜来制作嘴巴。

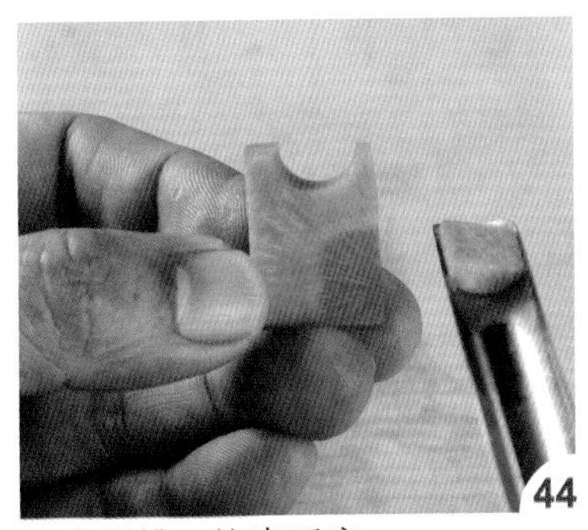
用中圆槽刀挖出弧度。

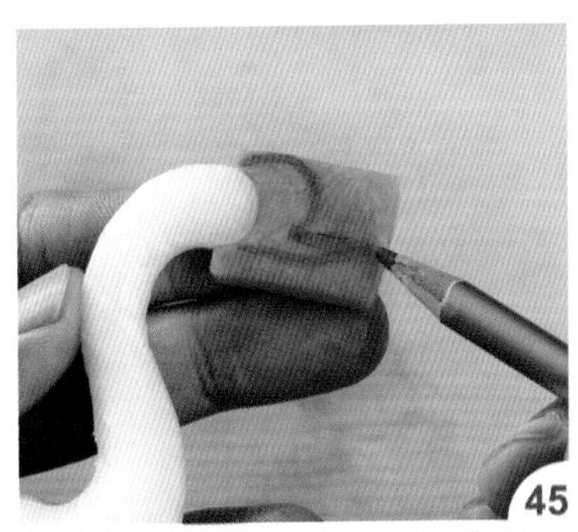
与头部测试接合度，再依嘴形图画出嘴部线条。

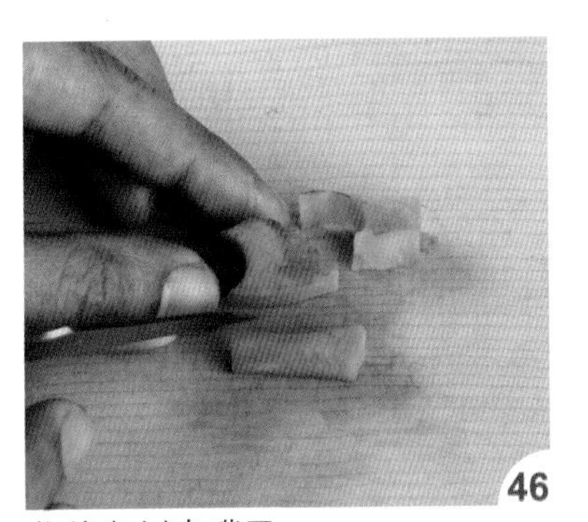
依线条刻出嘴巴。

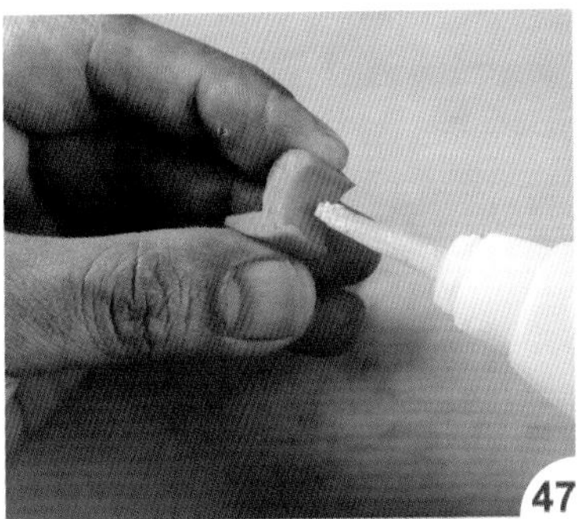
沾少许三秒胶。

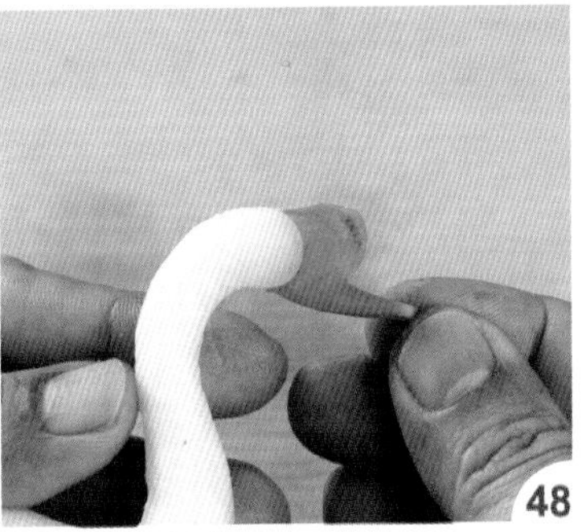
再把嘴巴粘上。

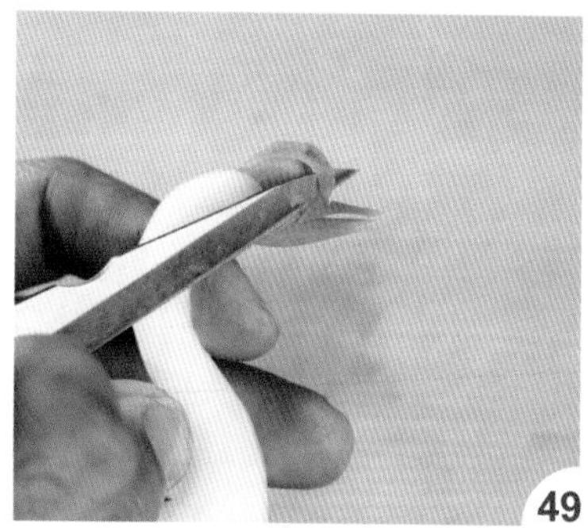

把嘴巴右侧边角切除。

再切除左侧。

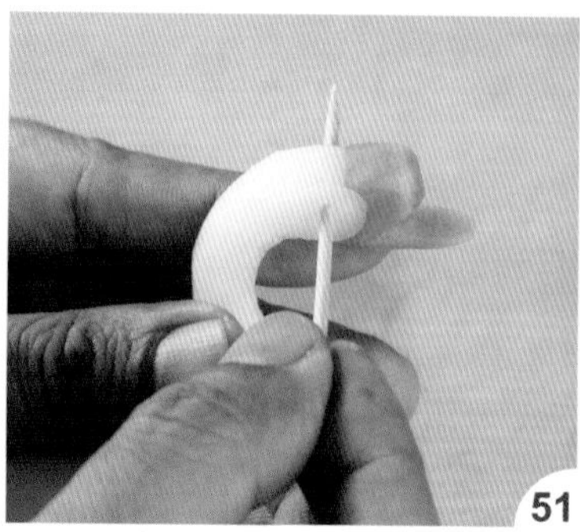

用牙签在眼部插孔。

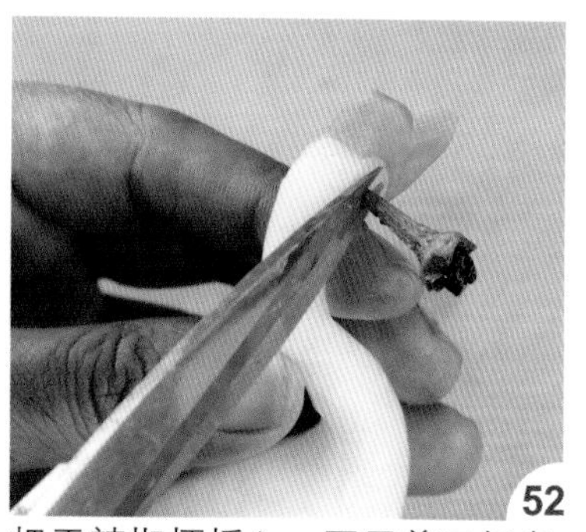

把干辣椒梗插入，再用剪刀把多余的干辣椒梗剪掉。

如图完成眼睛部分。

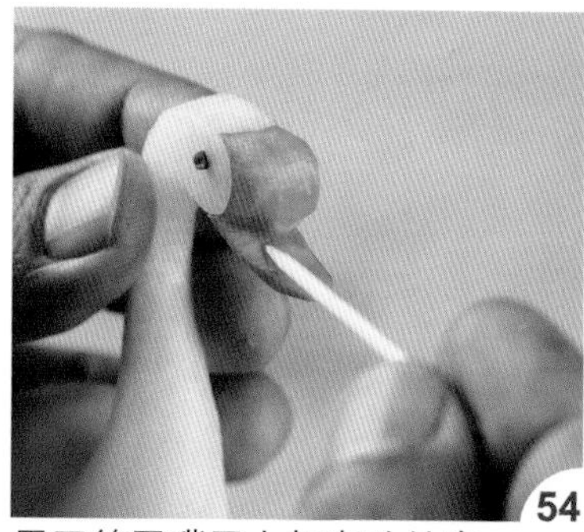

用牙签于嘴巴上把鼻孔钻出。

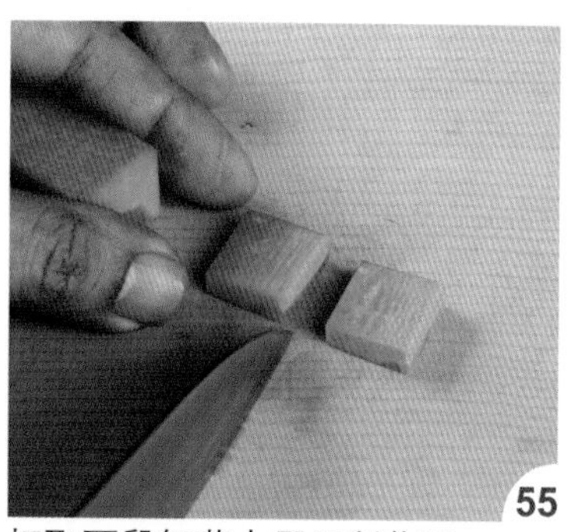

切取两段红萝卜用于制作脚。

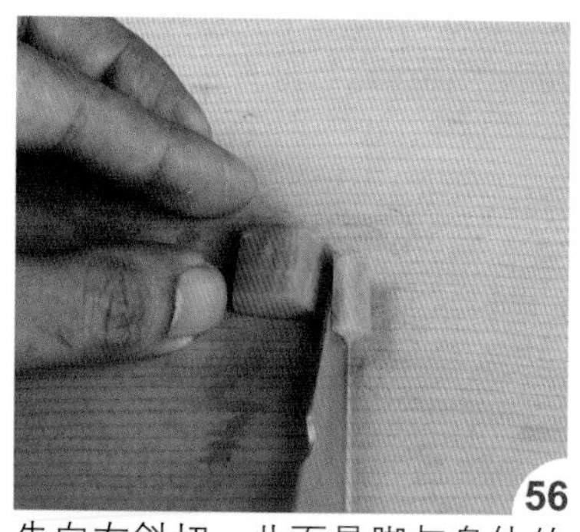

先向右斜切，此面是脚与身体的粘接面。

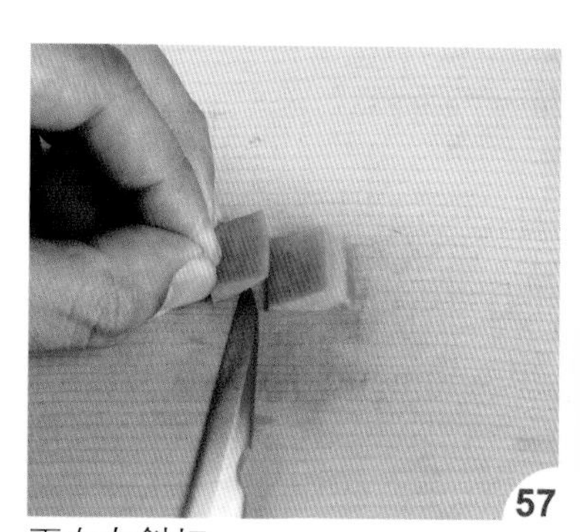

再向左斜切。

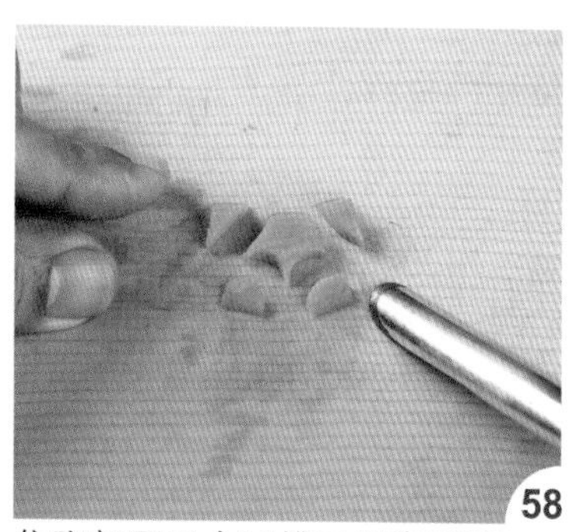

依脚部图用中圆槽刀刻出弧度。

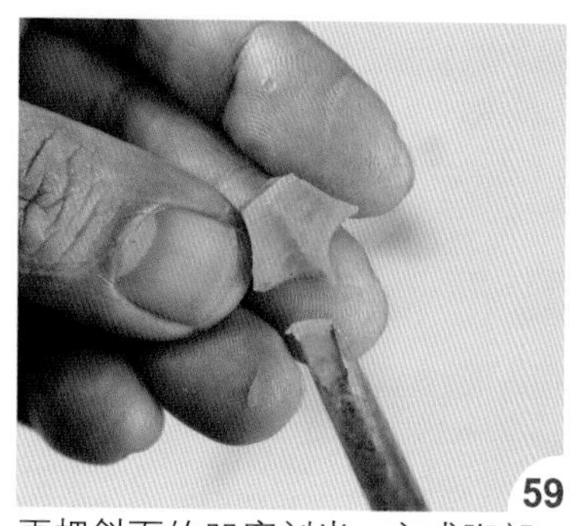

再把斜面的凹度刻出，完成脚部。

把刻好的脚粘上。

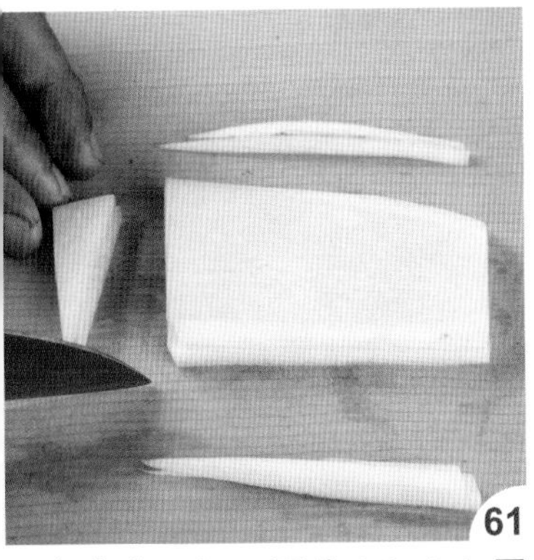
取白萝卜，切下两片 0.3~0.4 厘米的厚片作为翅膀，叠好并切除四边。

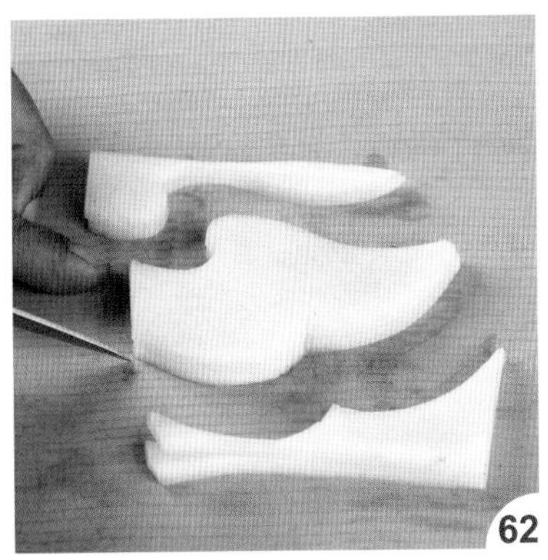
依翅膀图先刻出上下外形弧度。

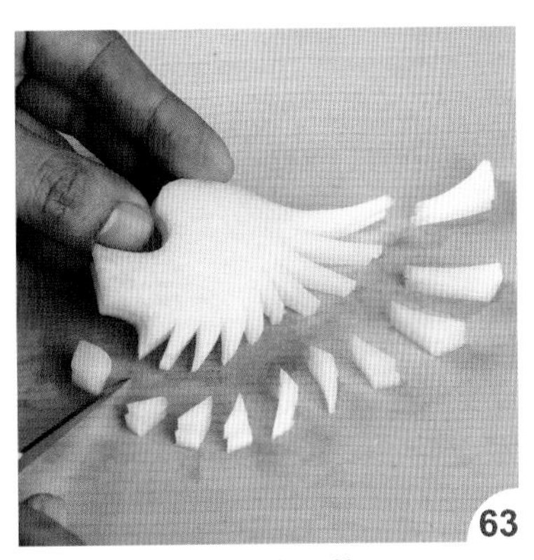
再依线条刻出翅膀形状。

如图完成翅膀的雕刻。

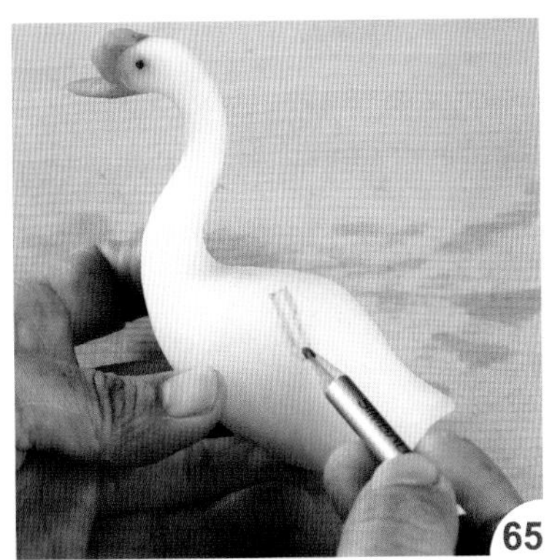
在身体两侧画出翅膀的插槽（参照 p.21 的作法 30~31）。

用雕刻刀刻出凹槽。

再把翅膀插入背部凹槽内固定。

完成翅膀。

如图完成小白鹅的雕刻。

白鹤觅食

▶材　料

白萝卜 1 条、大黄瓜 1 段、辣椒 1 段、干辣椒梗 1 个

▶工　具

西式切刀、雕刻刀、小圆槽刀、中圆槽刀、大圆槽刀、牙签、剪刀、水性画笔

▶取材比例

宽 = 半径的 $\frac{3}{4}$，如半径长是 6 厘米，那宽就是 4.5 厘米

※ 用水性画笔画出的线条要擦除时，可用白色海绵蘸水或湿布，即能擦拭干净

· 示意图

A. 俯视图　　B. 侧视图

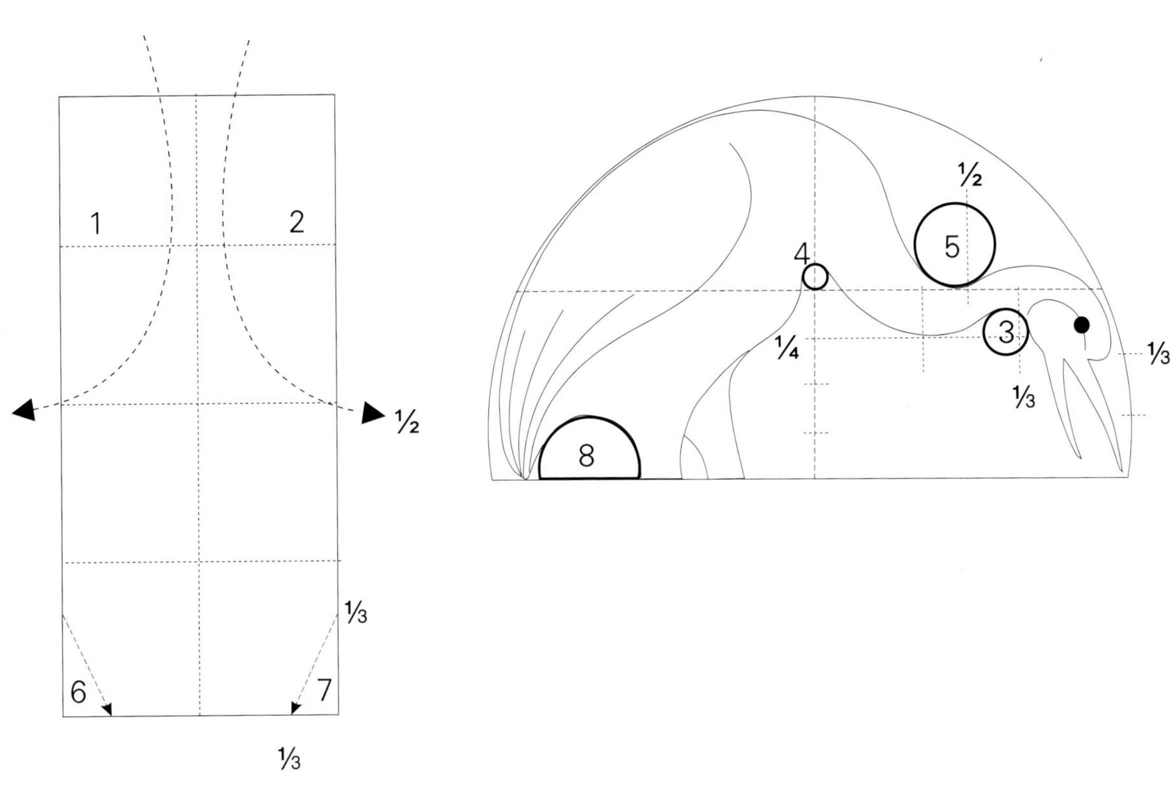

· 作法

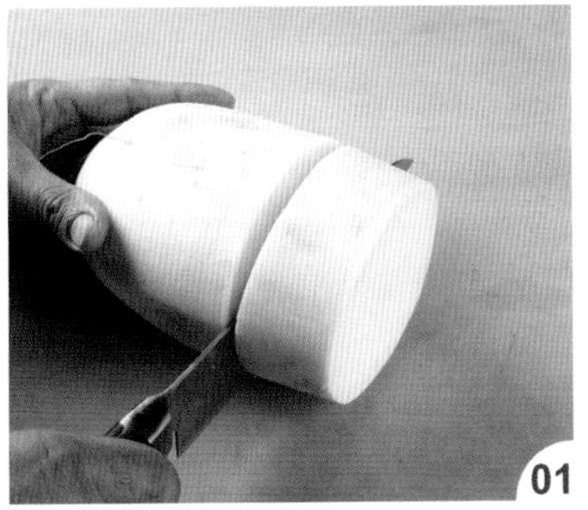

白萝卜依取材比例用西式切刀切取适当宽度。

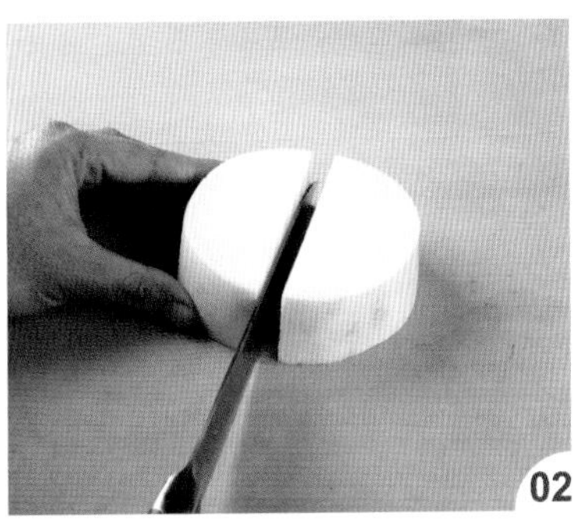

再对半切开，取半圆来雕刻白鹤的身体。

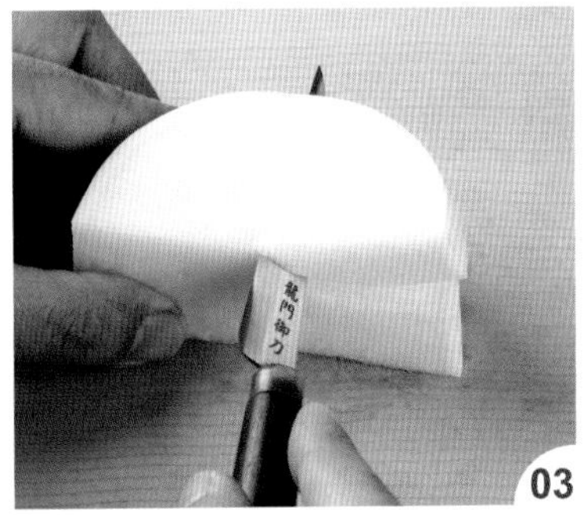

用雕刻刀把脖子左侧切除（俯视图 A1）。

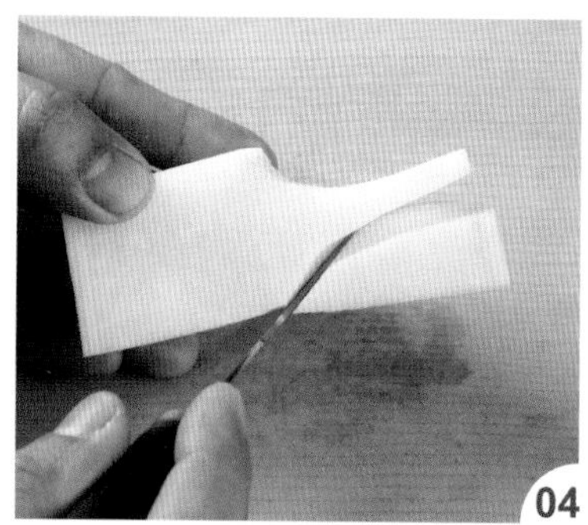

再将脖子右侧也切除（俯视图 A2）。

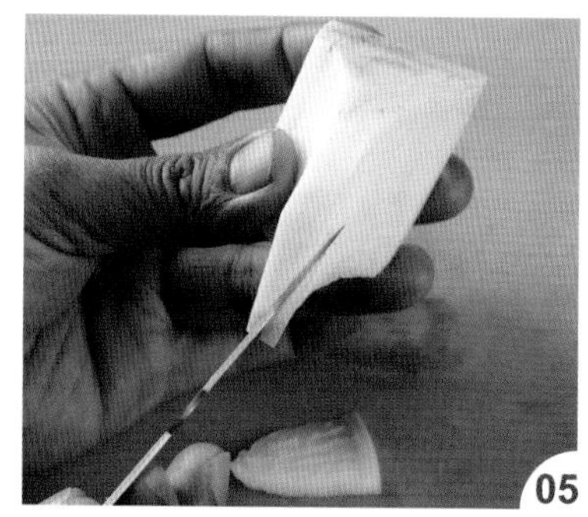

把嘴部切薄。

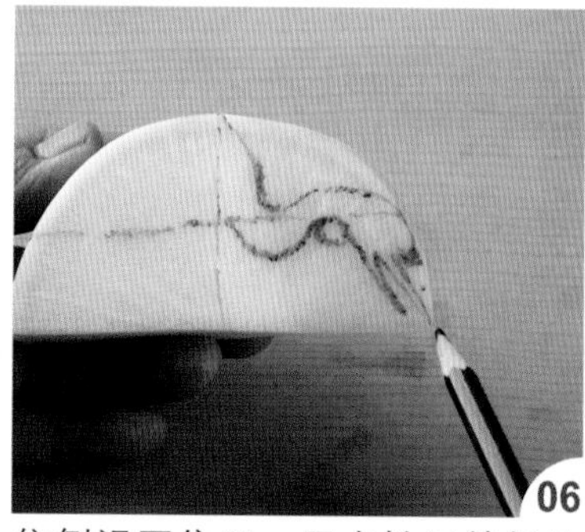

依侧视图位置，用水性画笔把头颈部线条画出。

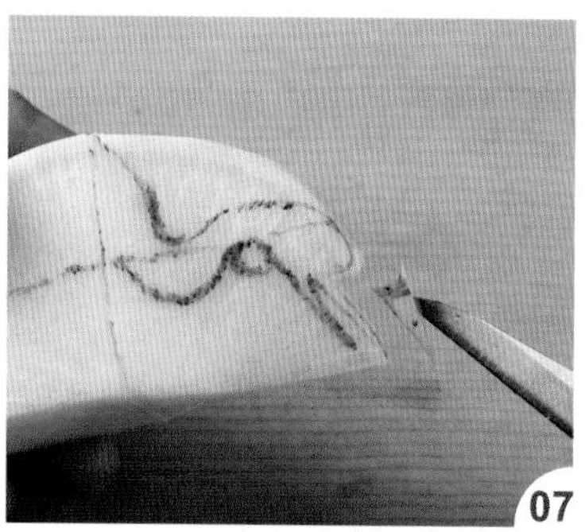

把额头与上嘴衔接处切出。

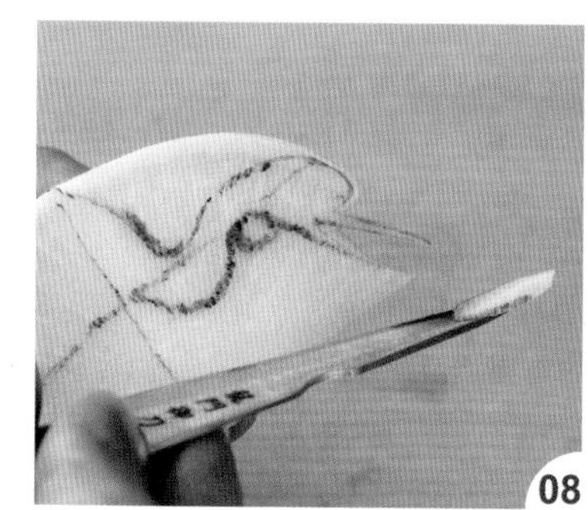

再刻出嘴巴。

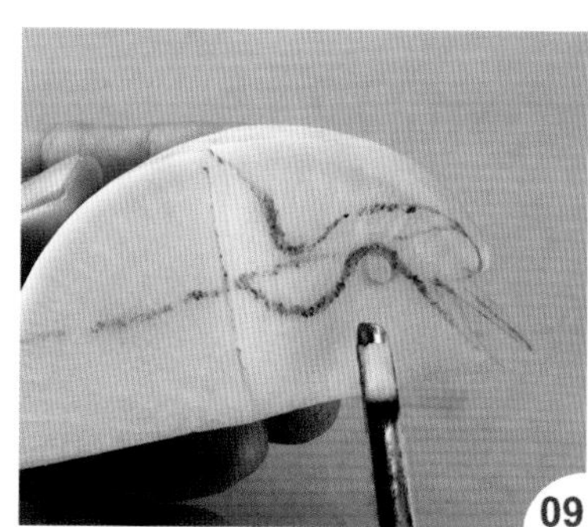

用小圆槽刀刻出下巴的圆（侧视图 B3）。

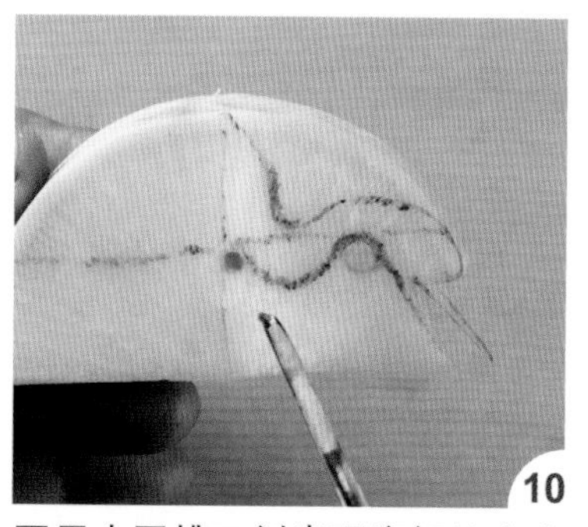

再用小圆槽刀刻出颈腹部的小小圆（侧视图 B4）。

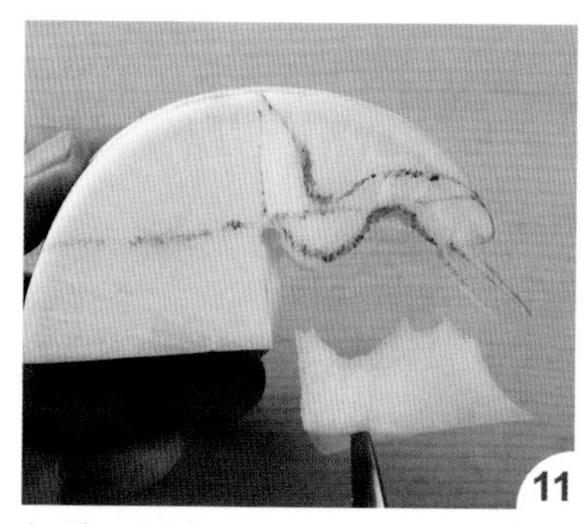

把前颈刻出，取出废料。

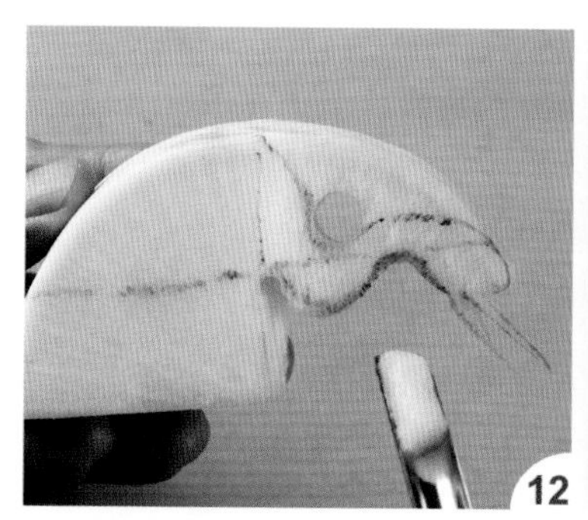

再用中圆槽刀把后颈的圆刻出（侧视图 B5）。

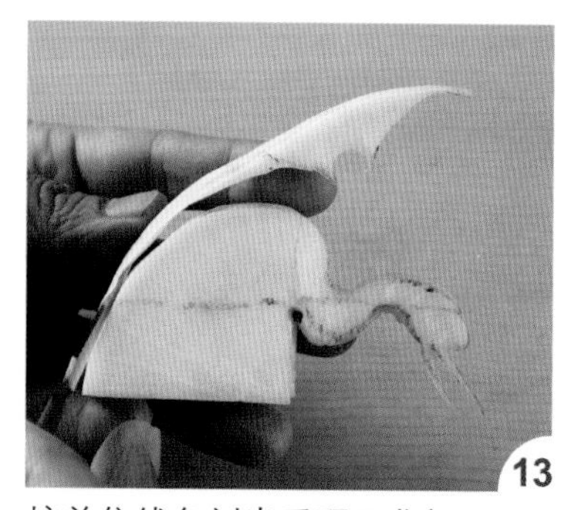

接着依线条刻出后颈及背部。

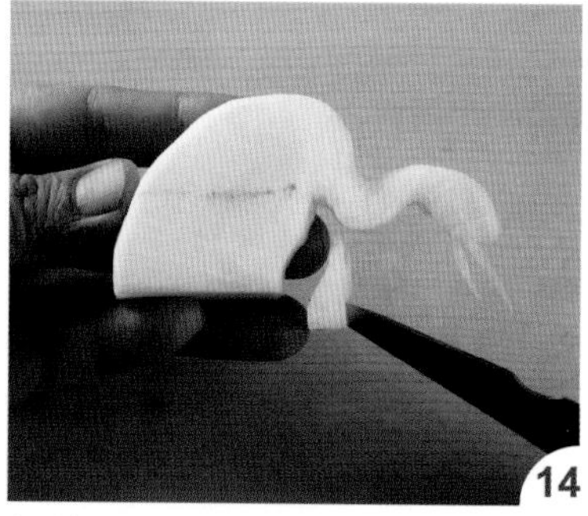

把前脚的线条刻出。

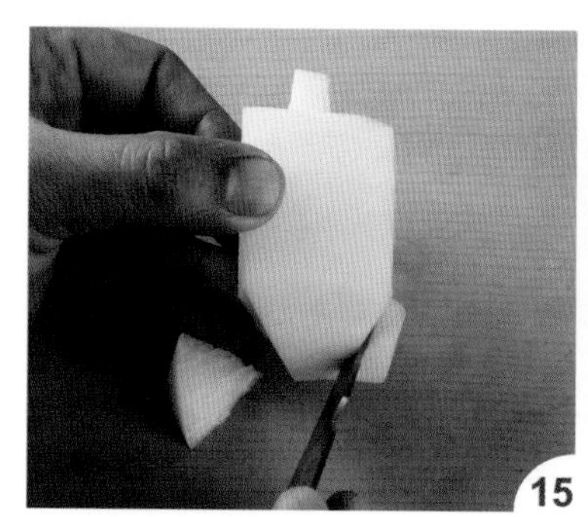

把尾部左右两侧切除，定出尾巴形状（俯视图 A6、A7）。

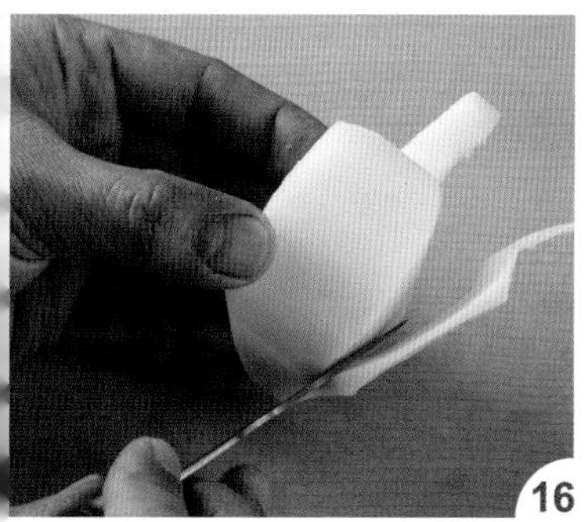

把身体右侧的弧度修出。

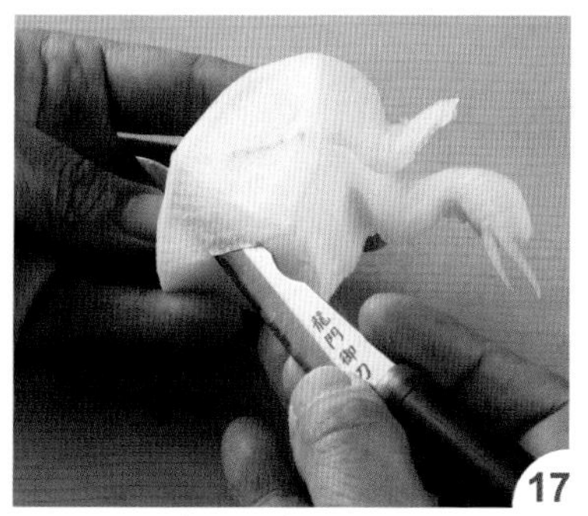

尽量一刀修到尾部。

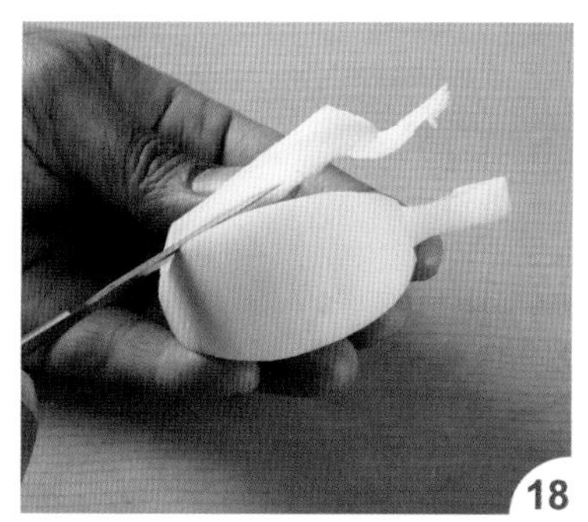

再修出身体左侧的弧度。

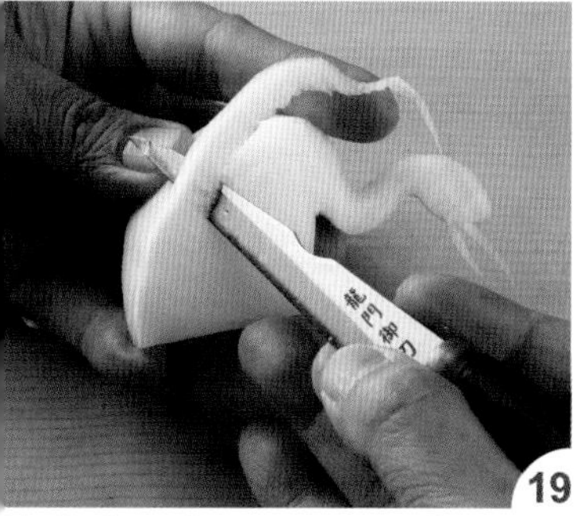

接着进行脖子四刀的切除步骤，先把右上边角修除。

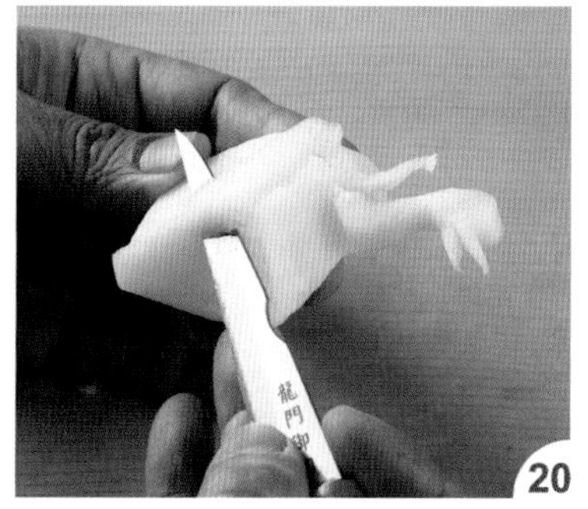

再把右下边角切除。

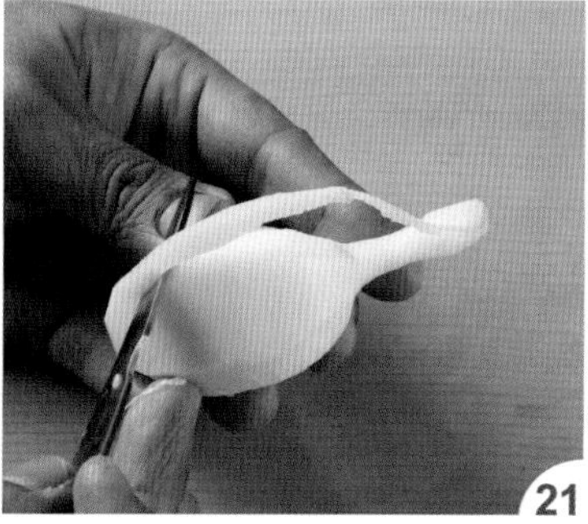

换修左上边角，由前面修到尾部中间。

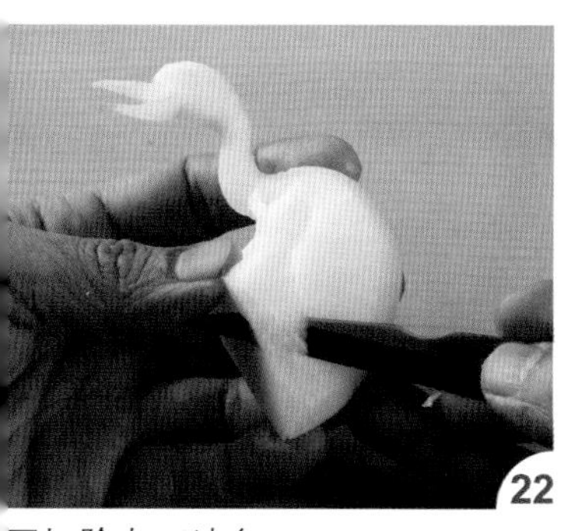

再切除左下边角。

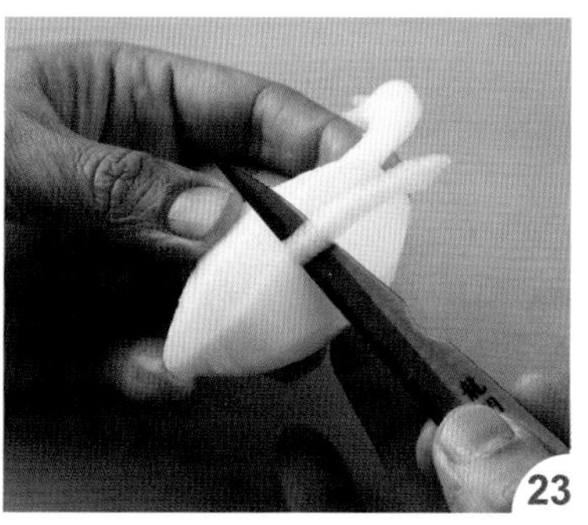

再修除身体小角，让身形更显圆润一些。

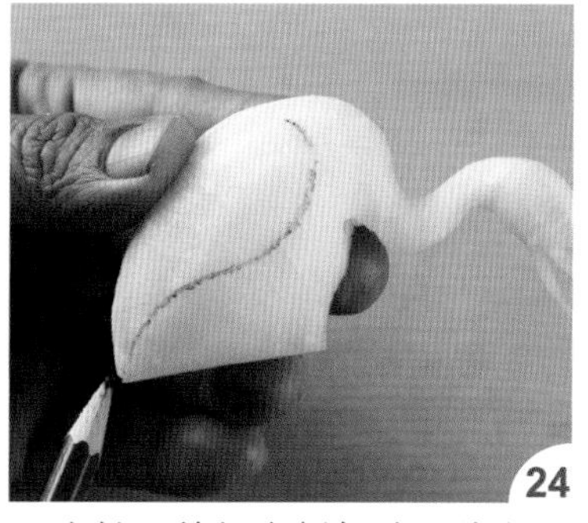

用水性画笔把右侧翅膀的线条画出。

用雕刻刀把翅膀刻出。

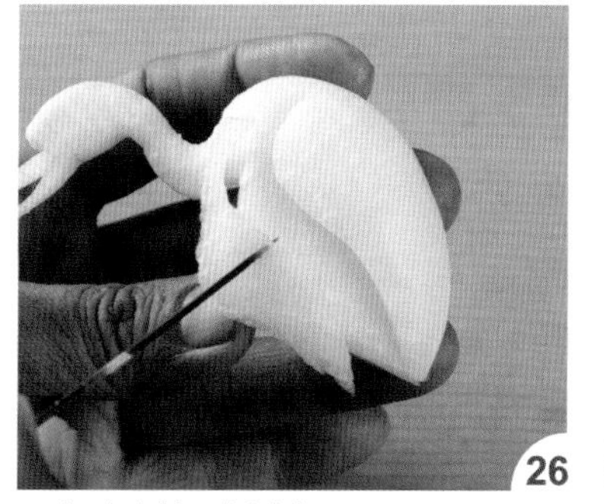

再把左侧翅膀刻出。

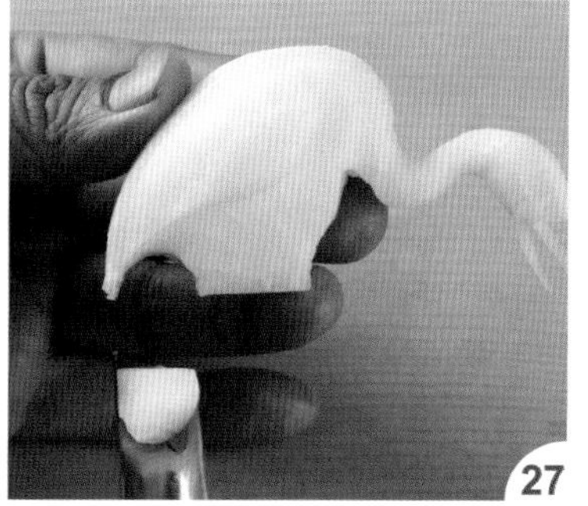

用大圆槽刀把尾部弧度刻出（侧视图 B8）。

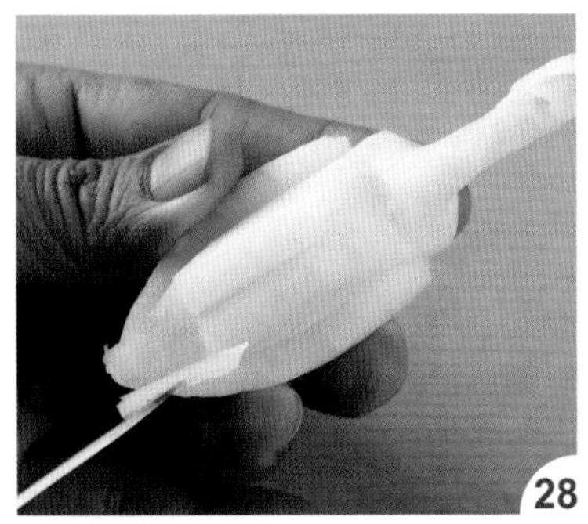

将材料转至底部，在中间刻一 V 形，分出左右脚。

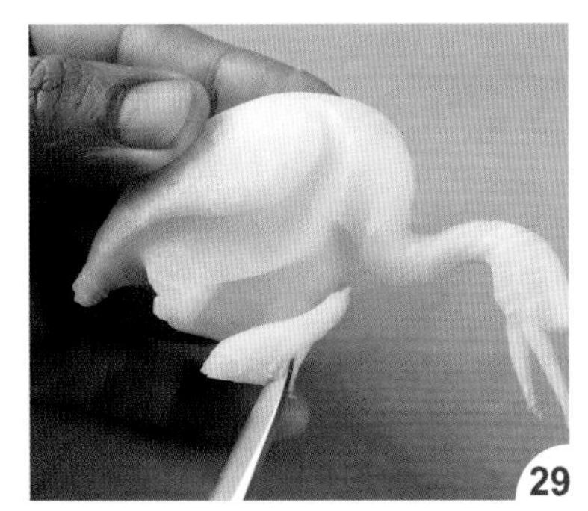

依侧视图把右前脚线条刻出。

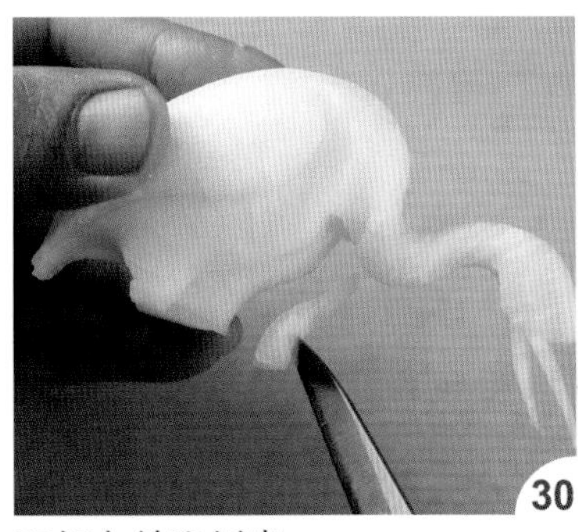

再把左前脚刻出。

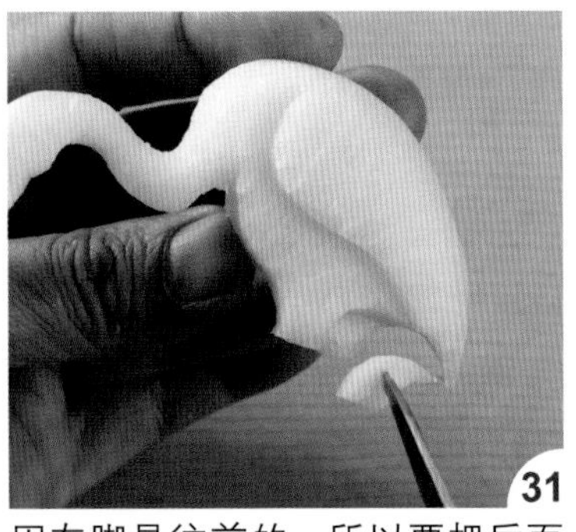

因左脚是往前的，所以要把后面的废料切除。

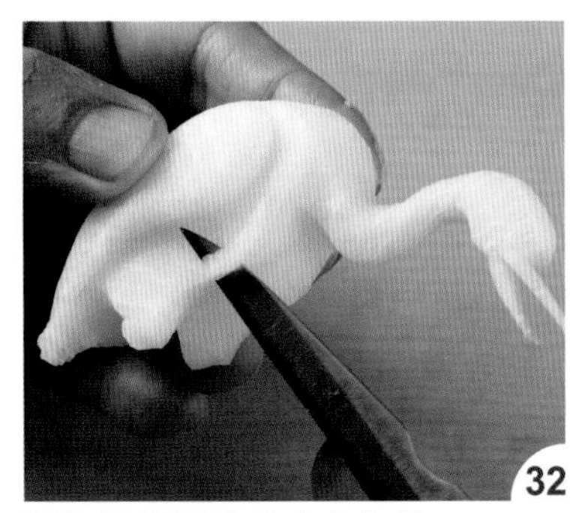

再把脚部侧边的小角切除。

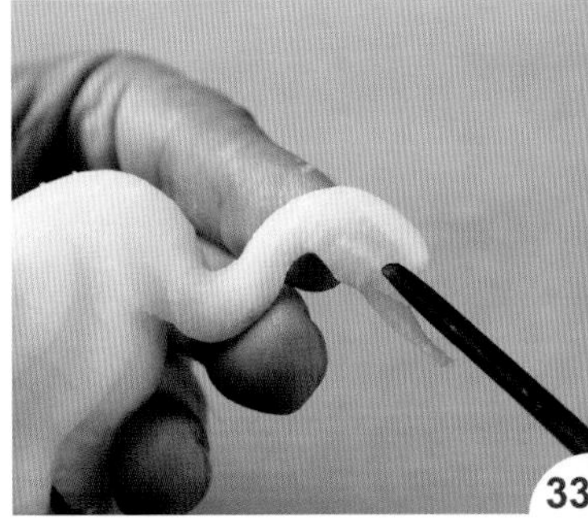

用小圆槽刀把右侧脸颊的线条刻出。

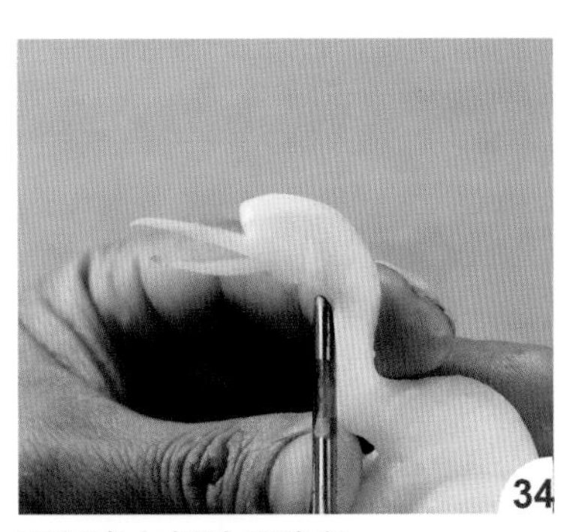

再刻出左侧脸颊线条。

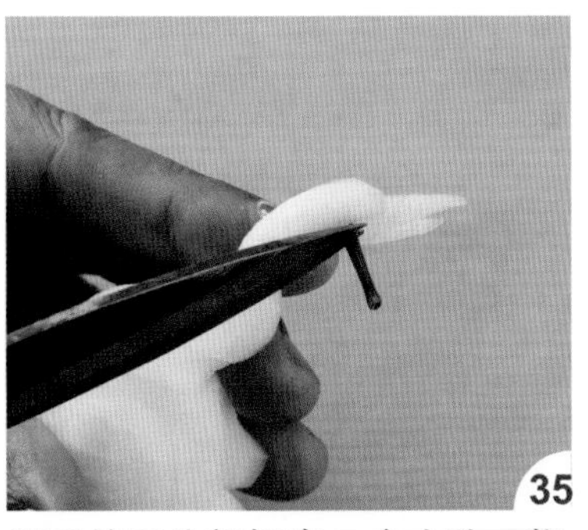

用牙签于头部插出一个小孔，将干辣椒梗插入，并用剪刀修除多余部分。

如图完成眼睛。

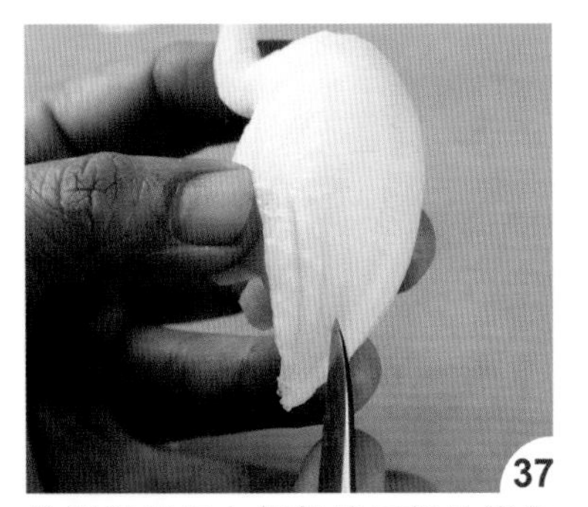

依侧视图把左侧翅膀尾部的线条刻出。

再刻出右侧翅膀尾部线条。

将牙签从左右脚下方插入，即为脚部。

取一段辣椒，在尾部切一弧刀。

如图切出长椭圆形。

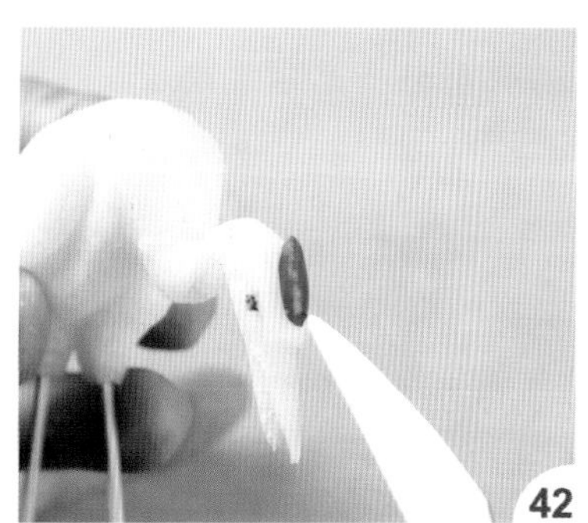

用三秒胶将作法 41 的长椭圆形辣椒粘在头顶，此为丹顶鹤特征。

切取一段大黄瓜表皮制作尾巴。

切出尾巴外形。

再刻出尾部尖角。

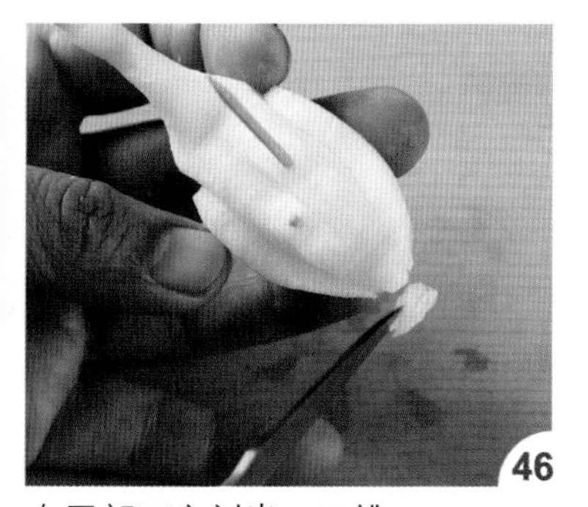

在尾部下方刻出一凹槽。

再把大黄瓜装上即可。

如图完成盘饰。

白鹤2式

▶材　料

白萝卜 1 条、大黄瓜 1 段、辣椒 1 段、干辣椒梗 1 个

▶工　具

西式切刀、雕刻刀、小圆槽刀、大圆槽刀、牙签、剪刀、水性画笔

▶取材比例

宽为半径的 $\frac{3}{4}$，如半径长是 6 厘米，那宽就是 4.5 厘米

· 示意图

A. 后视图

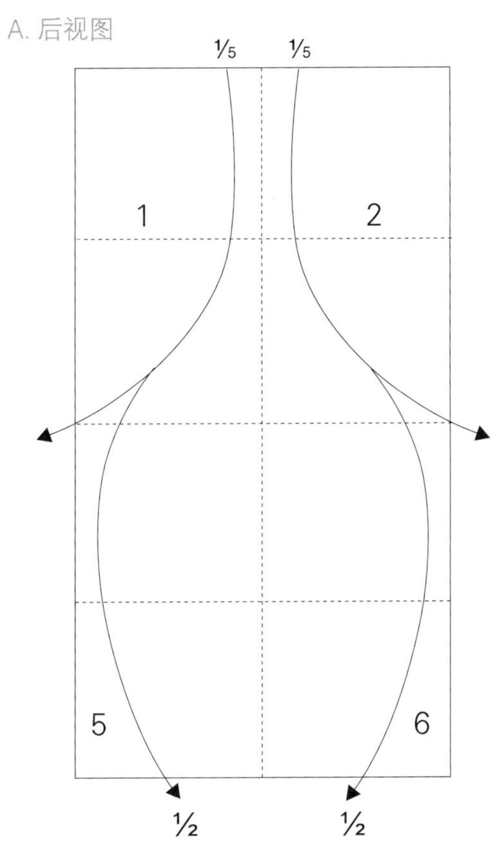

B. 侧视图

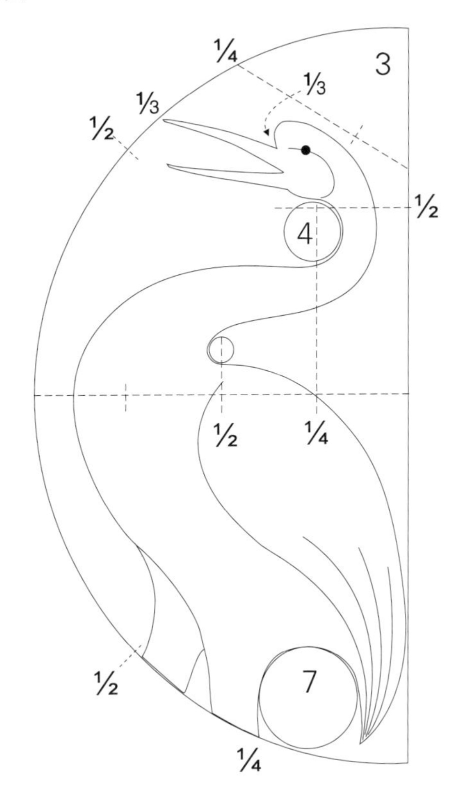

· 作法

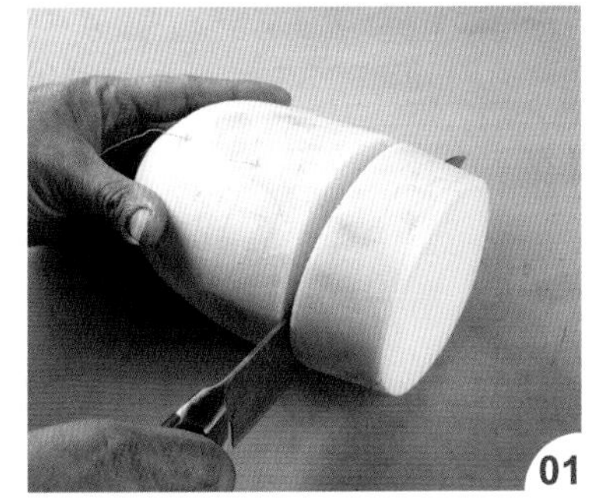

白萝卜依取材比例用西式切刀切取适当宽度。

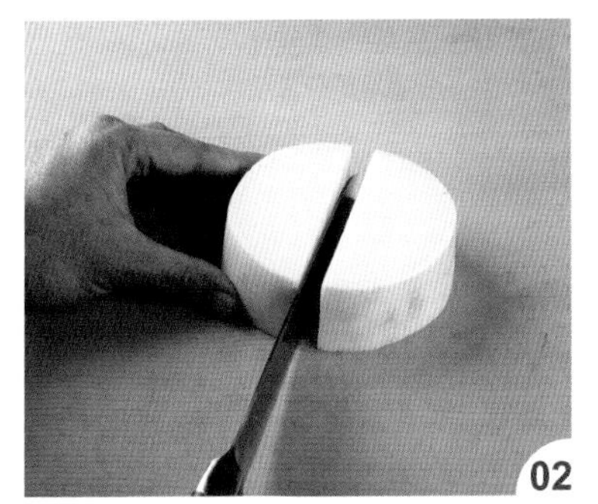

再对半切开，取半圆来雕刻白鹤的身体。

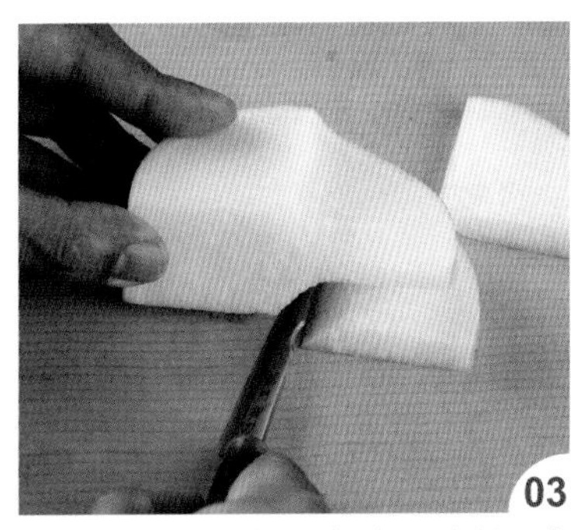

用雕刻刀把脖子左右两侧切除（后视图 A1、A2）。

切除头部上方的三角形（侧视图B3）。

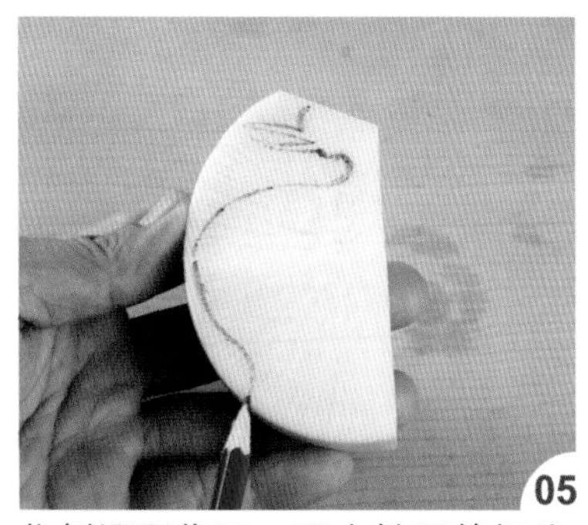

依侧视图位置，用水性画笔把头及前颈胸画出。

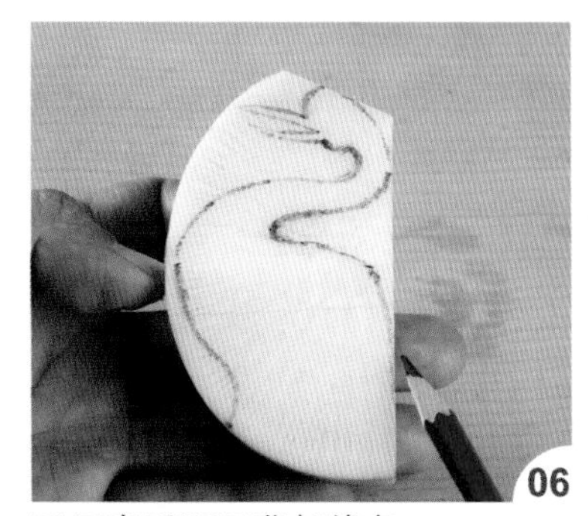

再画出后颈及背部线条。

接着画出脚部。

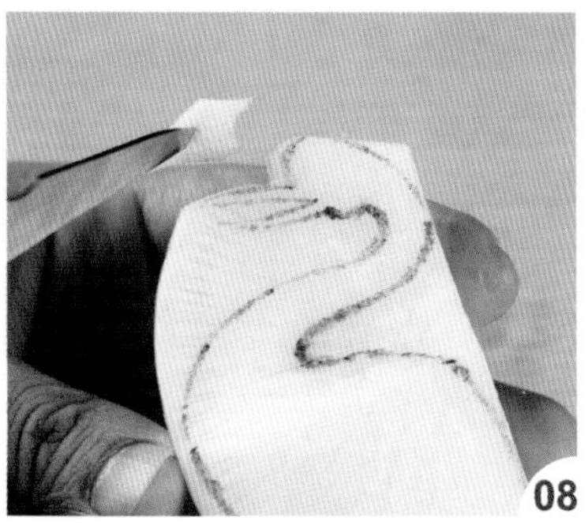

把额头与上嘴的衔接处切出。

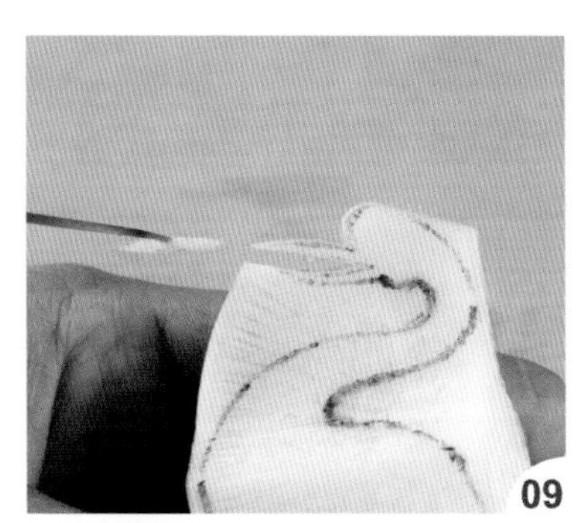

再刻出嘴巴。

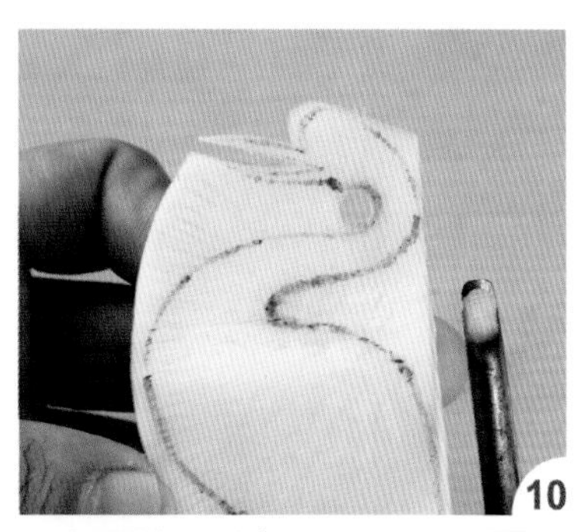

用小圆槽刀刻出下巴的圆。

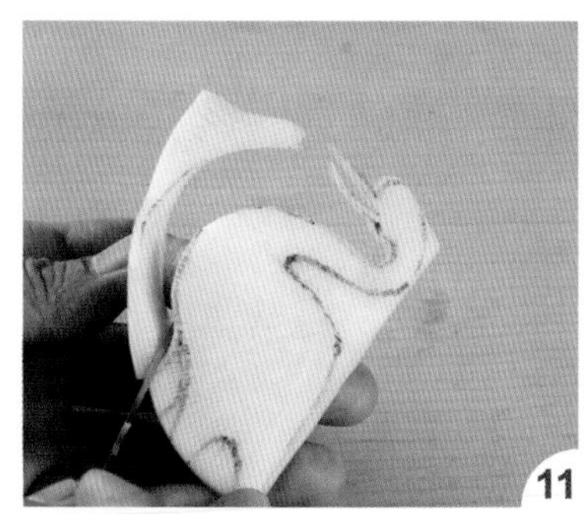

再刻出下嘴及前颈胸腹部。

再把后颈的圆也刻出（侧视图B4）。

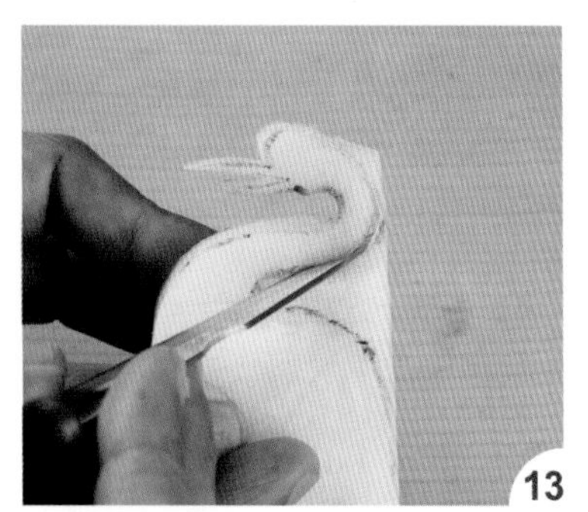

接着依线条刻出后颈及背部。

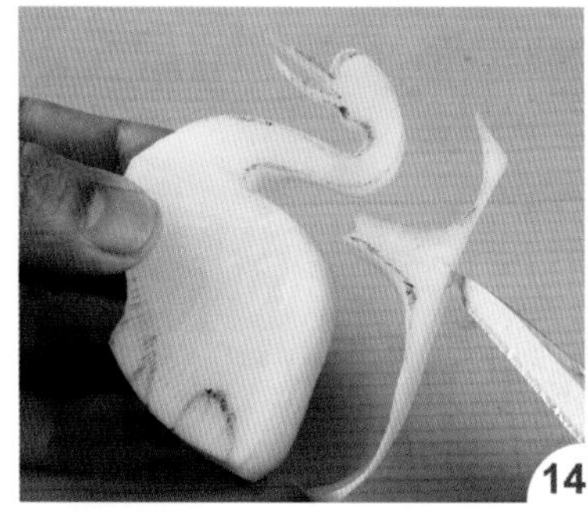

将废料切除。

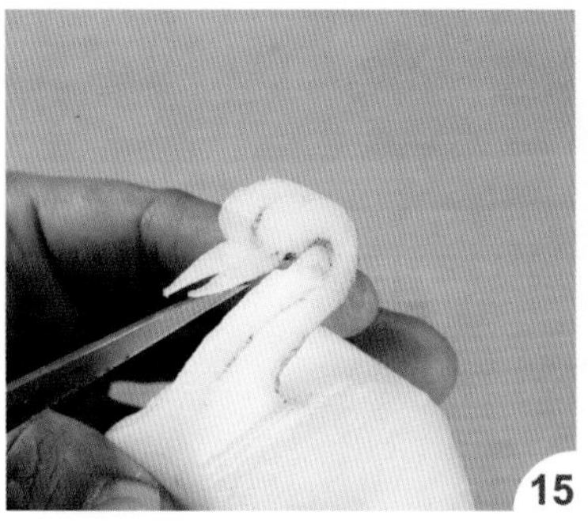

再把嘴部切薄。

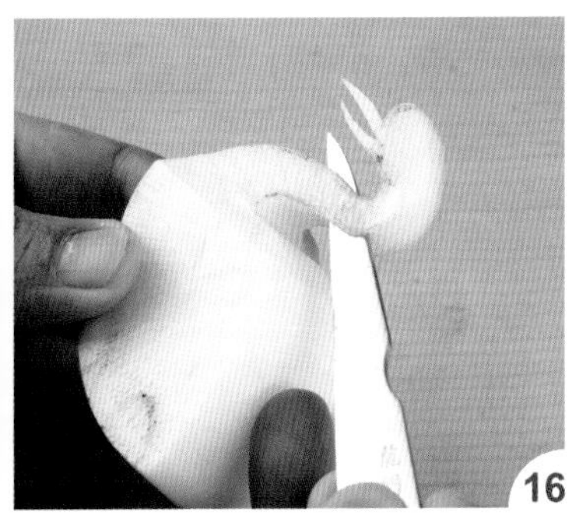

刻出脖子的细度。

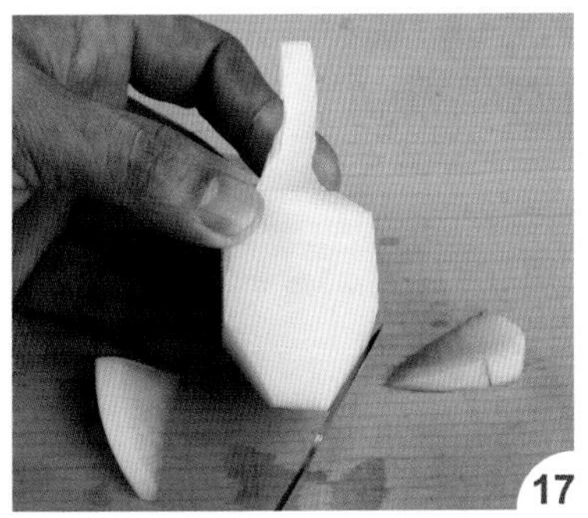

把尾部左右两侧切除，定出尾巴形状。

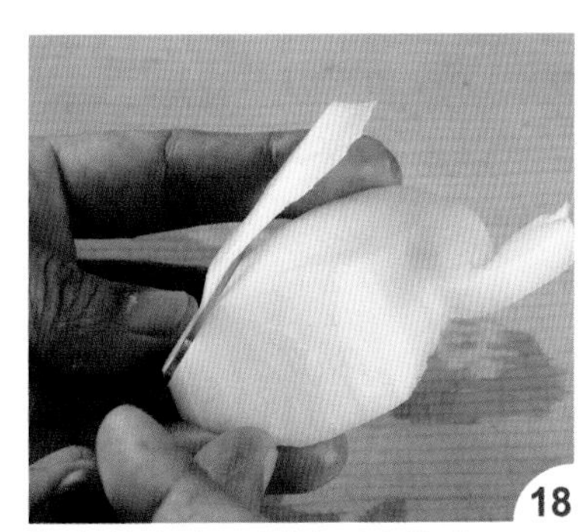

把身体左右两侧的弧度修出。

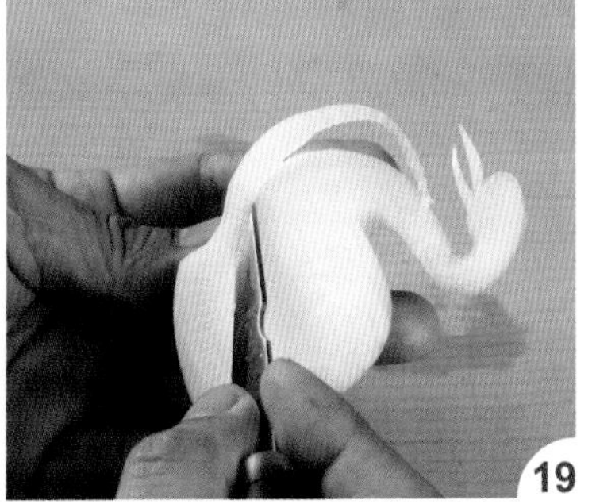

接着进行脖子四刀的切除步骤，先把左下边角修除。

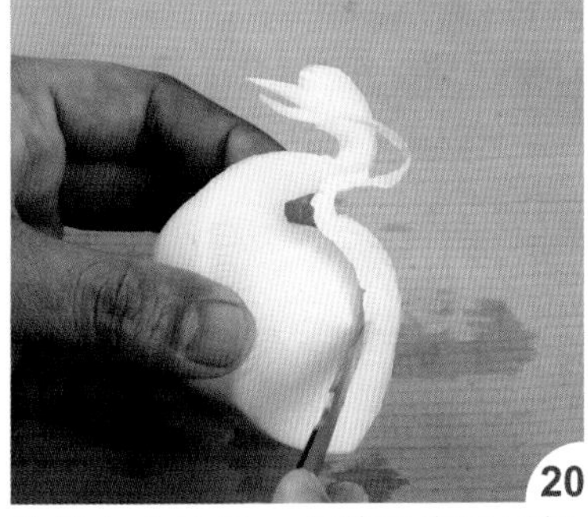

换修左上边角，由前面修到尾部中间。

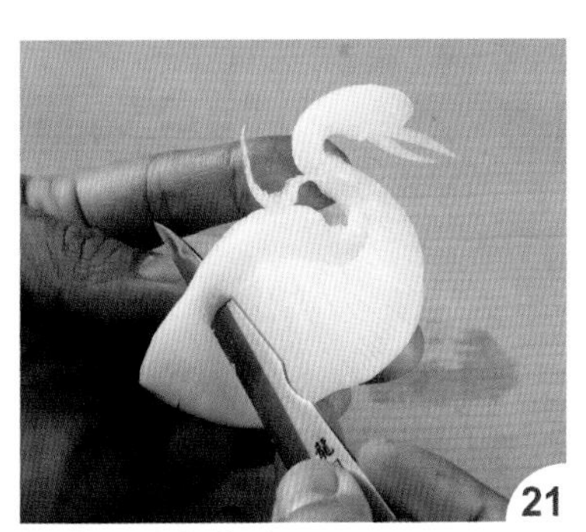

把右上边角修除。

再把右下边角也切除。

用水性画笔把左侧翅膀的线条画出。

用雕刻刀把左侧翅膀刻出。

再把右侧翅膀刻出。

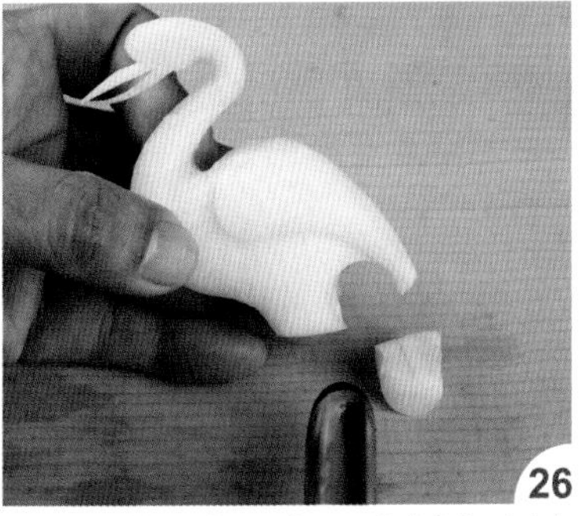

用大圆槽刀把尾部弧度刻出（侧视图 B7）。

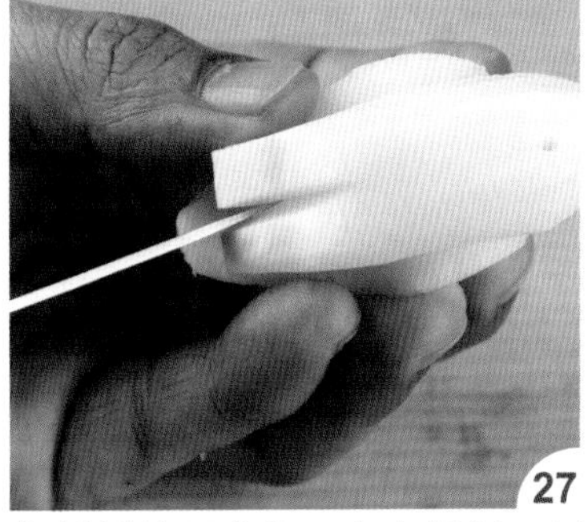

将材料转至底部，在中间刻一 V 形，分出左右脚。

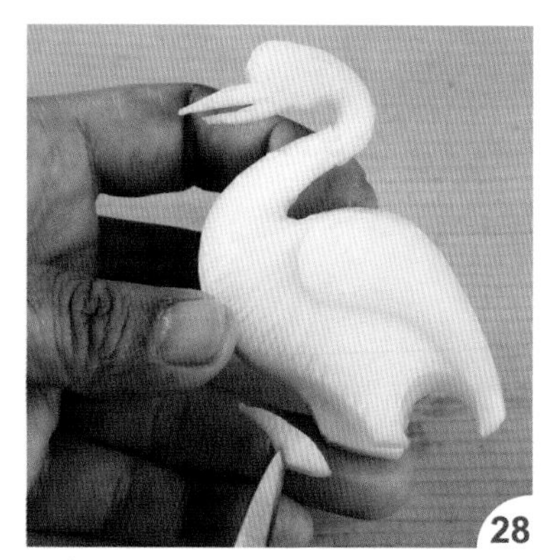

依侧视图把左前脚线条刻出。

右脚因往前走，所以要把后面的废料切除。

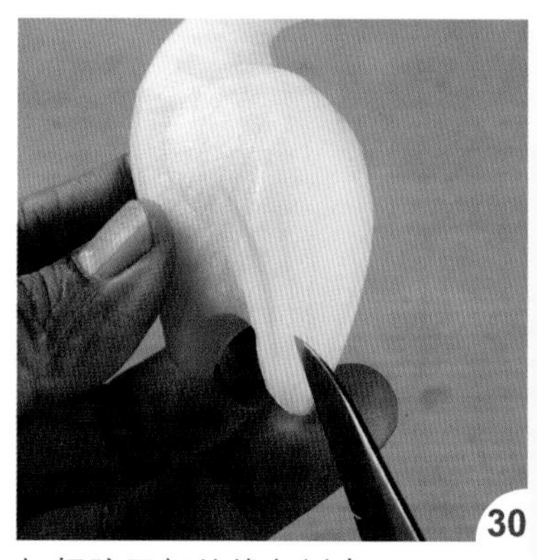

把翅膀尾部的线条刻出。

再用小圆槽刀把左侧脸颊的线条刻出。

用牙签于头部插出一个小孔，将干辣椒梗插入，并用剪刀修除多余部分。

取一段辣椒，切出长椭圆形粘在头顶（参照 p.51 的 作 法 40 ~ 42）。

切取一段大黄瓜表皮，刻出尾巴形状。

在尾部下方刻出一凹槽，把大黄瓜装上即可。

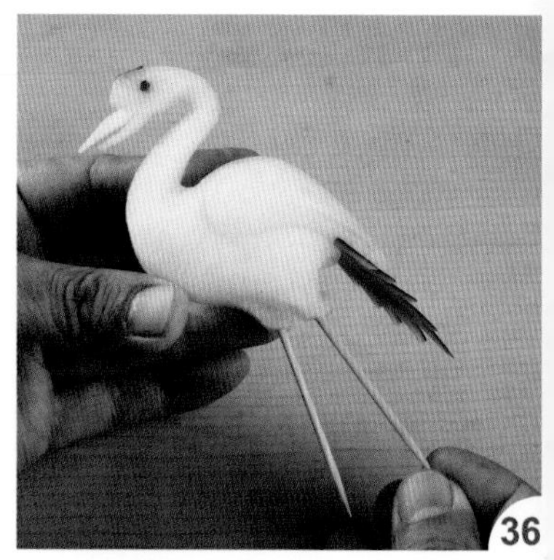

再将牙签从左右脚下方插入，装上脚部，如图完成作品。

白鹤仰式

▶材　料

白萝卜 1 條、大黄瓜 1 段、辣椒 1 段、干辣椒梗 1 个

▶工　具

西式切刀、雕刻刀、小圆槽刀、大圆槽刀、牙签、剪刀、水性画笔

▶取材比例

宽为半径的 $\frac{3}{4}$

※ 可以刻合着翅膀的鹤，也可以刻伸展翅膀的鹤

· 示意图

A. 俯视图

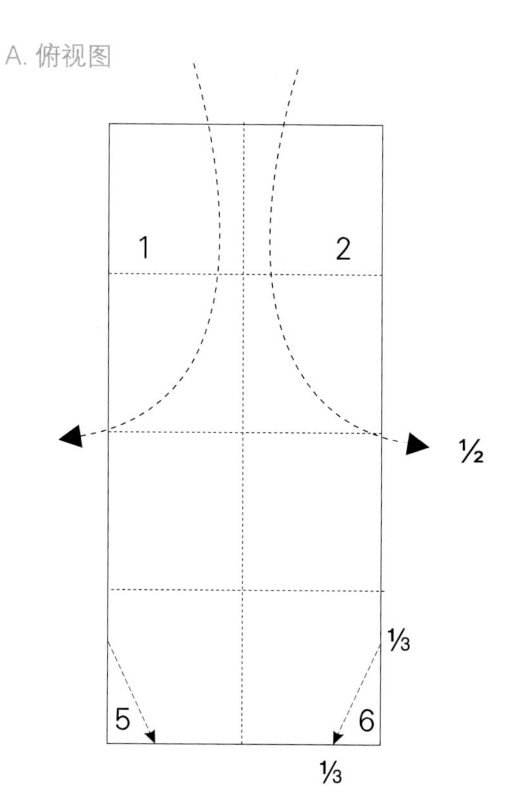

B. 侧视图

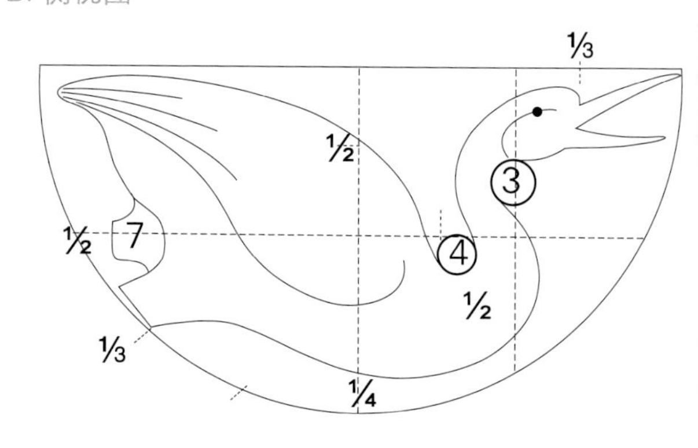

C. 翅膀

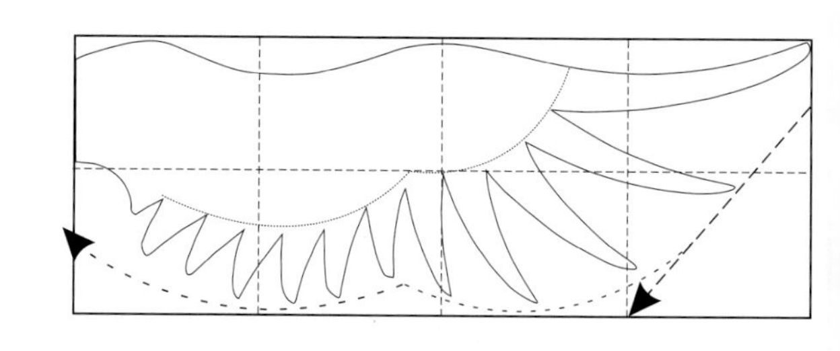

· 作法

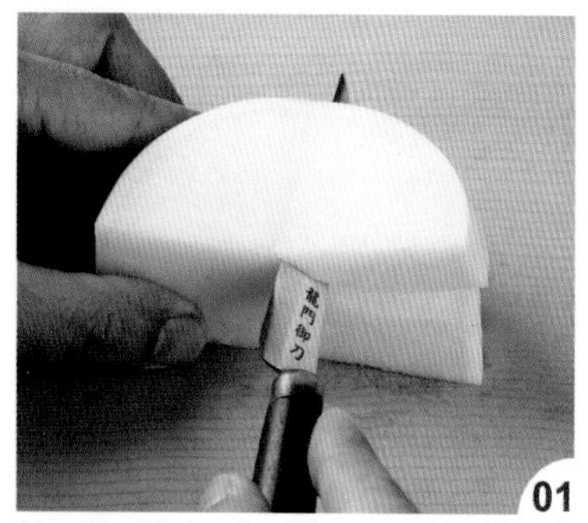

取材后（参照 p.53 的作法 01~02），用雕刻刀把脖子左侧的废料切除（俯视图 A1）。

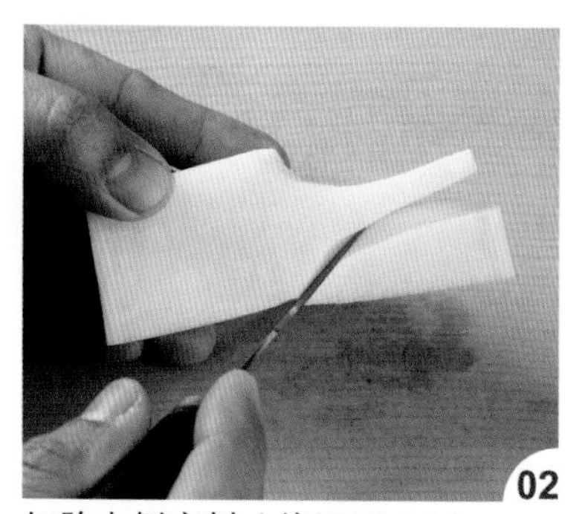

切除右侧废料（俯视图 A2）。

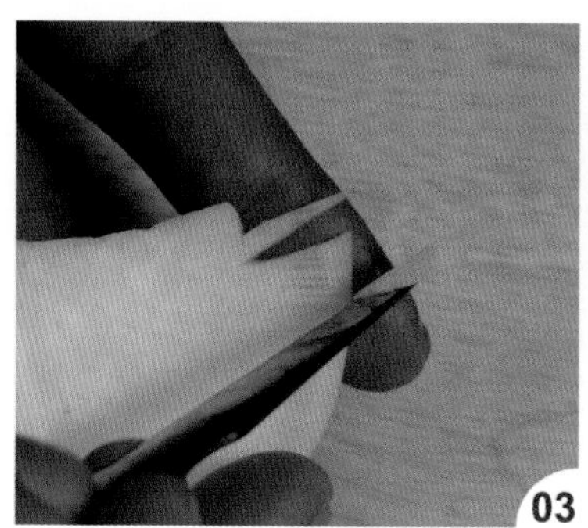

把额头与嘴巴的衔接处切出。

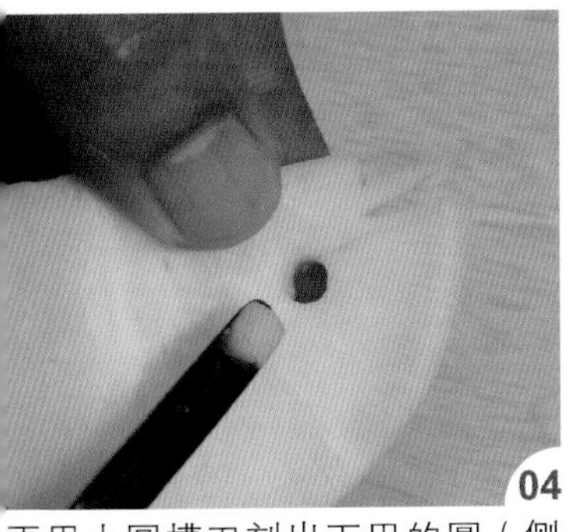

再用小圆槽刀刻出下巴的圆（侧视图 B3）。

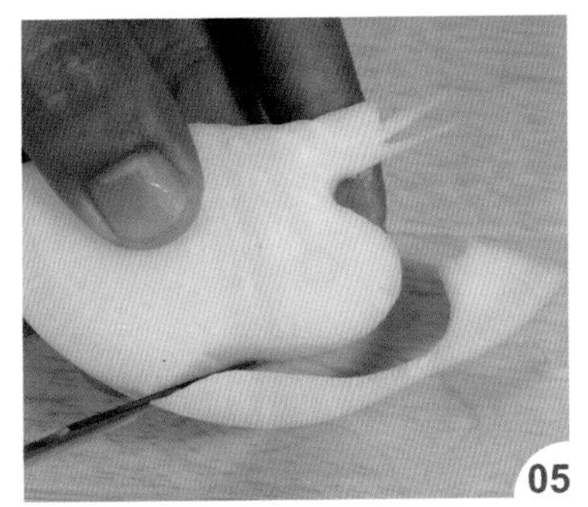

再刻出下嘴及前颈胸腹部。

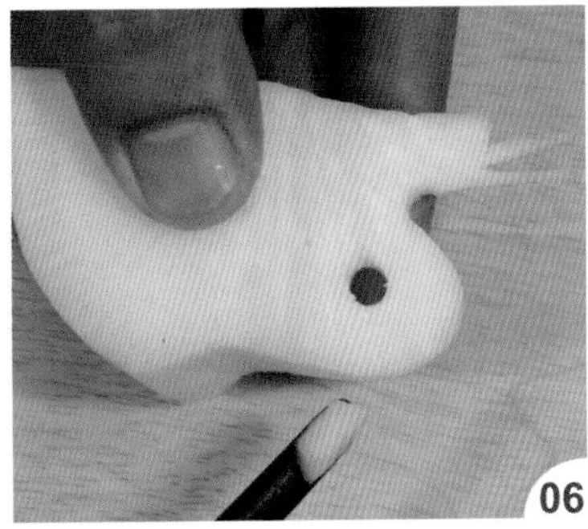

再把后颈的圆也刻 出（侧视图 B4）。

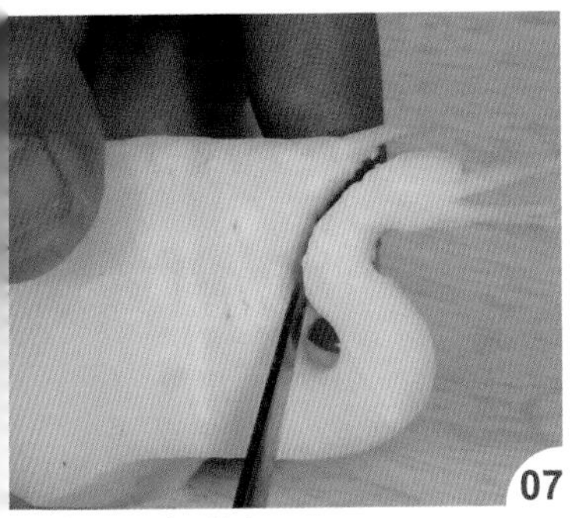

刻出后颈部线条。

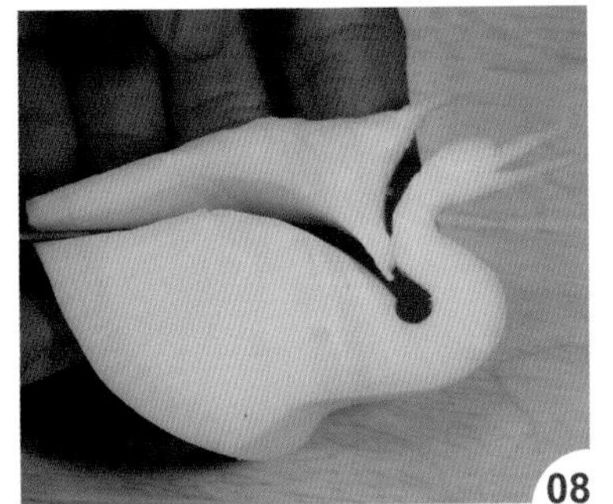

再依线条刻出后背部。

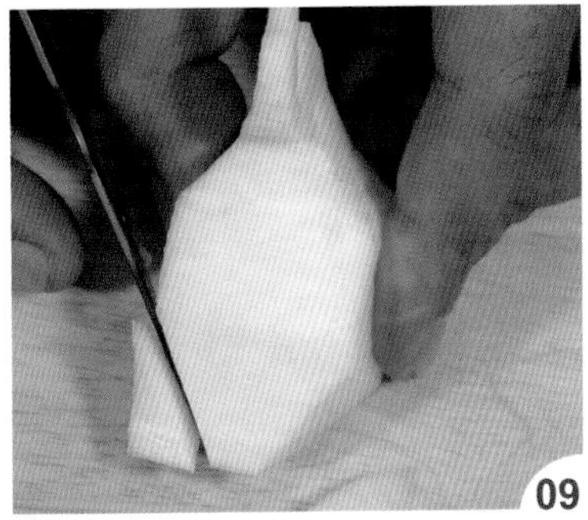

把尾部左右两侧切除，定出尾巴形状（俯视图 A5、A6）。

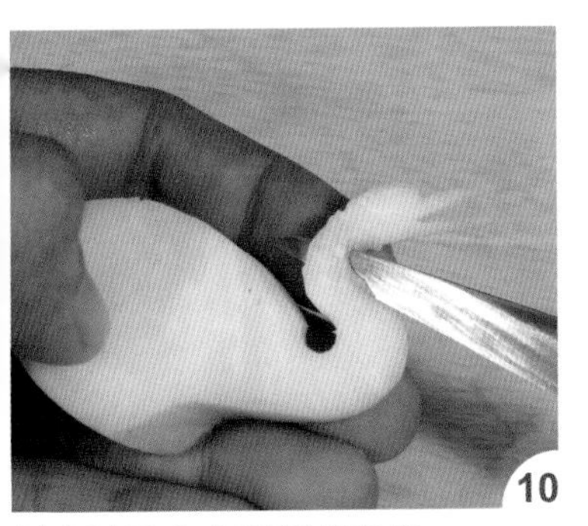

刻出脖子左右两侧的弧度。

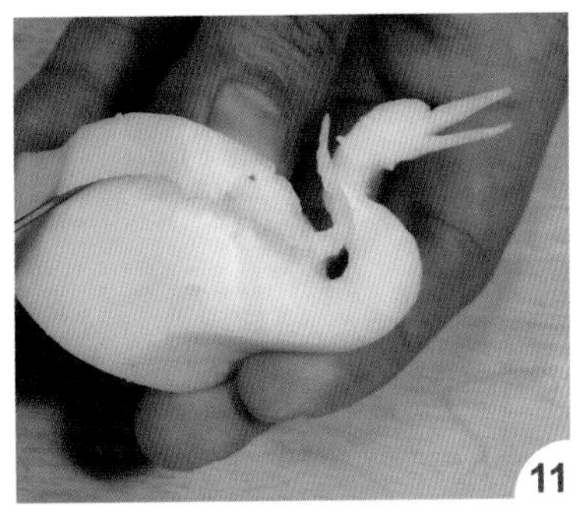

接着进行脖子四刀的切除步骤，先把右上边角修除。

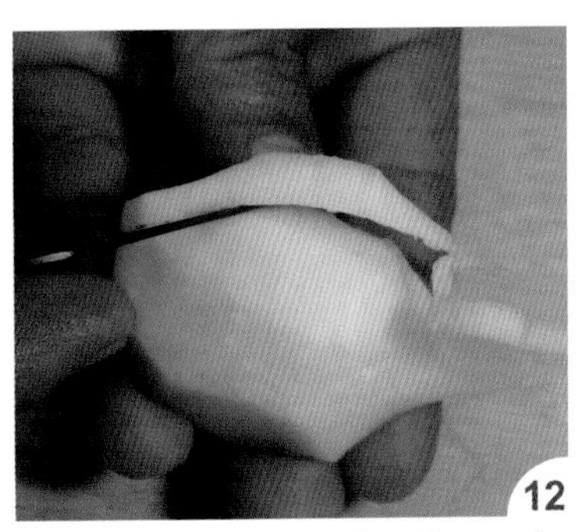

换修左上边角，由前面修到尾部中间。

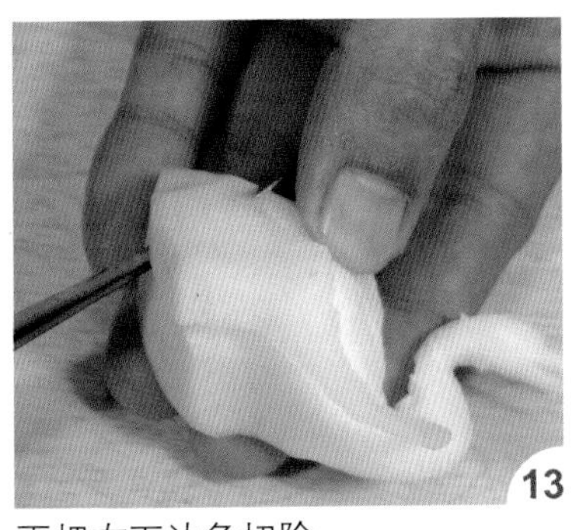

再把右下边角切除。

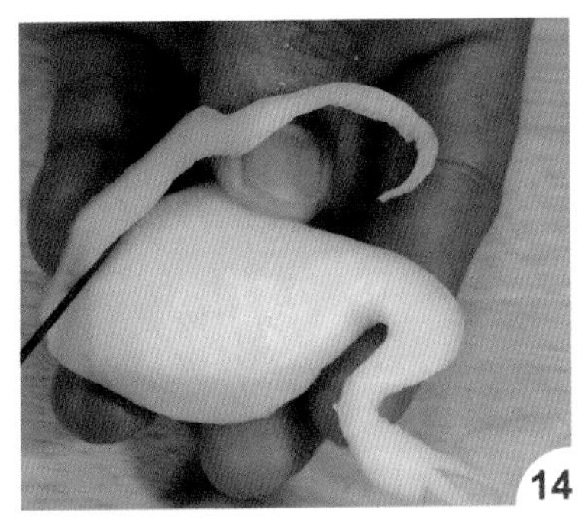

再修左下边角。

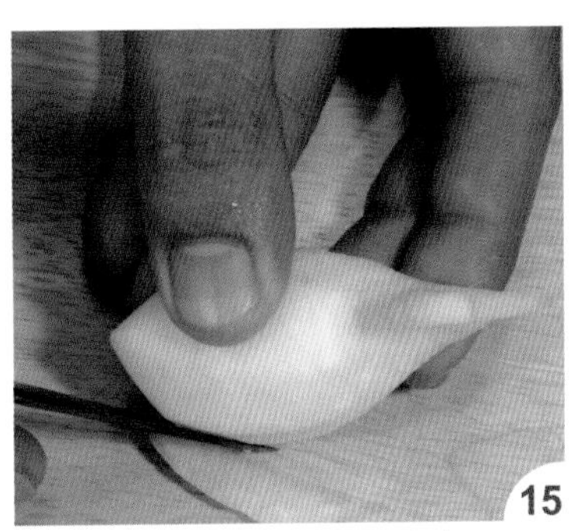

把身体左右两侧的弧度修出。

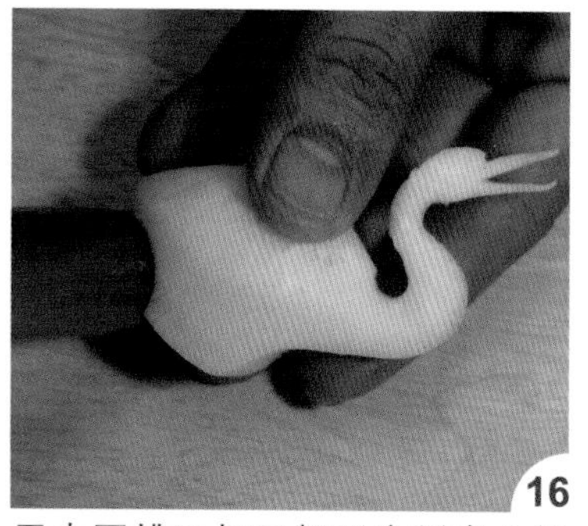
用大圆槽刀把尾部弧度刻出（侧视图 B7）。

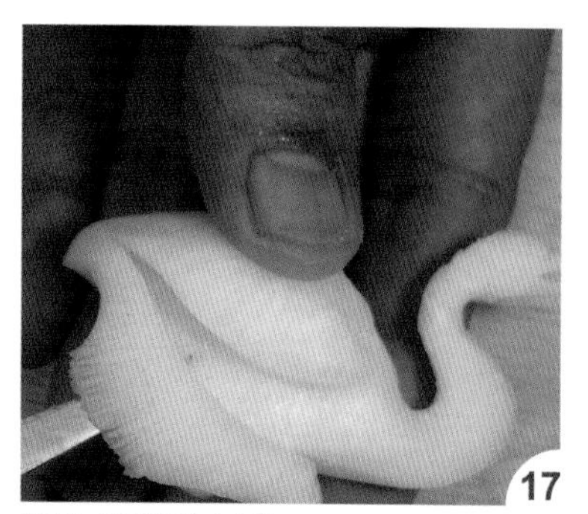
把右侧翅膀刻出。

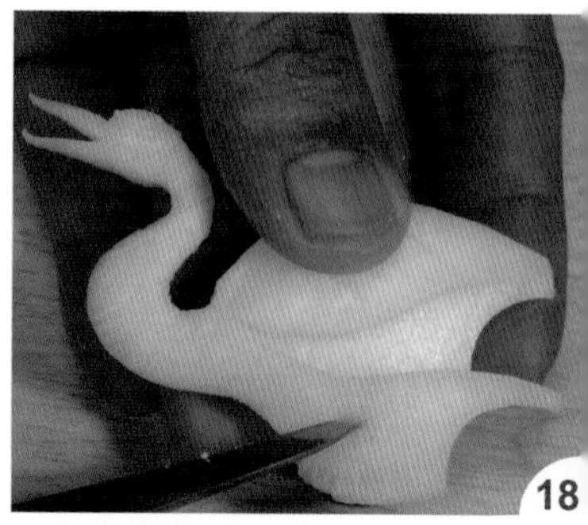
再把左侧翅膀刻出。

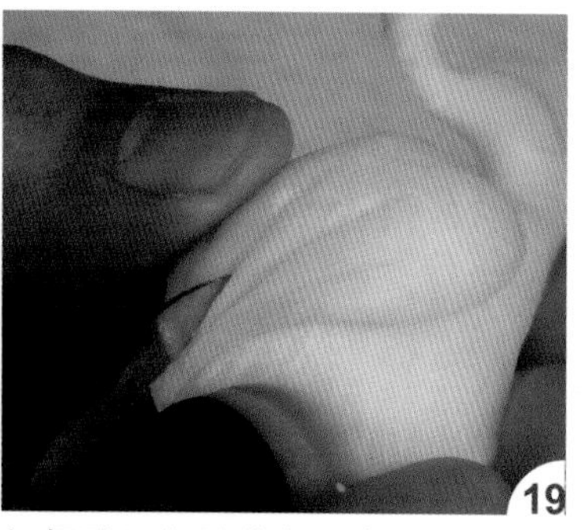
把翅膀尾部的线条刻出。

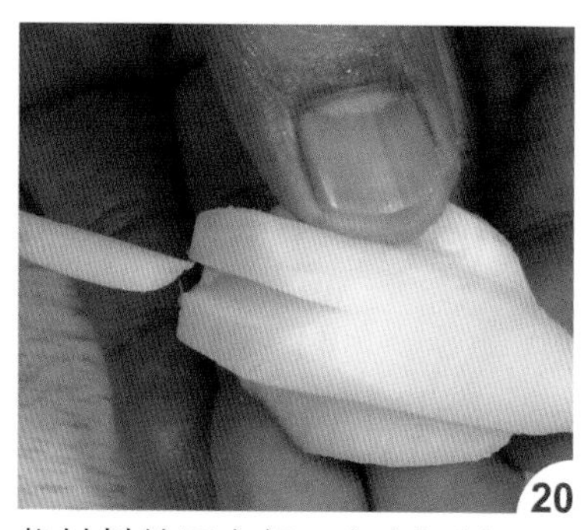
将材料转至底部，在中间刻一 V 形，分出左右脚。

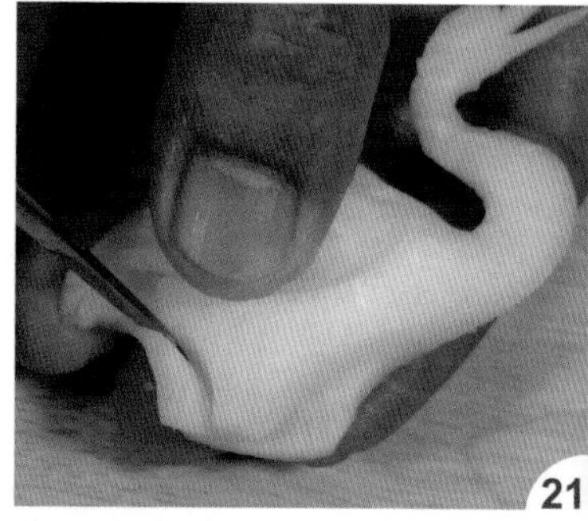
右脚因往前走，所以要把后面的废料切除。

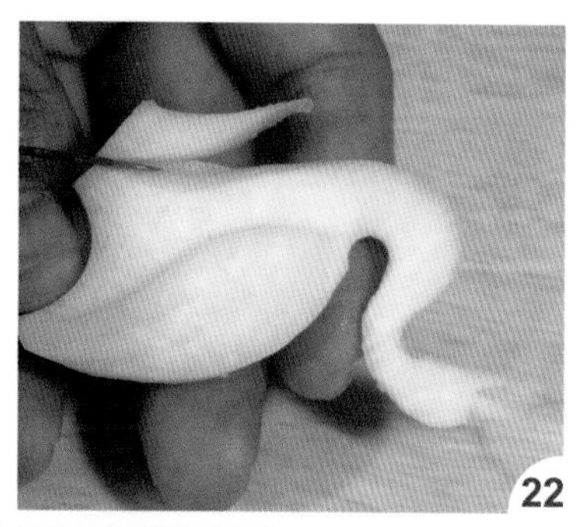
再把左前脚刻出。

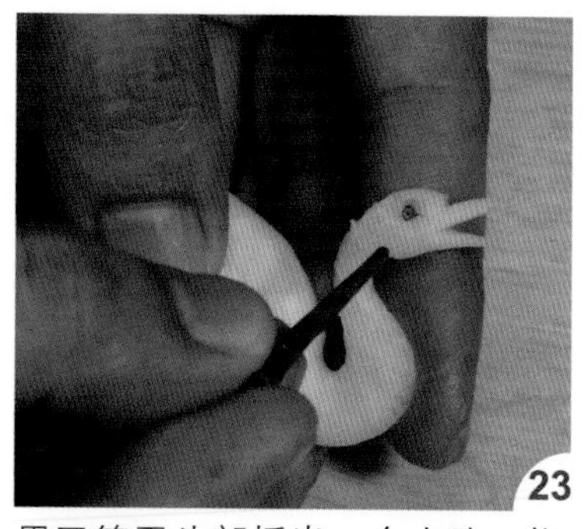
用牙签于头部插出一个小孔，将干辣椒梗插入，并用剪刀修除多余部分。

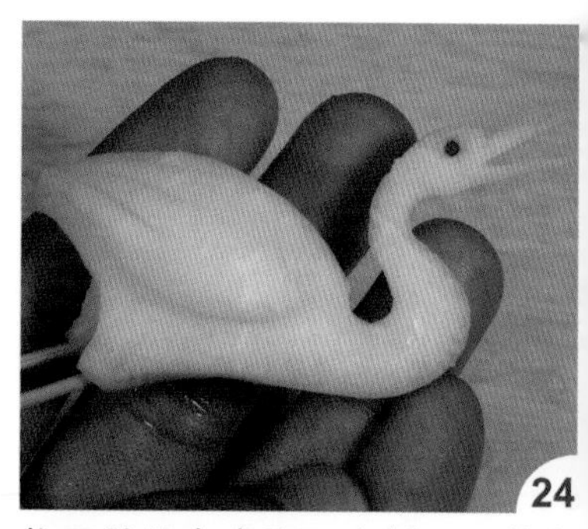
将牙签从左右脚下方插入，装上脚部，如图完成合着翅膀的鹤的雕刻。

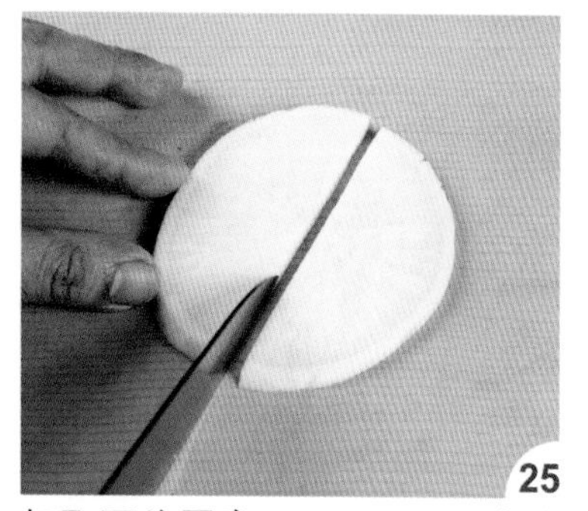
切取两片厚度 0.3 ~ 0.4 厘米的半圆形片当翅膀材料。

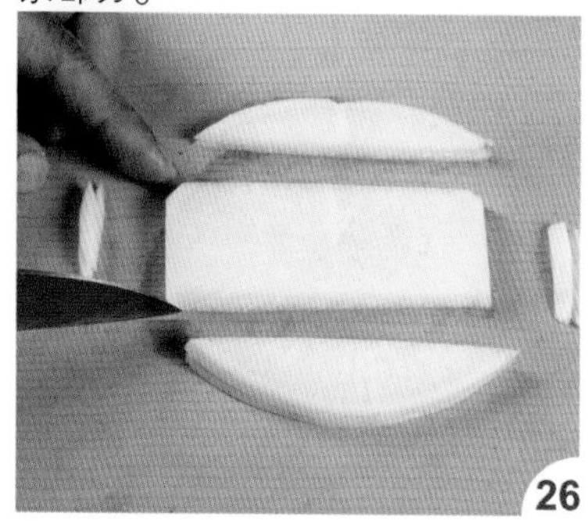
把两片相叠一起，切除四边取长方形。

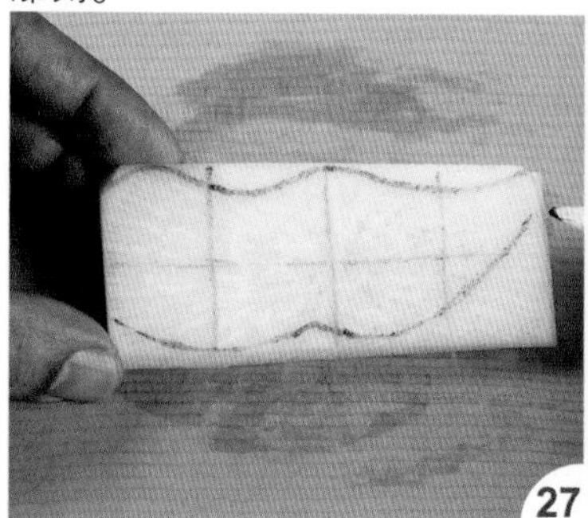
依翅膀图，用水性画笔画出等分线条及翅膀形状。

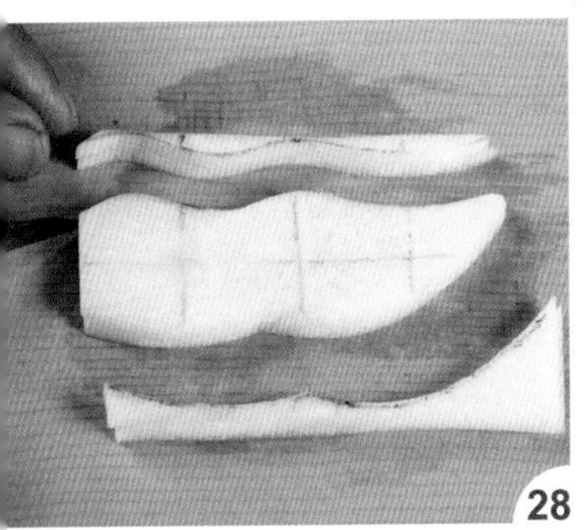
切除翅膀的上下线条。

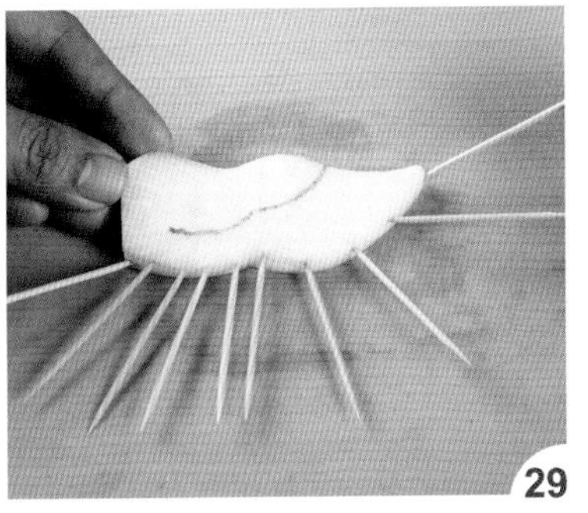
画出虚线并用牙签标出每根翅尾位置。

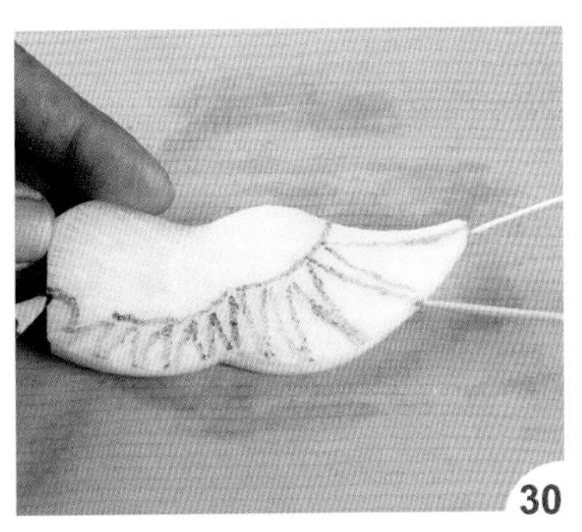
依翅膀图画出翅尾线条。

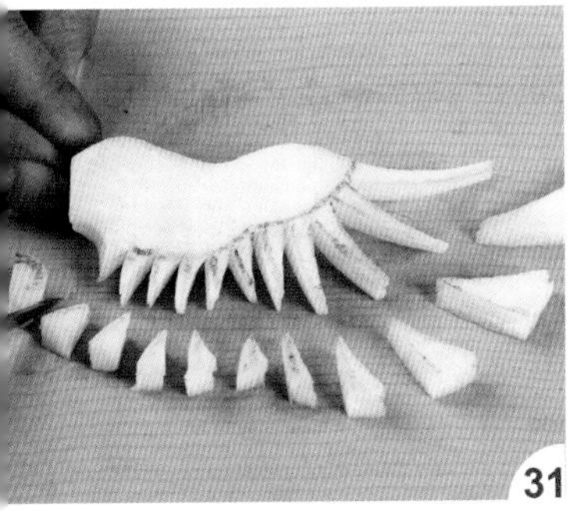
用雕刻刀刻出翅膀形状。

如图完成翅膀。

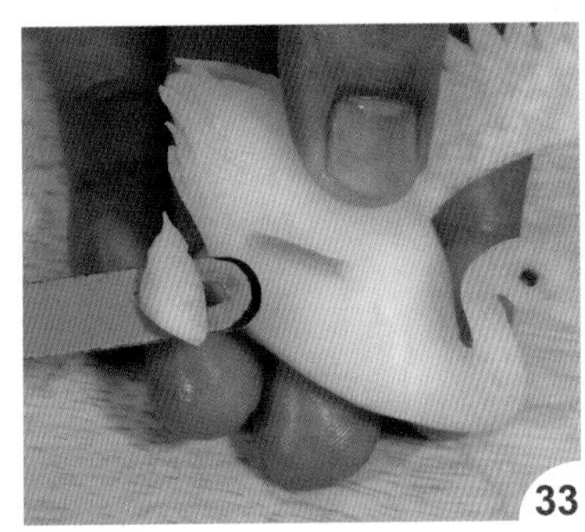
用刀切出装翅膀的凹槽。

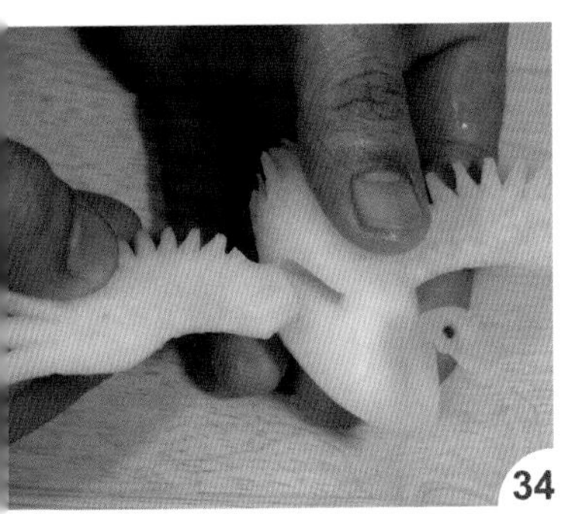
将翅膀装上。

也可装上丹顶及尾巴（参照 p.51 的作法 40 ~ 47），如图完成作品。

▶材　料

白萝卜 1 条、干辣椒梗 1 个

▶工　具

西式切刀、雕刻刀、小圆槽刀、大圆槽刀、牙签、剪刀、水性画笔

▶取材比例

宽为半径的 $\frac{3}{4}$，如半径长是 6 厘米，那宽就是 4.5 厘米

· 示意图

A. 后视图

B. 侧视图

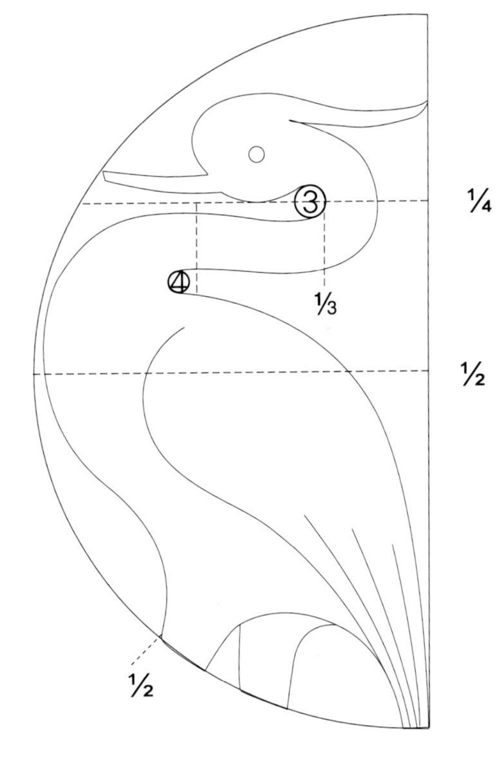

· 作法

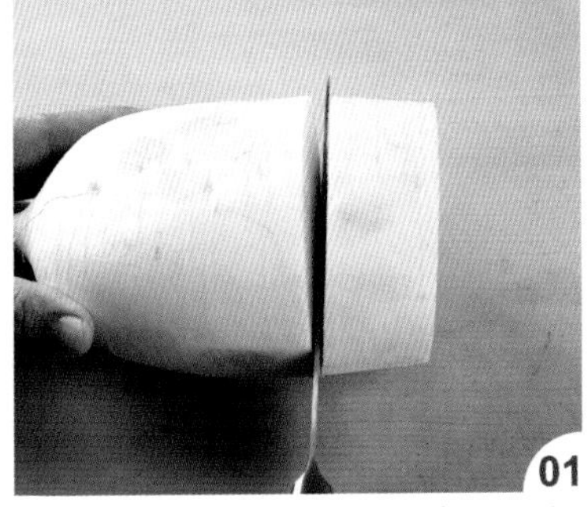

白萝卜依取材比例用西式切刀切取适当宽度。

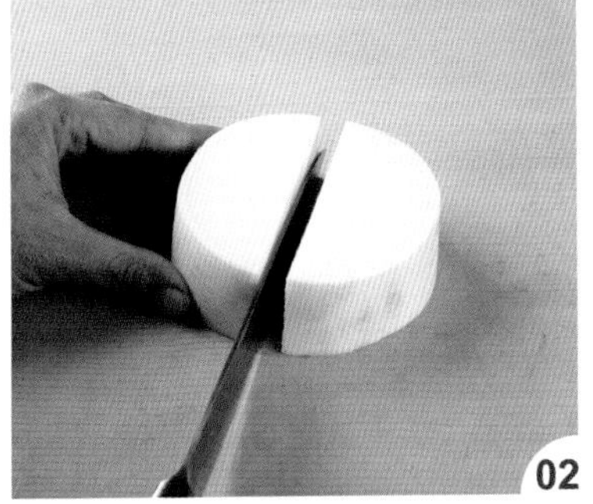

再对半切开，取半圆来雕刻白鹭鸶的身体。

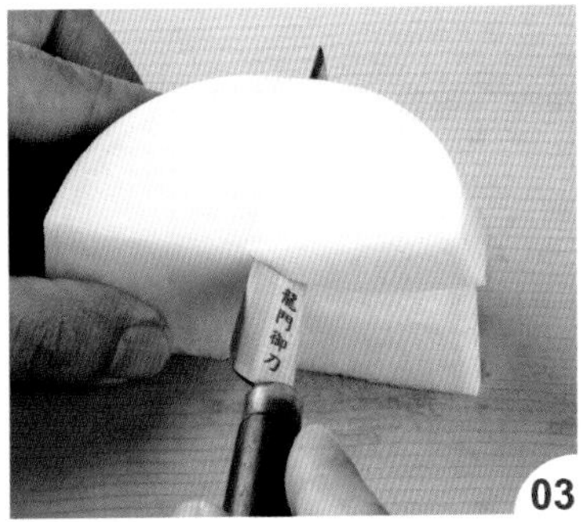

用雕刻刀把脖子左侧切除（后视图 A1）。

再将脖子右侧切除（后视图 A2）。

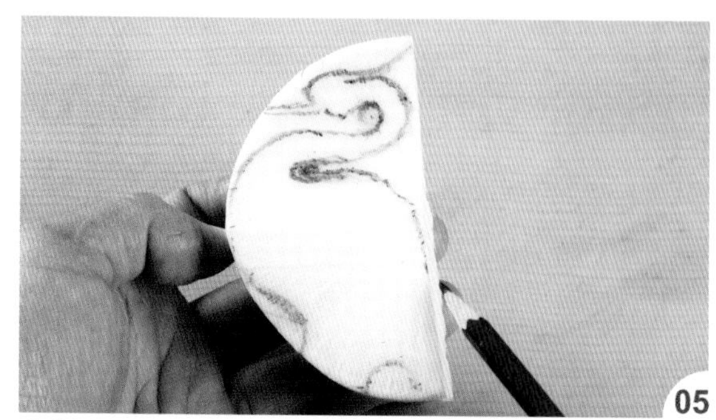

依侧视图位置，用水性画笔把整个形状画出。

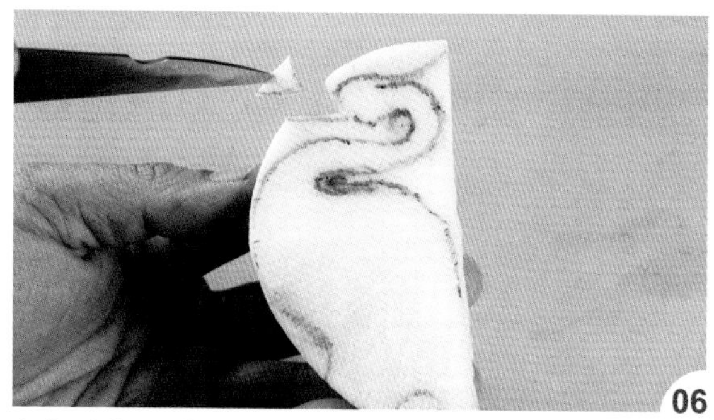

把额头与上嘴衔接处切出。

刻出额头及鹭冠弧度。

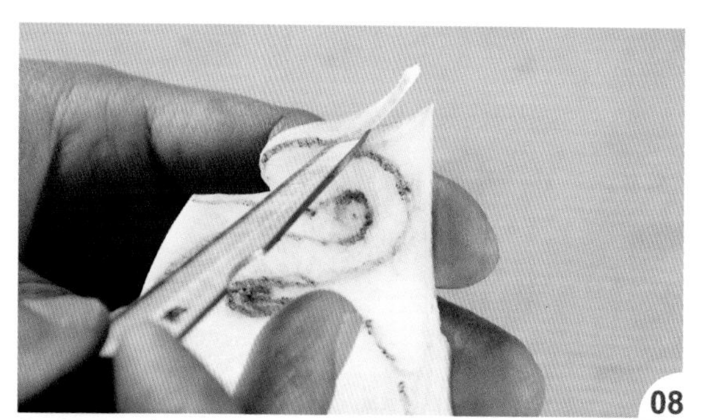

把头冠切出。

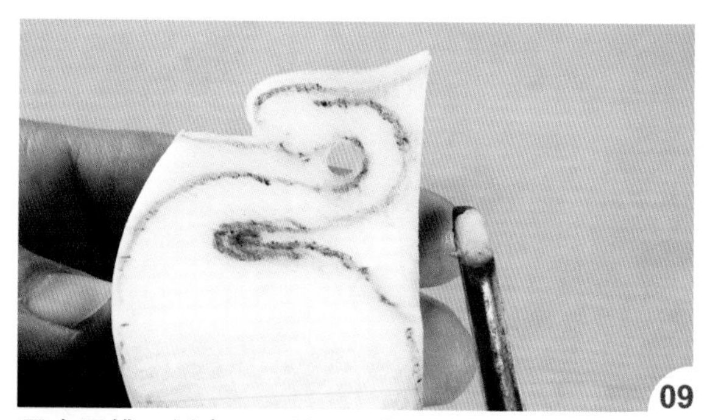

用小圆槽刀刻出下巴的圆（侧视图 B3）。

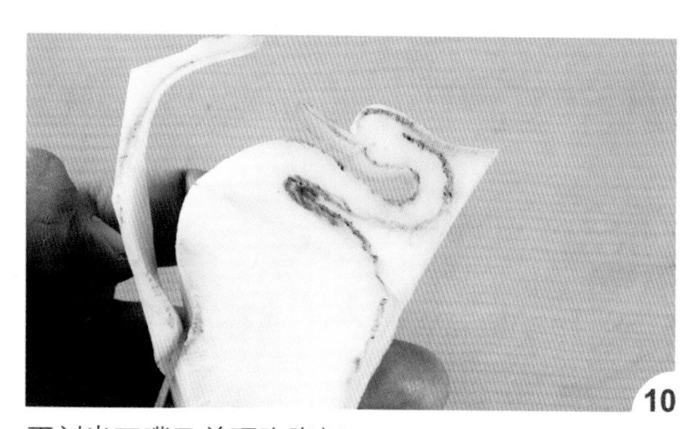

再刻出下嘴及前颈胸腹部。

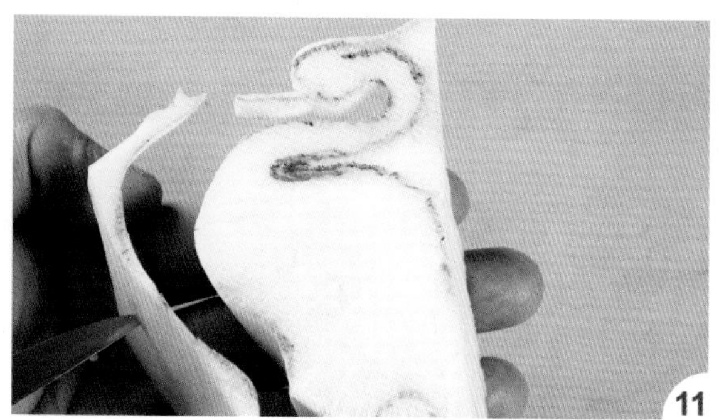

并取下废料。

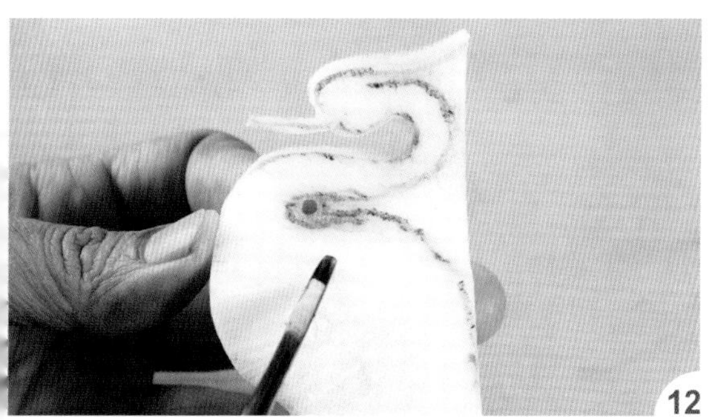

再把后颈部的小圆刻出（侧视图 B4）。

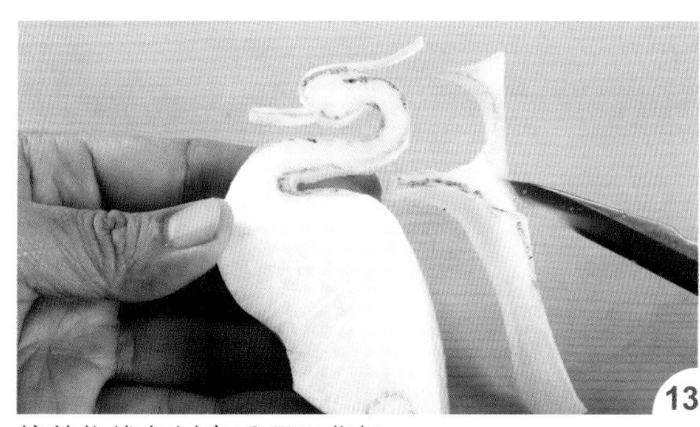

接着依线条刻出后颈及背部。

把尾部左右两侧切除，定出尾巴位置。

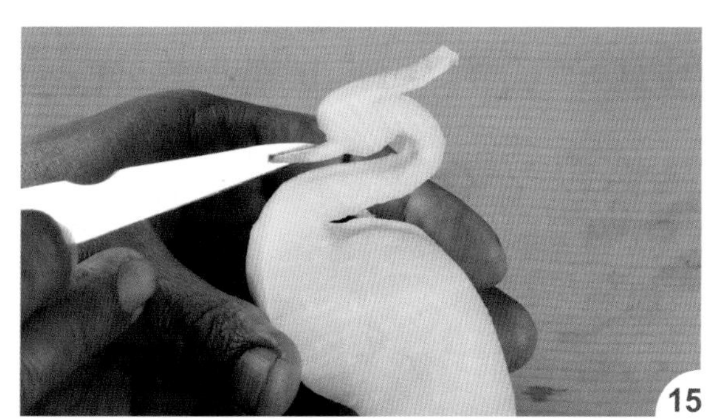

把嘴部切薄。

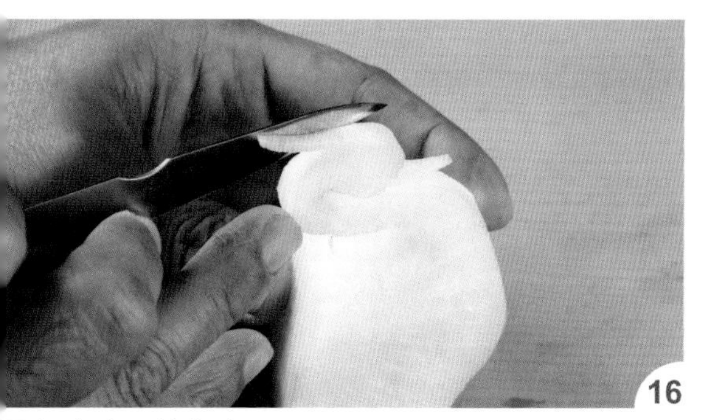

再切出头冠的宽度。

把身体两侧的弧度修出。

接着进行脖子四刀的切除，先把左上边角修除。

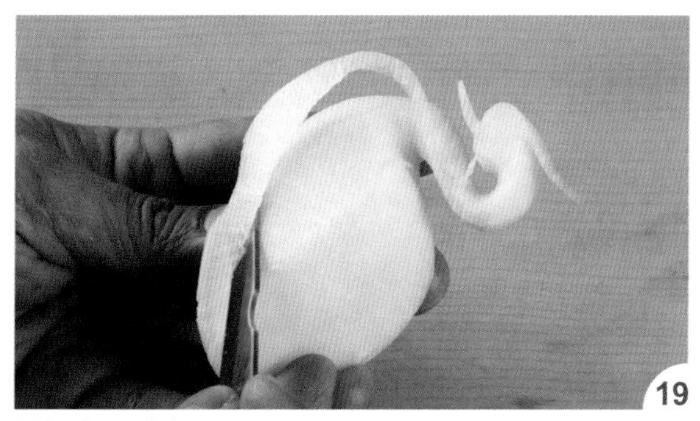

再切左下边角。

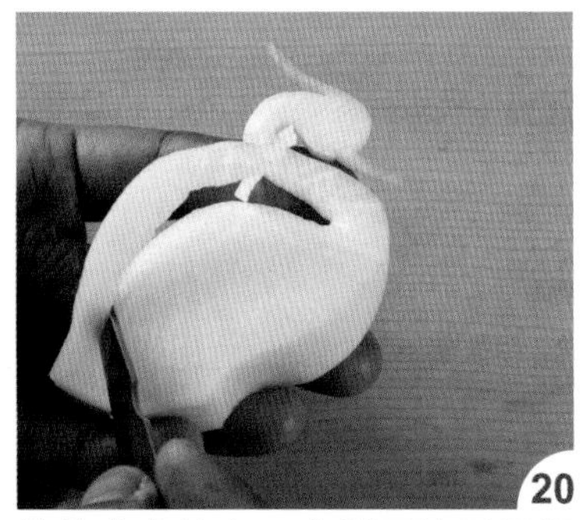

换修右上边角，由前面修到尾部中间。

用雕刻刀把左侧翅膀刻出。

再刻出右侧翅膀。

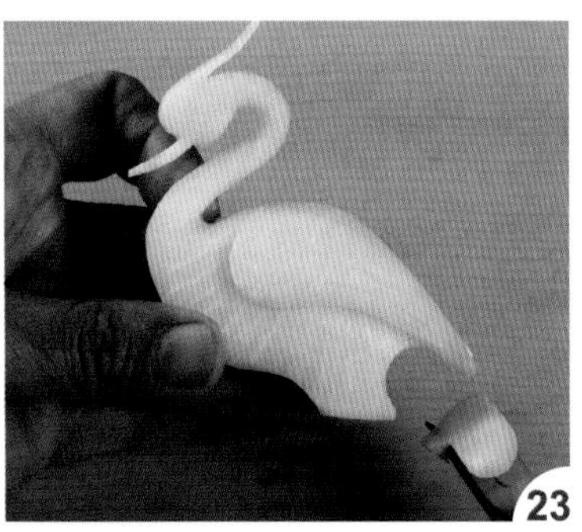

用大圆槽刀把尾部弧度刻出。

将材料转至底部，在中间刻一V形，分出左右脚。

左脚因往前，所以要把后面的废料切除。

依侧视图把右前脚线条刻出。

用牙签于头部插出一个小孔，将干辣椒梗插入，并用剪刀修除多余部分。

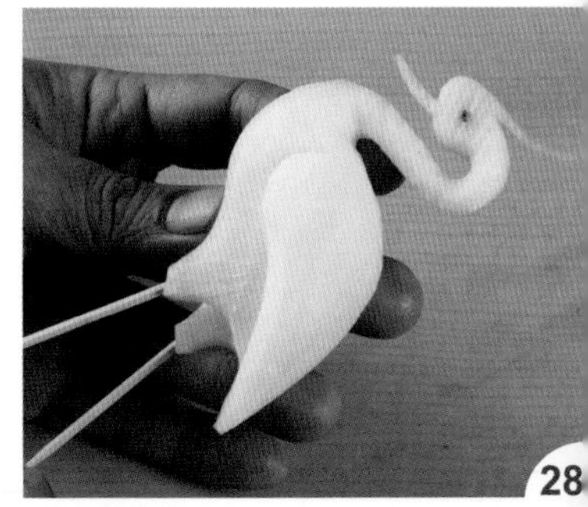

再将牙签从左右脚下方插入，装上脚部。

如图完成作品盘饰。

白鹭鸶仰式

▶材　料

白萝卜 1 条、干辣椒梗 1 个

▶工　具

西式切刀、雕刻刀、小圆槽刀、大圆槽刀、V 形槽刀、牙签、剪刀、水性画笔

▶取材比例

宽为半径的 $\frac{3}{4}$，如半径长是 6 厘米，那宽就是 4.5 厘米

※ 可以刻合着翅膀的白鹭鸶，也可以刻伸展翅膀的白鹭鸶

· 示意图

A. 俯视图

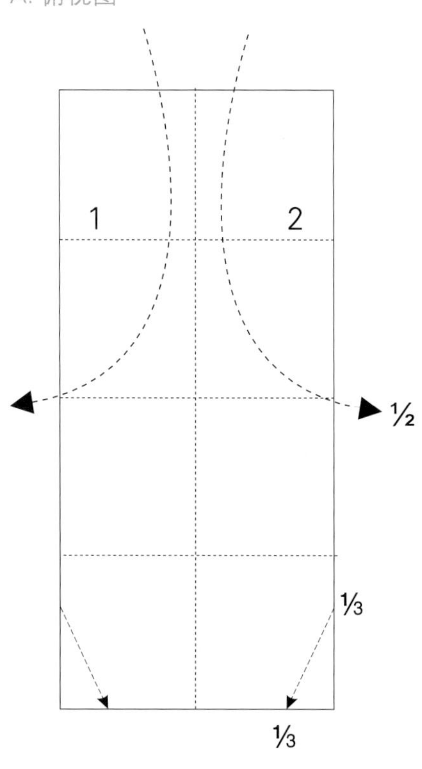

B. 侧视图

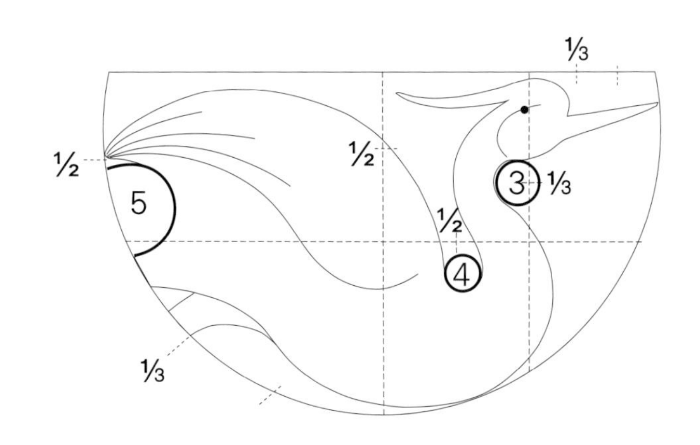

· 作法

白萝卜依取材比例用西式切刀切取适当宽度。

再对半切开，取半圆来雕刻白鹭鸶的身体。

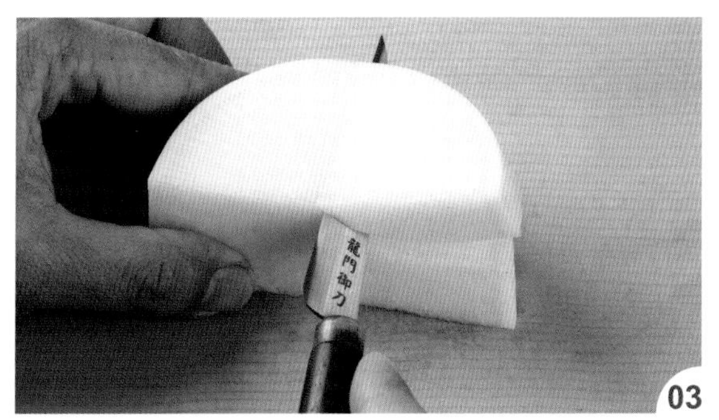

用雕刻刀把脖子左侧切除（俯视图 A1）。

再将脖子右侧切除（俯视图 A2）。

依侧视图位置，用水性画笔把整个形状画出。

把额头与上嘴衔接处切出。

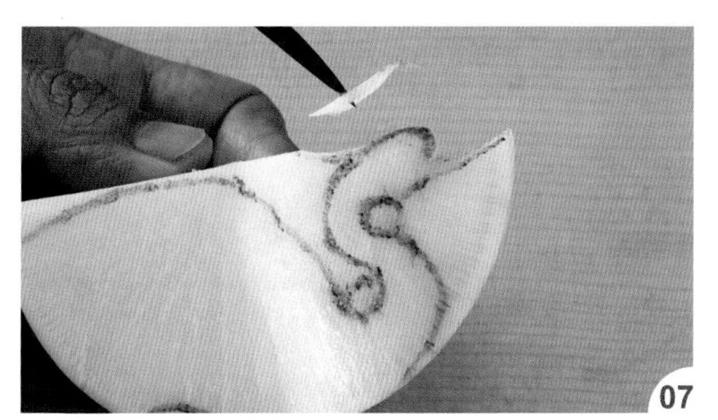

刻出额头及鹭冠弧度。

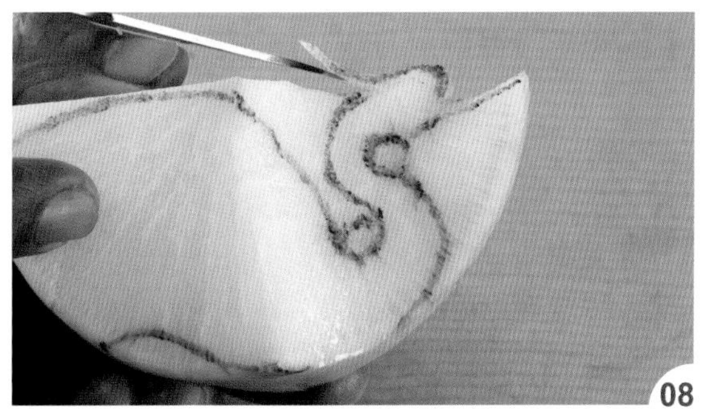

把鹭冠薄度切出。

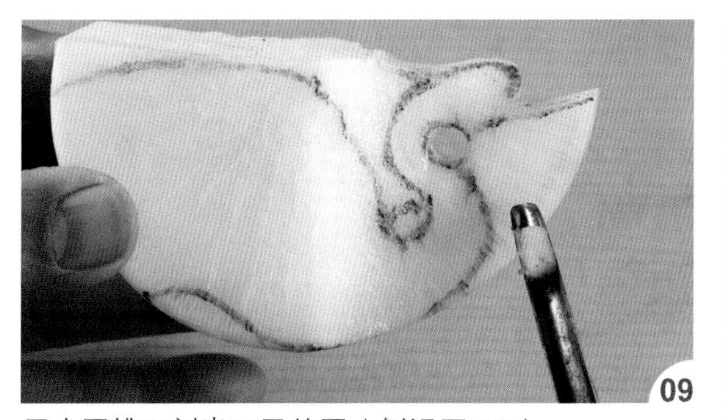

用小圆槽刀刻出下巴的圆（侧视图 B3）。

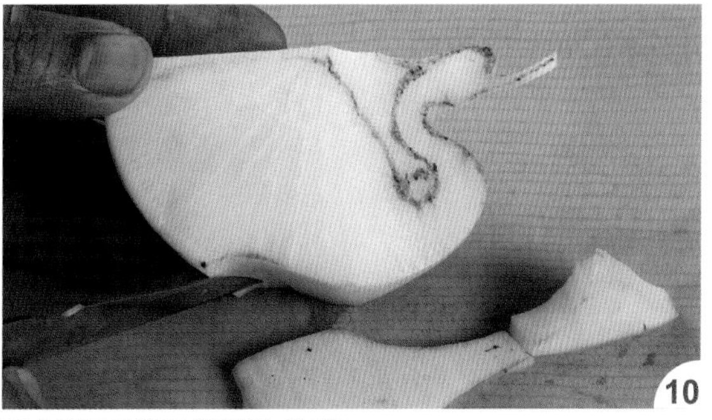

再刻出下嘴及前颈胸腹部。

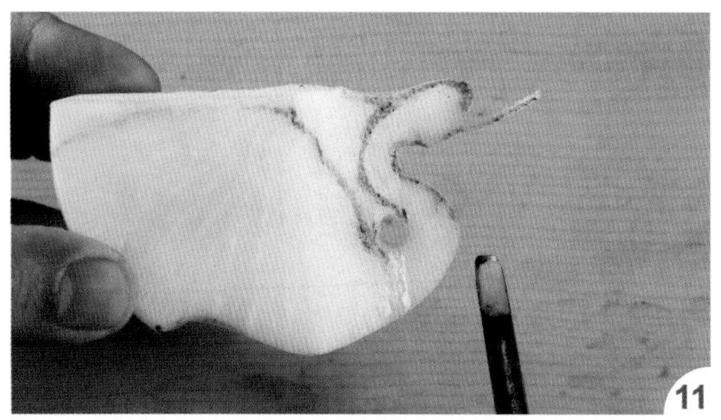

再用小圆槽刀把后颈部的小圆刻出（侧视图 B4）。

接着依线条刻出后颈及背部。

把身体左侧的弧度修出。

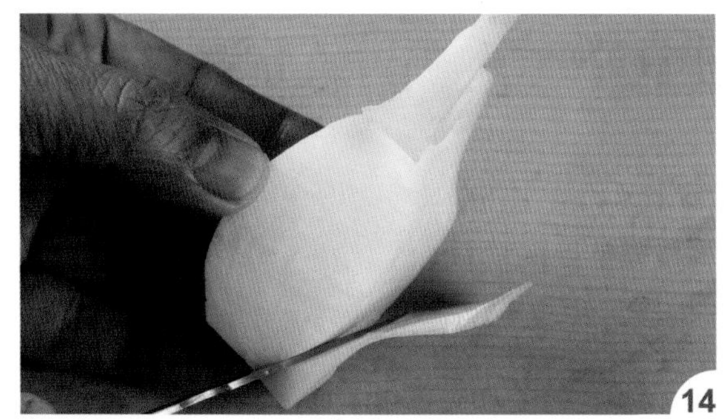

再把身体右侧的弧度修出。

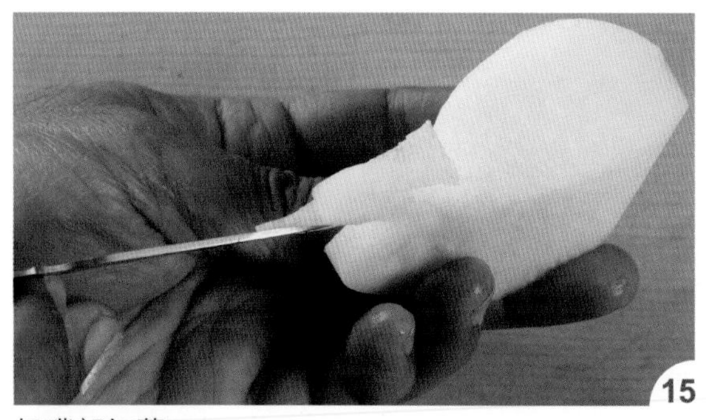

把嘴部切薄。

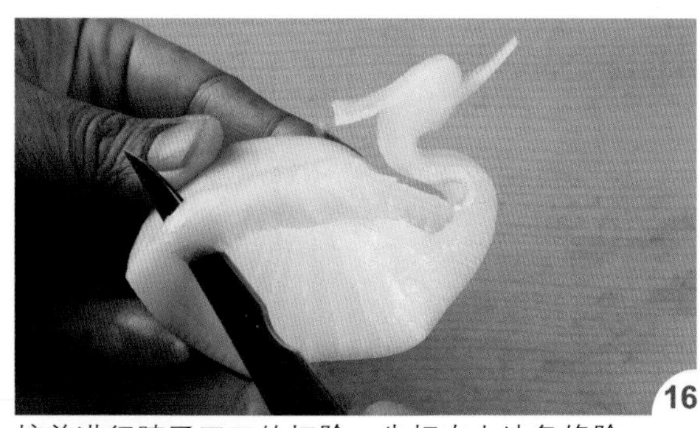

接着进行脖子四刀的切除，先把右上边角修除。

再切右下边角。

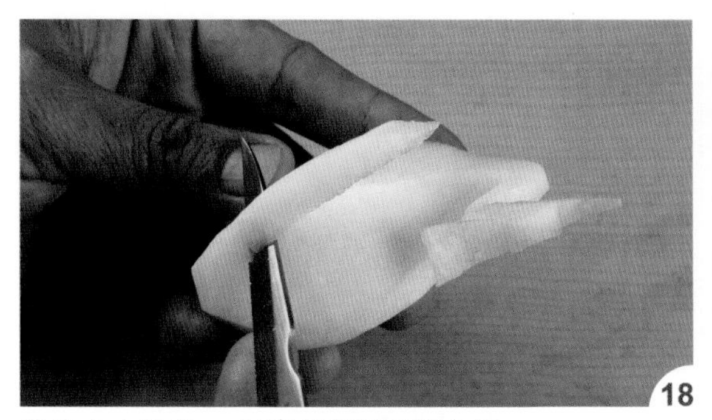

换修左上边角，由前面修到尾部中间。

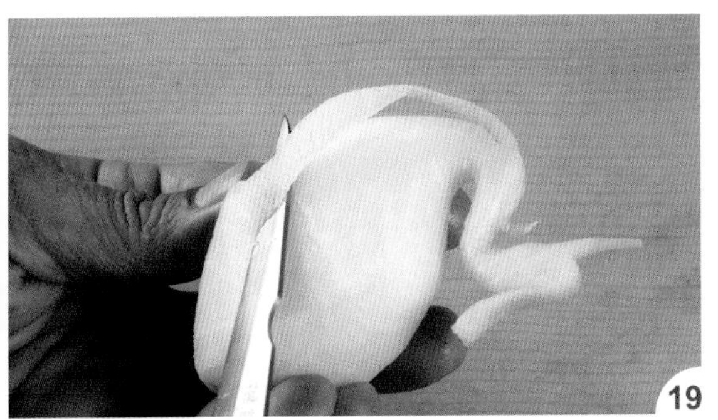

再切除左下边角。

把右侧翅膀刻出。

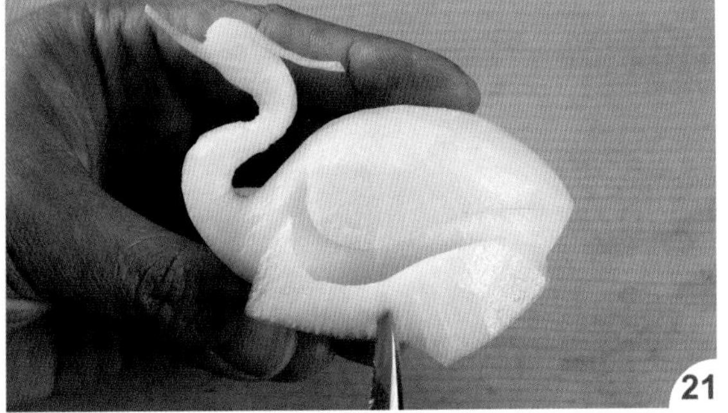

再刻出左侧翅膀。

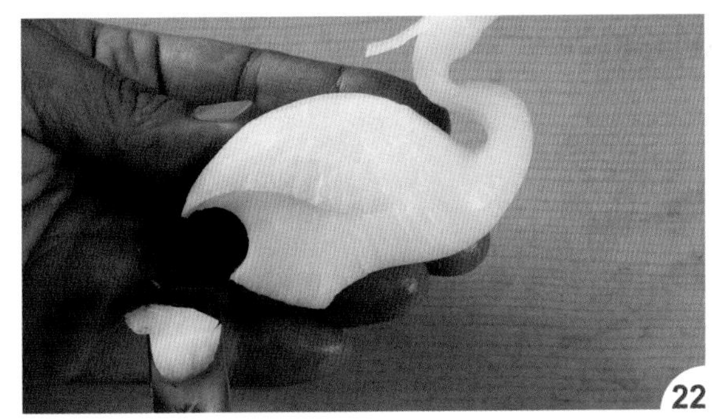

用大圆槽刀把尾部弧度刻出（侧视图 B5）。

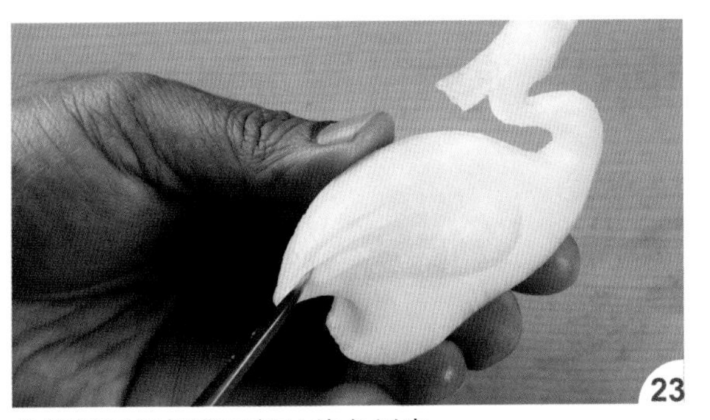

依侧视图把翅膀尾部的线条刻出。

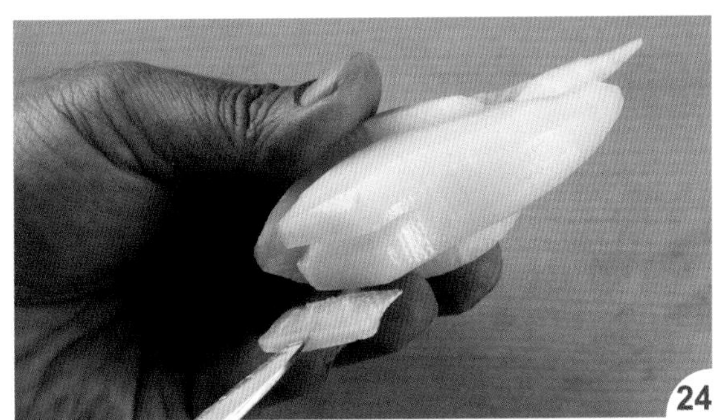

将材料转至底部，在中间刻一 V 形，分出左右脚。

依侧视图把右前脚线条刻出。

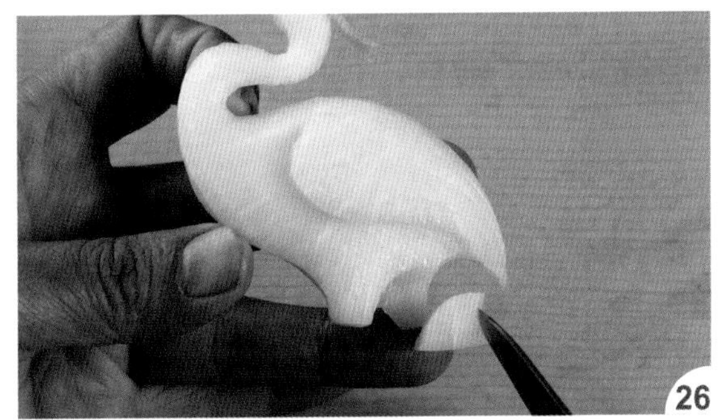

左脚因往前，所以要把后面的废料切除。

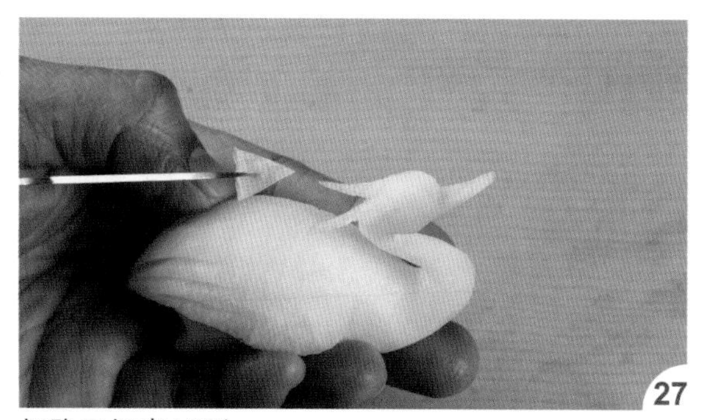

27 把鹭冠切出 V 形。

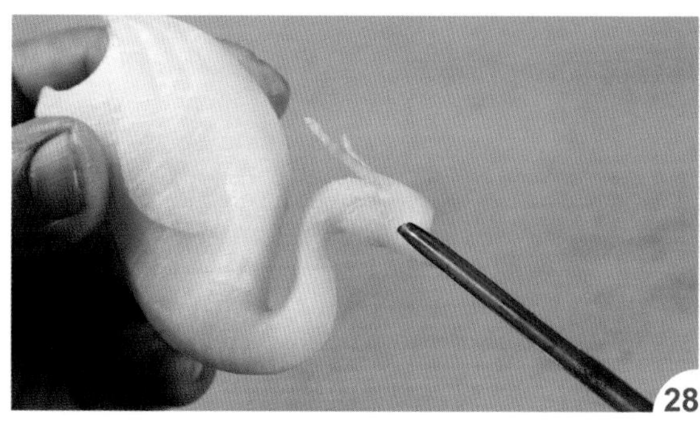

28 用小圆槽刀把左右侧脸颊的线条刻出。

29 用牙签于头部插出一个小孔，将干辣椒梗插入，并用剪刀修除多余部分。

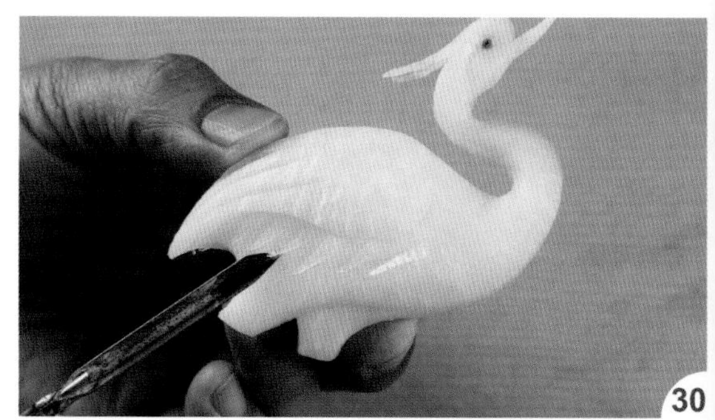

30 可用 V 形槽刀在大腿的上方刻出尖毛。

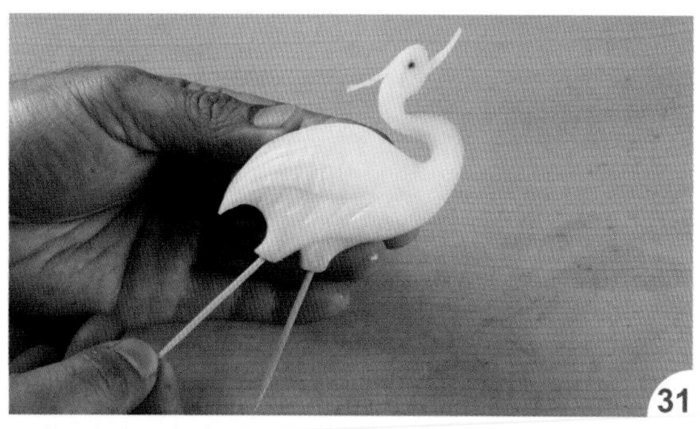

31 再将牙签从左右脚下方插入，装上脚部，如图完成作品。

32 完成盘饰。

小白兔

▶材　料

白萝卜 1 条、红萝卜 1 小块

▶工　具

西式切刀、雕刻刀、小圆槽刀、牙签

▶取材比例

宽 = 半径

※ 白萝卜要挑选圆胖形的

· 示意图

侧视图

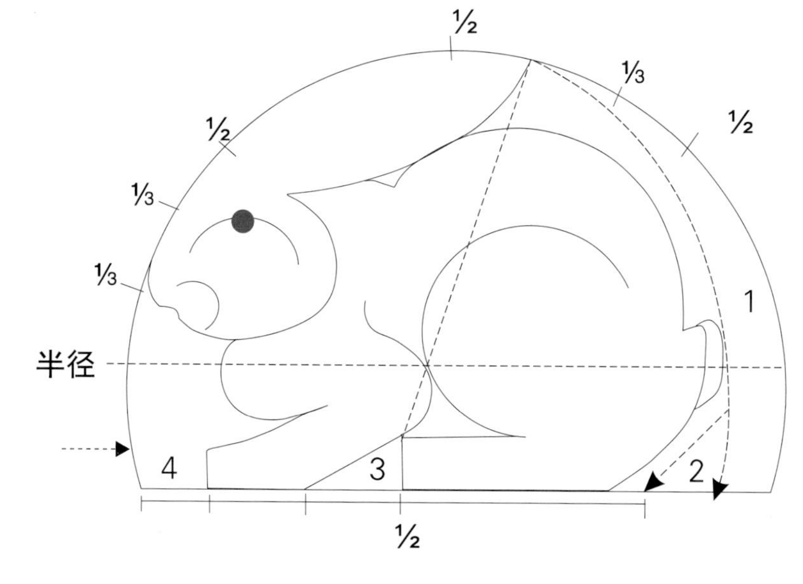

· 作法

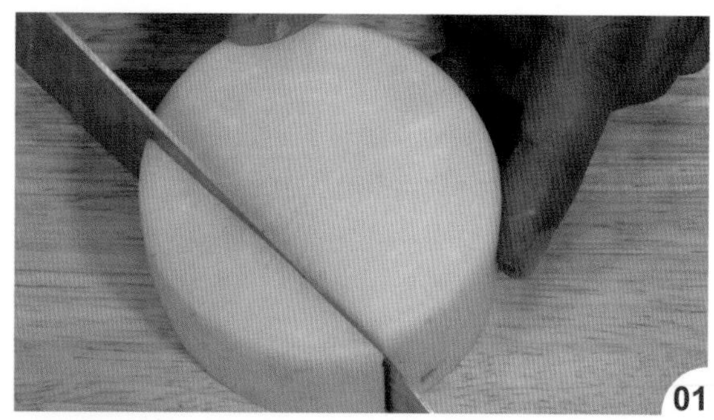

将白萝卜依取材比例用西式切刀切取适当宽度后，切除 1/4 圆。

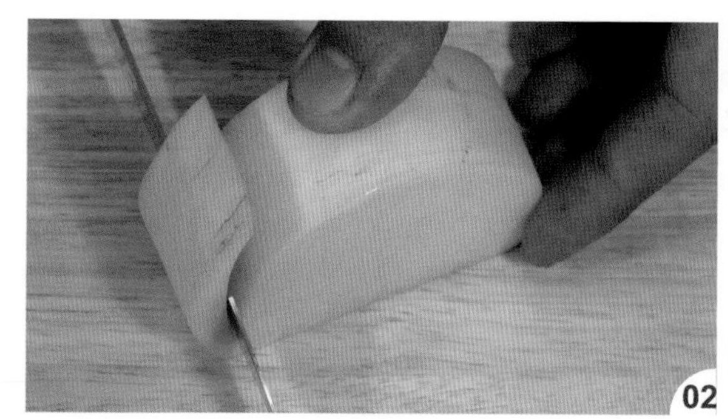

把后背部的废料切除（侧视图 1）。

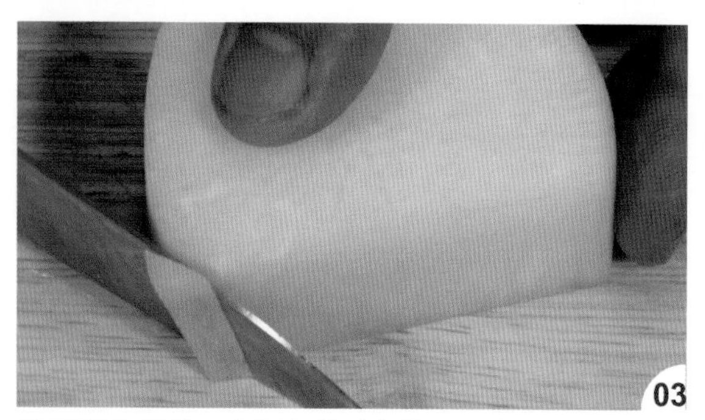

将后脚底部的三角形切除（侧视图 2）。

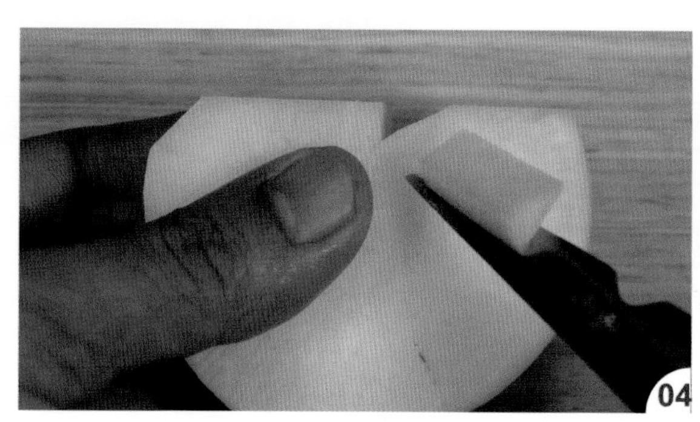

用雕刻刀把后脚与前脚切开（侧视图 3）。

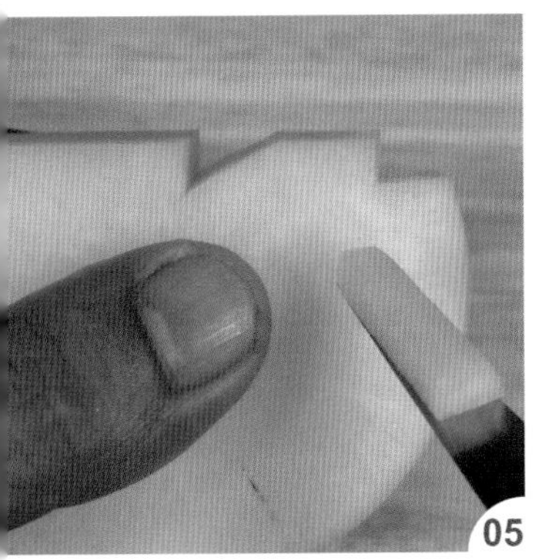

把前脚切出（侧视图 4）。

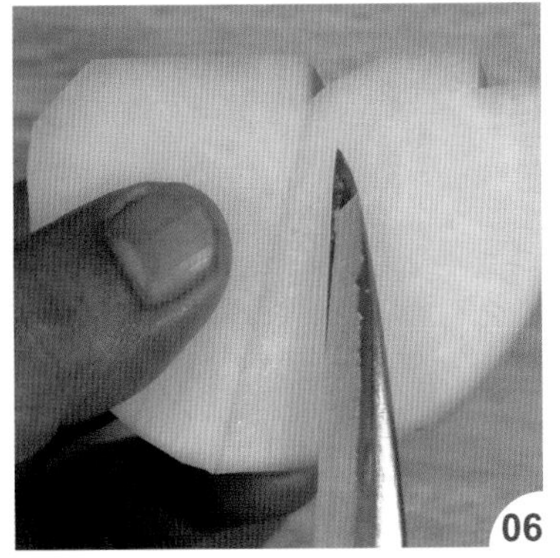

将侧视图中的斜虚线切出。

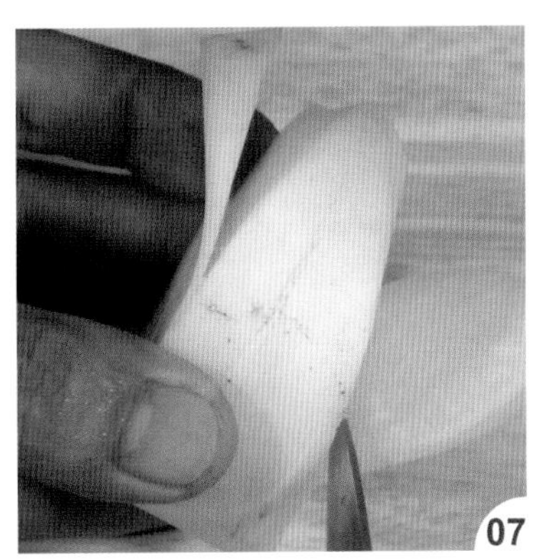

把头部左右两侧的弧度切出。

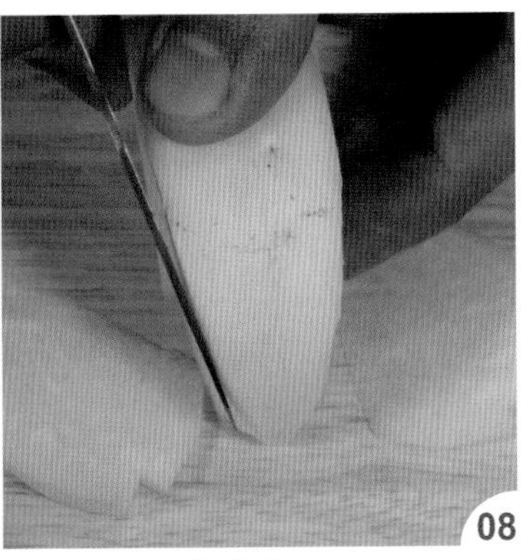

如图将头部修成类似 U 形。

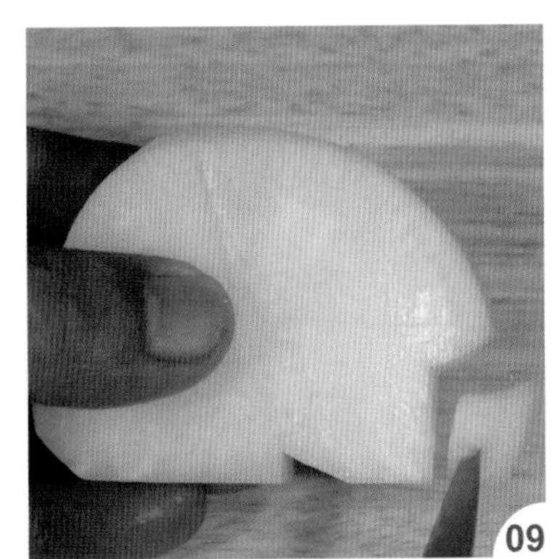

将下巴切出。

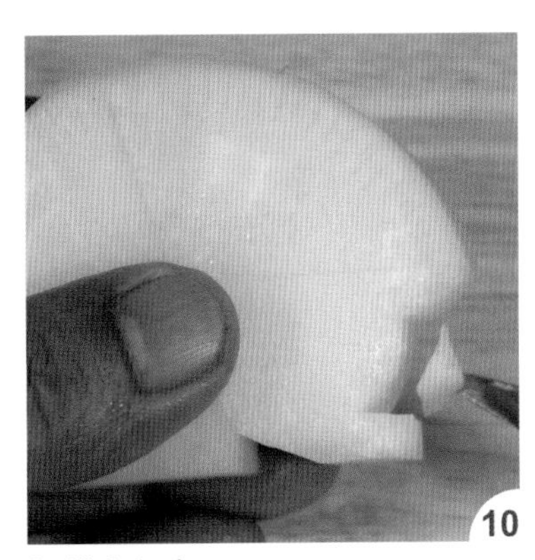

把前胸切出。

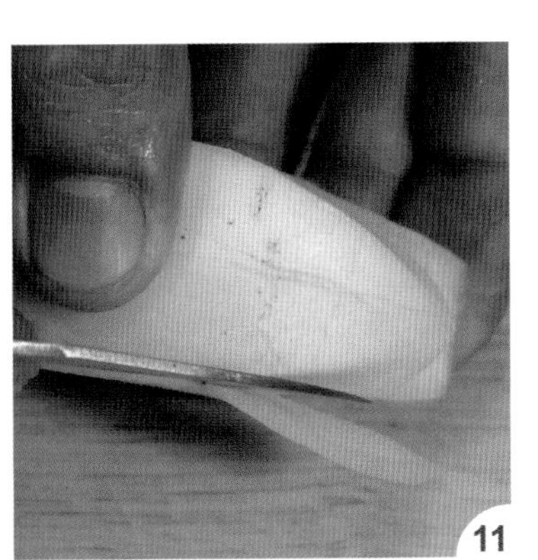

再把头部的弧度修对称。

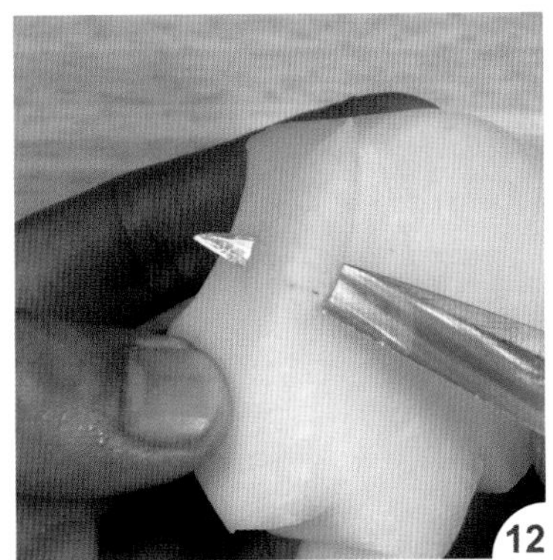

把耳朵的弧度切出。

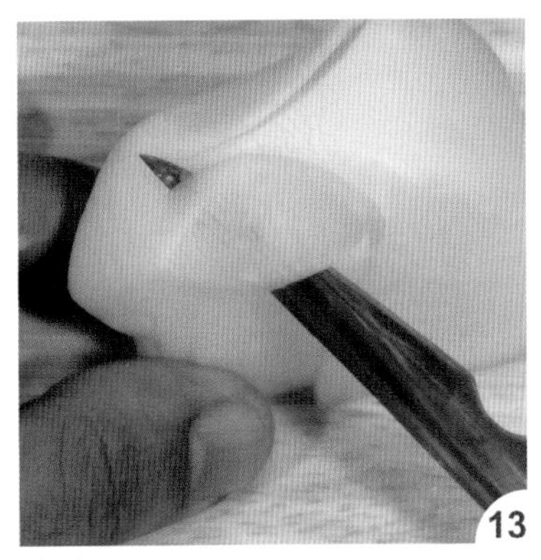

接着把耳朵片开。

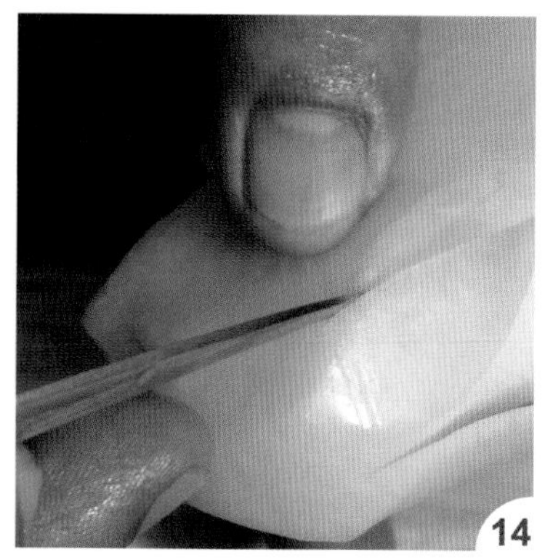

把耳朵的下线条刻出。

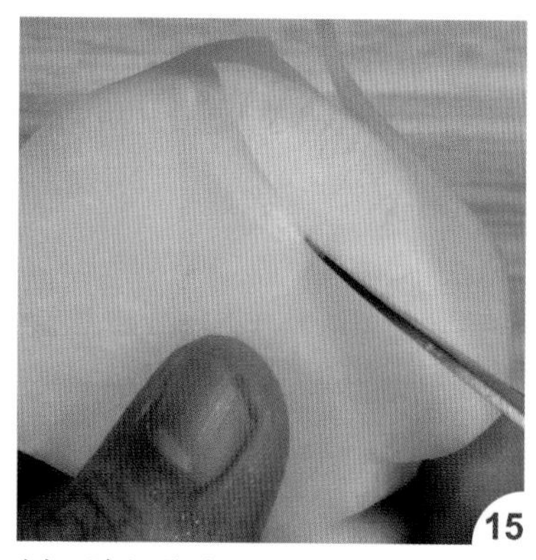

刻至脸颊处停刀。

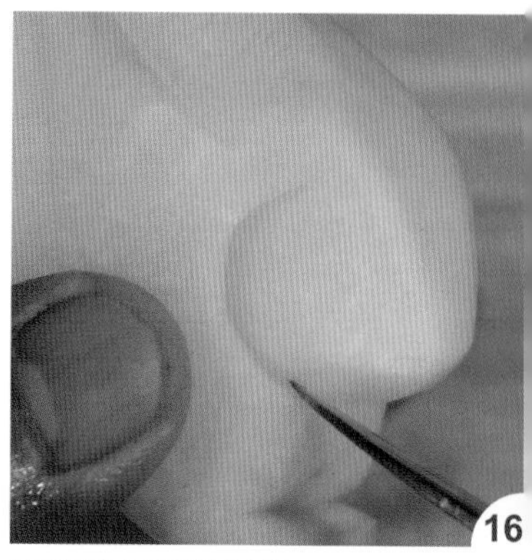

再把脸颊弧线刻出。

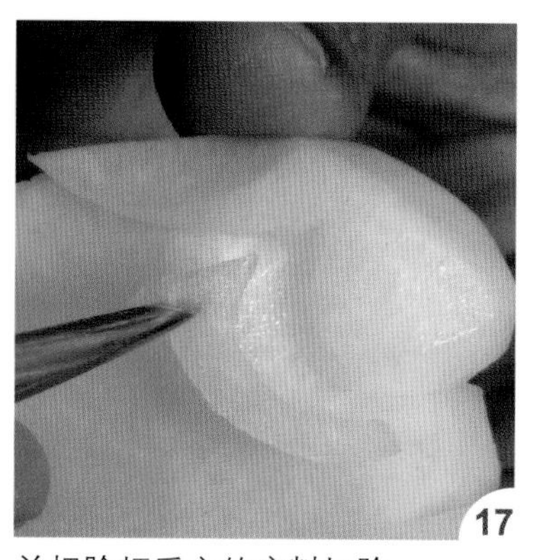

并把脸颊后方的废料切除。

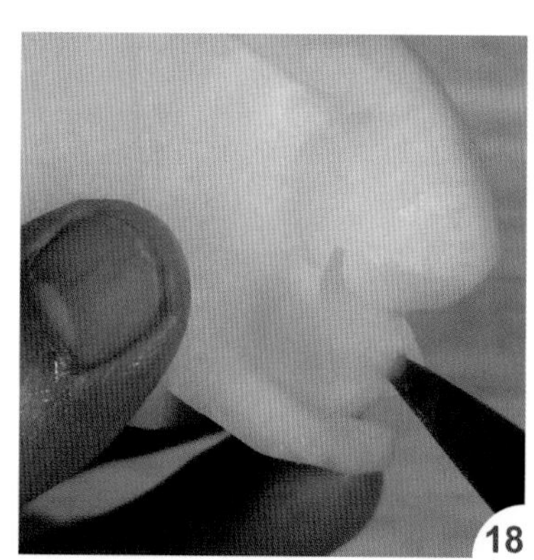

把前胸、脚的边角切除。

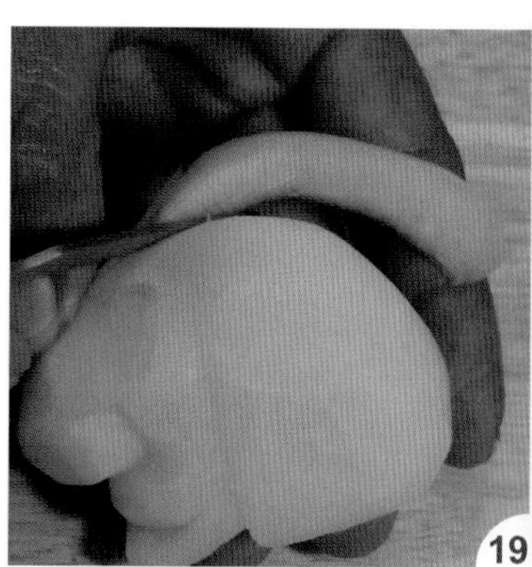

切除右背部的边角，由脚底部至耳下。

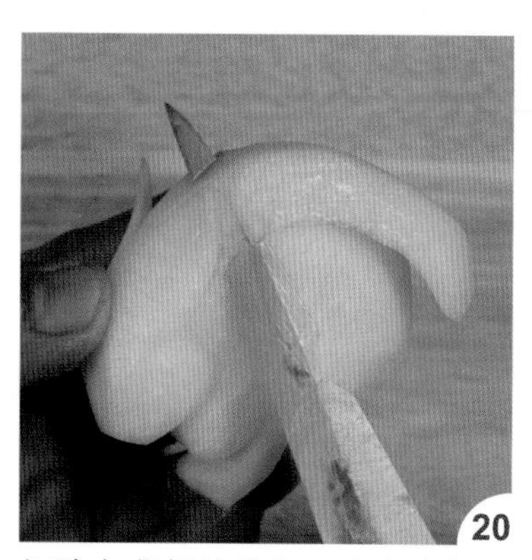

切除左背部的边角，由脚底部至耳下。

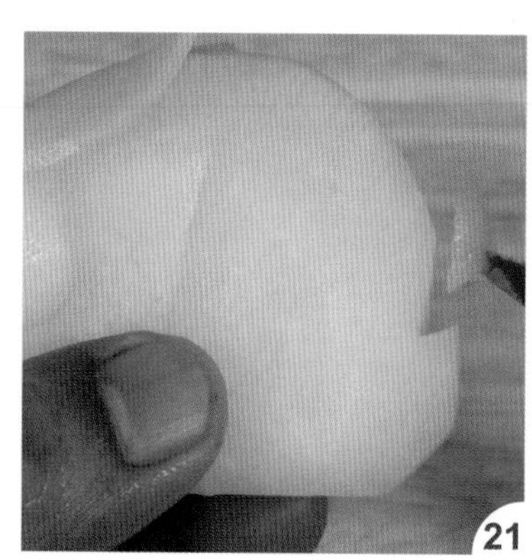

把尾巴的高度切出。

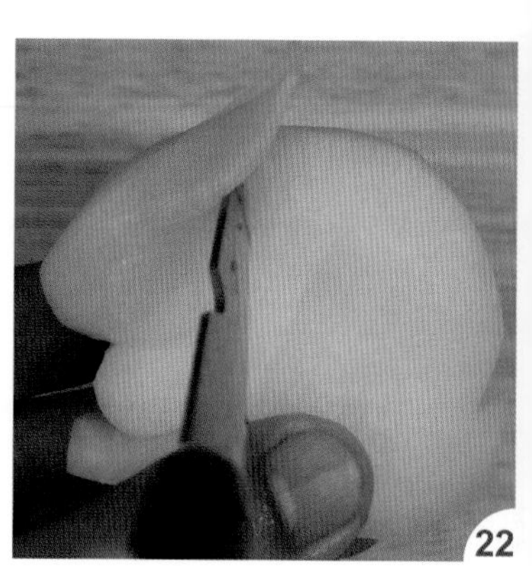

在耳朵下方直切一刀。

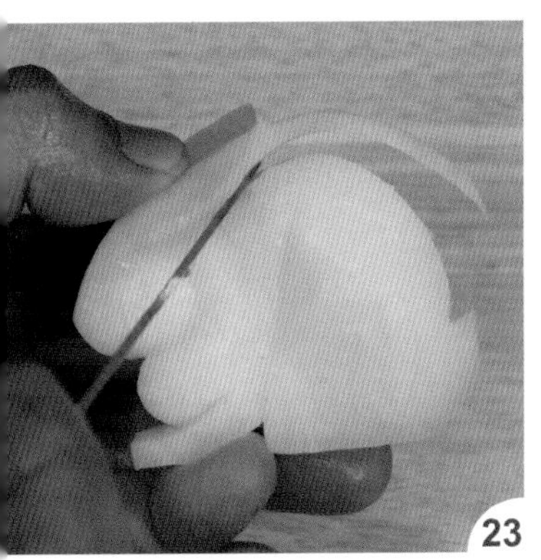

把背部弧线刻出。

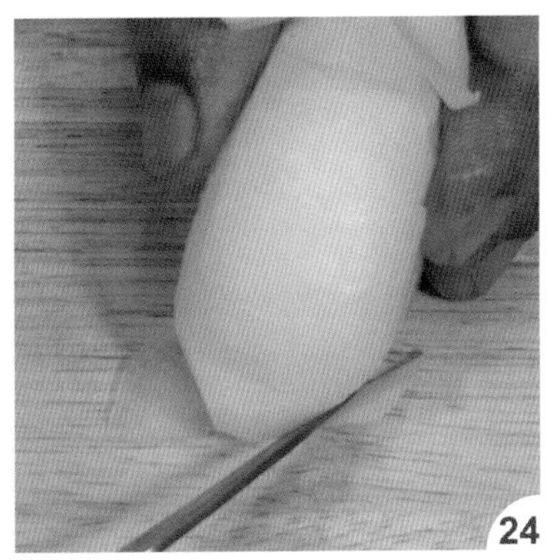

把后脚跟往内切除。

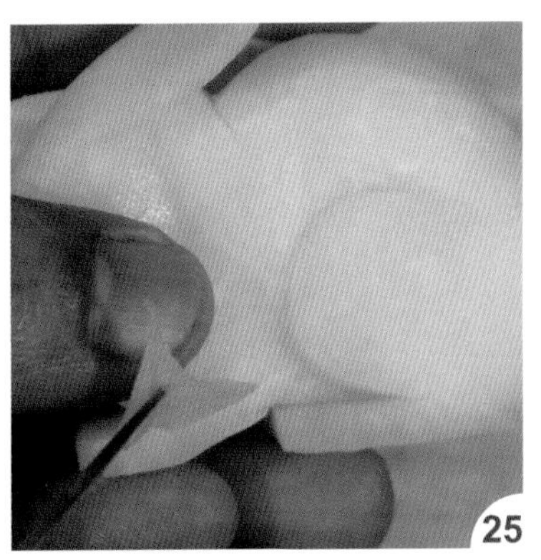

把后大腿的线条刻出。

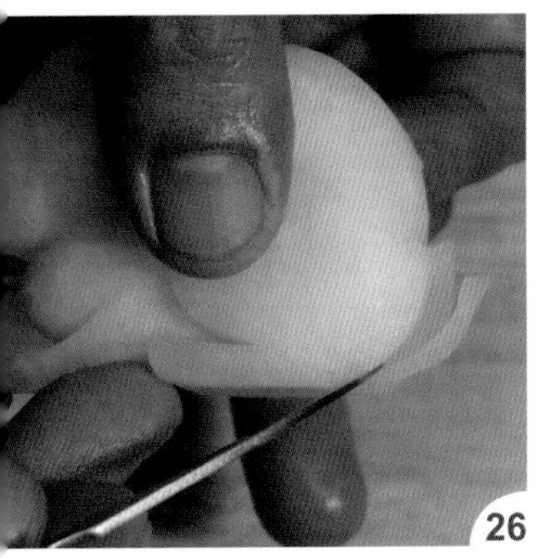

再把后脚跟切出。

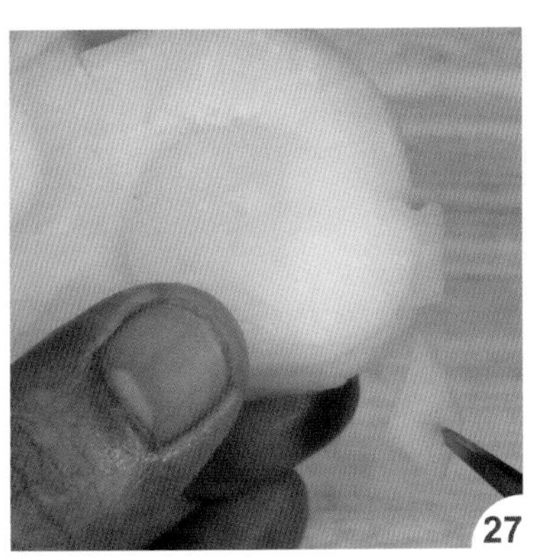

将尾巴切出并取下废料。

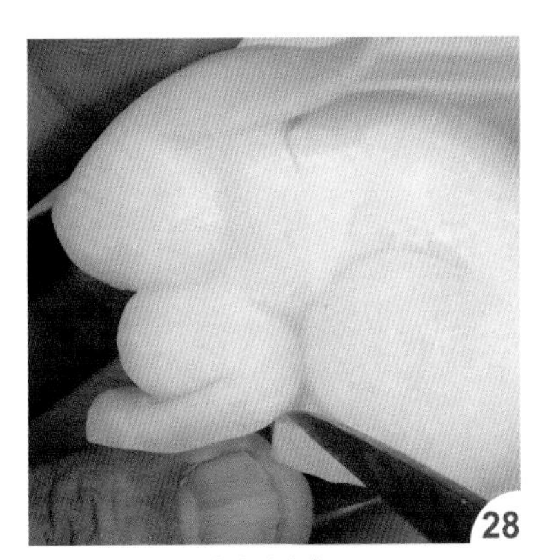

把前脚的后线条刻出。

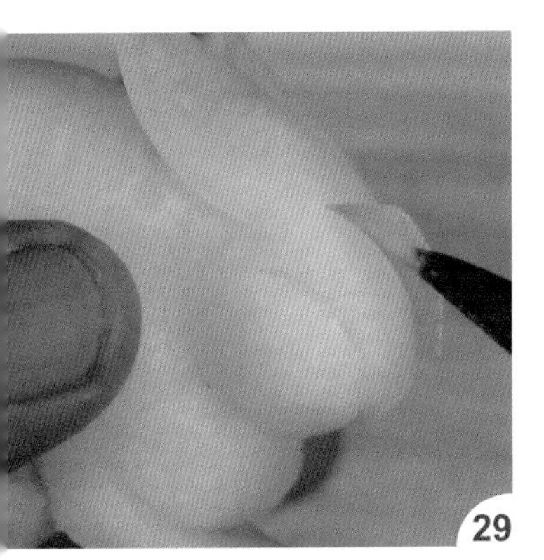

切出右侧眼线。

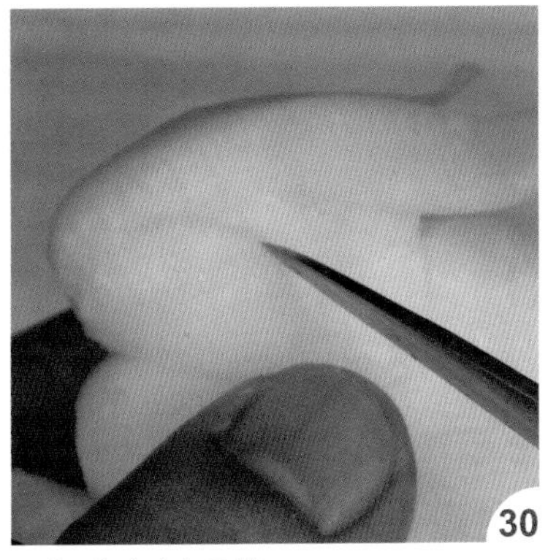

再切出左侧眼线。

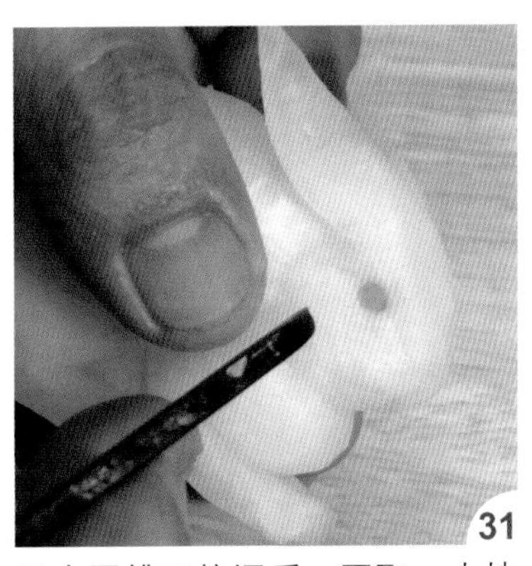

用小圆槽刀挖洞后，再取一小块红萝卜装上，作为眼睛即可。

小白兔立式

▶材　料
白萝卜 1 条、红萝卜 1 小块

▶工　具
西式切刀、雕刻刀、中圆槽刀、小圆槽刀、牙签

▶取材比例
宽 = 半径

※ 白萝卜要挑选大条圆胖形，会比较好操作

· 示意图

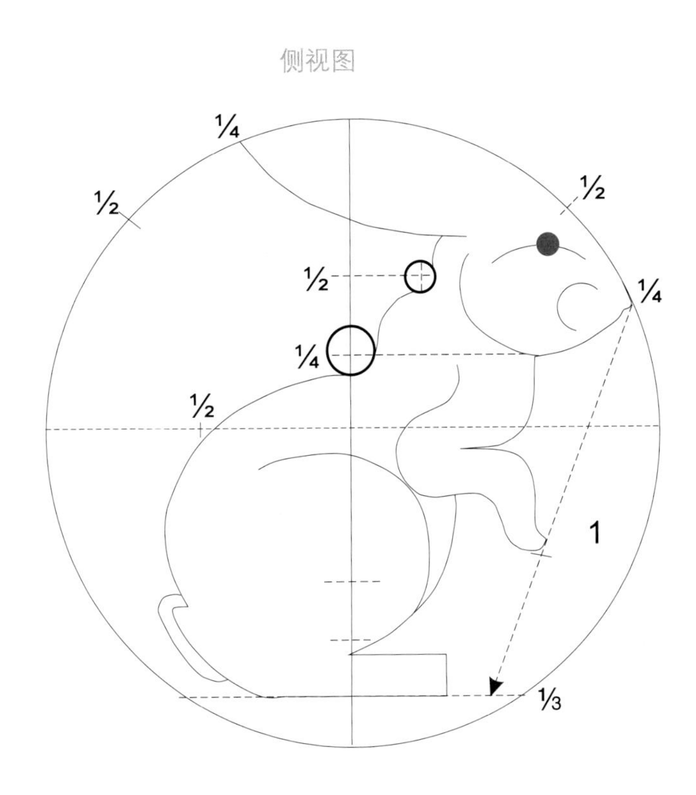

· 作法

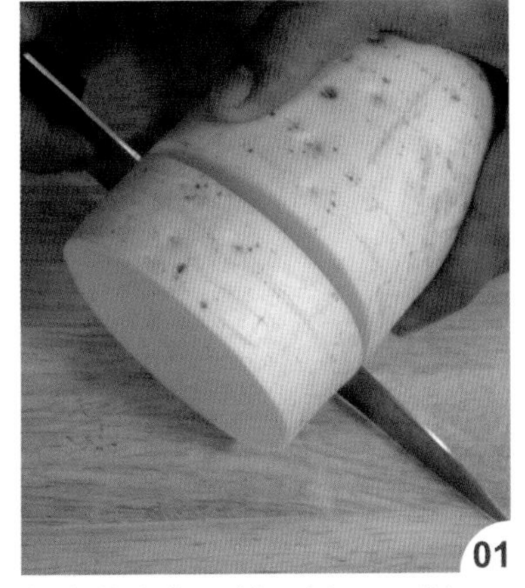

将白萝卜依取材比例用西式切刀切取适当宽度。

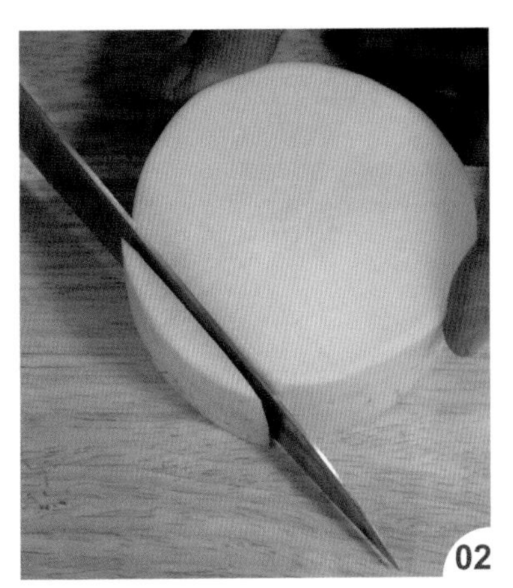

在半径 1/6 处切除。

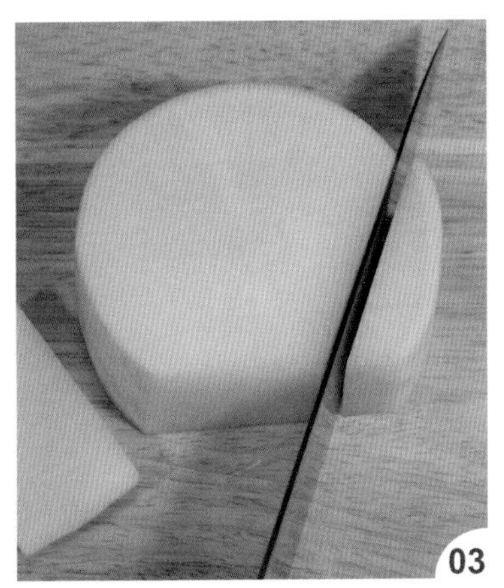

把右侧废料切除（侧视图 1）。

用雕刻刀把头部左右两侧的弧度切出。

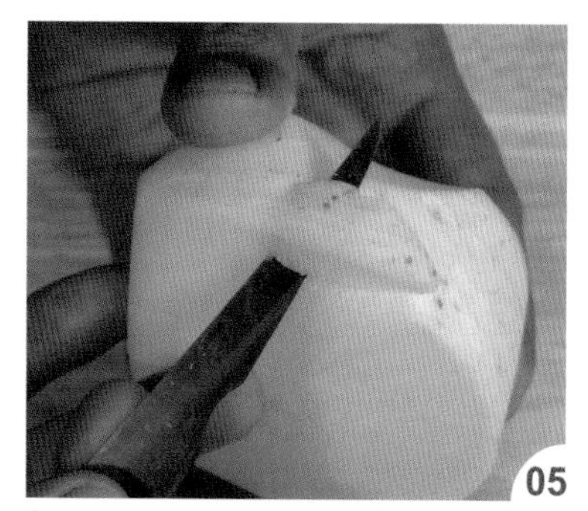

把耳朵的弧度切出。

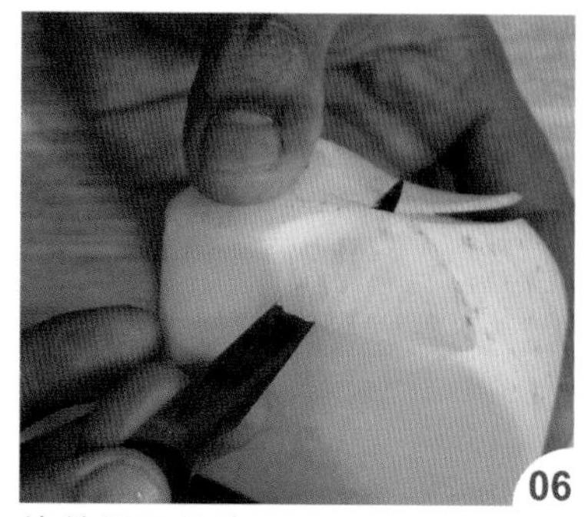

接着把耳朵片开。

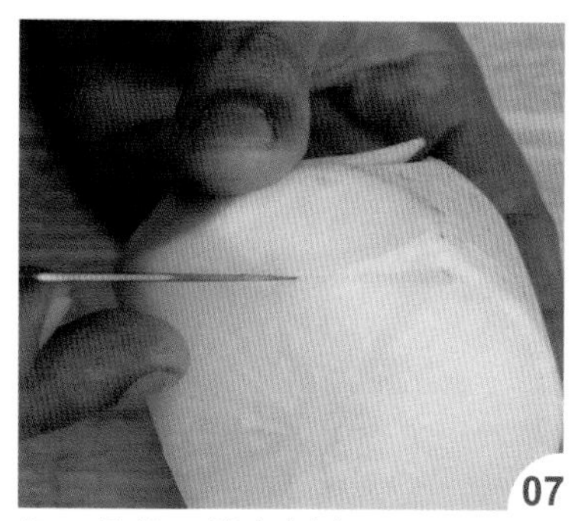

把耳朵的下线条刻出。

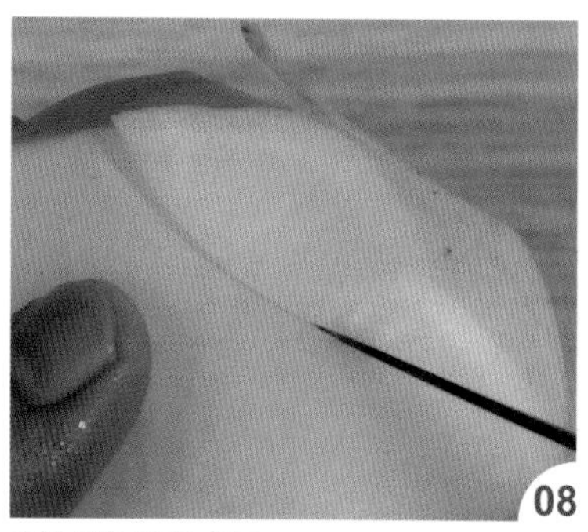

刻至脸颊处停刀。

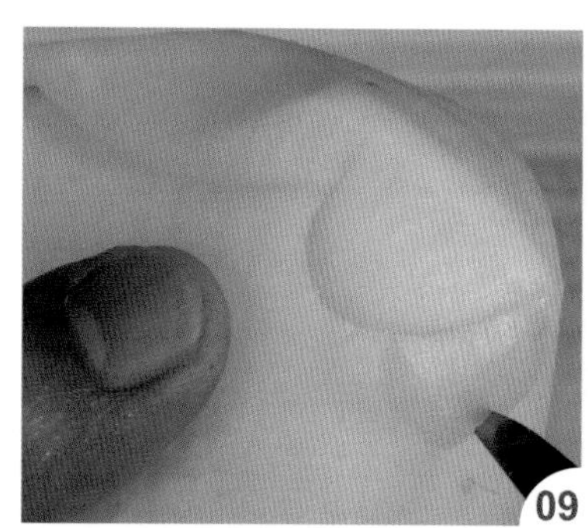

把右侧脸颊弧线刻出。

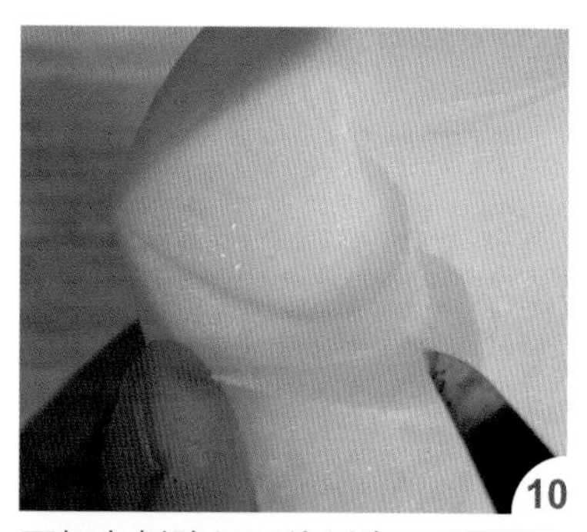

再把左侧脸颊弧线刻出。

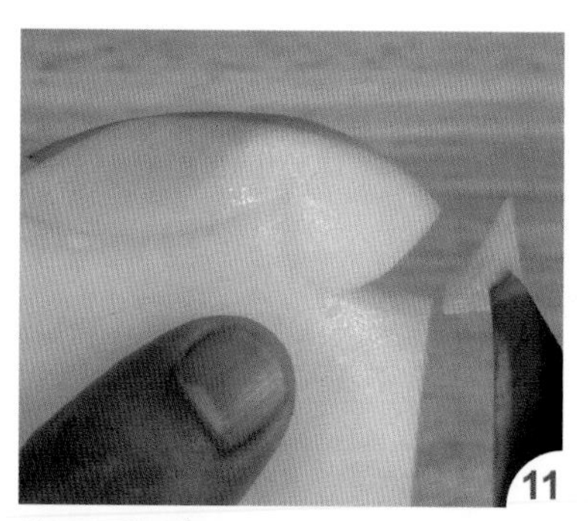

将下巴切出。

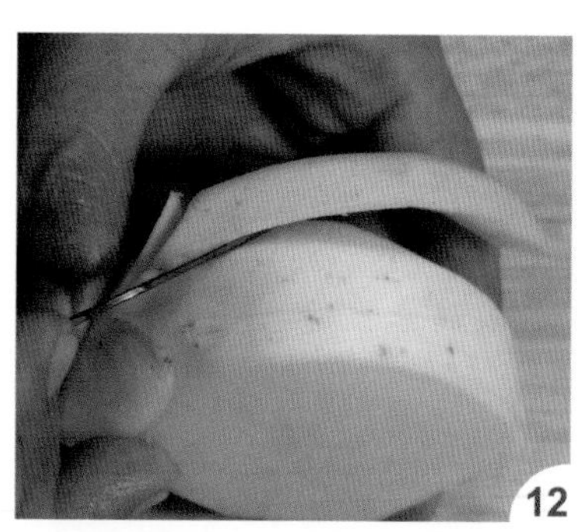

切除右背部的边角，由脚底部至耳下。

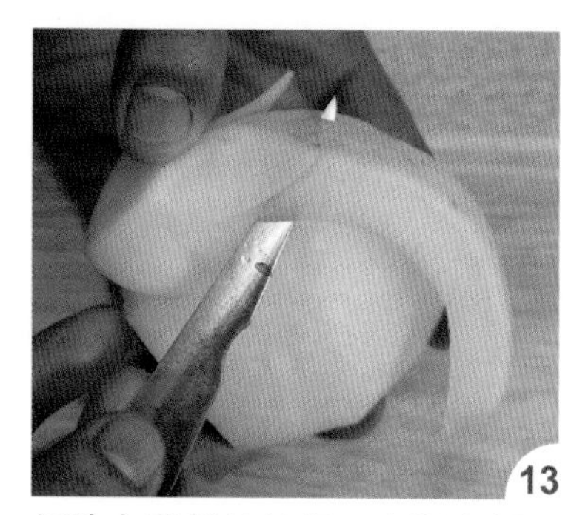

切除左背部的边角，由脚底部至耳下。

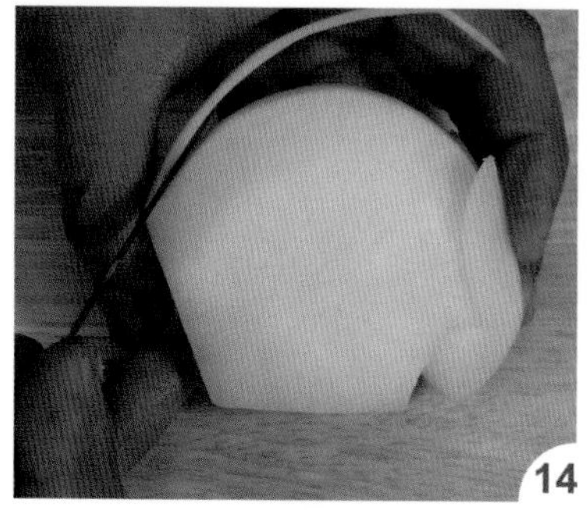

再把中间的表皮切除。

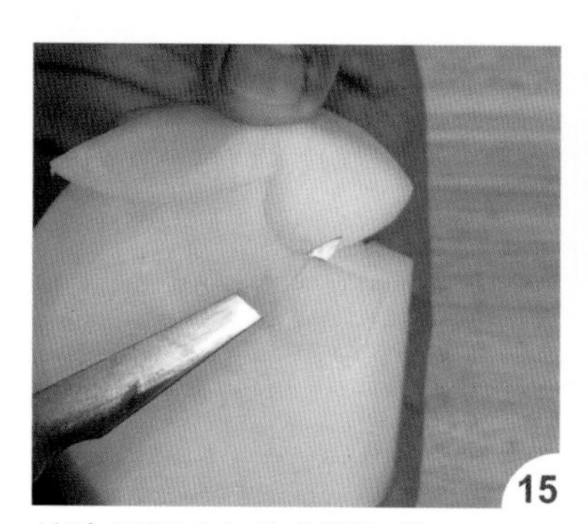

并脸颊把后方的废料切除。

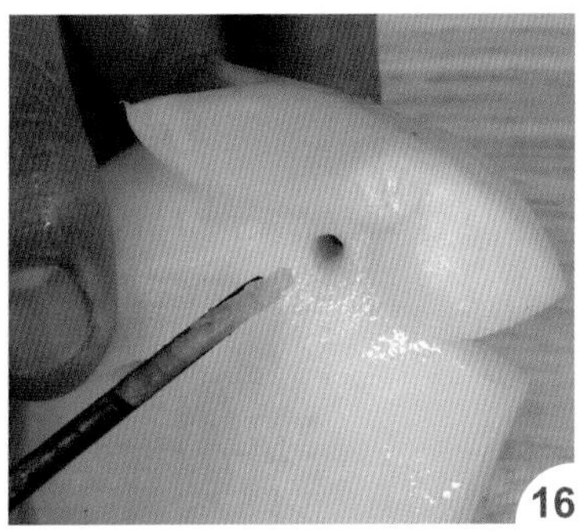

用小圆槽刀把耳下的小圆挖出。

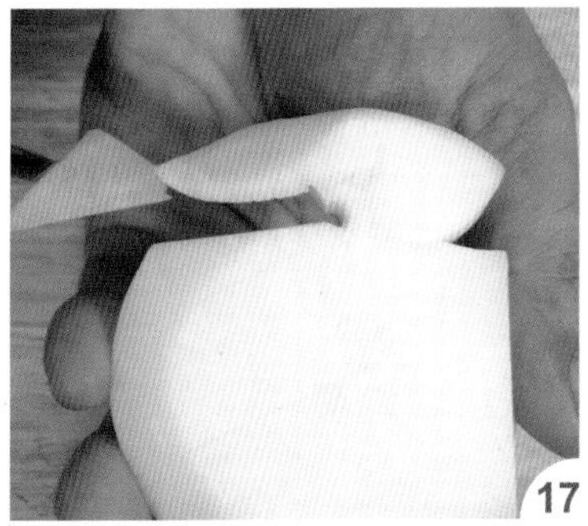

把耳下的废料切除。

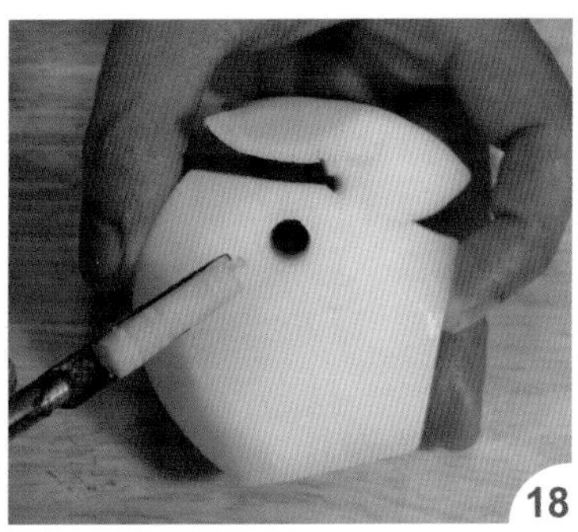

再用中圆槽刀把背部的圆挖出。

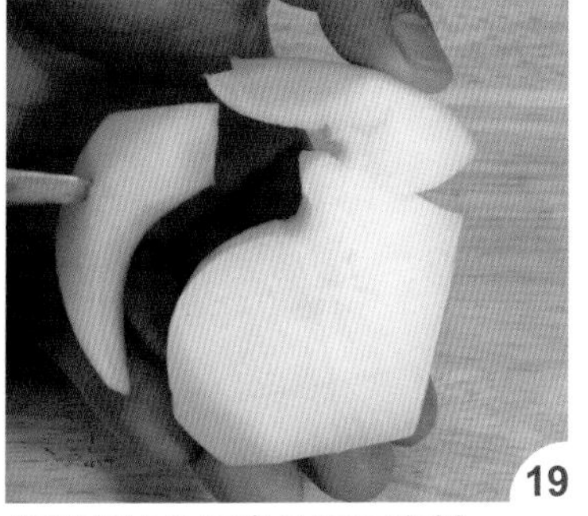

将背部线条切出并取下废料。

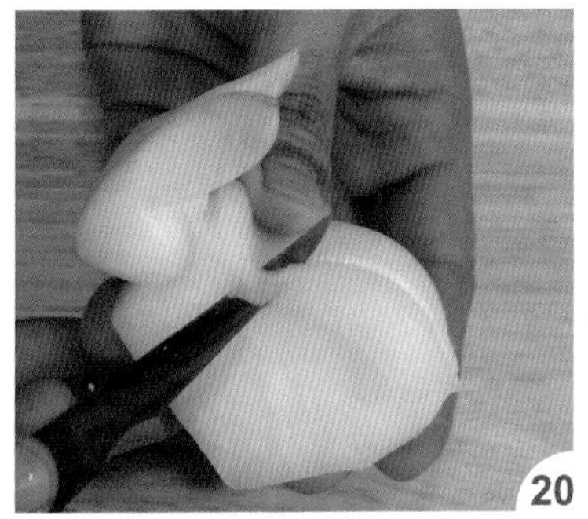

把背部左右边角切除。

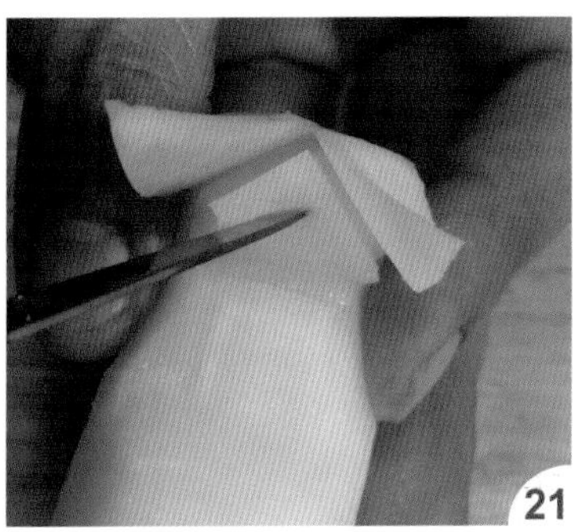

将耳下后脑的三角形切除。

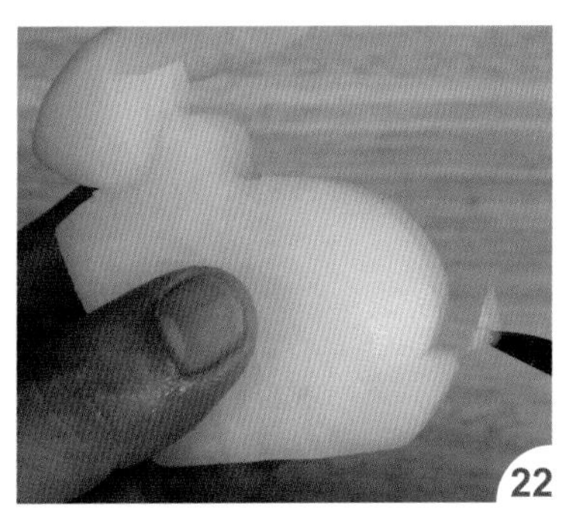

把尾巴的高度切出。

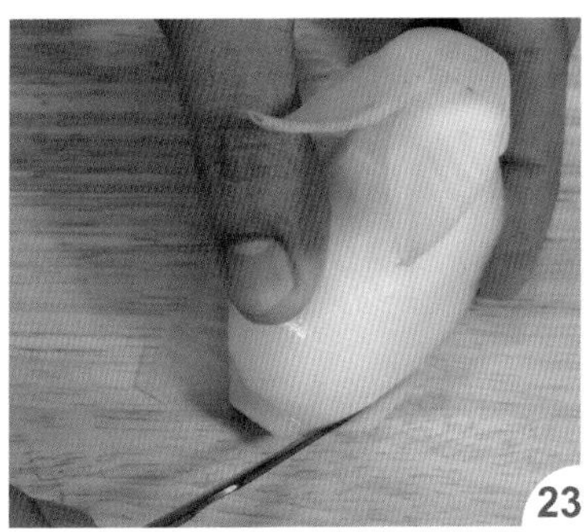

把后脚跟往内切除。

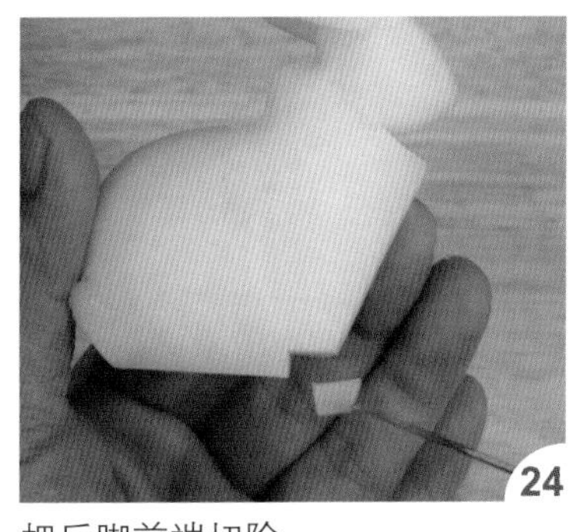

把后脚前端切除。

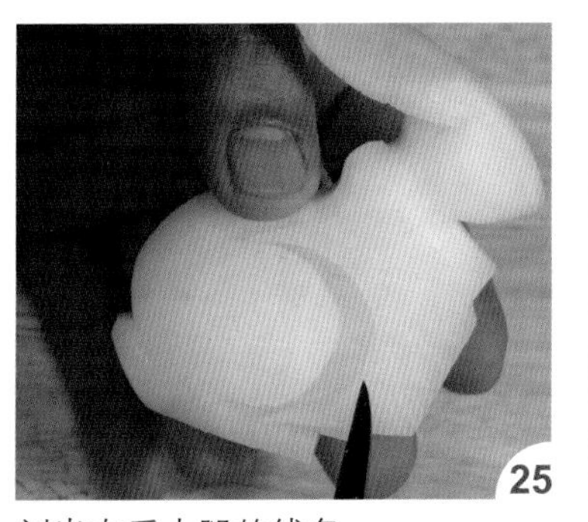

刻出右后大腿的线条。

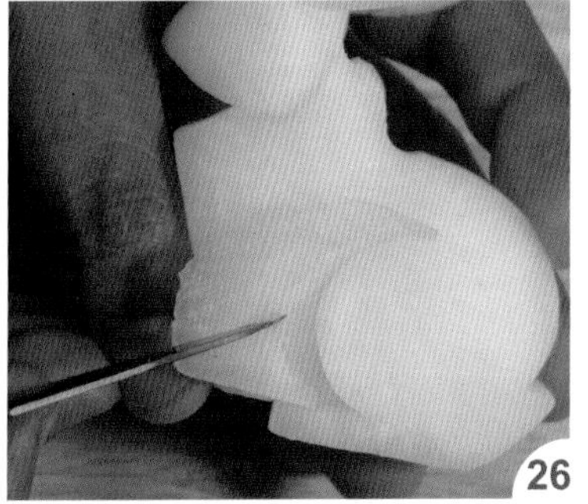

刻出左后大腿的线条。

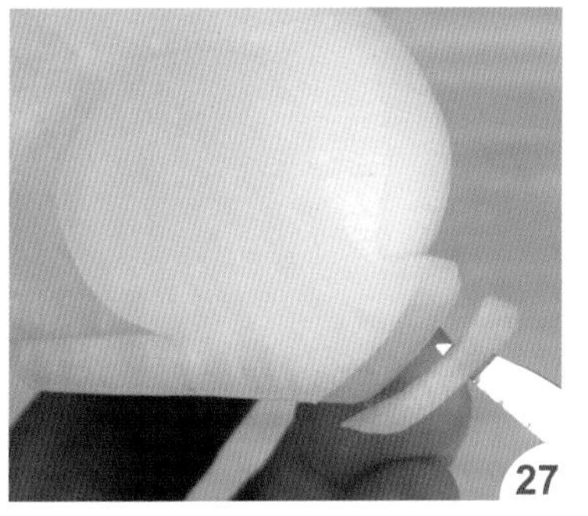

再把后脚跟切出。

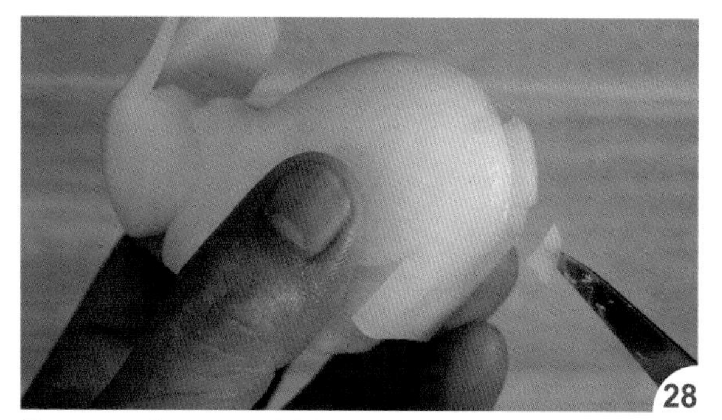

将尾巴切出并取下废料。

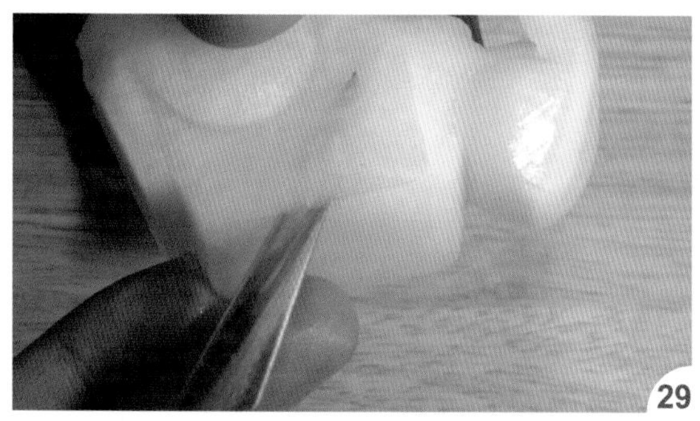

将身体及手部修平。

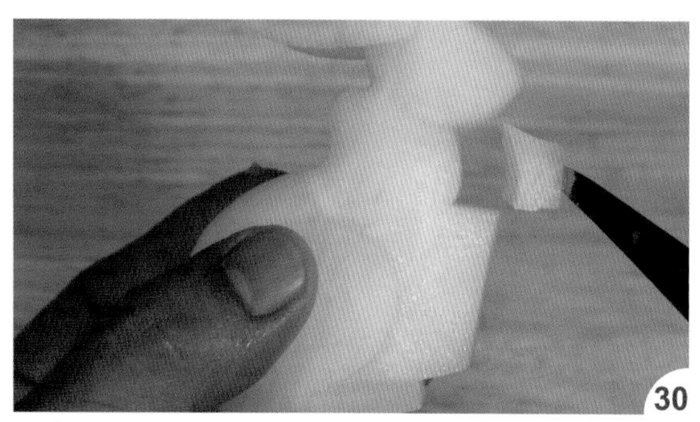

切出前胸部。

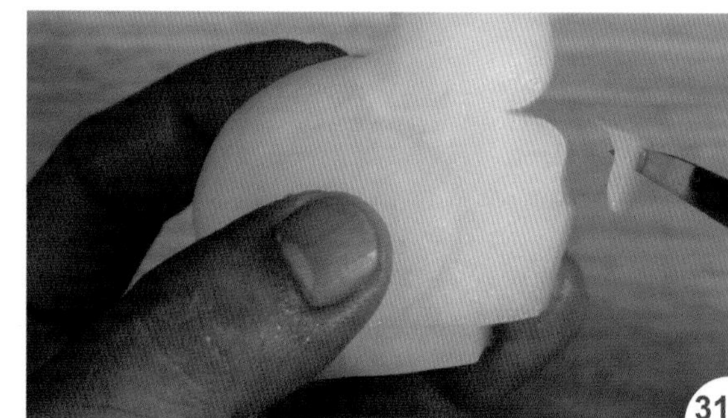

再刻出手部线条。

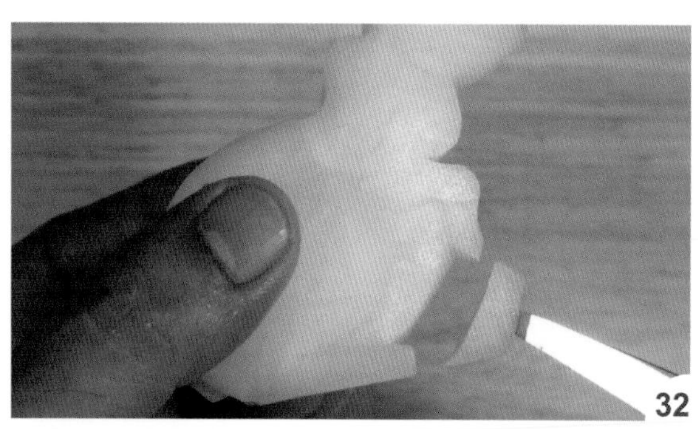

把腹部位置刻出。

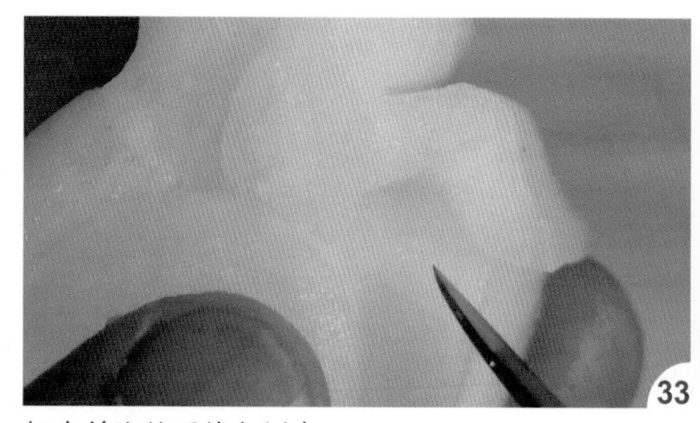

把右前脚的后线条刻出。

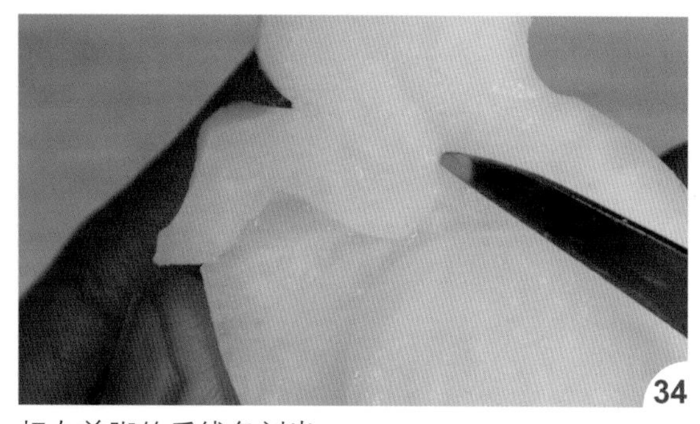

把左前脚的后线条刻出。

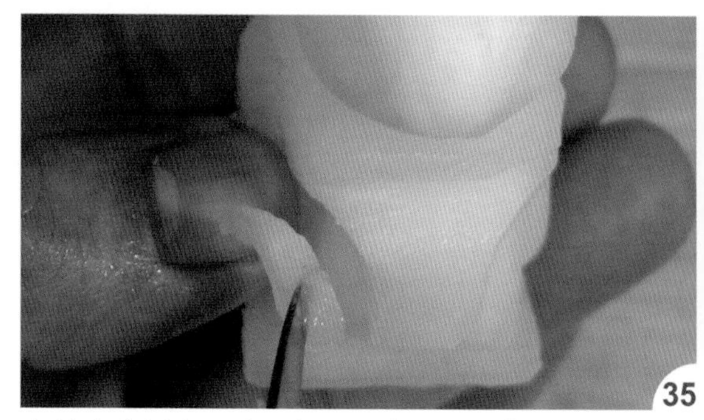

由外向内刻出两边手部的弧度，让手部往中间靠。

把肚子修到定位。

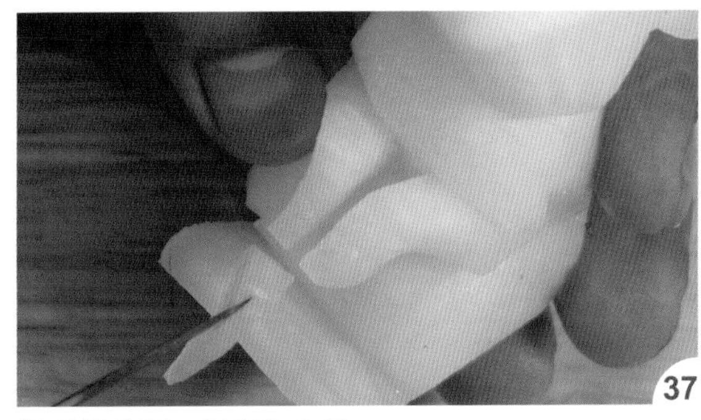

把手部分开，切出左右手。

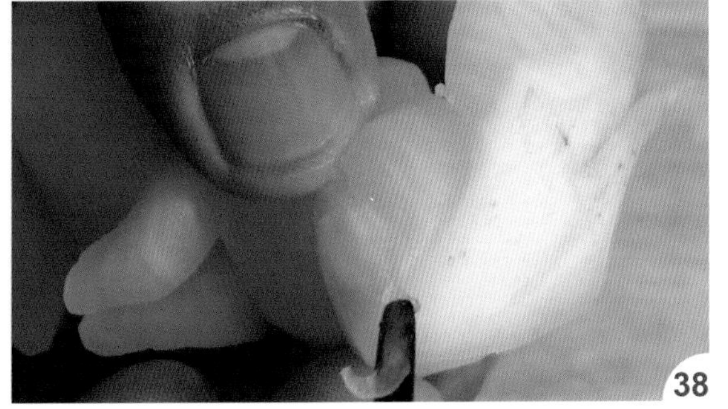

用小圆槽刀把脸颊线条刻出。

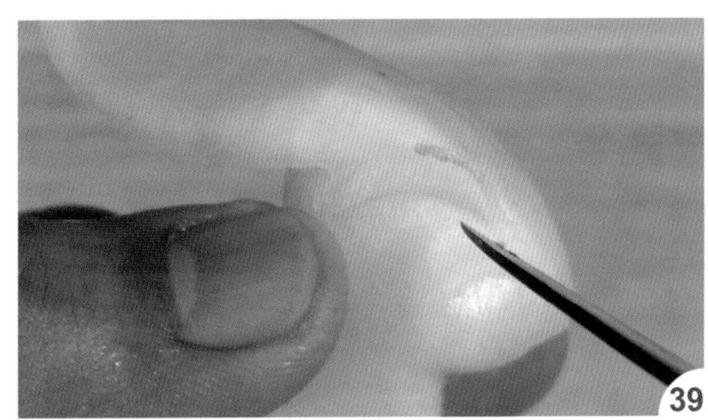

刻出眼线弧度。

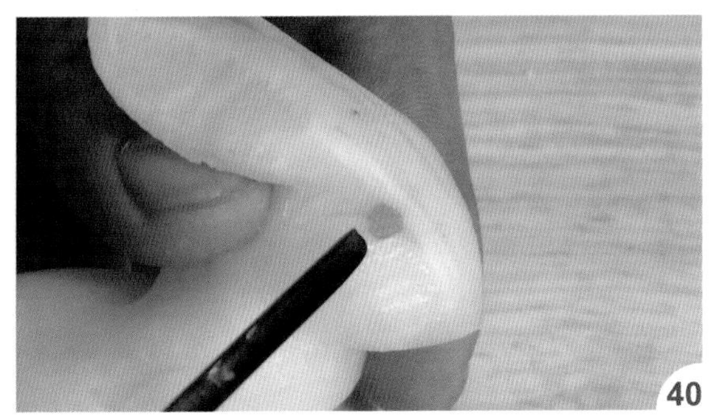

用小圆槽刀挖洞后，再取一小块红萝卜装上，作为眼睛。

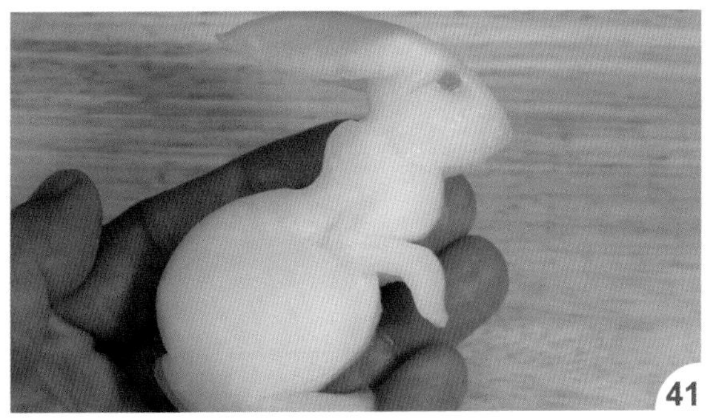

如图完成立兔。

完成盘饰。

完成盘饰。

南瓜

将南瓜用来雕刻可爱的小青蛙，
其生动的模样仿佛要随时跃起，活泼可爱，
童趣盎然，是十分讨喜的造型。

小青蛙

▶材　料

南瓜头部实心 1 段

▶工　具

西式切刀、雕刻刀、槽刀组、水性画笔

▶取材比例

高：长：宽 = 1 ：$1\frac{3}{5}$：$1\frac{1}{3}$

※ 南瓜要挑选绿皮的，头段实心且比较大的会比较适合雕刻

· 示意图

A. 俯视图

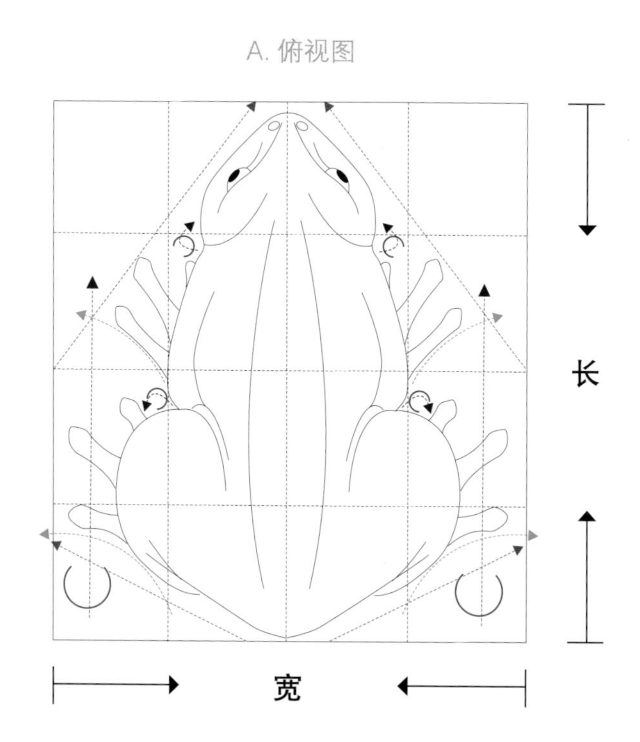

B. 侧视图

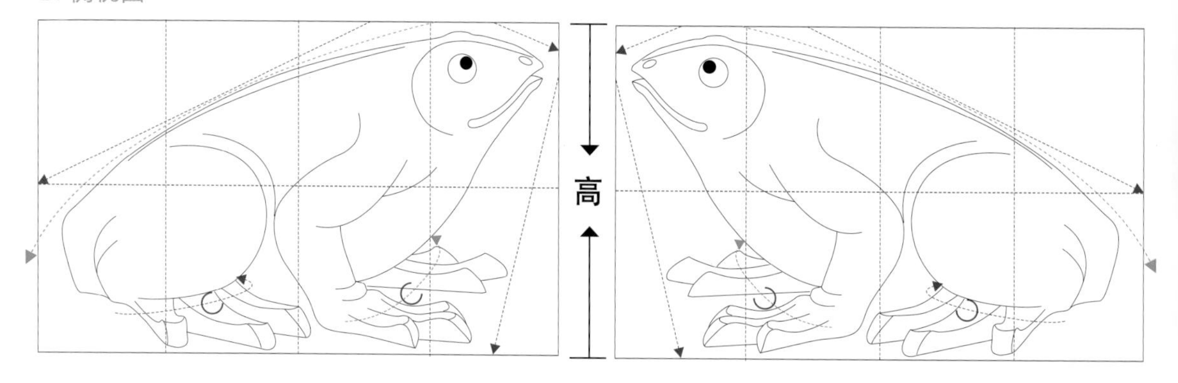

· 作法

以切刀切取南瓜头段实心部位。

在底部斜切一刀。

使南瓜平放时可斜一边。

切除长斜面表皮当背部。

再把前端切除。

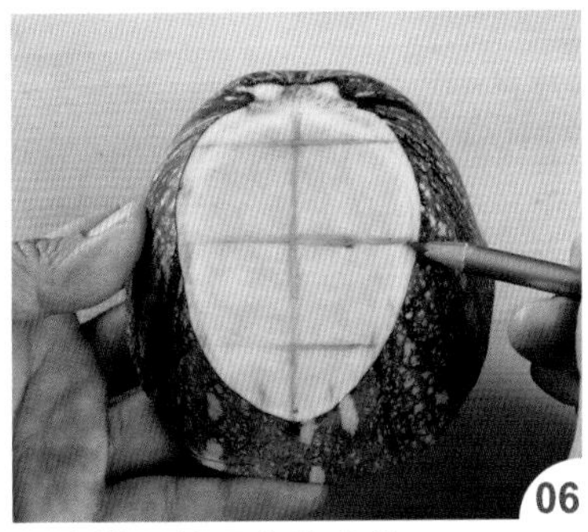

用水性画笔画上等分线。

依俯视图用雕刻刀把后脚两侧的废料切除。

把前端的废料也切除。

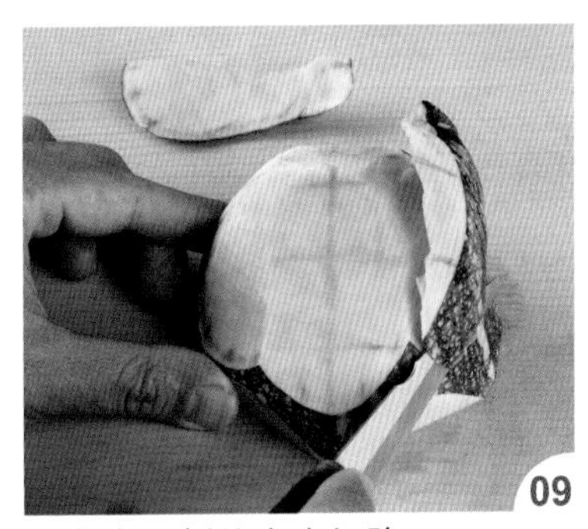

把左右两侧的表皮切除。

再把剩下的表皮也切除。

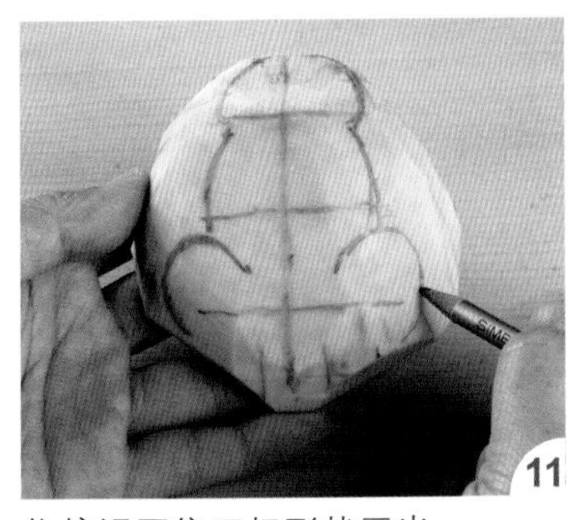

依俯视图位置把形状画出。

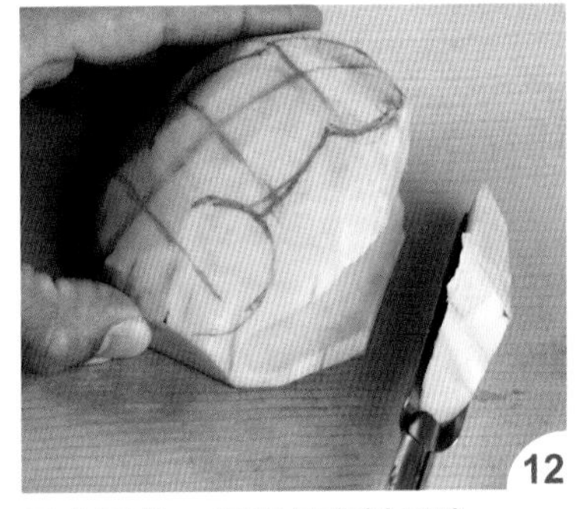

用大圆槽刀把脚部废料刻除。

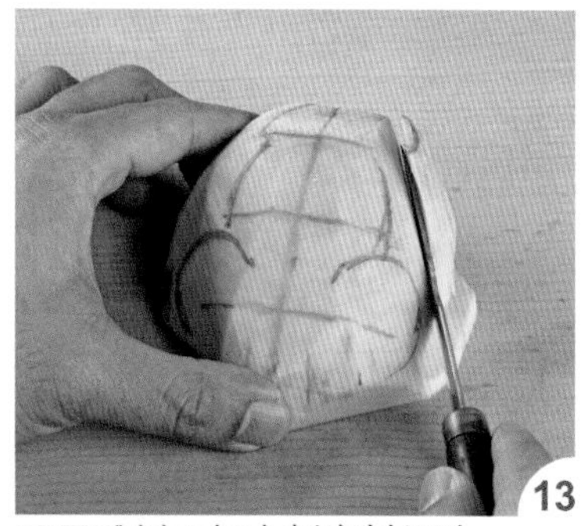

再用雕刻刀把右侧废料切除。

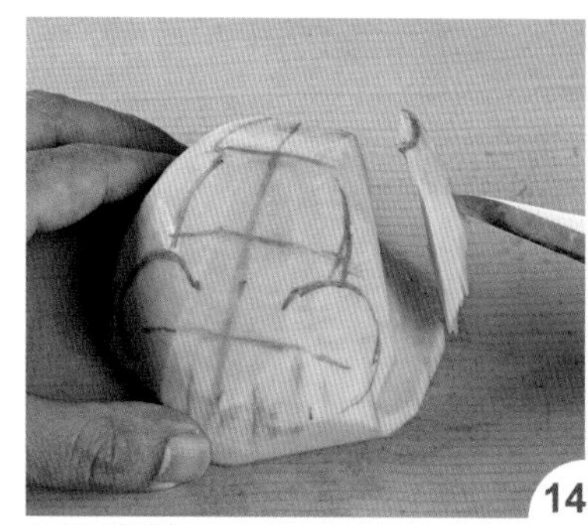

取下废料。

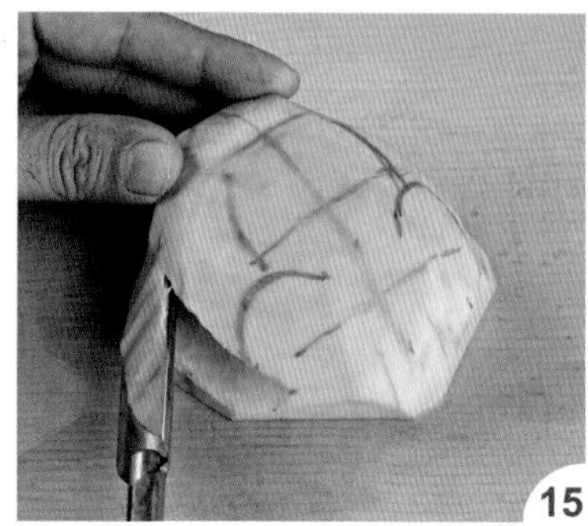

用大圆槽刀把脚部左侧废料也刻除。

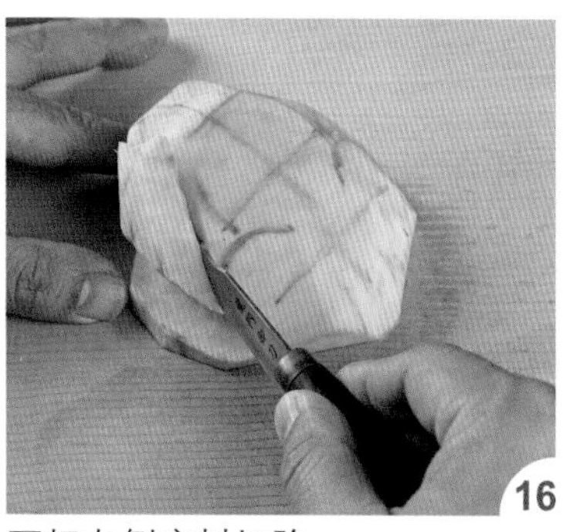

再把左侧废料切除。

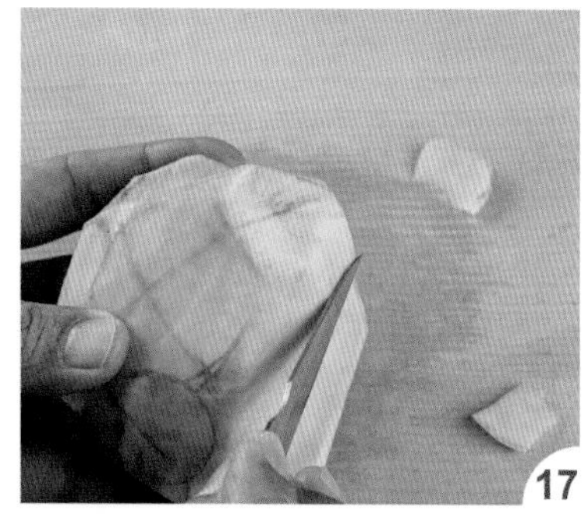

将头部修成圆弧状。

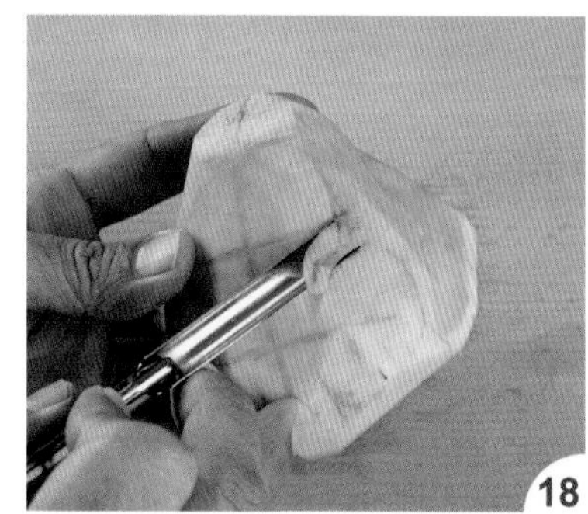

用中圆槽刀把右侧大腿刻出。

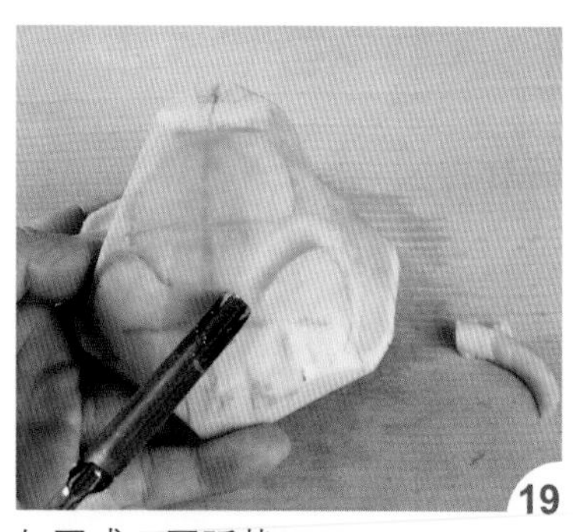

如图成一圆弧状。

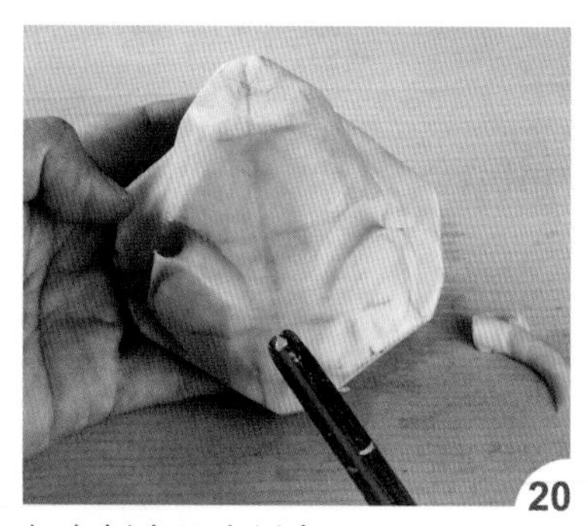

把左侧大腿也刻出。

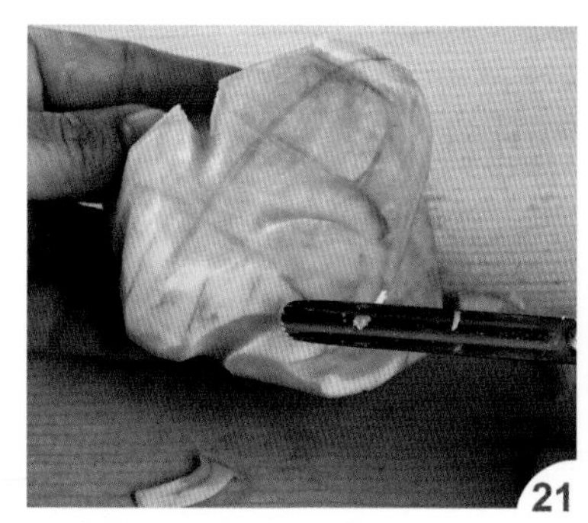

把大腿后的线条刻出。

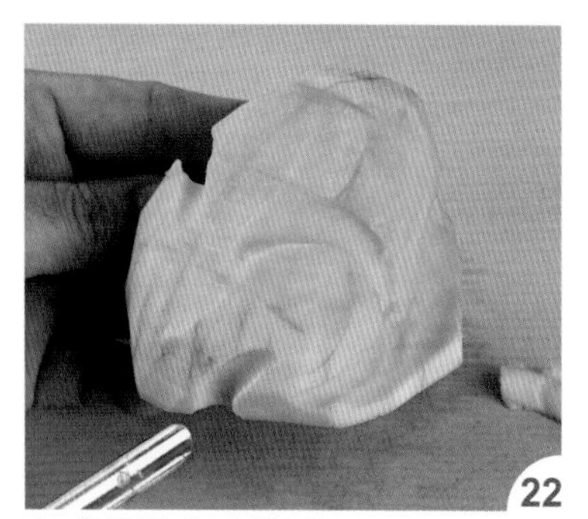

完成后腿大致雏形。

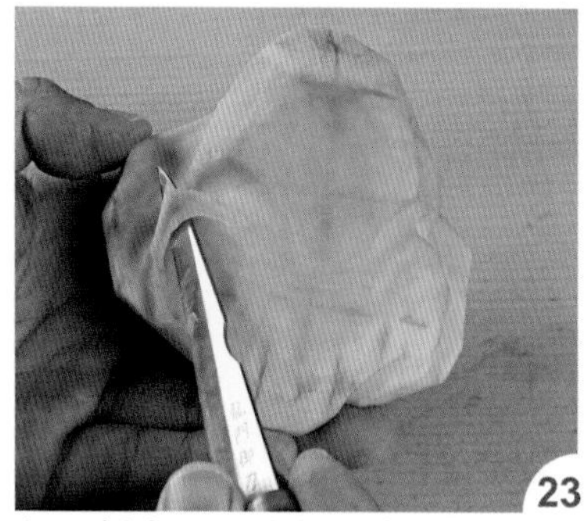

把两侧大腿的边角切除。

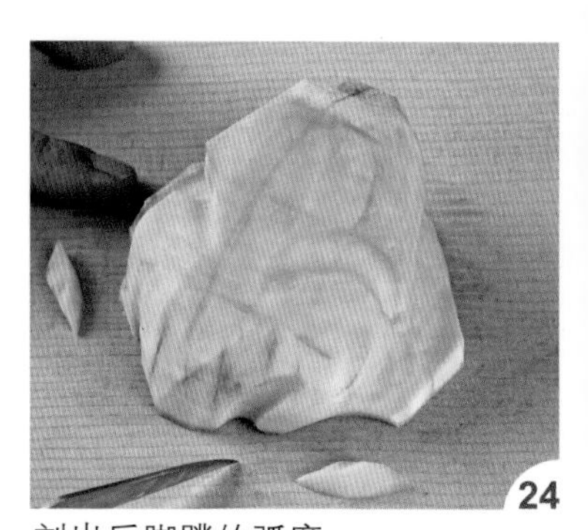

刻出后脚蹼的弧度。

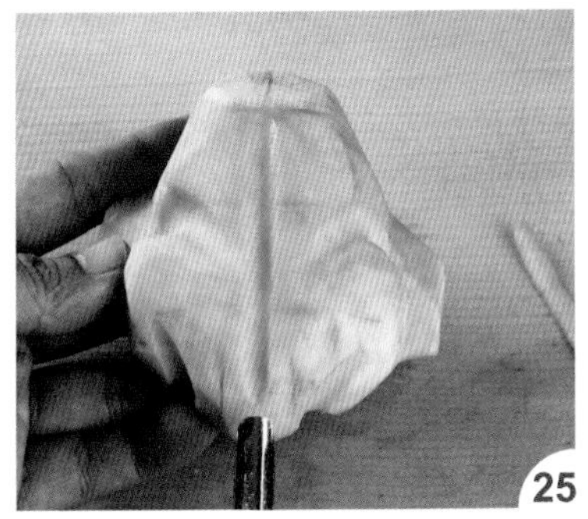

刻出背部中间凹槽。

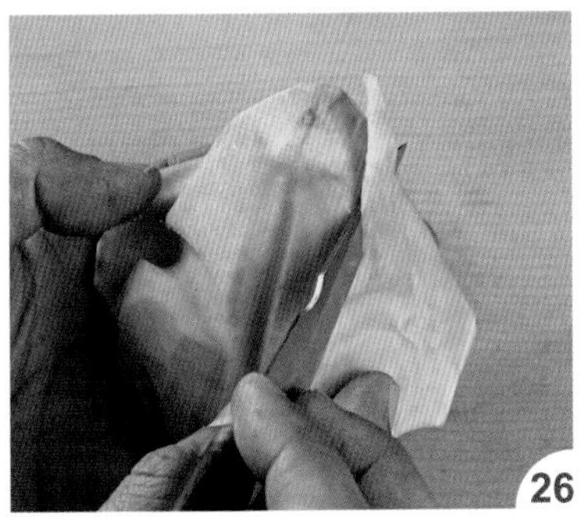

修除右侧手部。

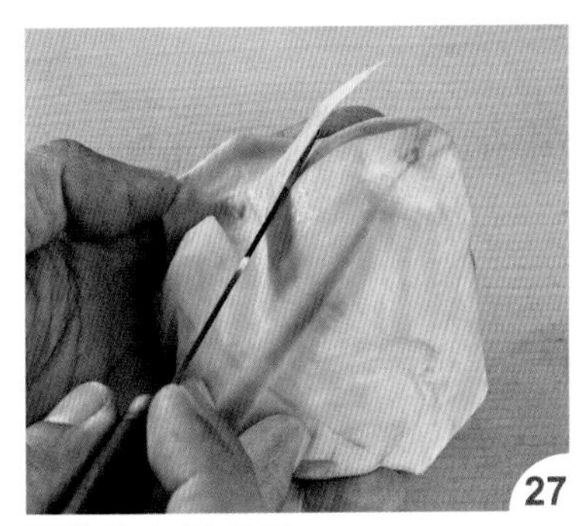

再修除左侧手部。

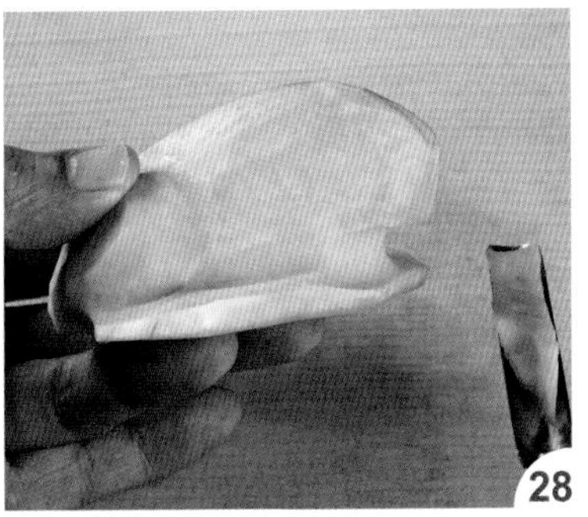

刻出前脚蹼。

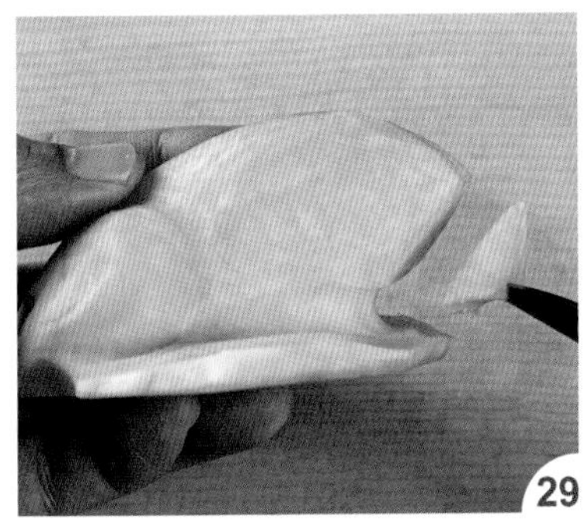

再把下巴切出。

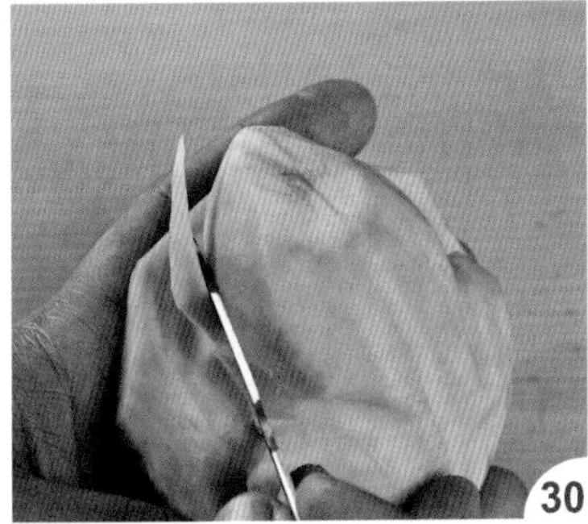

把左侧嘴部修顺。

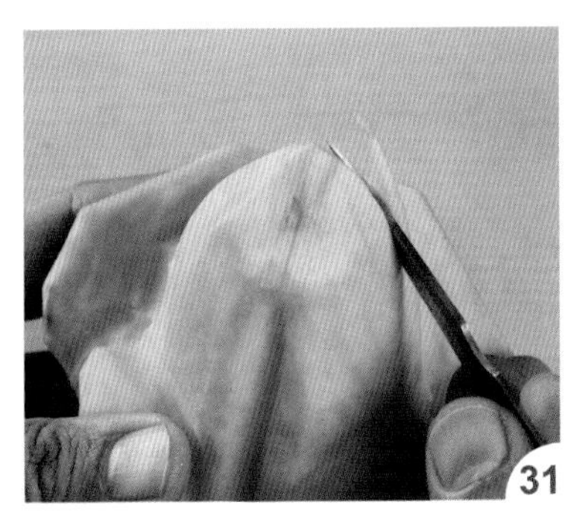

再将右侧嘴部也修顺。

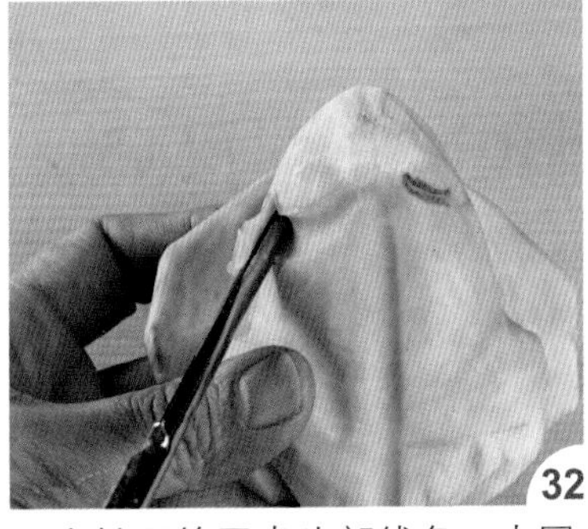

用水性画笔画出头部线条，中圆槽刀把左侧头部定出。

再依线条刻出右侧头部。

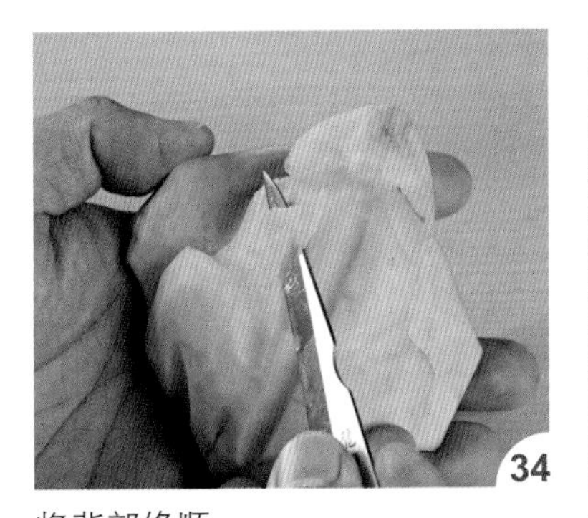

将背部修顺。

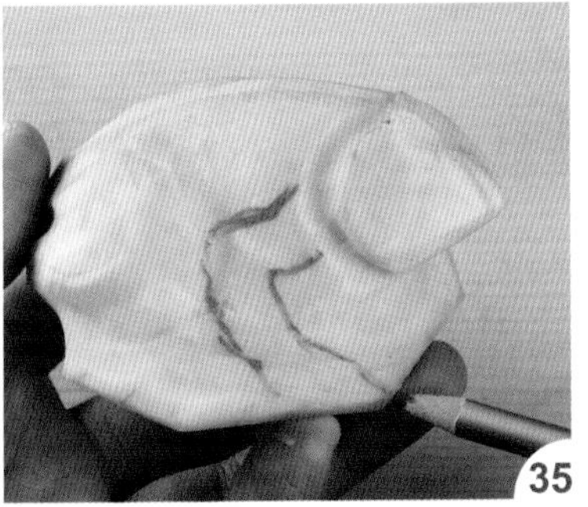

依侧视图画出右侧前脚线条。

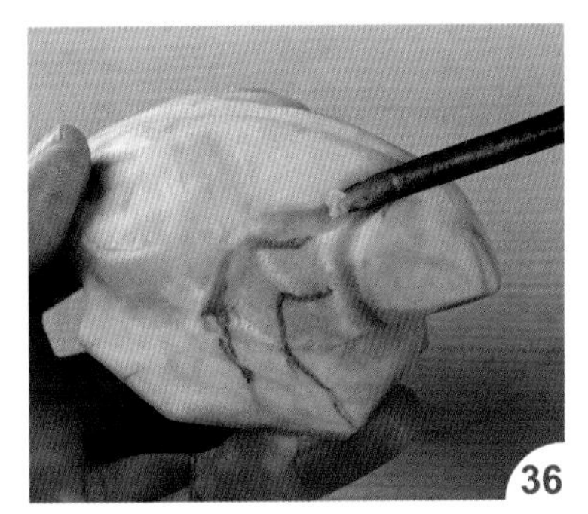

刻出前脚后方弧度。

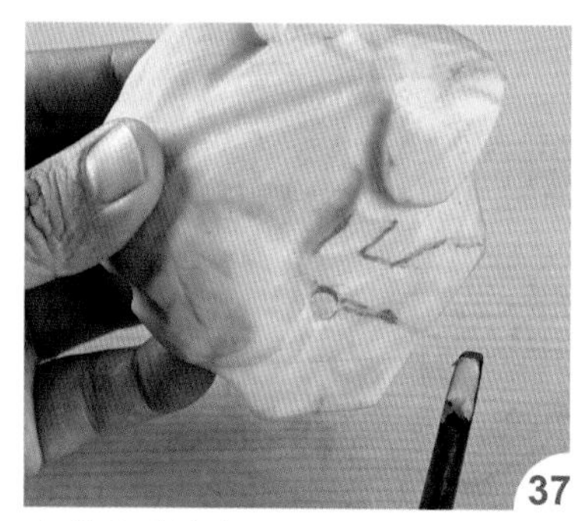

在前脚蹼底部后方钻一小圆孔

再把废料切除。

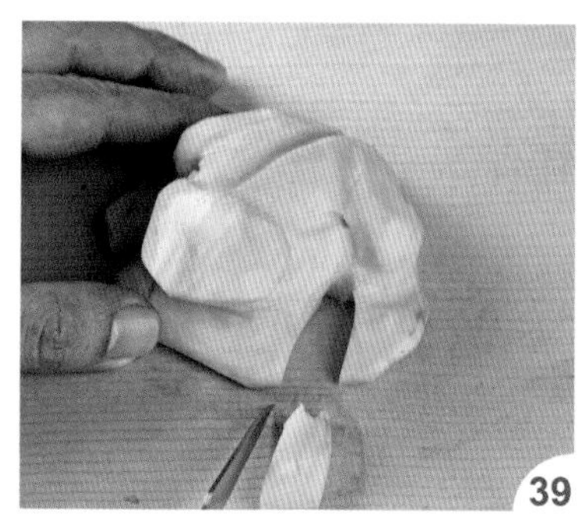

同作法 35 ~ 38，完成左侧后脚。

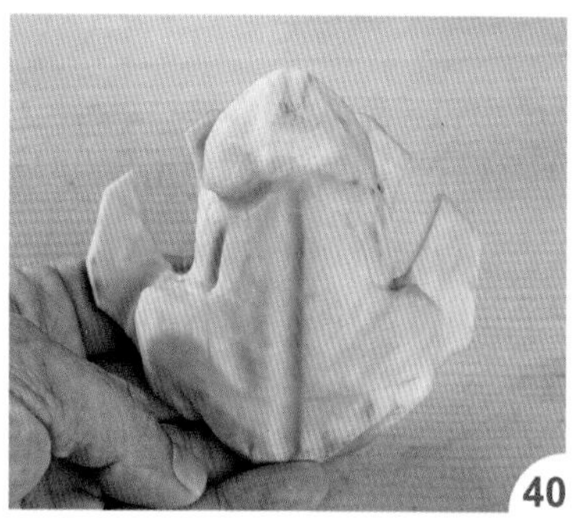

由上方看大约的雏形。

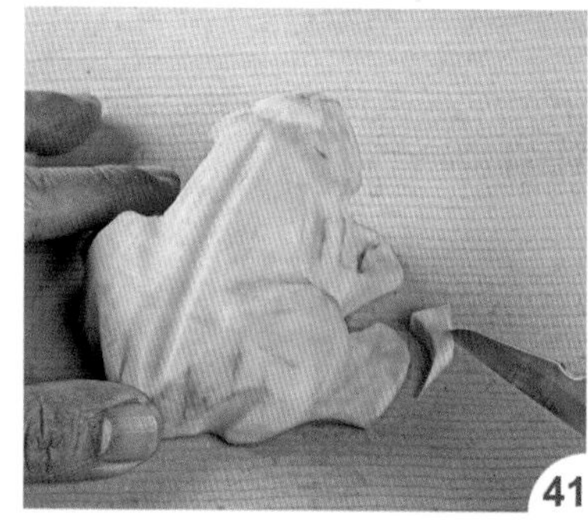

依序切出两侧后脚蹼的弧度。

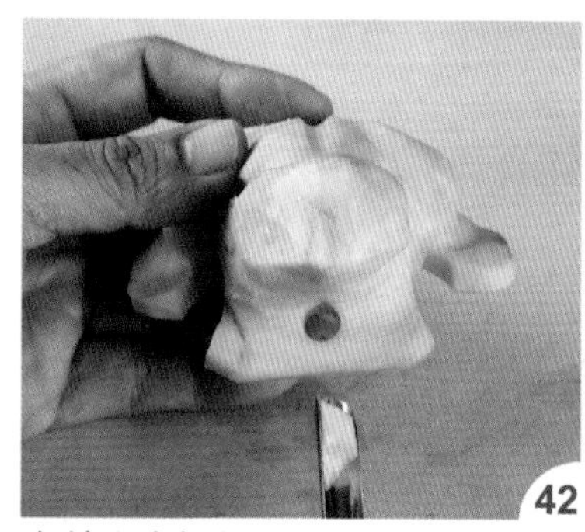

在前脚中间挖一小圆。

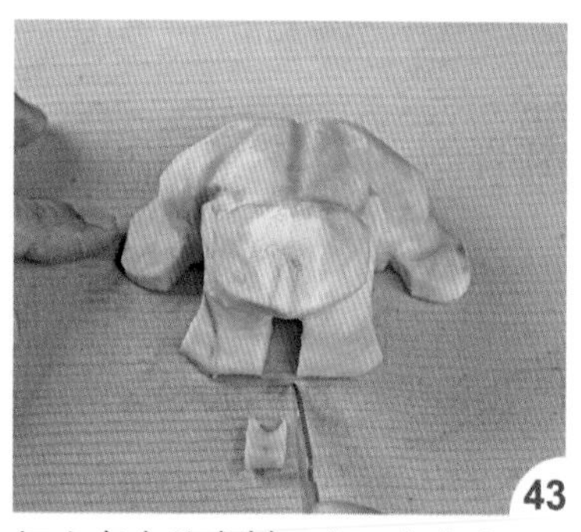

切去多余的废料，分开左右脚。

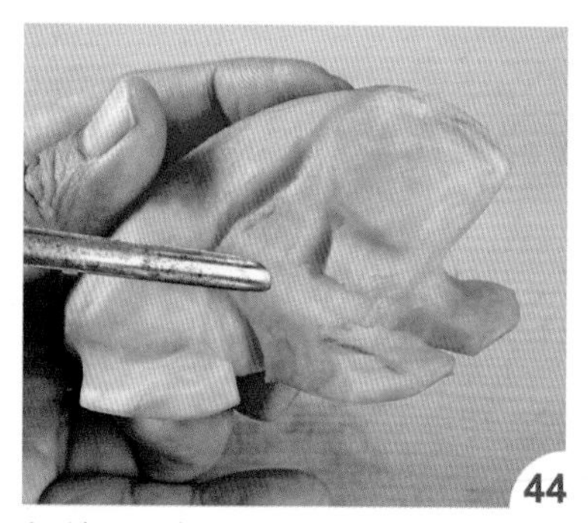

把前脚内侧的弧度刻出。

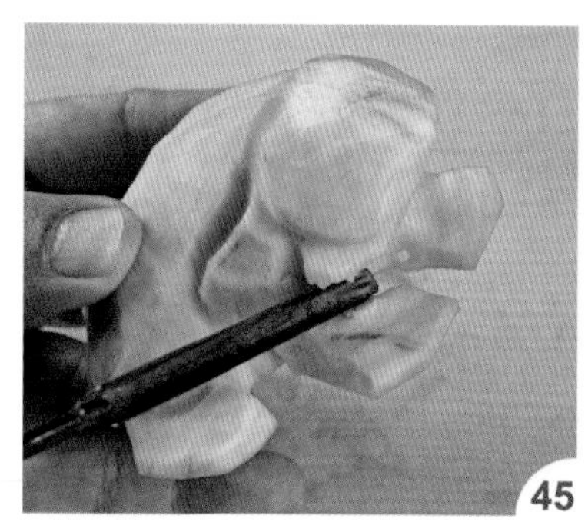

刻至前腹部。

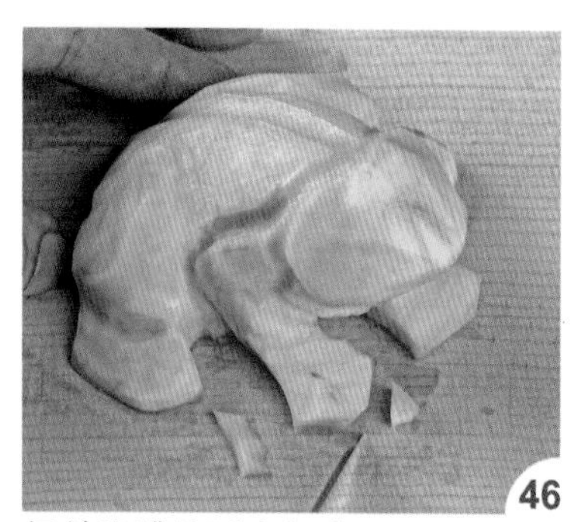

把前脚蹼的弧度切出。

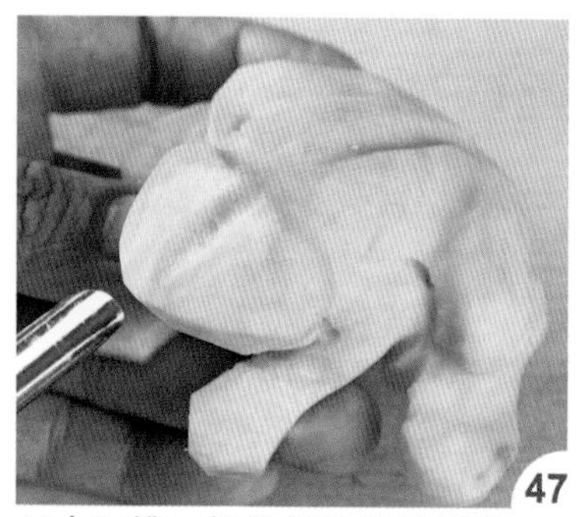

用中圆槽刀把头部的凹槽刻出。

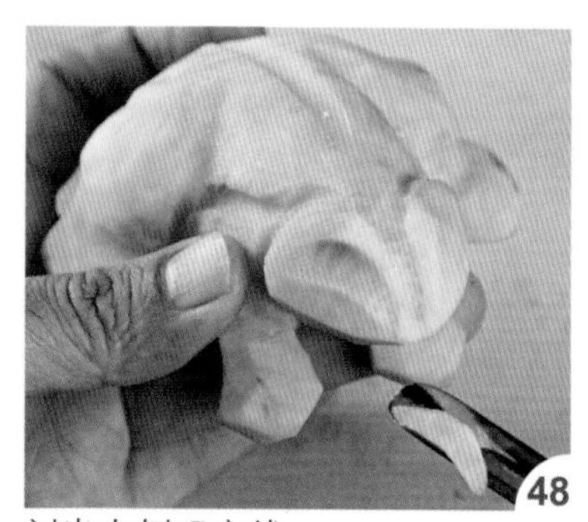

刻出右侧眼窝线。

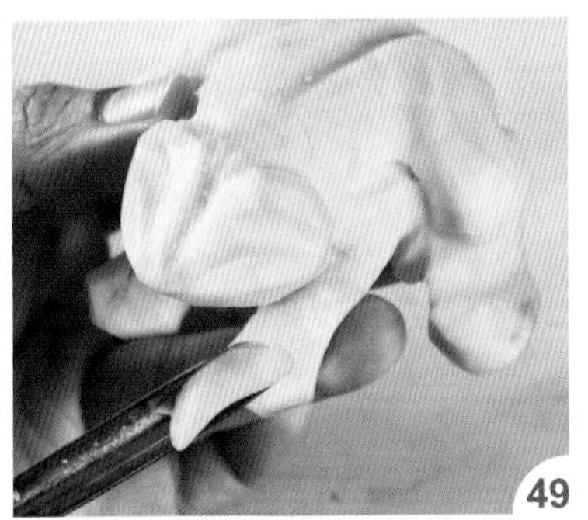

再刻出左侧眼窝线。

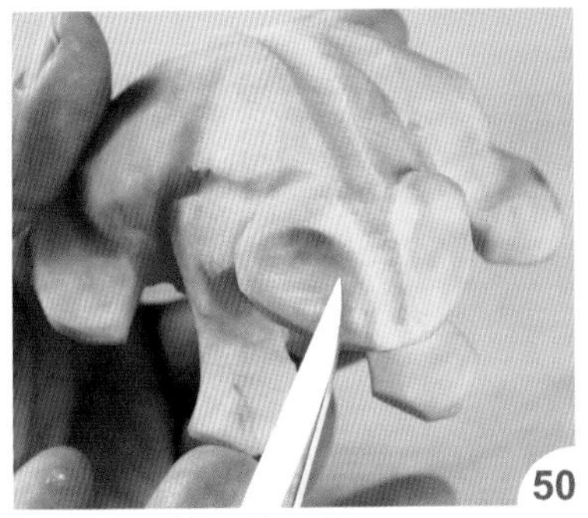

把眼窝的斜面修平滑。

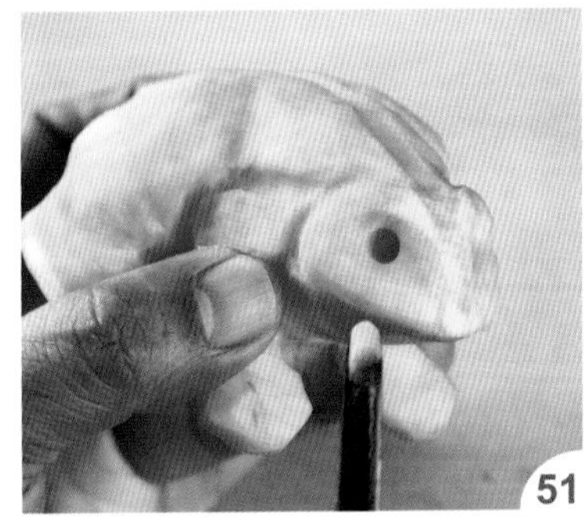

挖出眼睛位置。

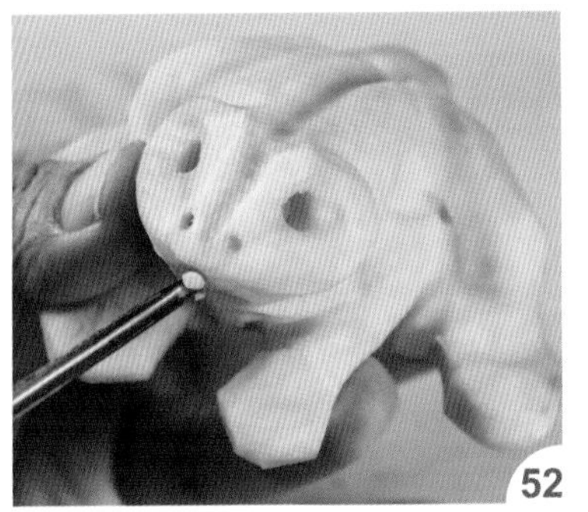

再用小圆槽刀挖出鼻孔。

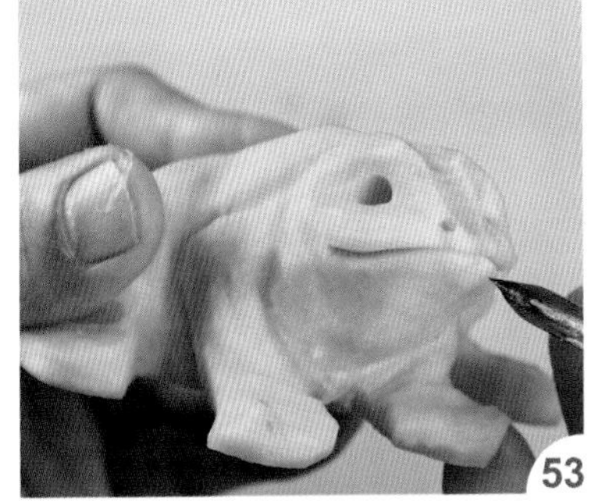

用 V 形槽刀刻出嘴巴线条。

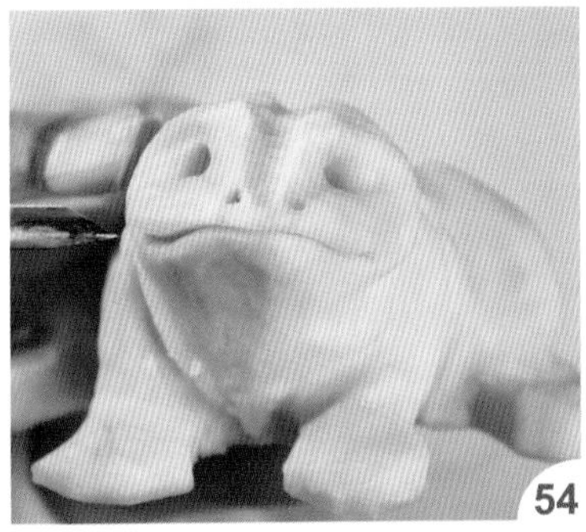

如图完成脸部的线条。

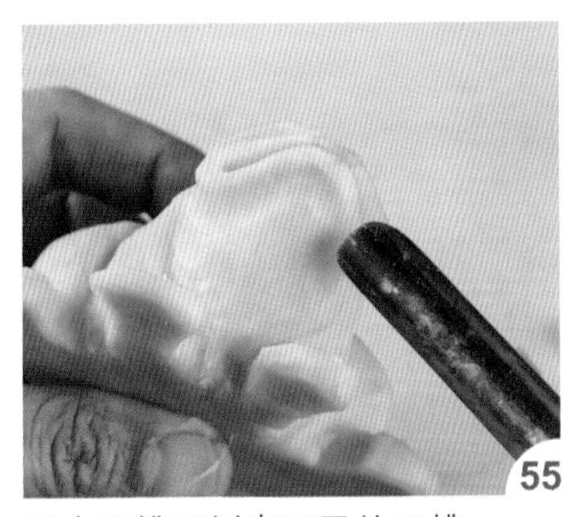

用中圆槽刀刻出下巴的凹槽。

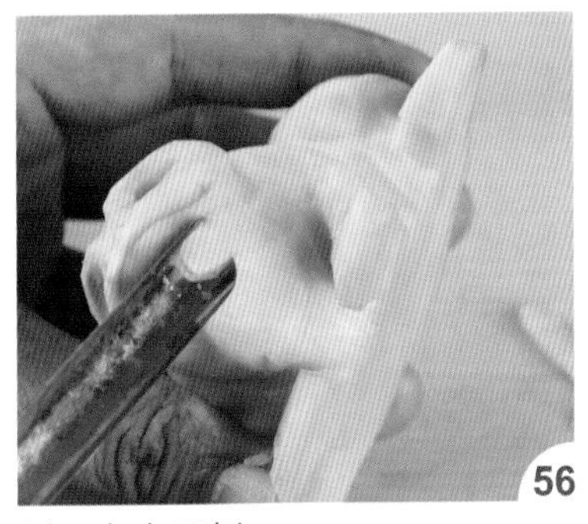

刻至左右两侧。

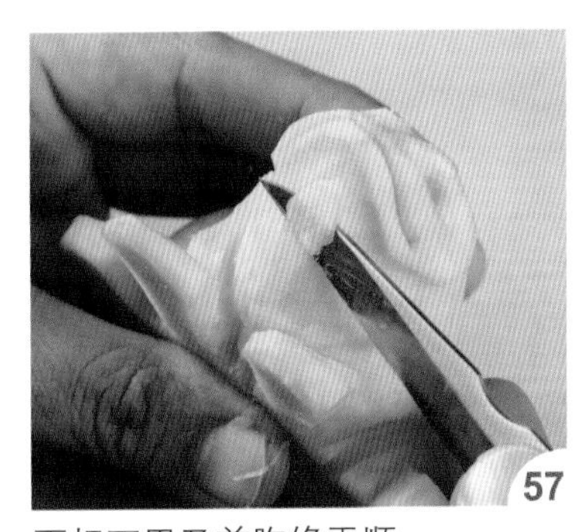

再把下巴及前胸修平顺。

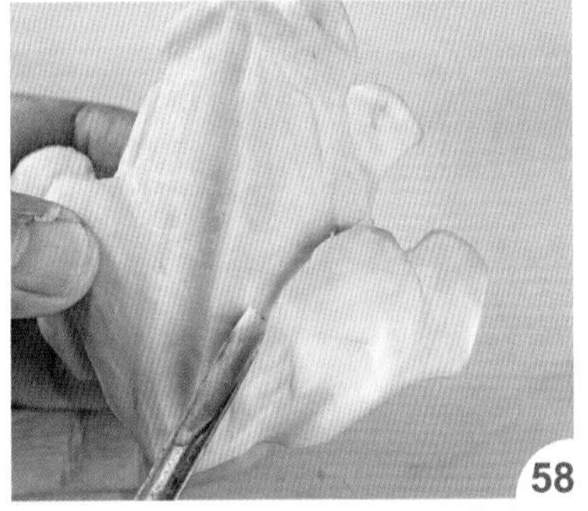

用小圆槽刀把右侧后腿的线条再刻明显一点。

将后腿的侧边线条也刻深一些。

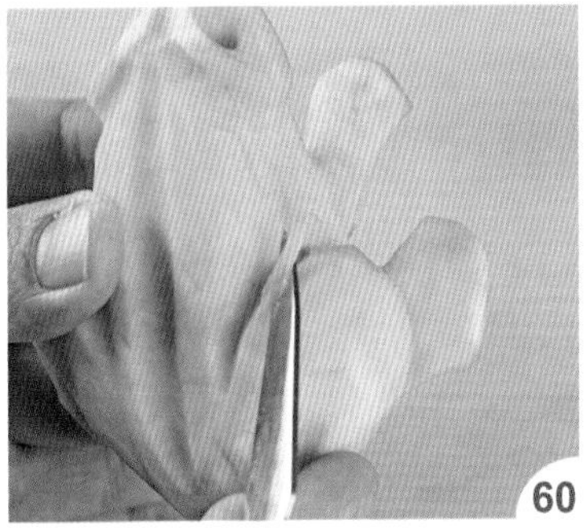

将表面修平滑。

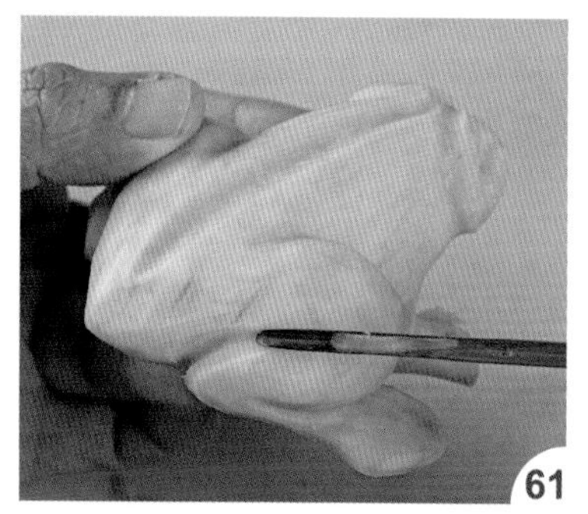

再加强后腿后方的线条。

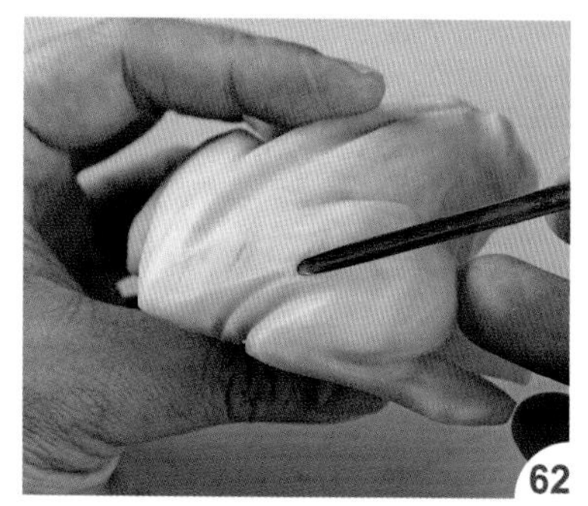

可再刻一弧线于后腿后方，加强弯处。

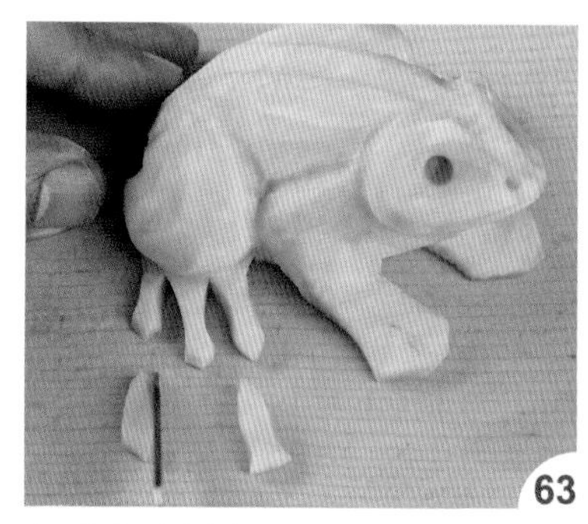

把后脚趾刻出。

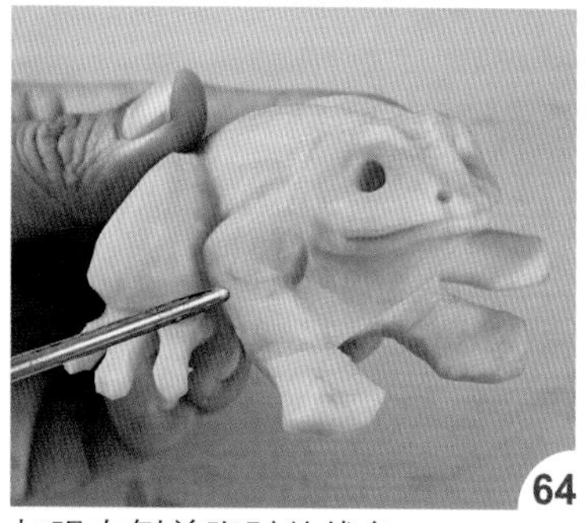

加强右侧前脚肘的线条。

把前脚趾刻出。

同作法 58 ~ 65，加深左侧前后腿的线条，并把脚趾也刻出。

加强前脚内侧线条。

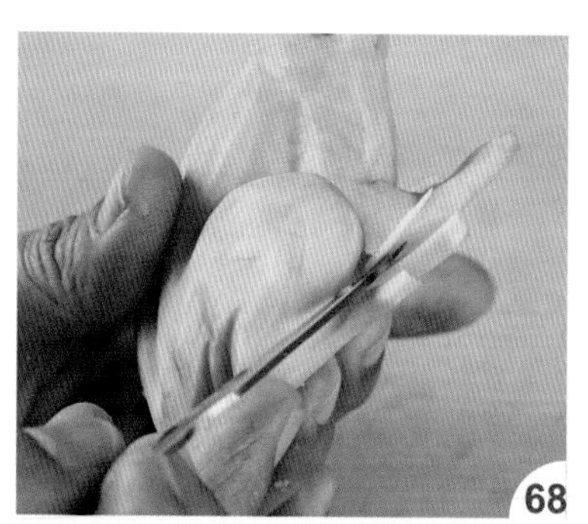

把右后脚的弧度刻出。

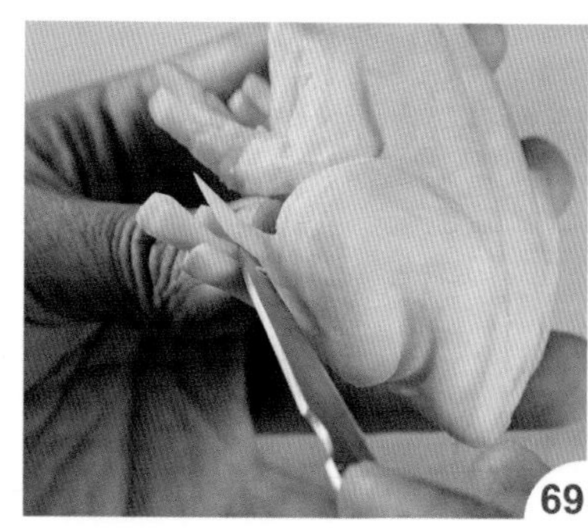

把左后脚弧度也刻出。

取一块深色表皮南瓜，用小圆槽刀挖取圆柱当眼睛。

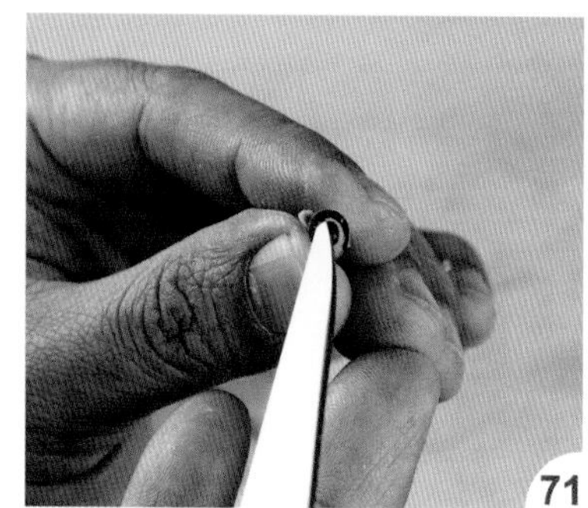

刻除圆柱外侧一圈表皮。

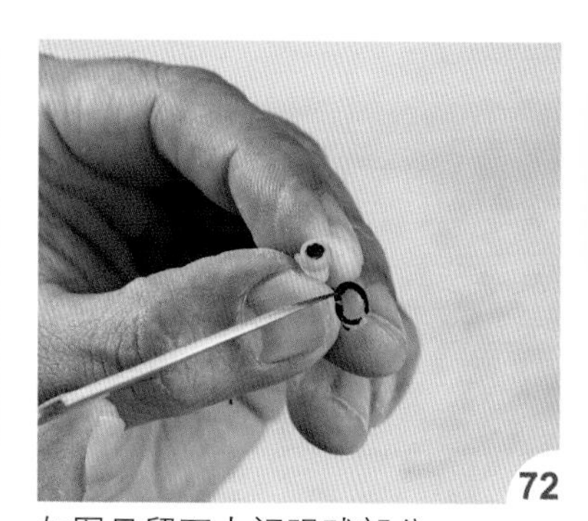

如图只留下中间眼球部分。

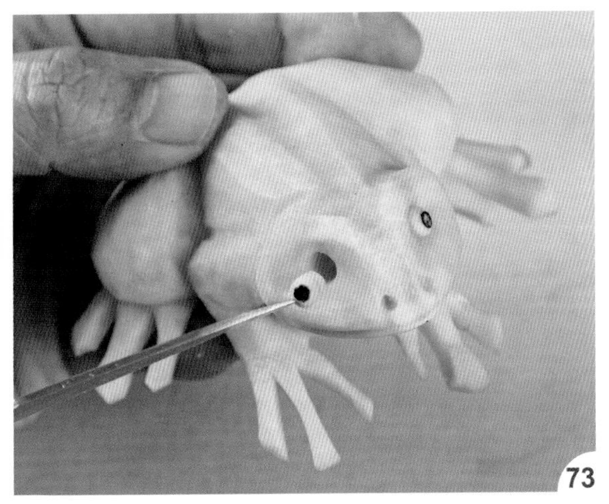

将两侧眼睛装上。

如图完成。

成品特写。

成品特写。

成品特写。

成品特写。

红萝卜

把红萝卜变化成小鸭子、小虾，

还有雄赳赳的公鸳鸯及妩媚的母鸳鸯，

栩栩如生，创意让人赞叹。

▶材　料

红萝卜 1 条、南瓜 1 块

▶工　具

西式切刀、雕刻刀、中圆槽刀、小圆槽刀、V 形槽刀、三秒胶

▶取材比例

宽 = 半径

※ 红萝卜要挑选大条圆胖形、质地紧实的会比较好雕刻

· 示意图

A. 侧视图

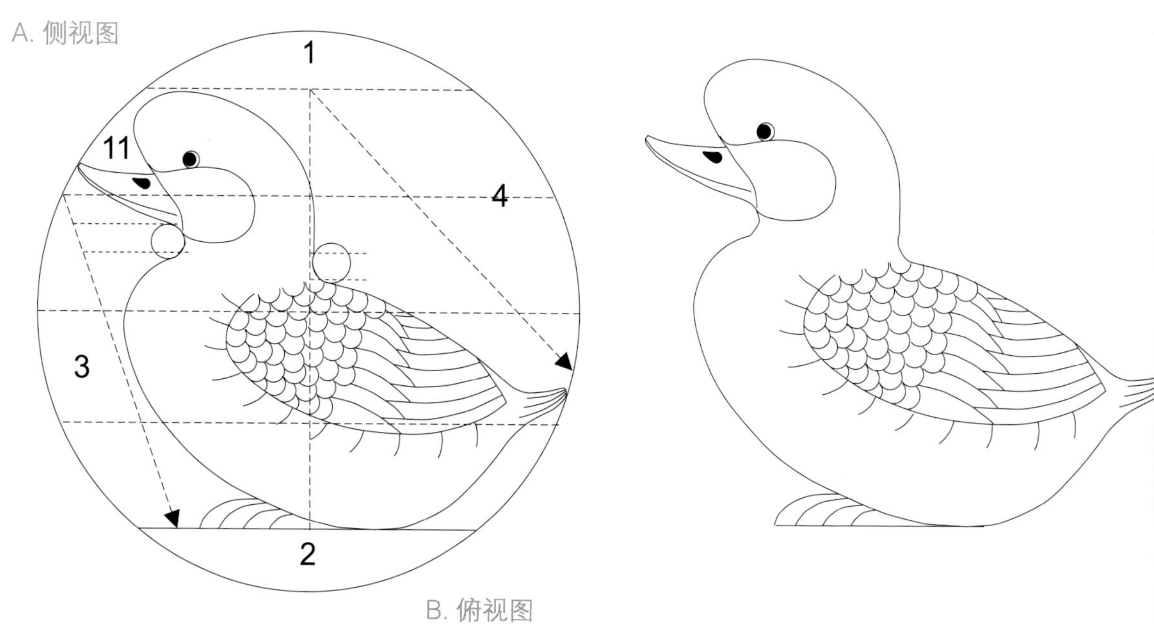

B. 俯视图

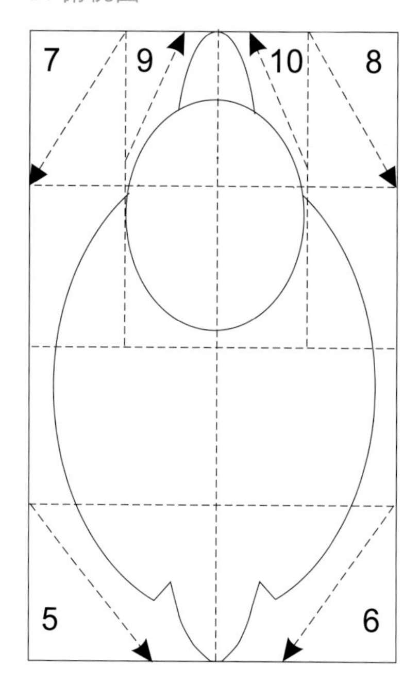

· 作法

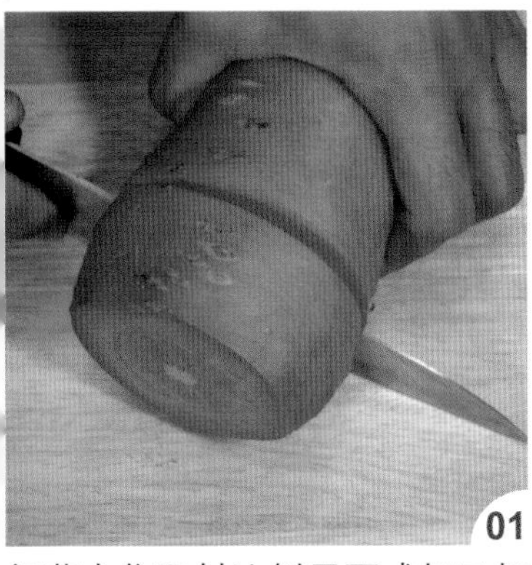
01
红萝卜依取材比例用西式切刀切取适当宽度。

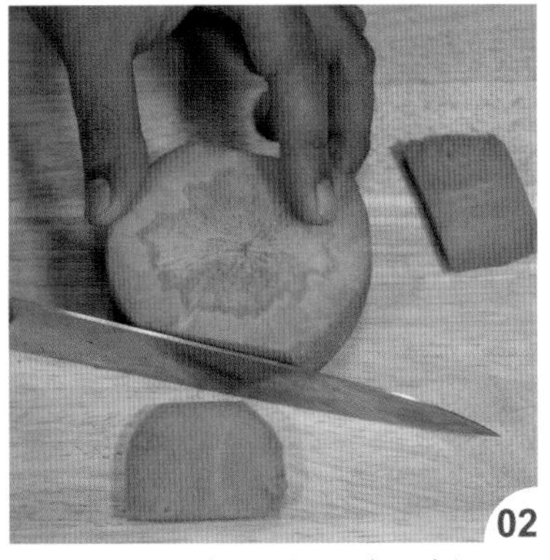
02
把上下 1/6 半径处切除（侧视图 A1、A2）。

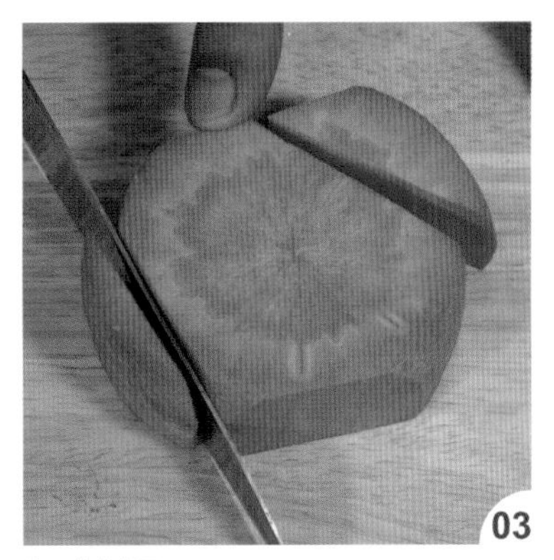
03
切除侧视图 A3、A4。

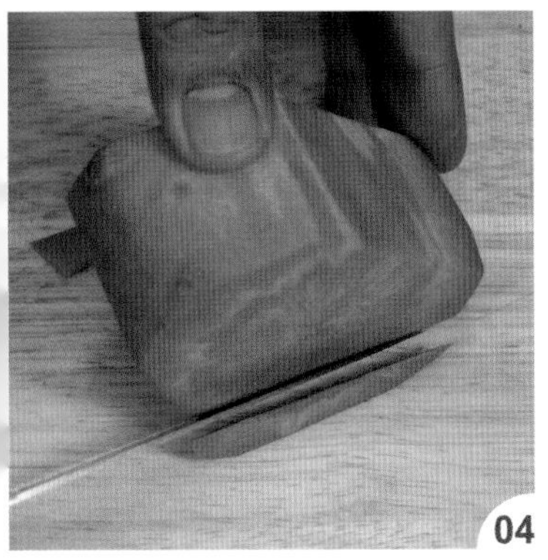
04
把底部往内切除一小三角形。

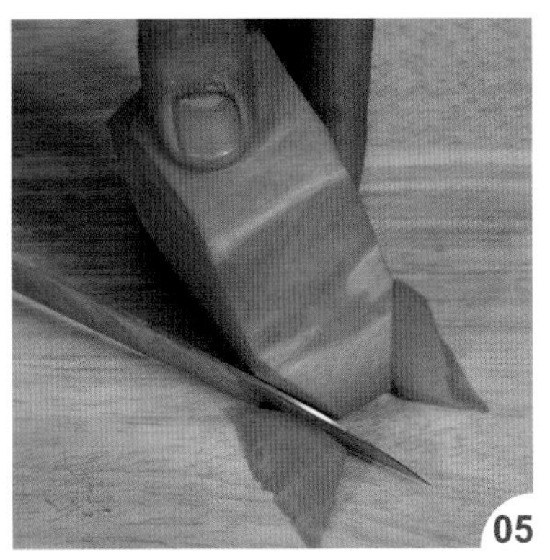
05
把尾部左右两侧切除，定出尾部（俯视图 B5、B6）。

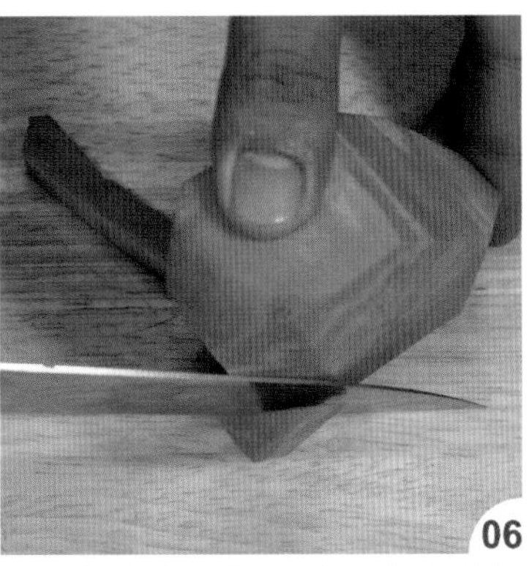
06
把头部左右两侧切除，定出头部（俯视图 B7、B8）。

07
用中圆槽刀把头部与身部的凹槽刻出。

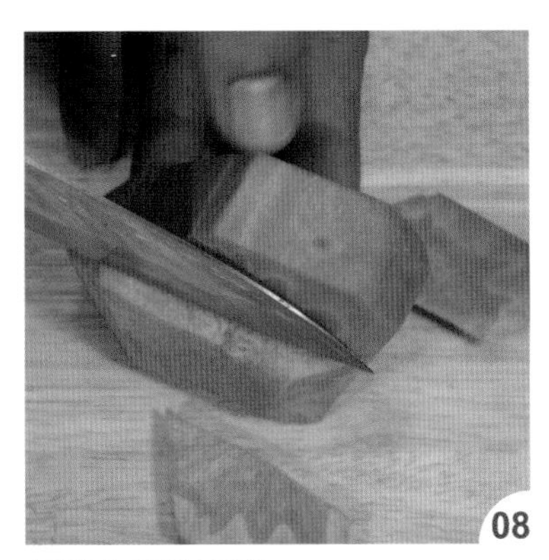
08
切出头部的宽度。

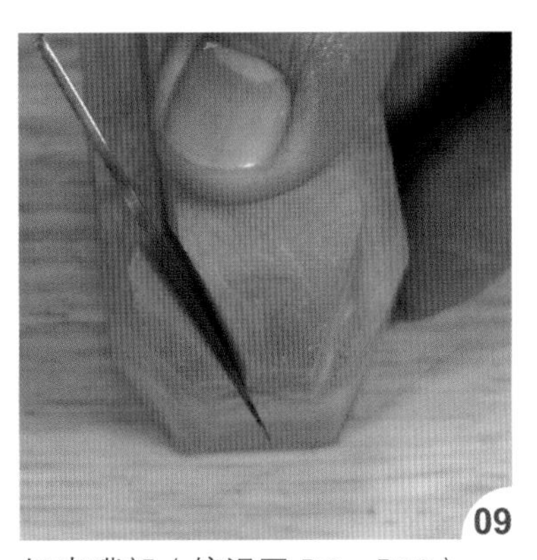
09
切出嘴部（俯视图 B9、B10）。

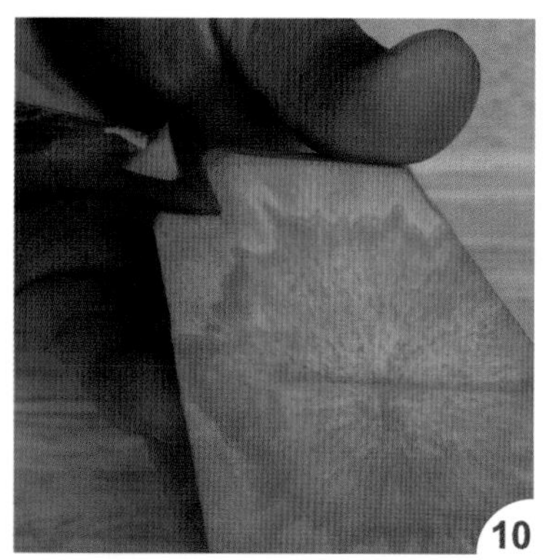

10

再把额头与上嘴衔接处切开（侧视图 A11）。

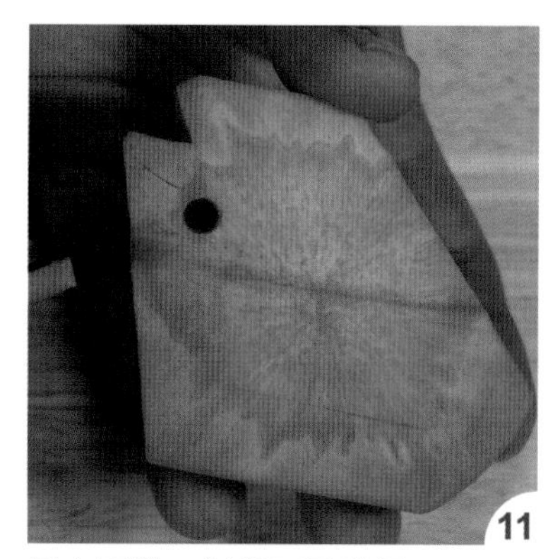

11

用小圆槽刀刻出下巴的圆。

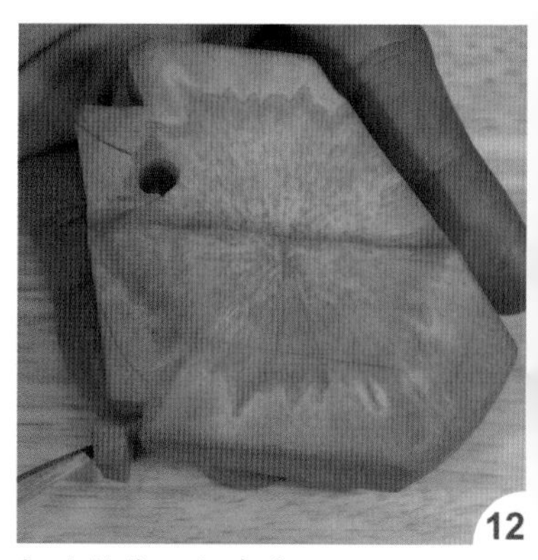

12

把脚的位置切出来。

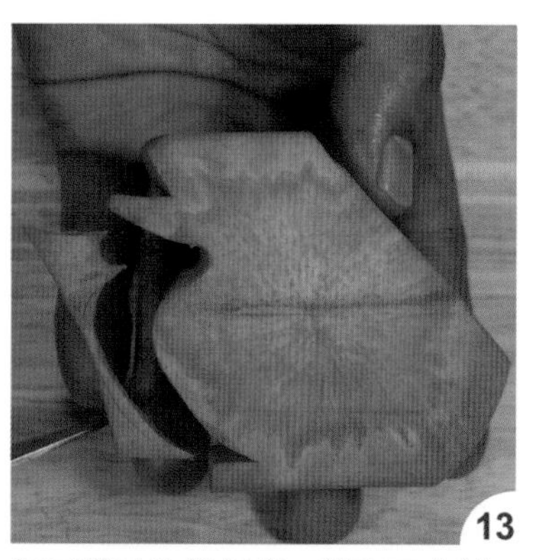

13

把下嘴及胸线刻出，并取下废料。

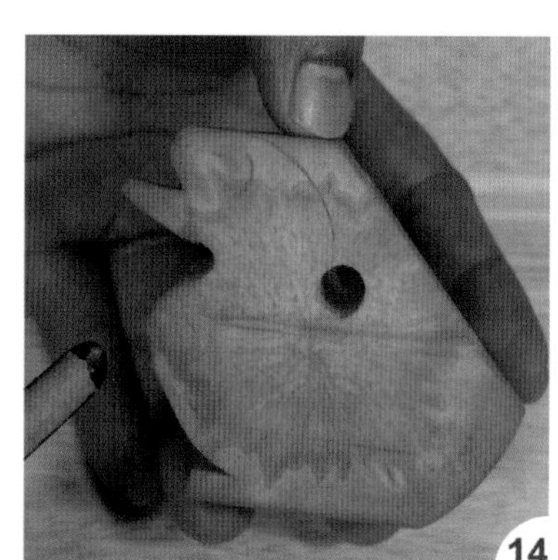

14

再把后颈的圆刻出。

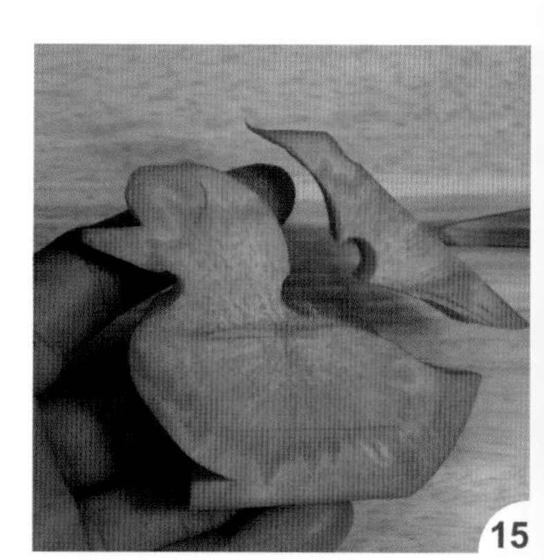

15

依线条刻出后颈及背部。

16

把尾巴的下线条刻出。

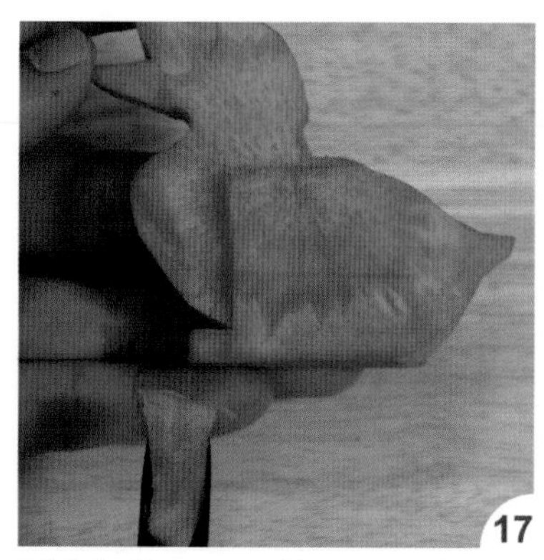

17

刻出翅膀三刀，第一刀垂直刀，定出翅膀长度。

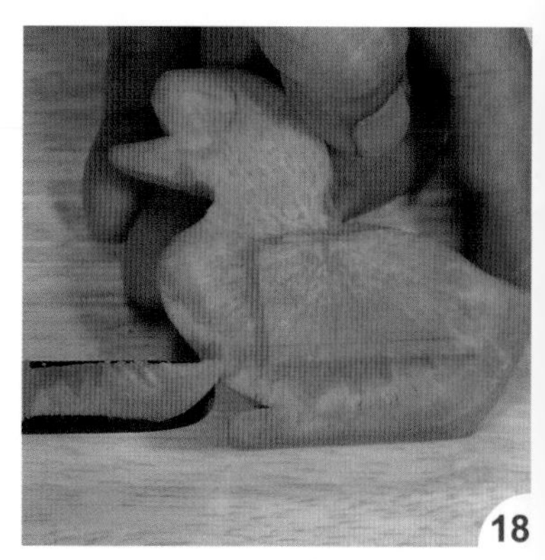

18

第二刀水平刀，定出翅膀高度。

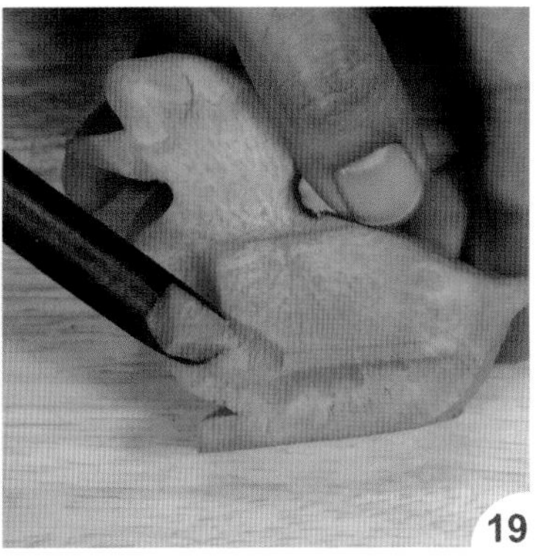

第三刀斜刀下，定出翅膀弧度。

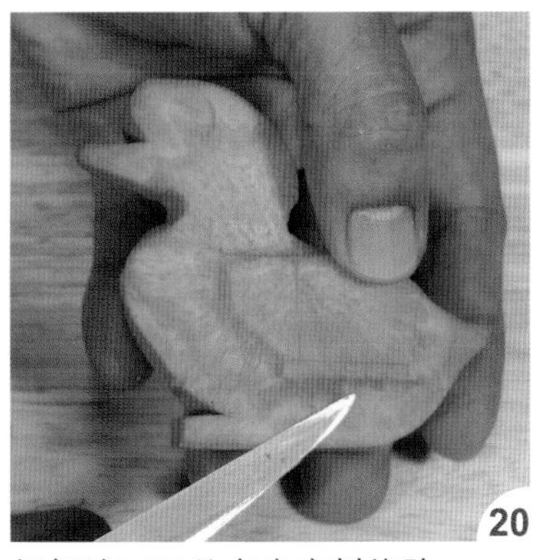

把翅膀下层的多余废料修除。

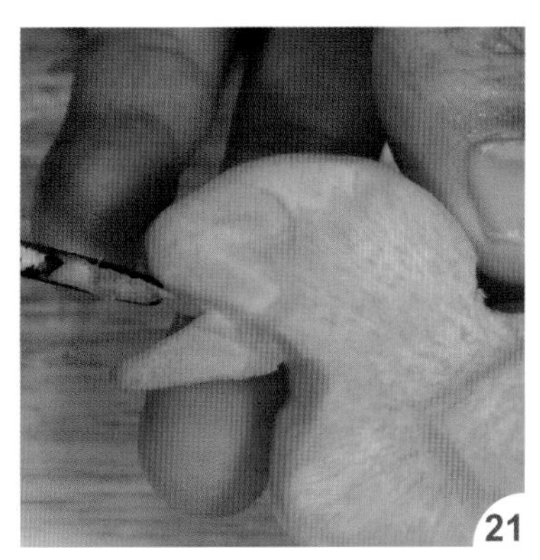

刻出左侧嘴巴的斜度。

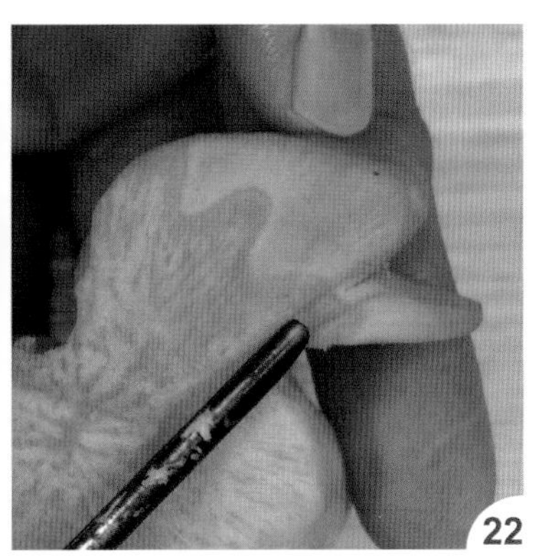

再刻右侧嘴巴。

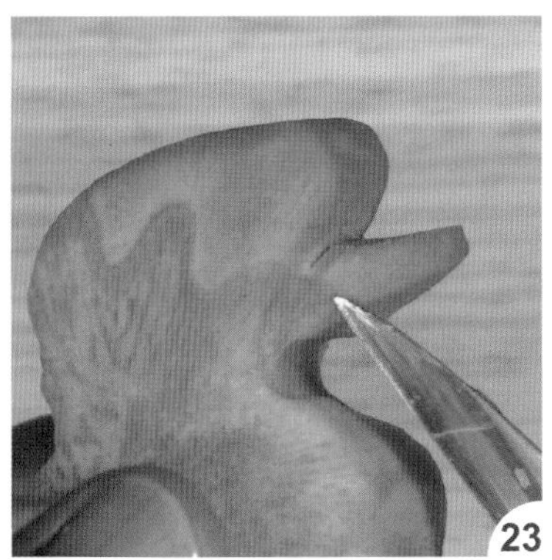

修除嘴巴的边角。

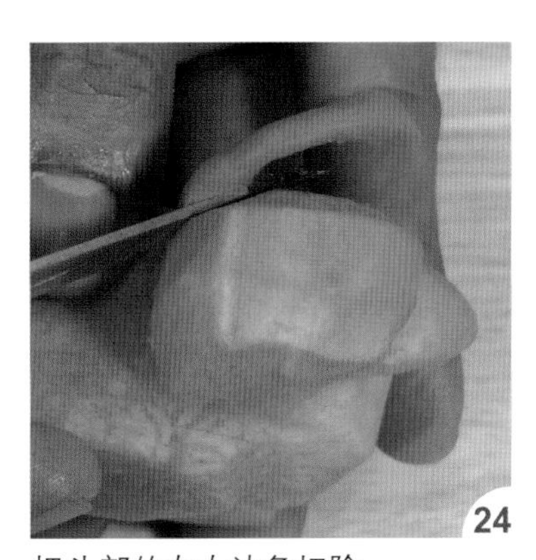

把头部的左右边角切除。

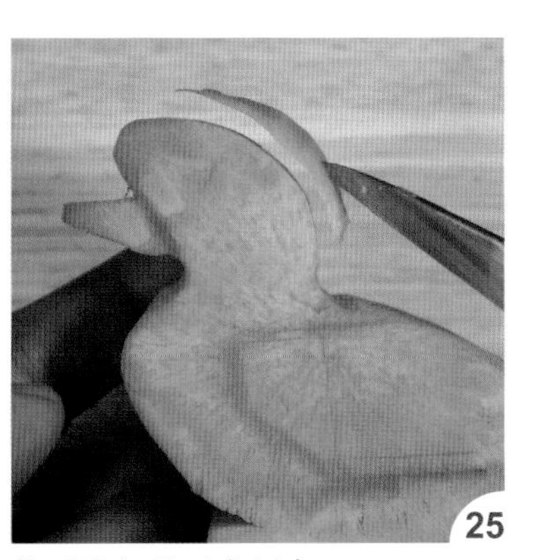

将后脑部的弧度刻出。

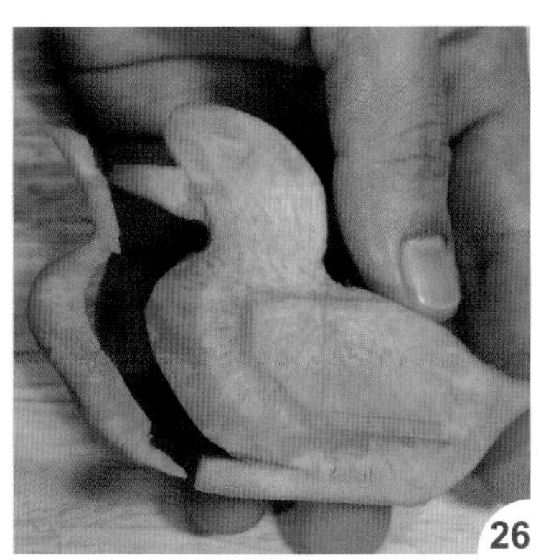

把左侧脸颊至前胸的边角切除。

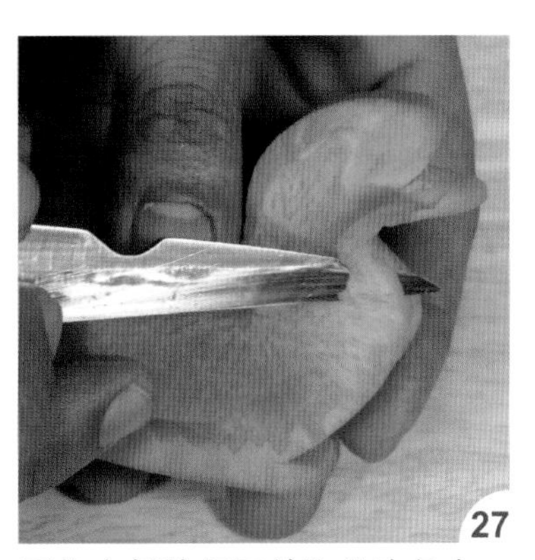

再将右侧脸颊至前胸的边角也一并切除。

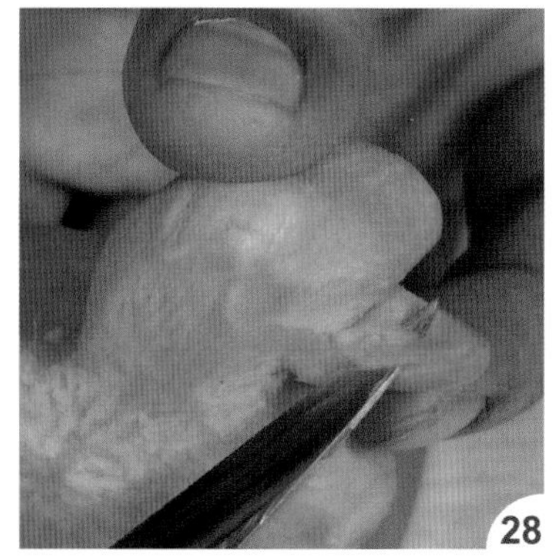

把上嘴的弧度刻出。

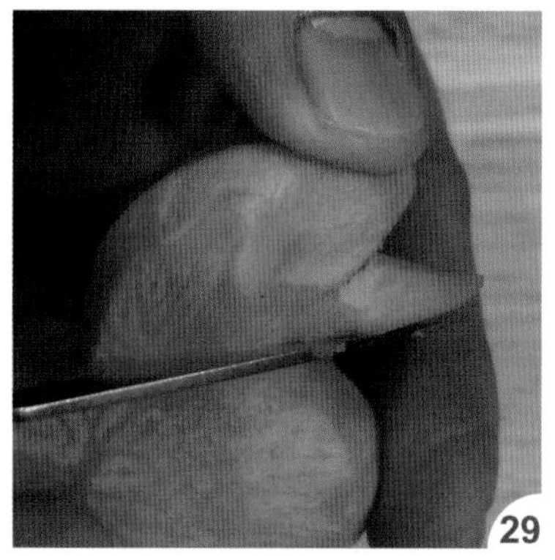

再修下嘴的线条。

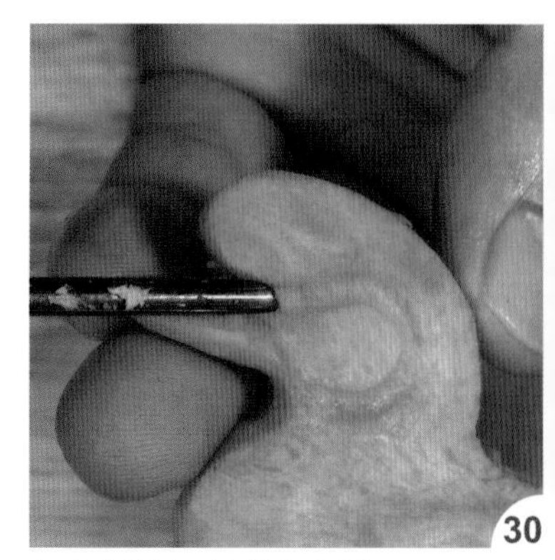

把左侧脸颊的线条刻出。

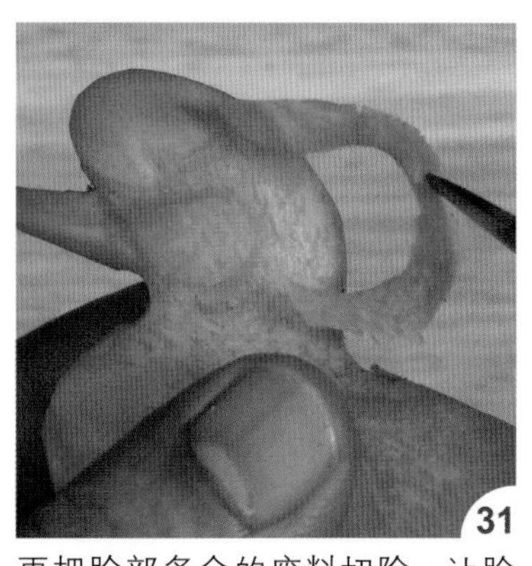

再把脸部多余的废料切除，让脸颊凸出。

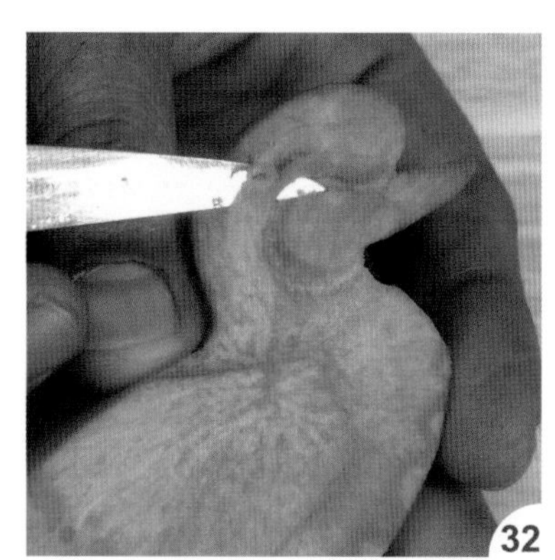

刻出右侧脸颊。

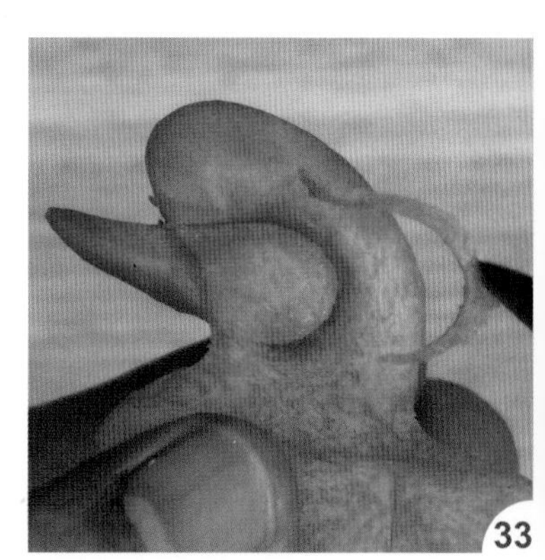

用雕刻刀加深脸颊线条。

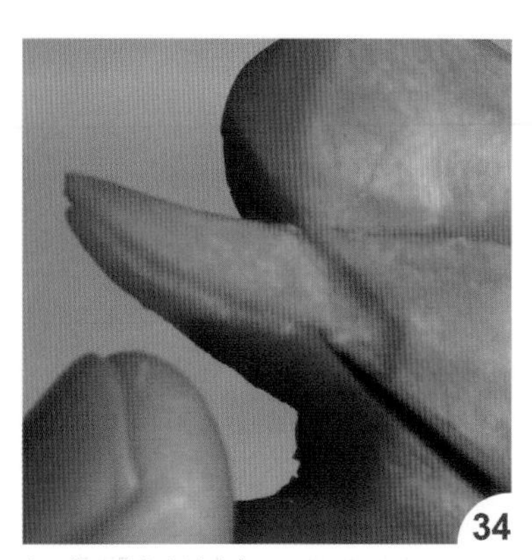

把嘴巴线条刻出。

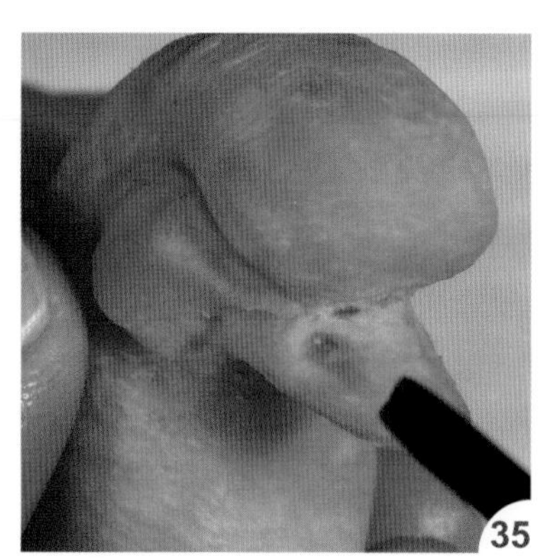

挖出鼻孔。

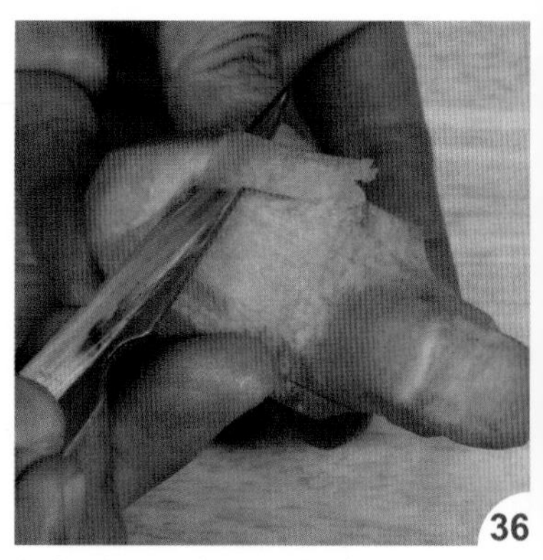

将翅膀的外侧弧度修出。

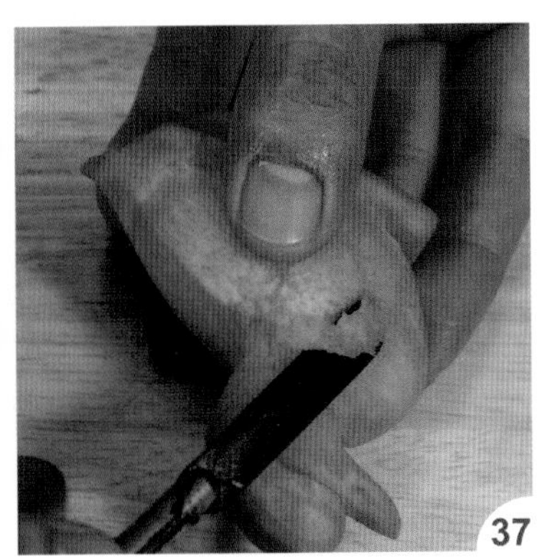

在肩部刻出翅膀的线条。

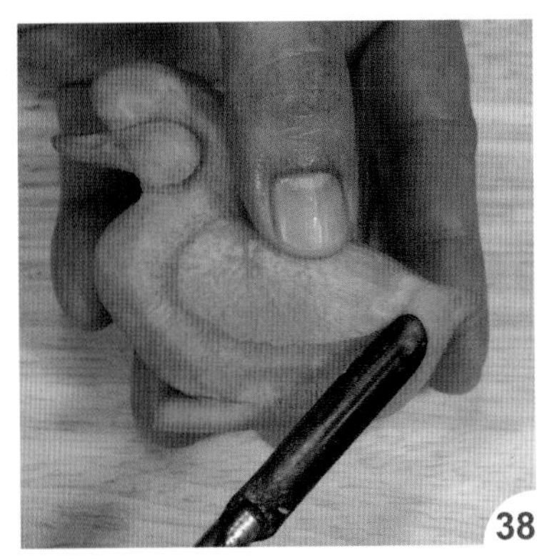

刻出弧度至尾巴上端。

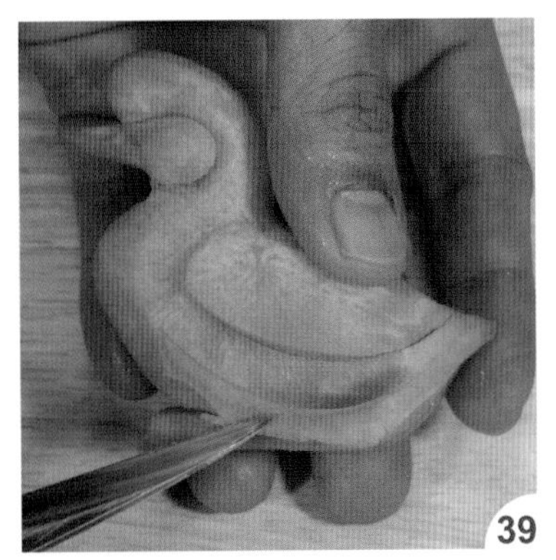

再用雕刻刀把线条刻出，加强线条犀利度。

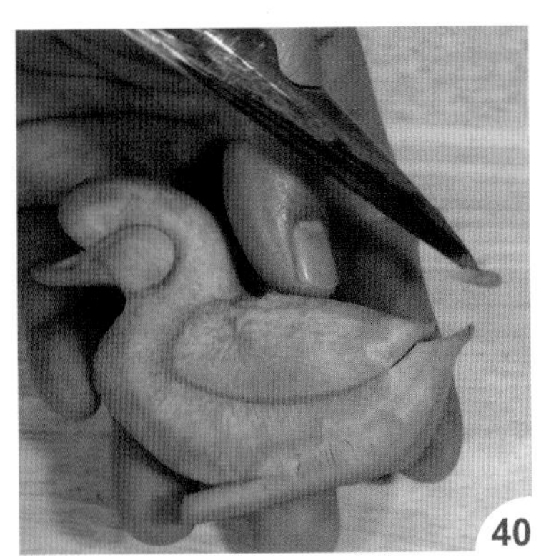

把尾巴弧度刻出。

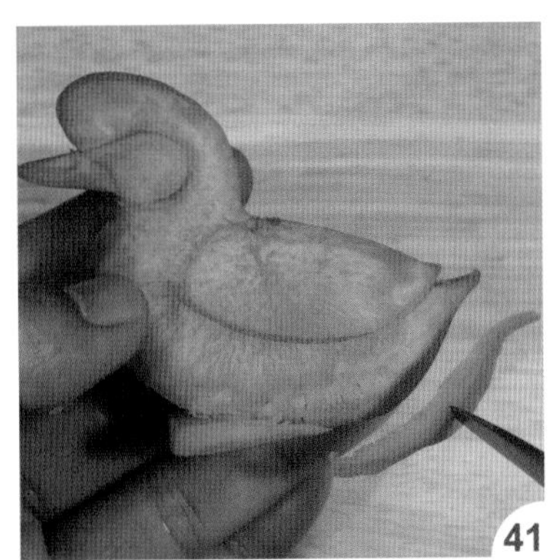

将下尾部线条刻至定位。

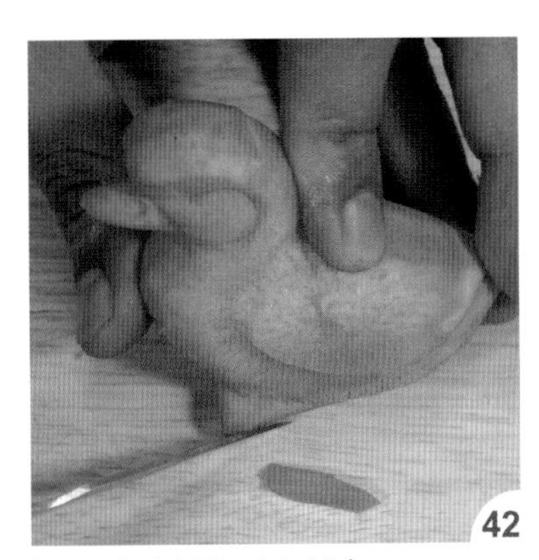

把脚蹼外侧的弧度刻出。

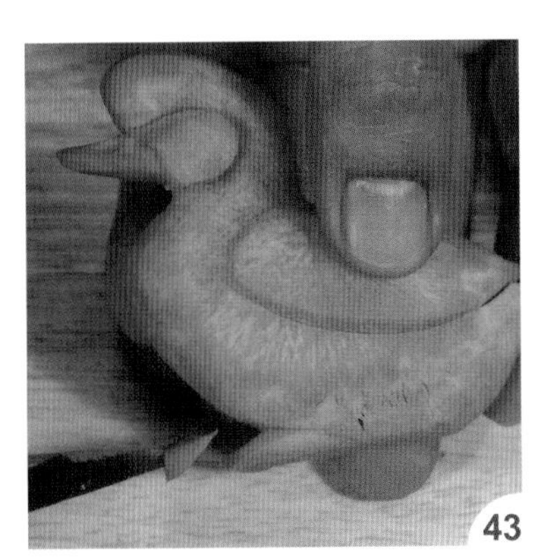

切出脚蹼的薄度。

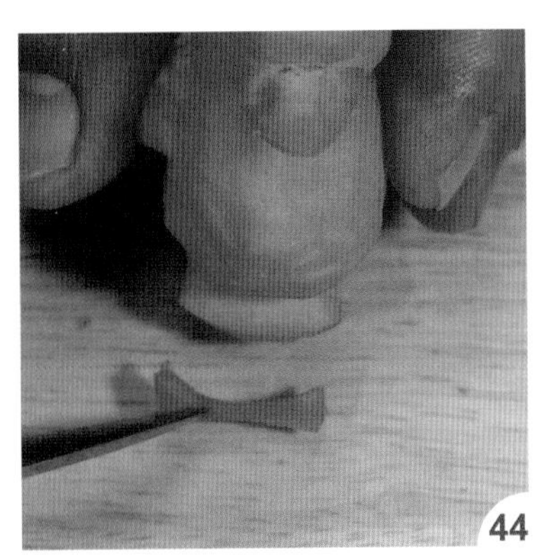

刻出前脚的弧度。

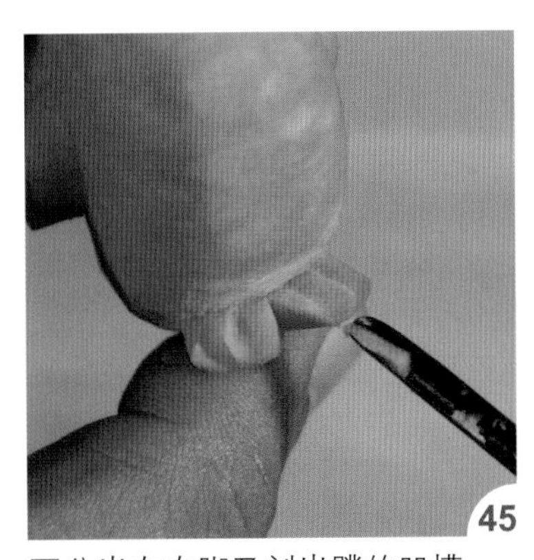

再分出左右脚及刻出蹼的凹槽。

用小圆槽刀刻出翅膀鳞片。

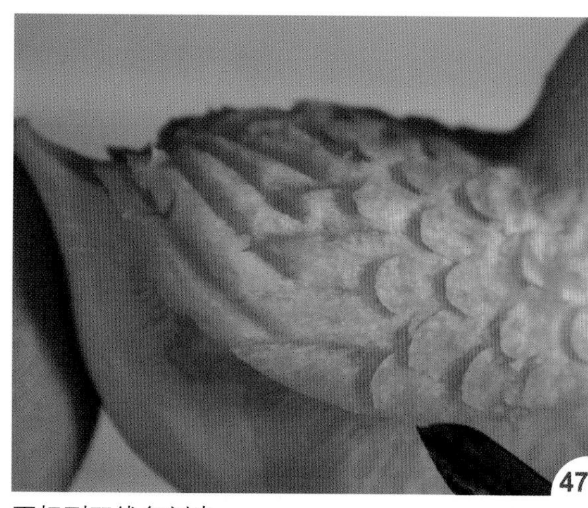

再把副羽线条刻出。

用 V 形槽刀把翅膀下方线条刻出。

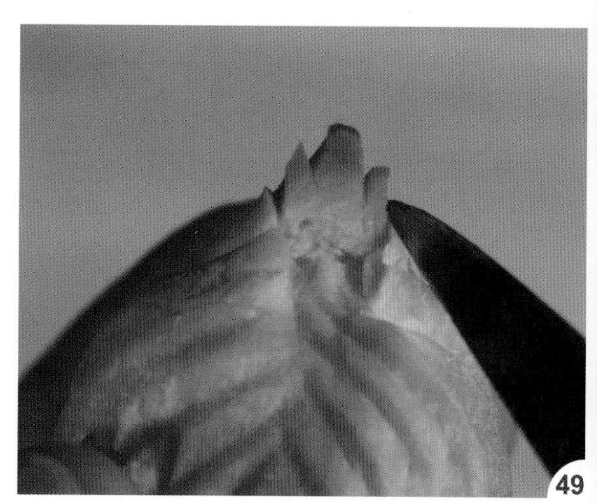

刻出尾巴尖角。

装上眼睛（参照 p.92 作法 70 ~ 72）。

如图完成鸭子。

小虾

▶材　料

红萝卜 1 条、竹筷 1 支

▶工　具

西式切刀、雕刻刀、小圆槽刀、水性画笔、三秒胶

▶取材比例

※ 红萝卜要挑选质地紧实的会比较好雕刻

高：长：宽 = 1 ：2 ：$\frac{1}{2}$

· 示意图

A. 侧视图

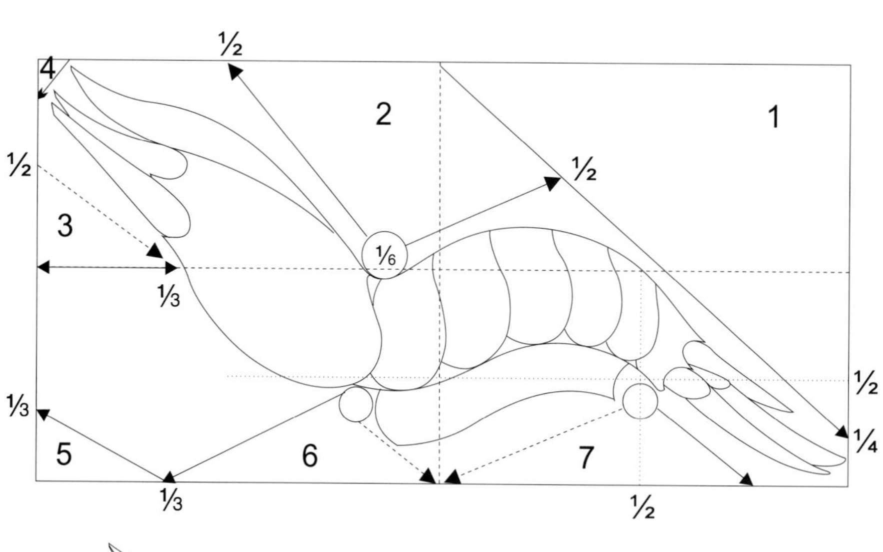

B. 俯视图

½
½
⅙
⅙

· 作法

用西式切刀将红萝卜两侧切除。

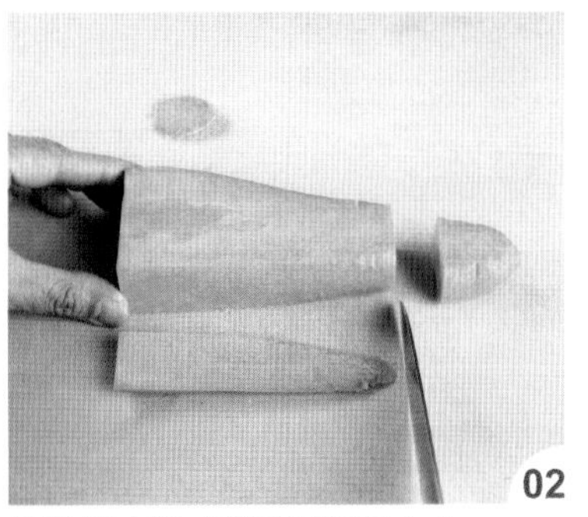

再依取材比例切取适当大小。

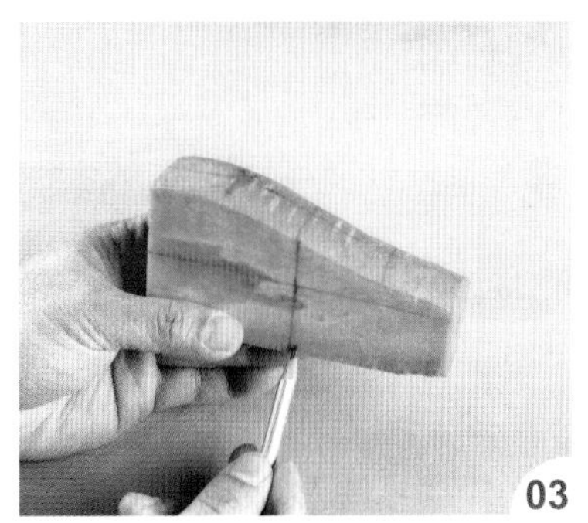

依侧视图在红萝卜侧面画上等分线条。

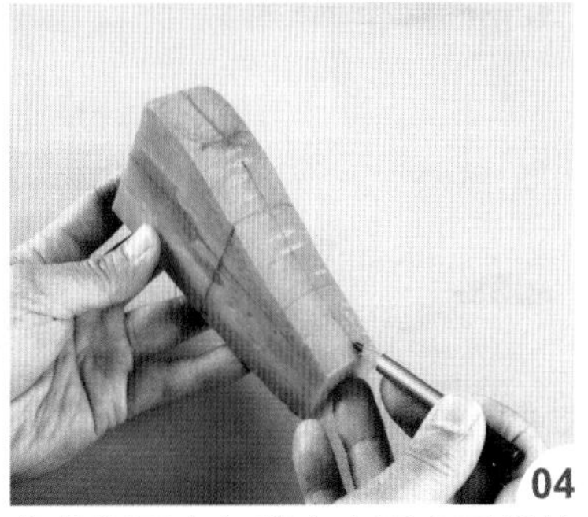

依俯视图在红萝卜上面也画出等分线条。

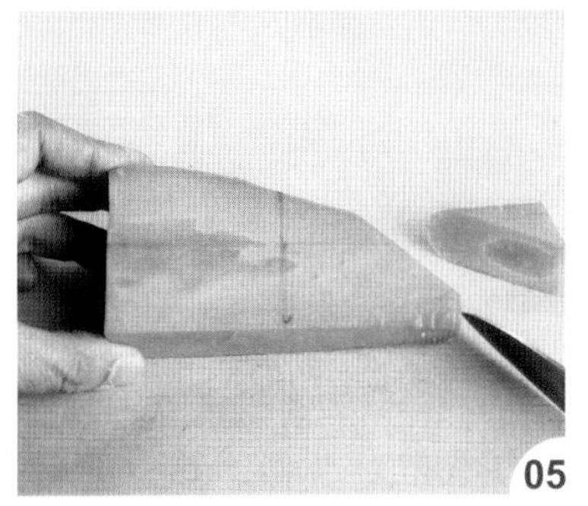

把侧视图的 A1 切除。

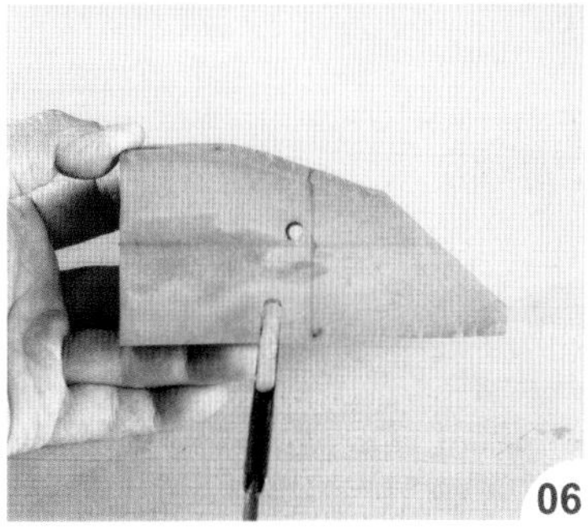

用小圆槽刀挖出虾头与身体中间的小圆。

将侧视图的 A2 切除。

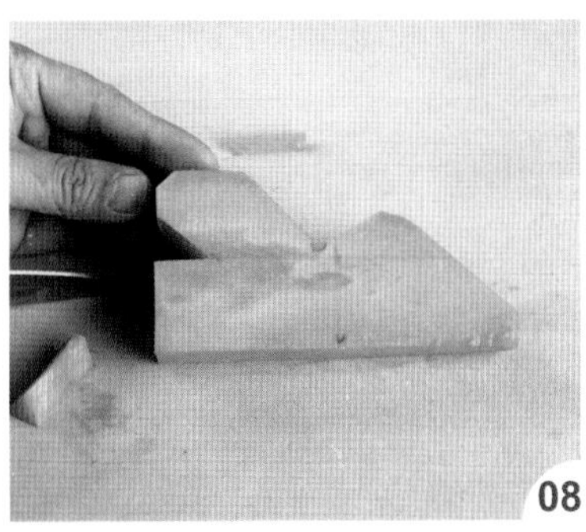

把侧视图的 A3、A4 切除，分出头部。

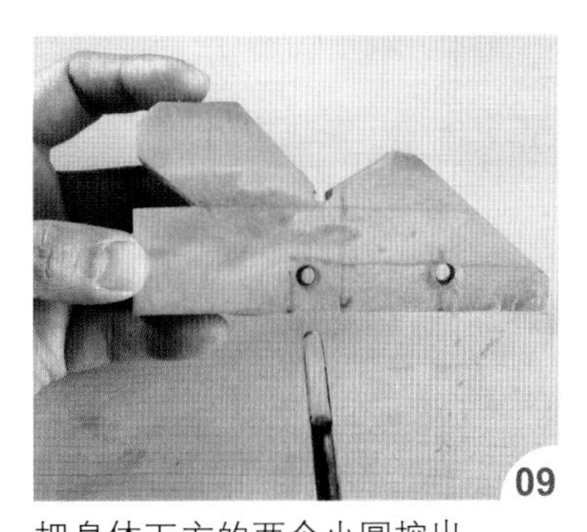

把身体下方的两个小圆挖出。

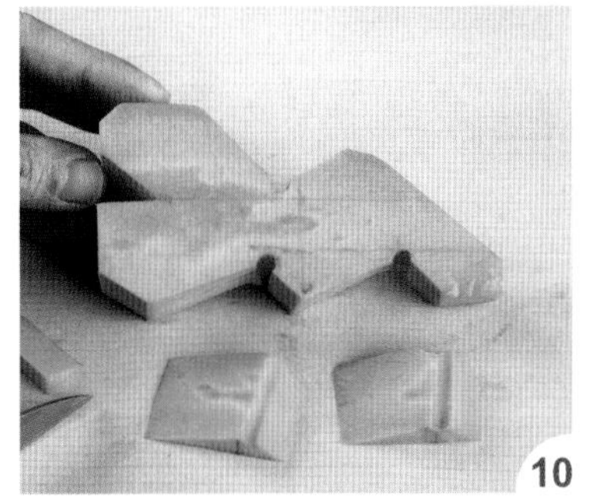

把侧视图的 A5、A6、A7 切除，分出脚部。

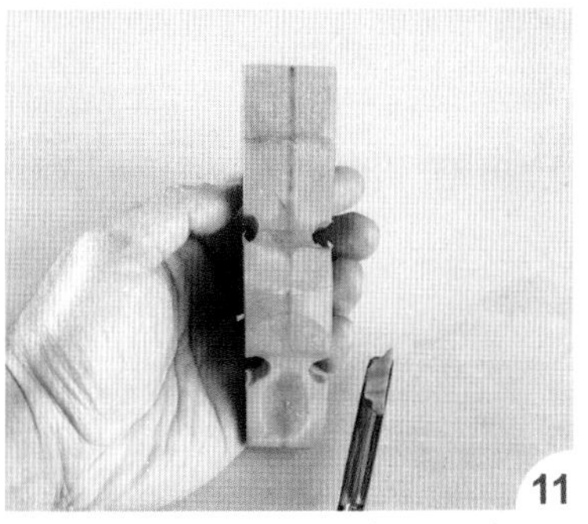

依俯视图把身体的四个圆挖出。

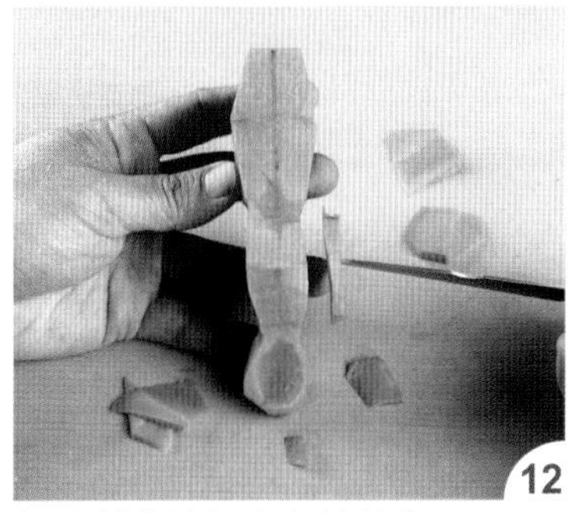

依外侧虚线切出身体轮廓。

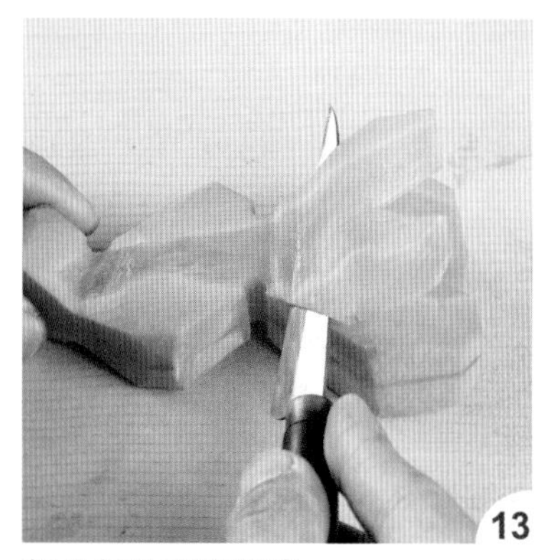

将头部的弧度修出。

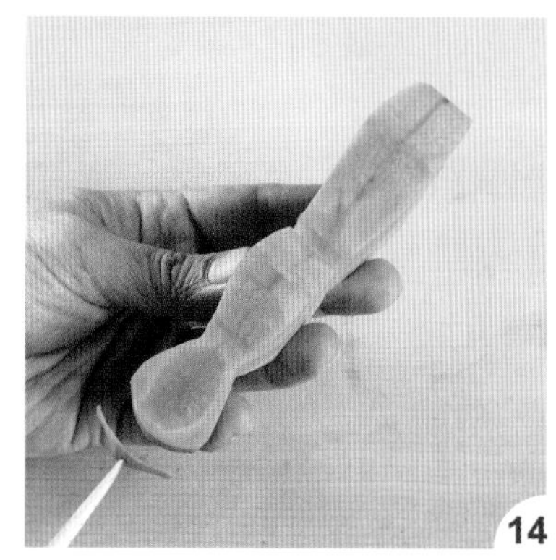

刻出尾部的弧度。

再刻出头部的线条。

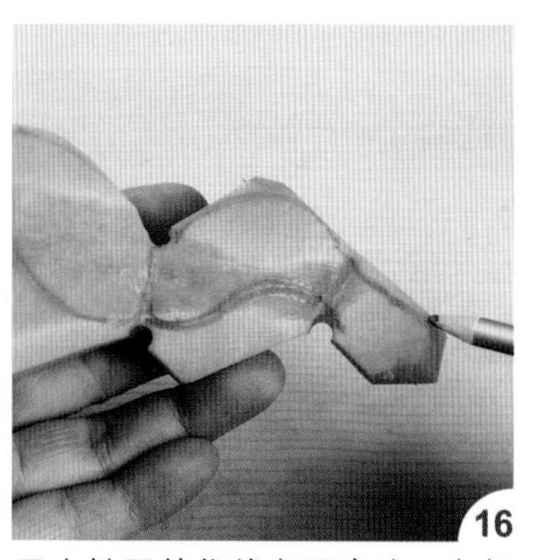

用水性画笔依线条画出头、身部的形状。

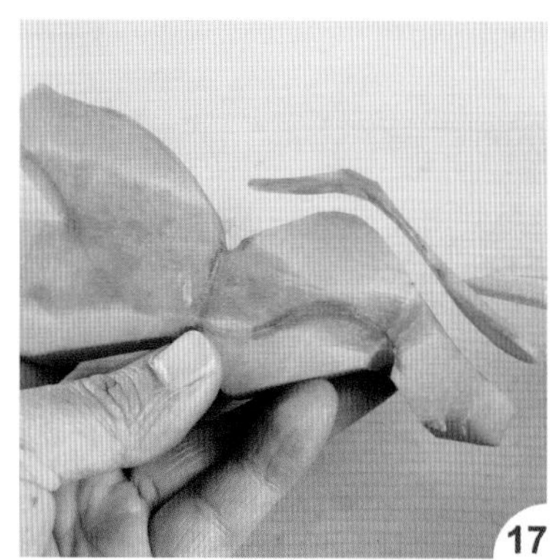

把背部弧度刻出。

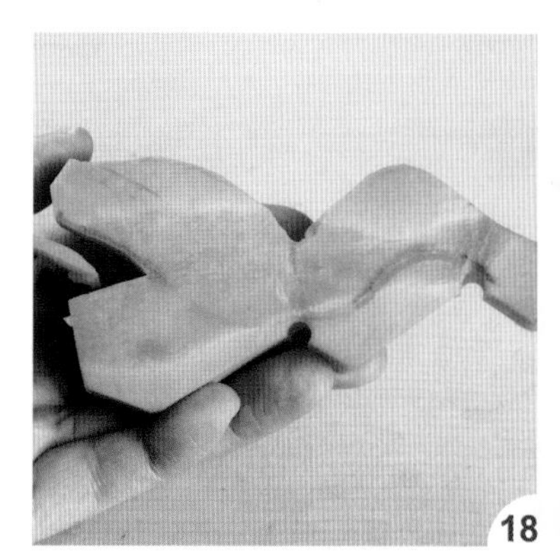

将头下方的形状刻出。

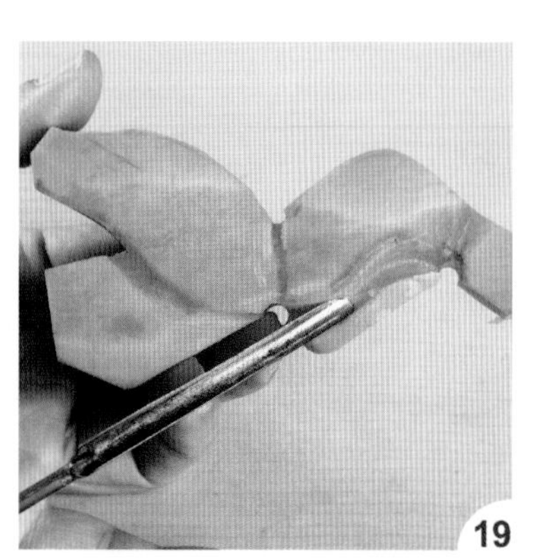

用小圆槽刀刻出下方线条。

把左侧前脚修瘦，切除多余的废料。

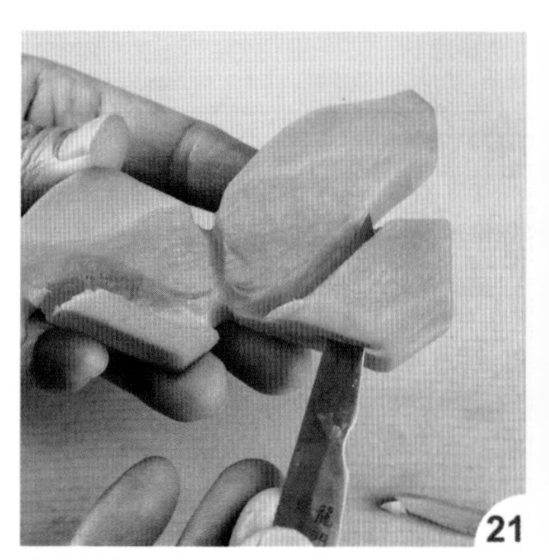

右侧前脚也一并切除。

再将左侧后脚修瘦。

用槽刀把左侧头顶的尖角刻出。

右侧头顶的尖角也要刻出。

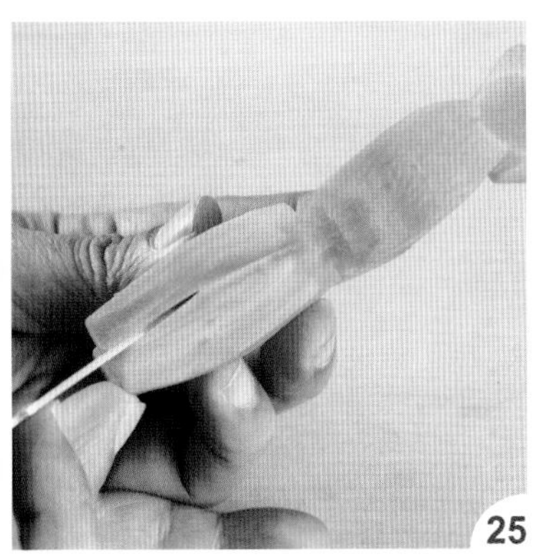

用雕刻刀把尖角处再修薄。

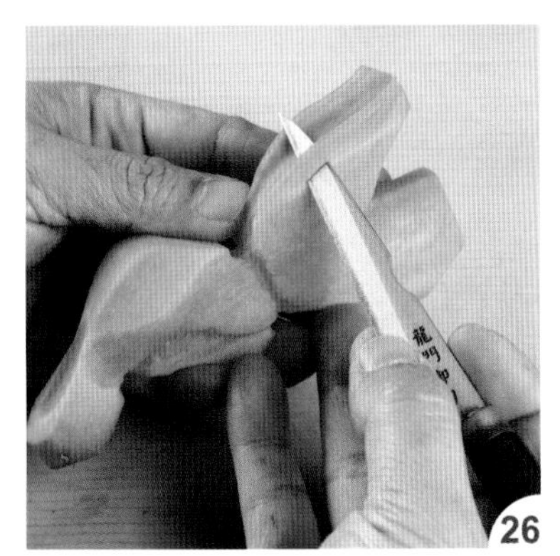

把右侧头部的边角切除。

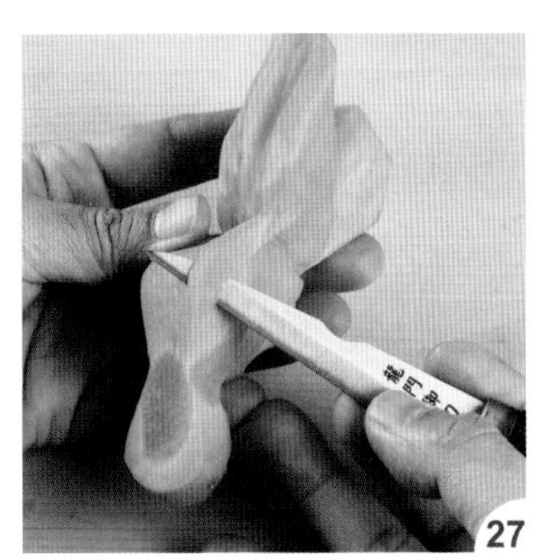

身体边角也顺便切除。

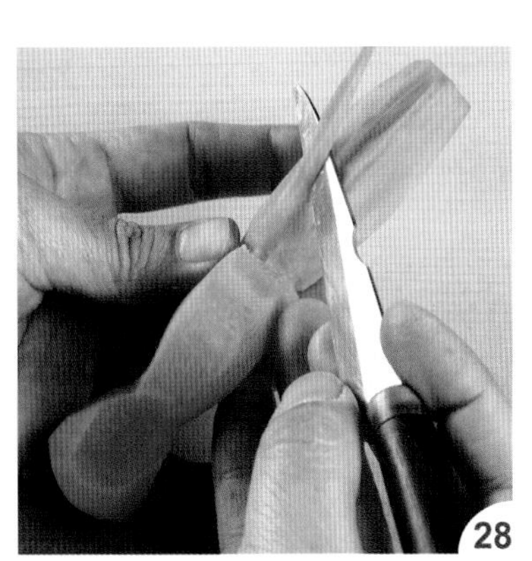

再切除左侧头部的边角。

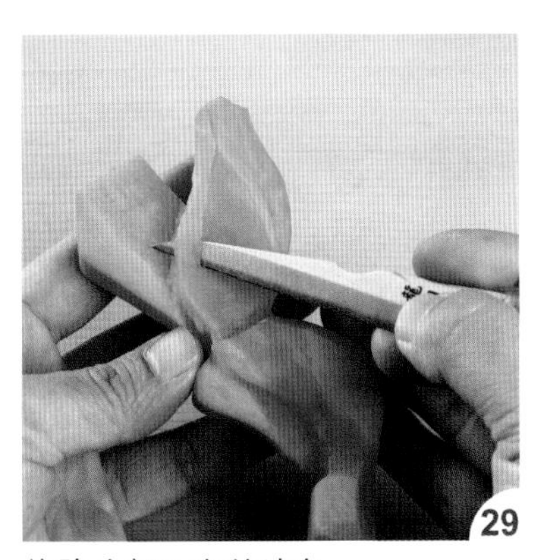

修除头部下方的边角。

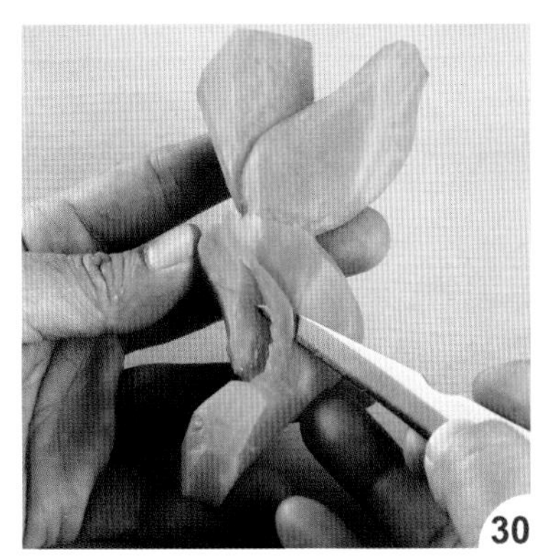

身体下面边角也一并切除。

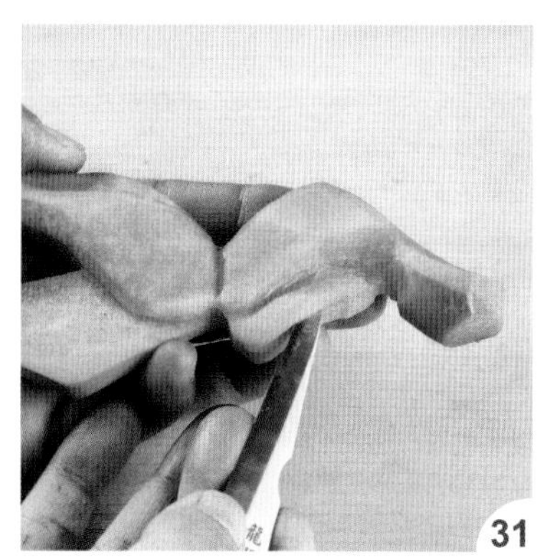
31
把左侧后脚再修平顺。

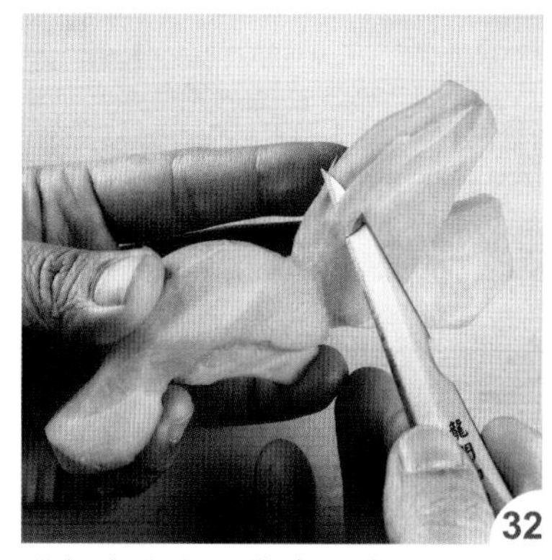
32
头部有小角，修出弧度并使其平顺。

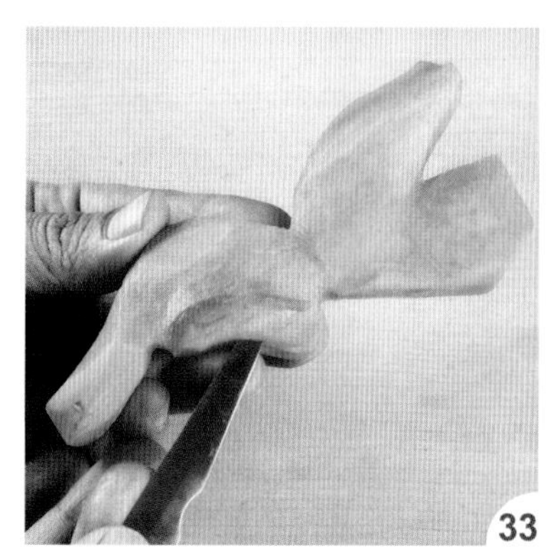
33
把右侧后脚再修平顺。

34
用 V 形槽刀把尖角线条再明显刻出。

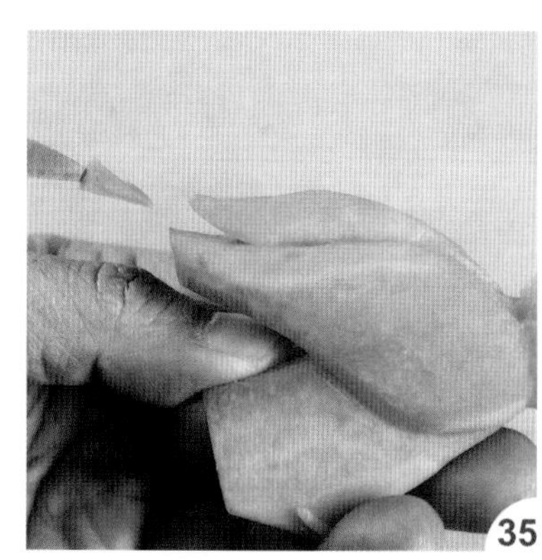
35
把头顶尖角处刻出。

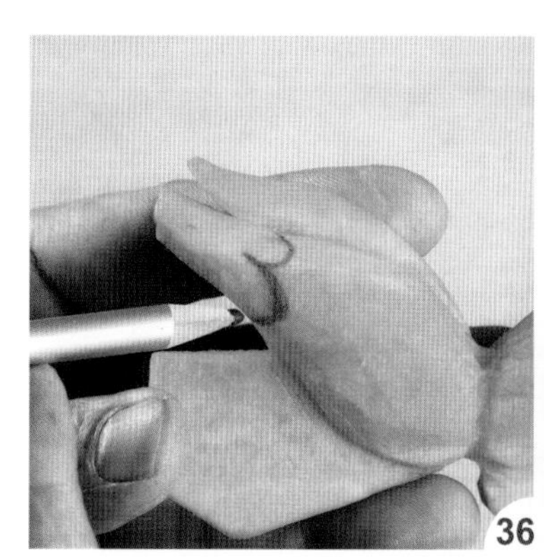
36
用水性画笔画出眼部的双弧线。

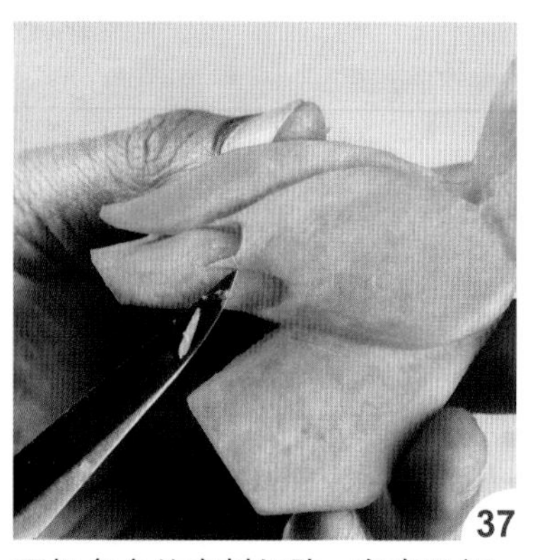
37
再把多余的废料切除，定出眼部。

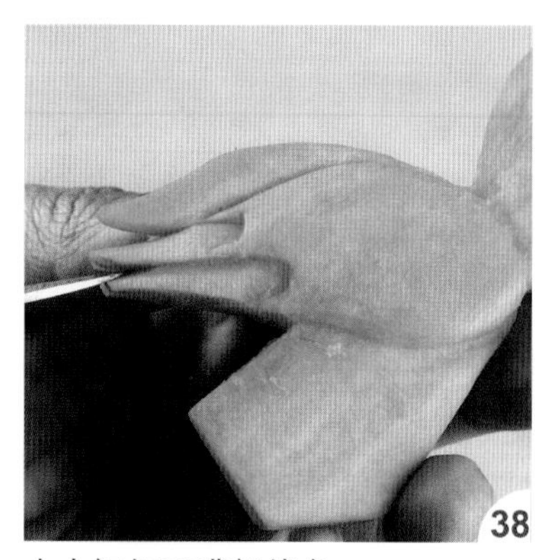
38
由中间切开嘴部线条。

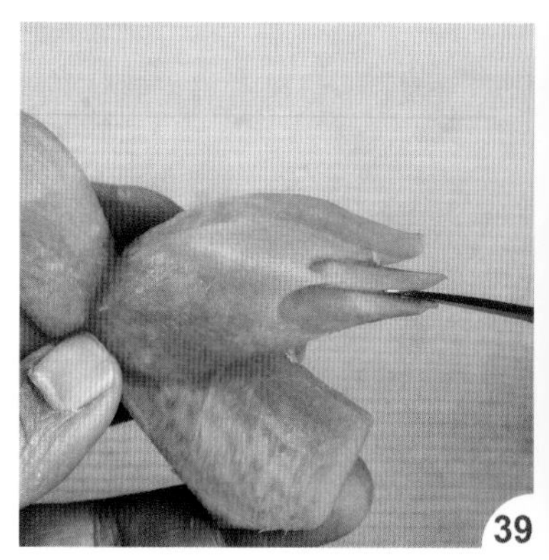
39
右侧也刻出。

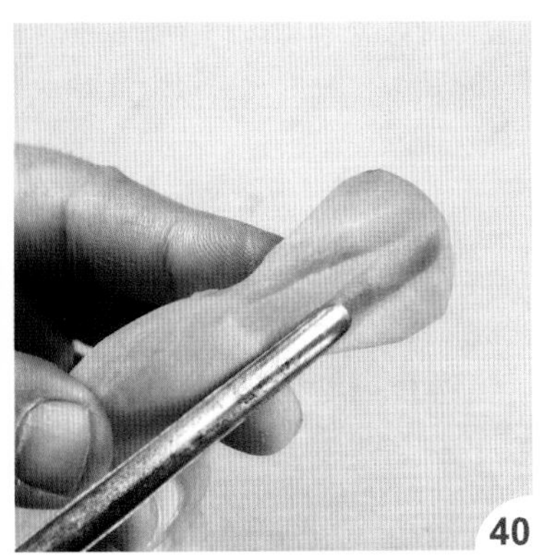

将尾部上方的尖角刻出。

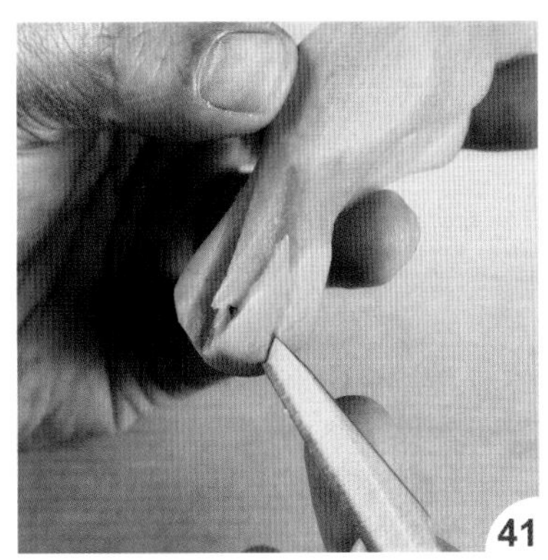

把侧边的废料切除。

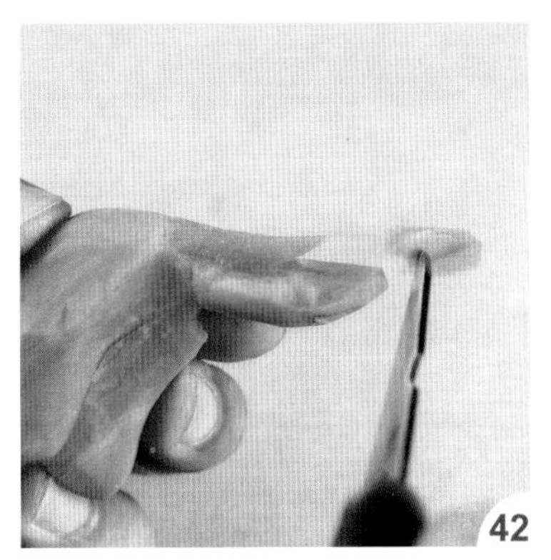

把尾部尖角端刻出。

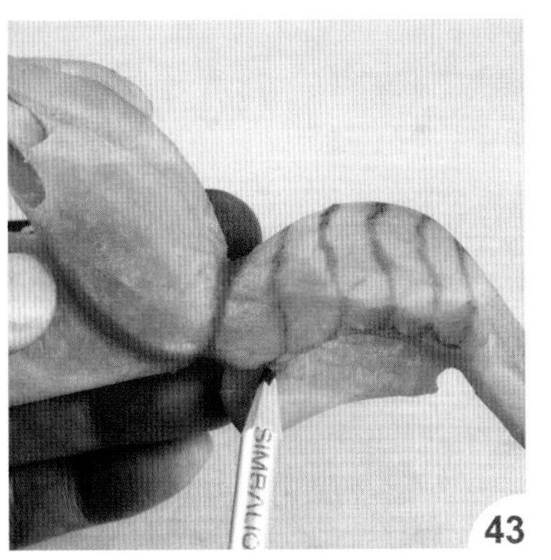

用水性画笔画出背部虾壳线条。

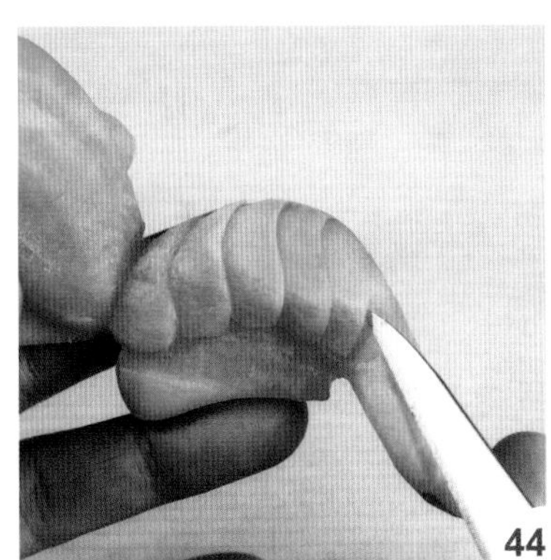

再用雕刻刀刻出层次。

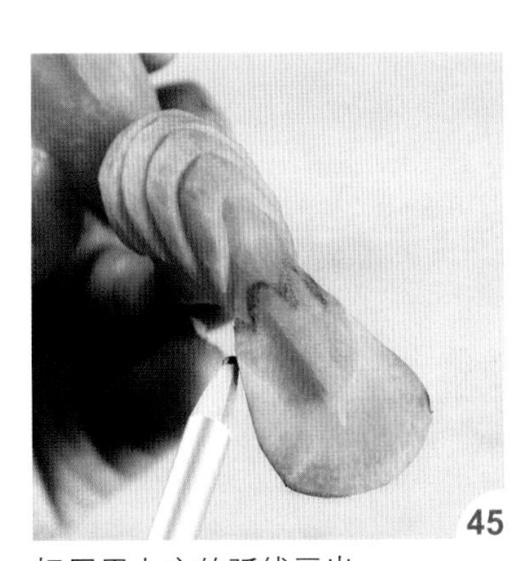

把尾巴上方的弧线画出。

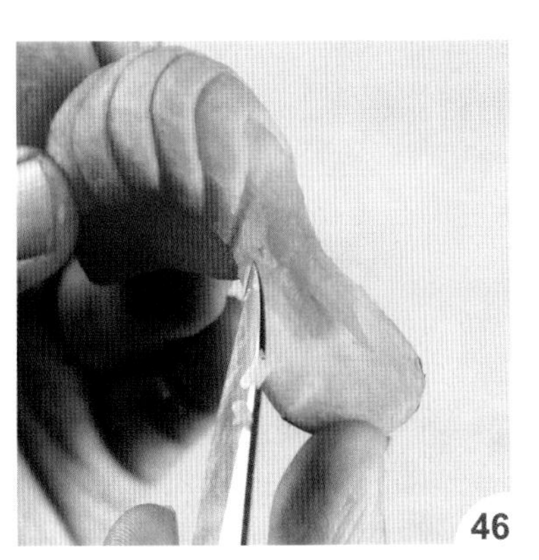

再用雕刻刀刻出形状。

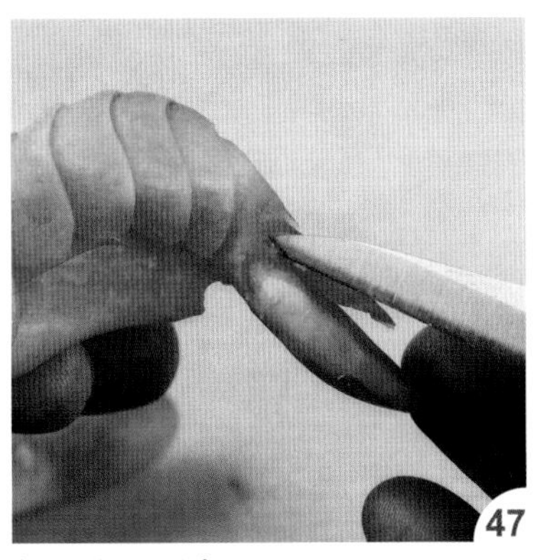

侧边也要刻出。

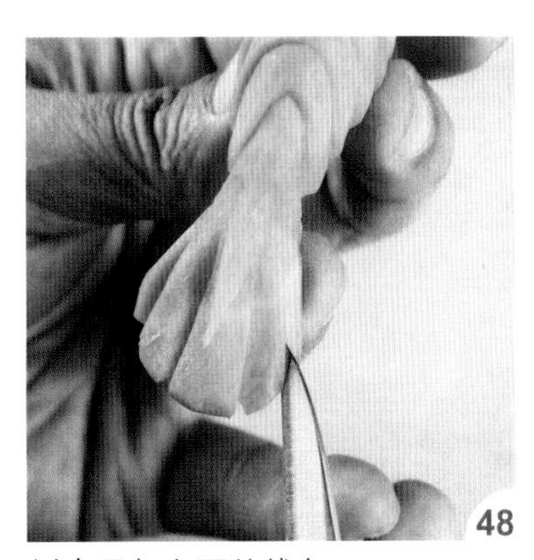

刻出尾部上面的线条。

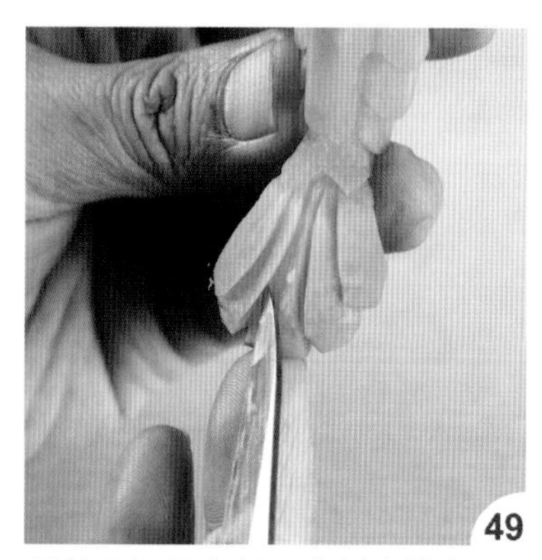

反转至虾尾底部，也刻出线条。

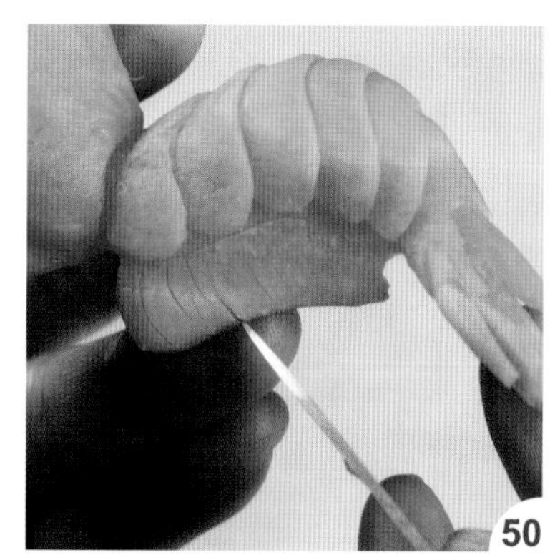

把虾后脚的形状刻出。

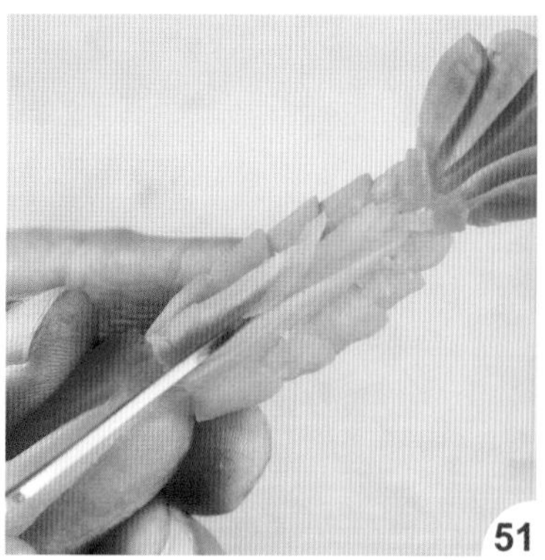

将材料反转至底部，由中间切开，分出左右边脚。

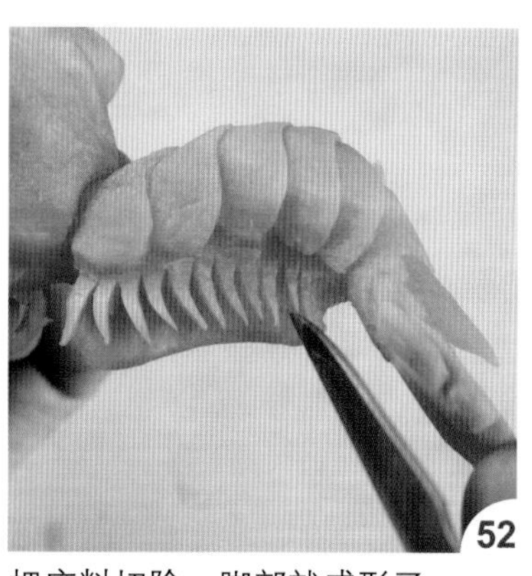

把废料切除，脚部就成形了。

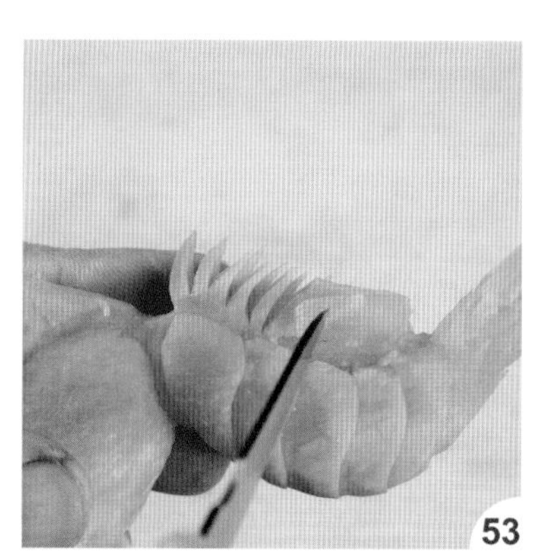

以同样作法将另一侧也刻出。

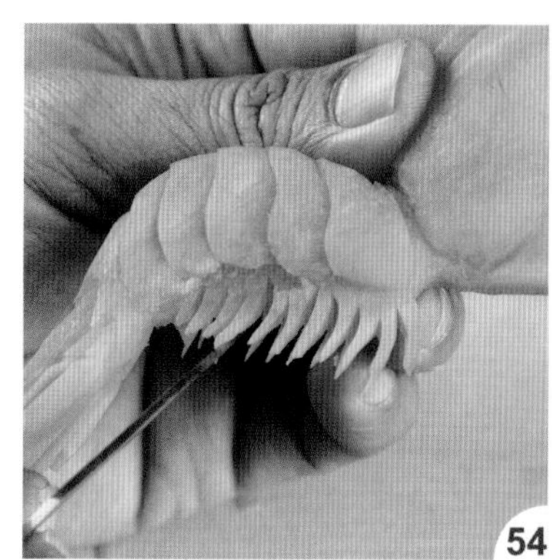

如图完成小虾后脚。

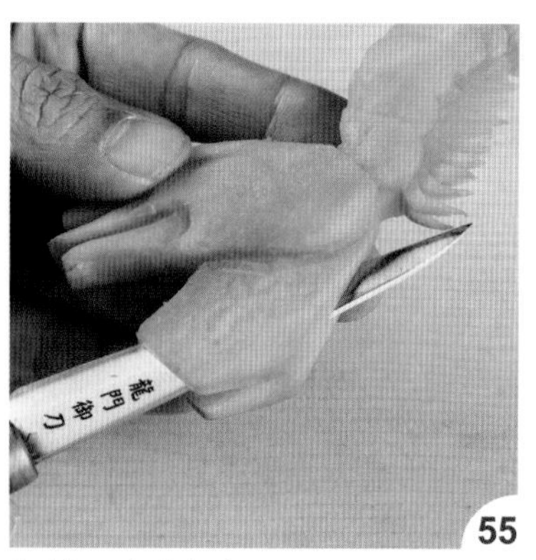

把前脚由中间剖开。

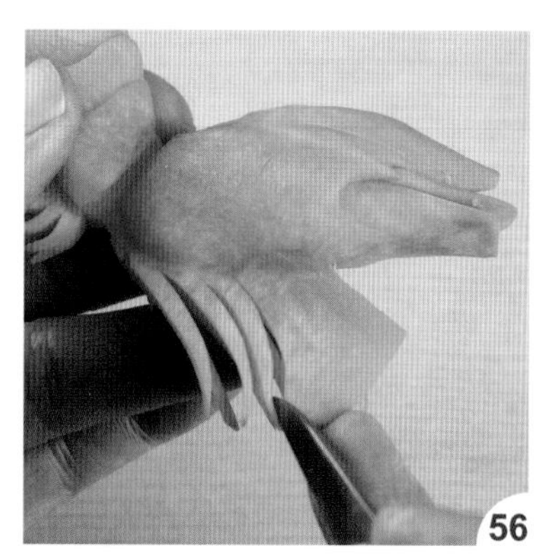

先刻出右边前脚。

再刻出左边前脚。

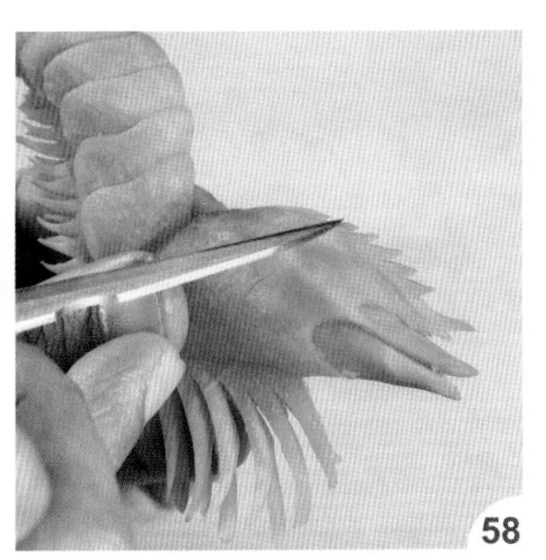

把头顶尖角层次刻出。

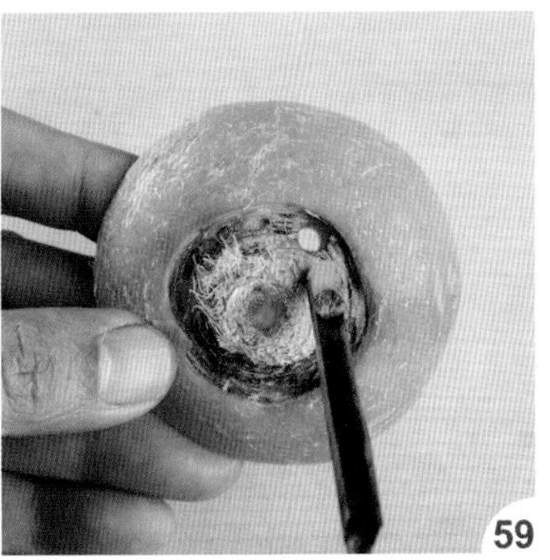

取红萝卜蒂头较黑处，挖出圆柱当眼睛。

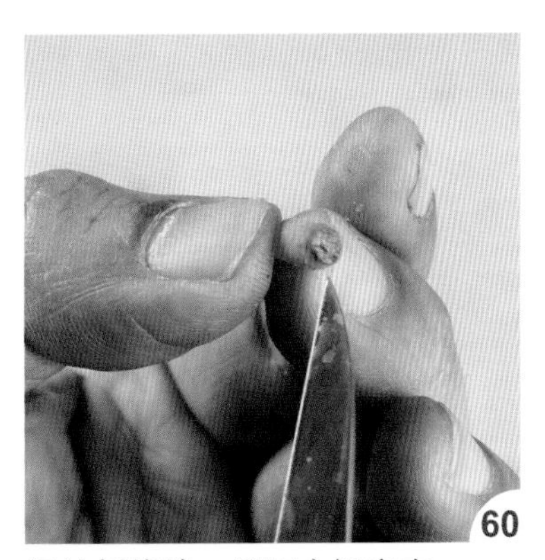

把外侧修除，留下中间表皮。

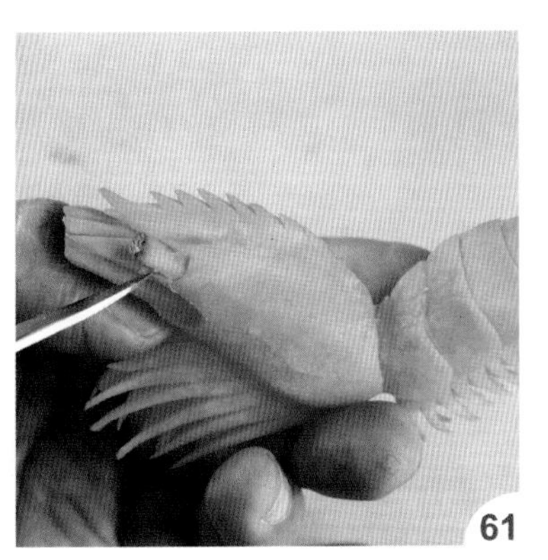

把眼睛装上。

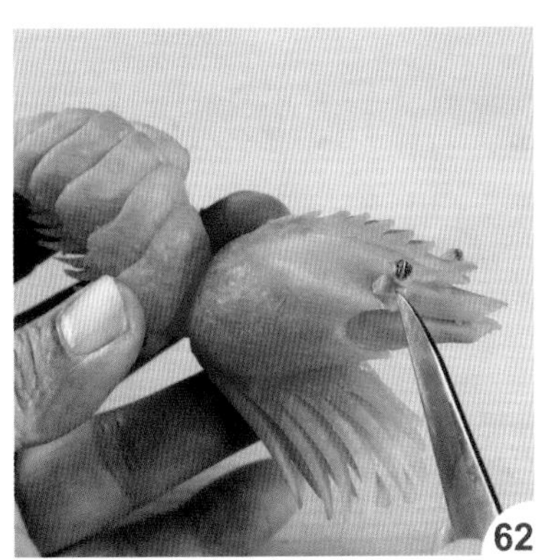

可用三秒胶粘接。

取卫生筷剖成薄片。

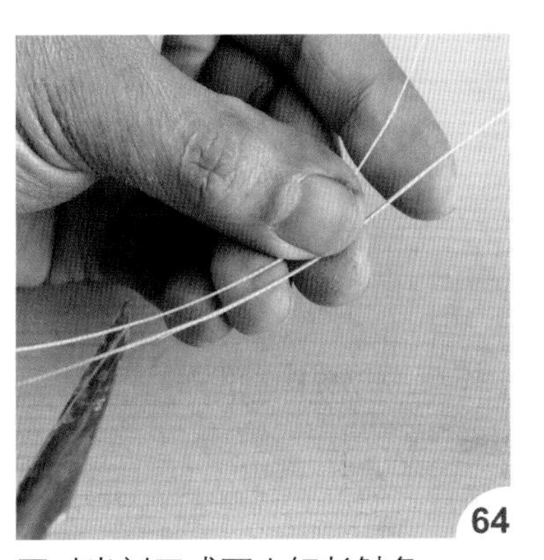

再对半剖开成两支细长触角。

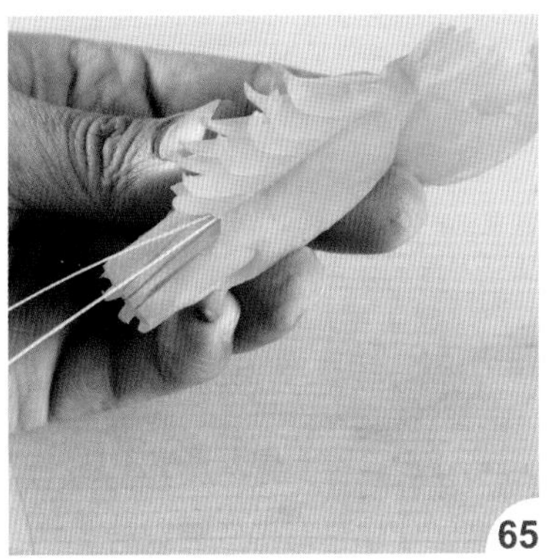

插入下嘴处即可。

完成小虾。

公鸳鸯

▶材　料

红萝卜 1 条、南瓜 1 块

▶工　具

西式切刀、雕刻刀、中圆槽刀、小圆槽刀、V形槽刀、三秒胶。

▶取材比例

※ 红萝卜要挑选大条、质地紧实的会比较好雕刻，另外要注意母鸳鸯没有背冠

高：长：宽 = 1 ：$1\frac{1}{2}$：$\frac{3}{4}$

· 示意图

A. 俯视图

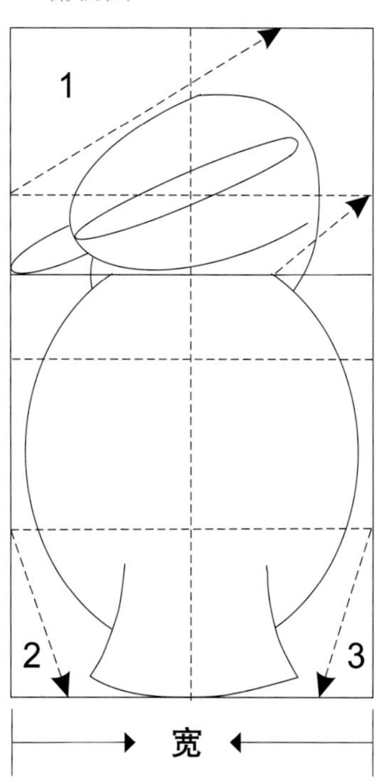

C. 前视图

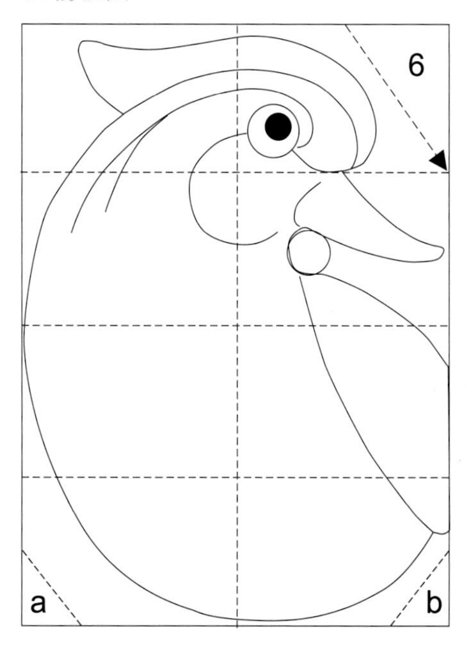

B. 侧视图

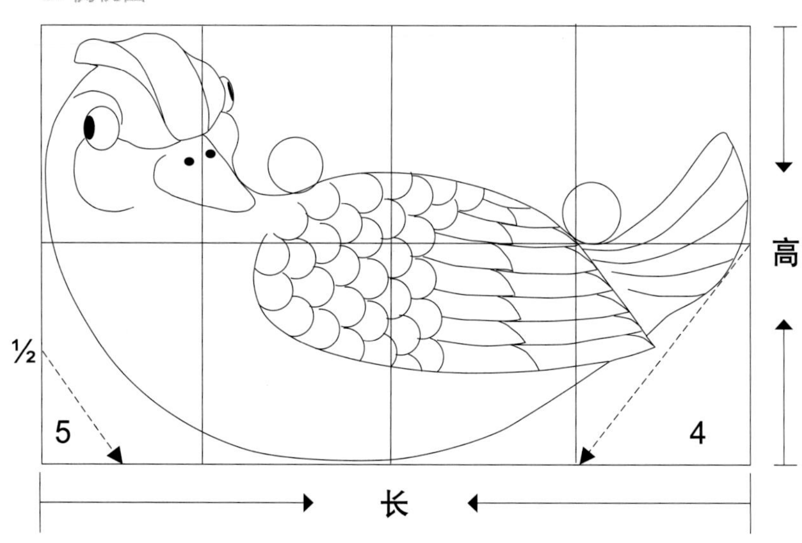

· 作法

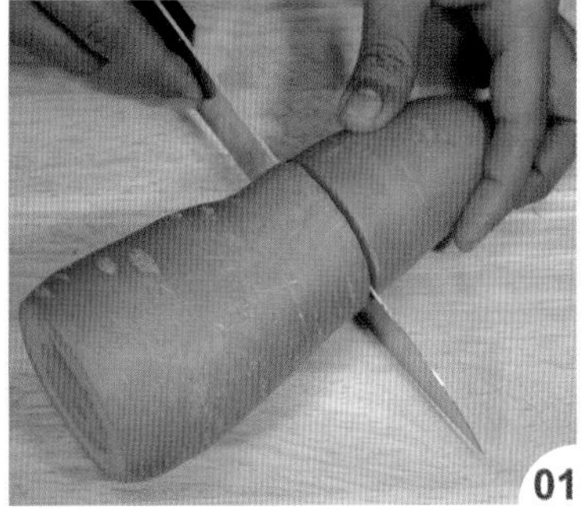

用西式切刀切取红萝卜头段。

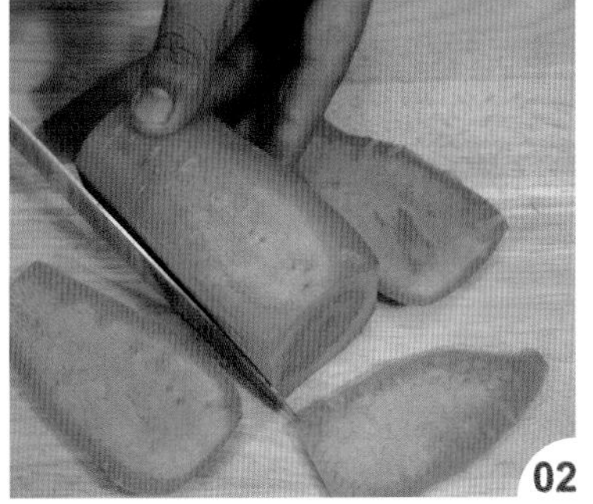

再依取材比例切取适当大小。

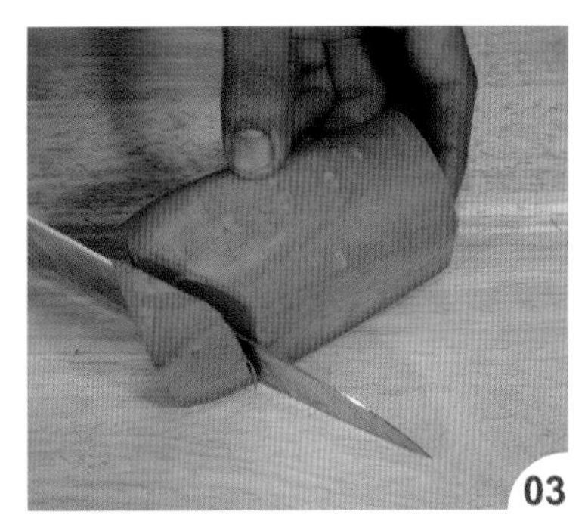

把俯视图的 A1 切除。

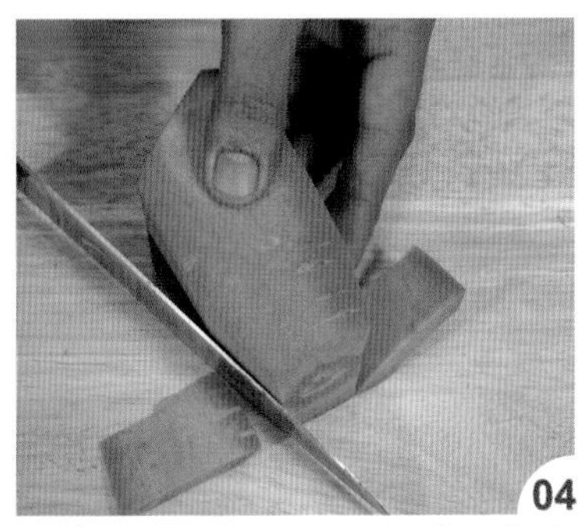

把俯视图的 A2、A3 切除，定出尾部。

切至目前，侧视可见的形状。

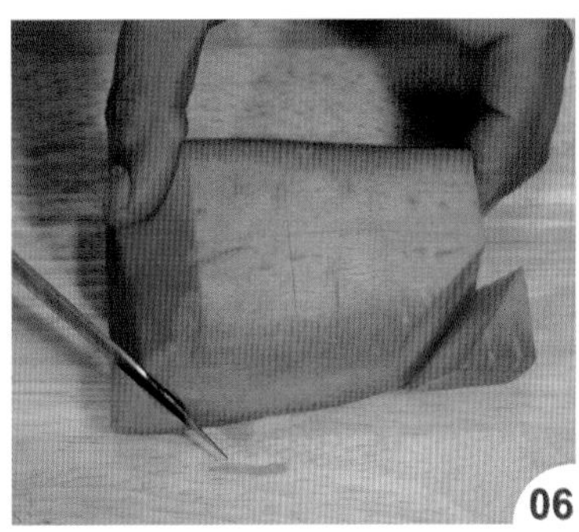

平放材料，把侧视图 B4、B5 切除。

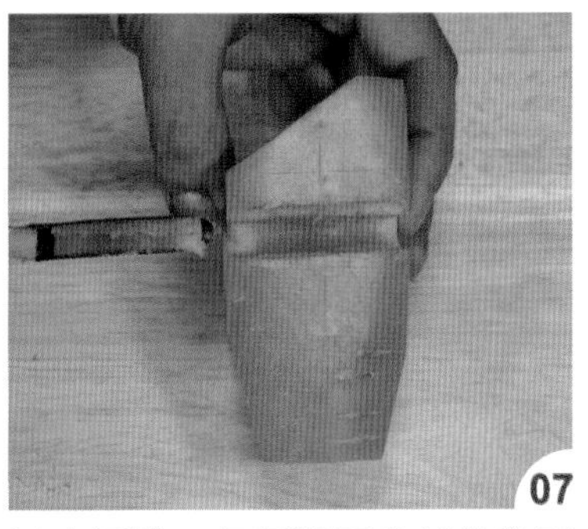

用中圆槽刀把侧视图头部的位置刻出。

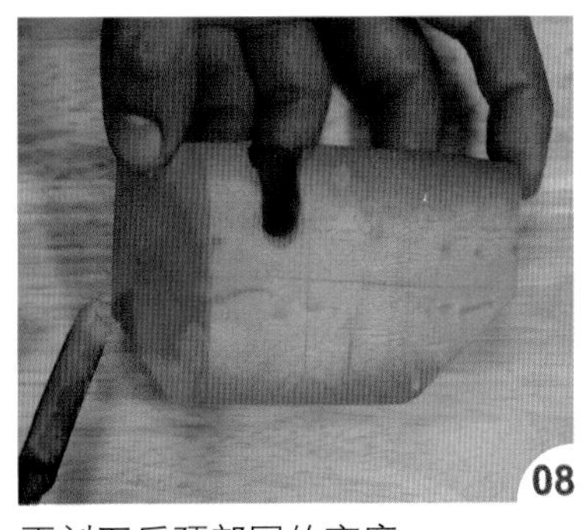

再刻至后颈部圆的高度。

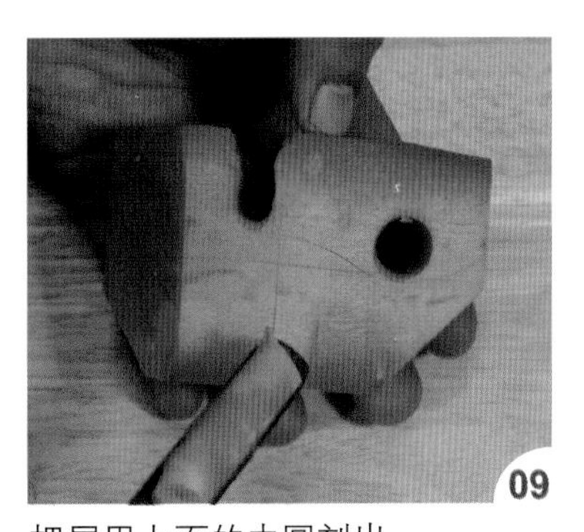

把尾巴上面的中圆刻出。

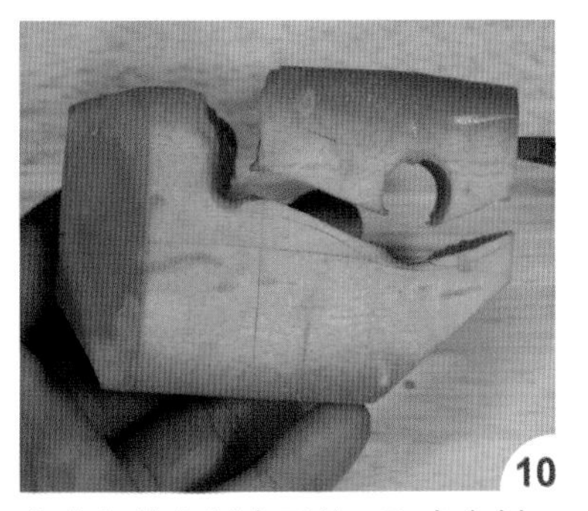

依背部线条刻出形状，取出废料。

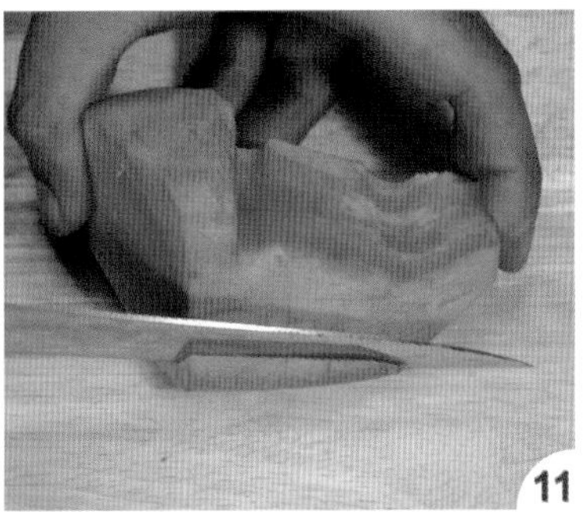

立起材料，把底部左右两边各切一个三角形（前视图 a、b）。

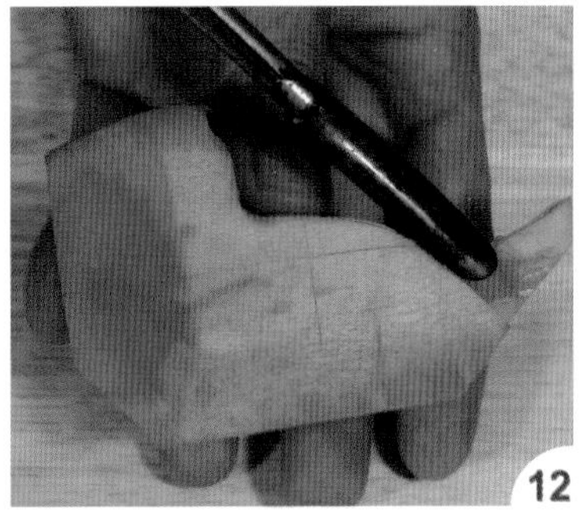

把背部翅膀的弧度刻出，并分出尾部。

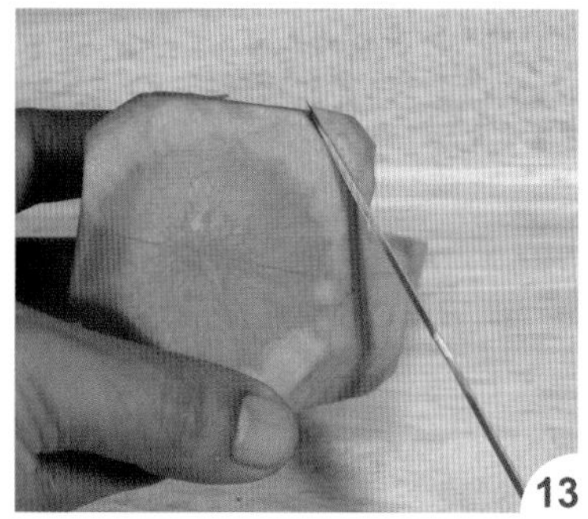

依前视图 C6 切除。

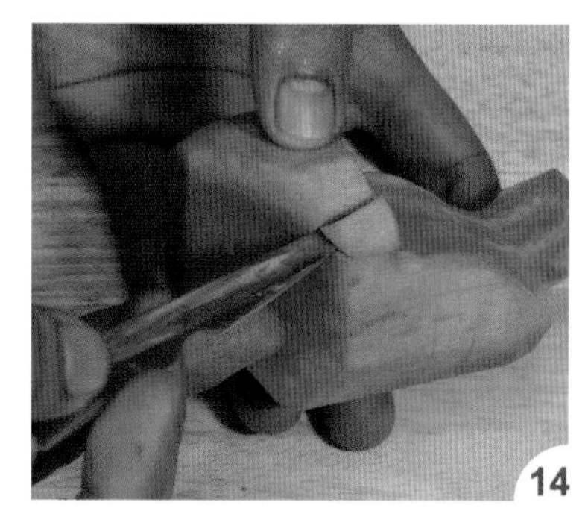

刻出上嘴。

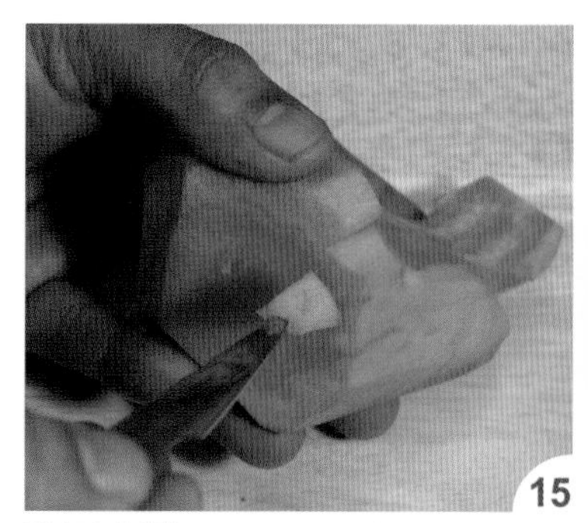

取下废料。

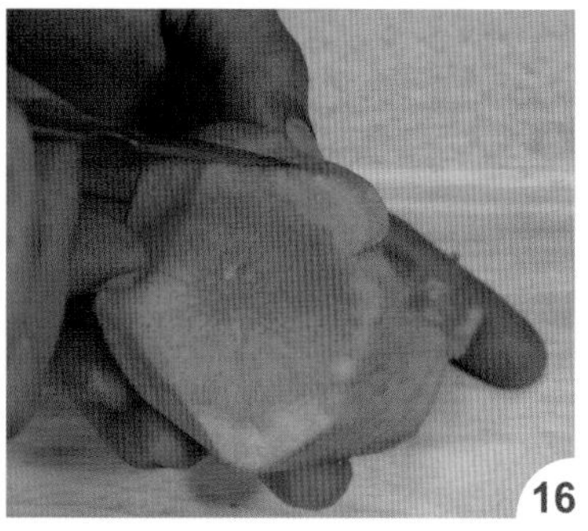

把头冠弧度刻出。

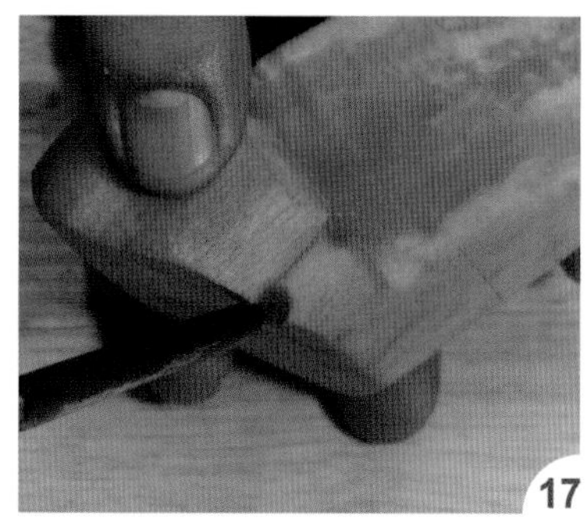

把嘴巴宽度刻出。

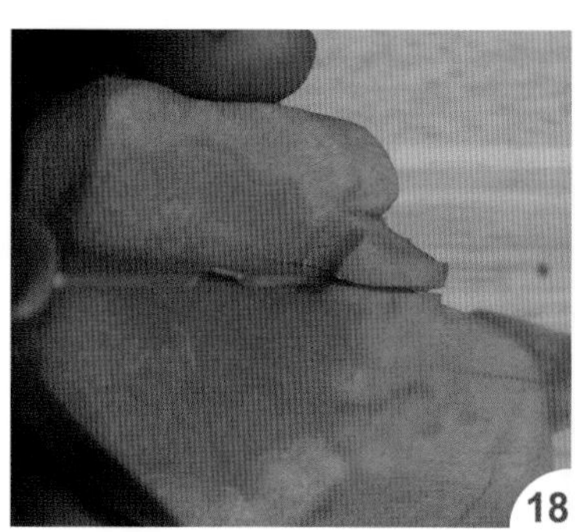

切出嘴巴厚度。

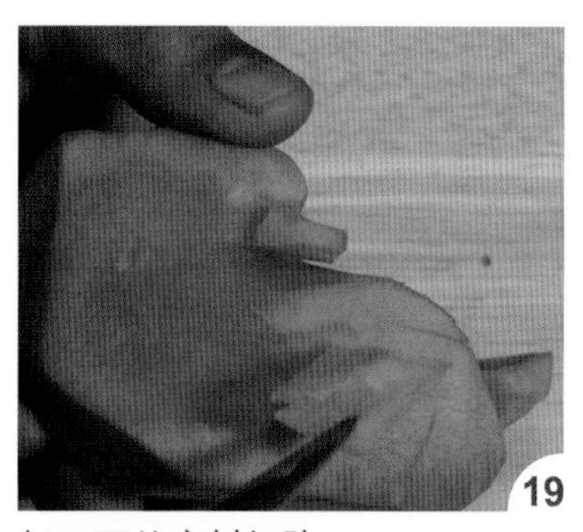

把下面的废料切除。

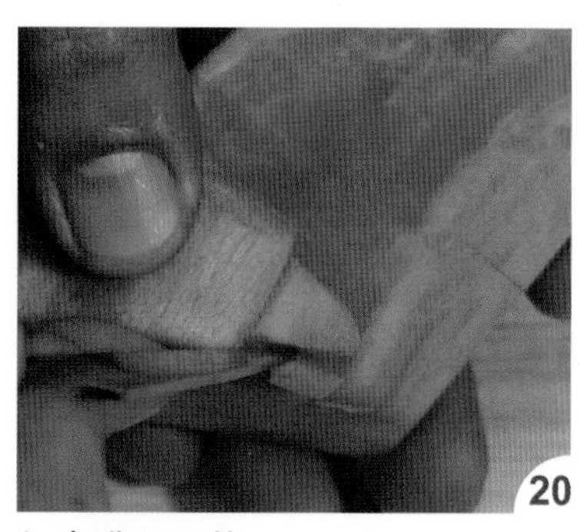

切出嘴巴形状。

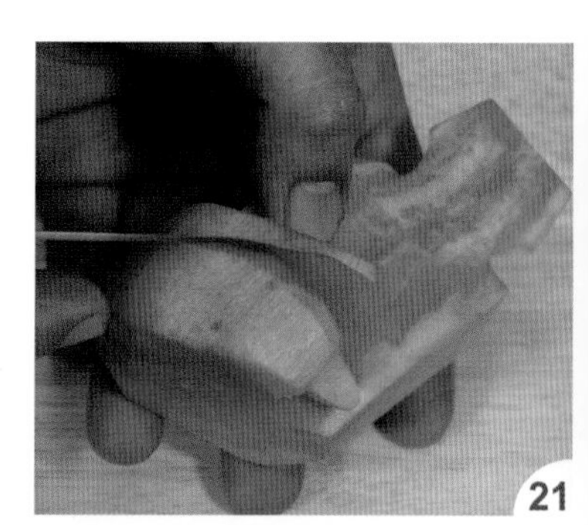

切除头部左侧边角。

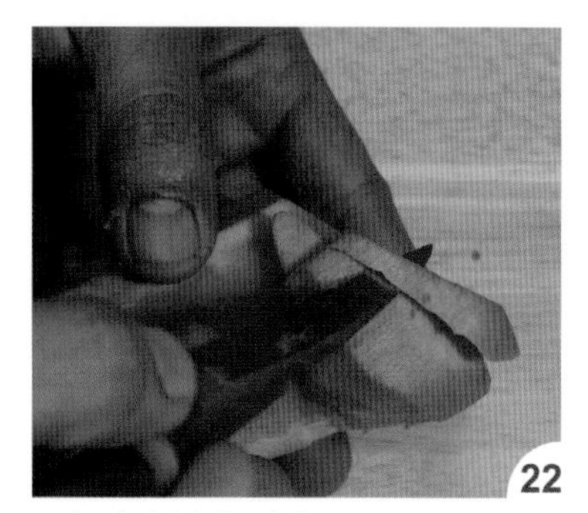

再切右侧头部边角。

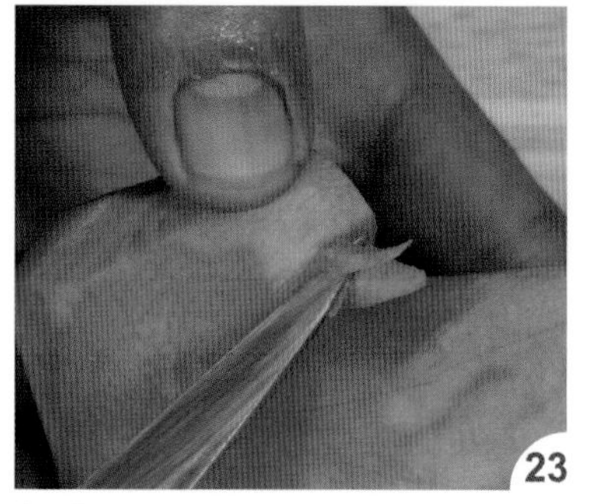

把嘴巴的边角切除，顺便修出弧度。

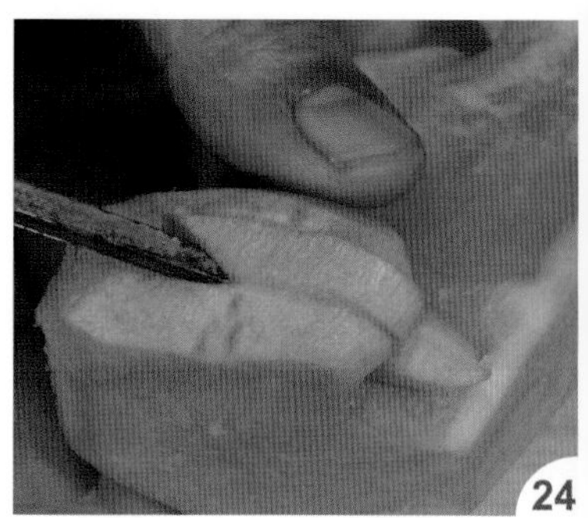

用 V 形槽刀刻出头冠线条。

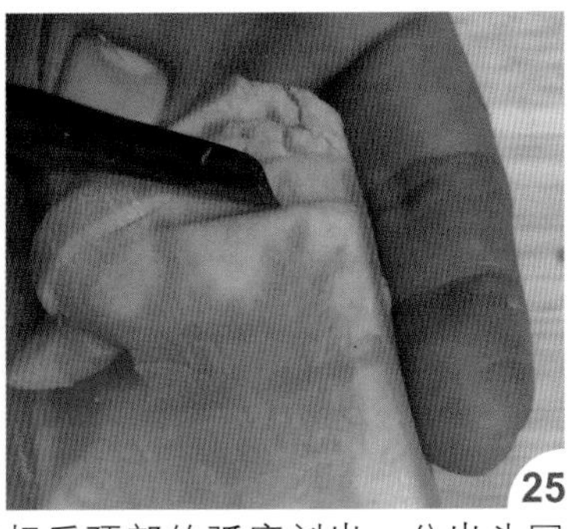

把后颈部的弧度刻出，分出头冠尾部。

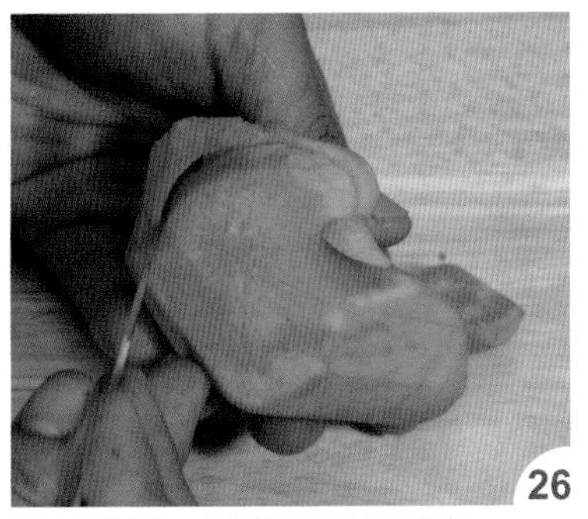

再用雕刻刀刻出后颈部弧度。

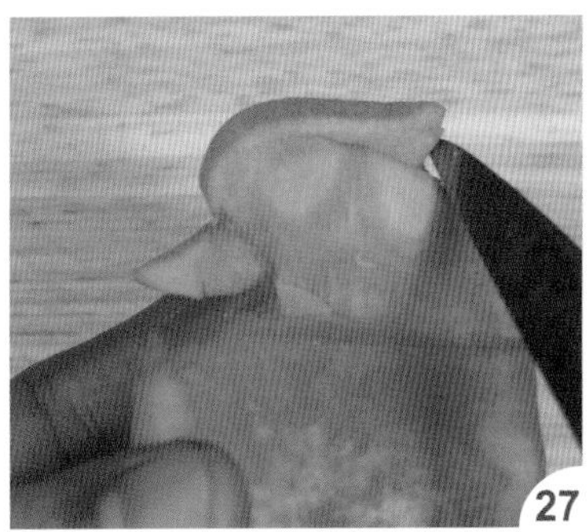

切出头冠后端位置。

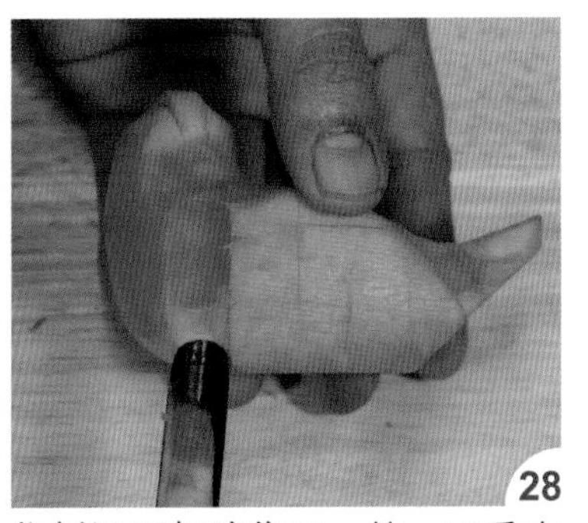

依侧视图翅膀位置，第一刀垂直刀，定出翅膀前端。

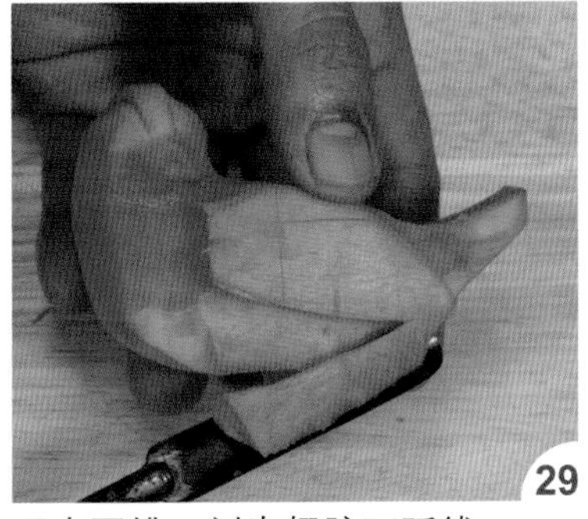

用大圆槽刀刻出翅膀下弧线。

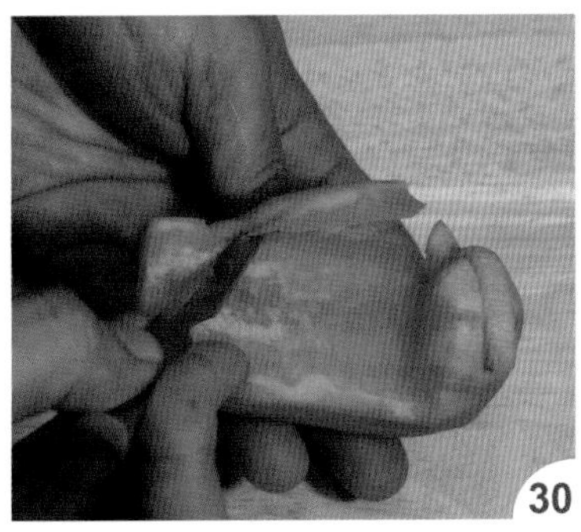

把翅膀边角切除。

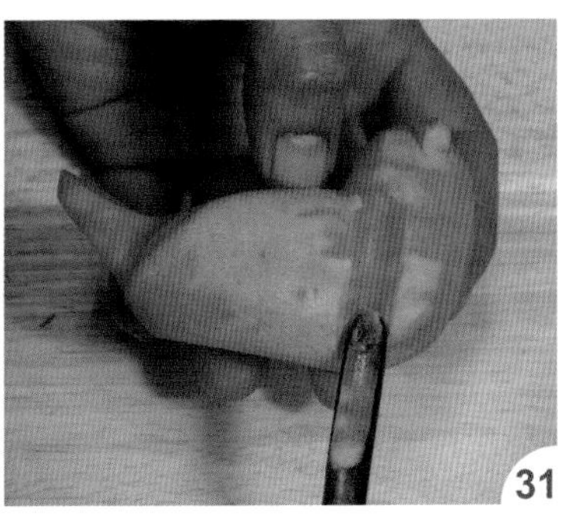

换刻右侧翅膀第一刀垂直刀。

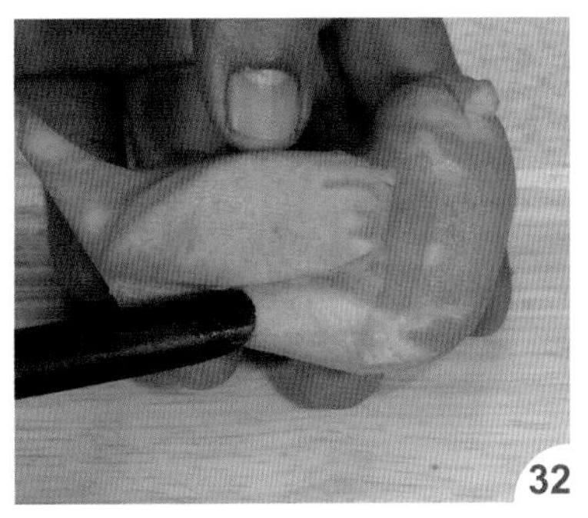

用大圆槽刀刻出翅膀下弧线。

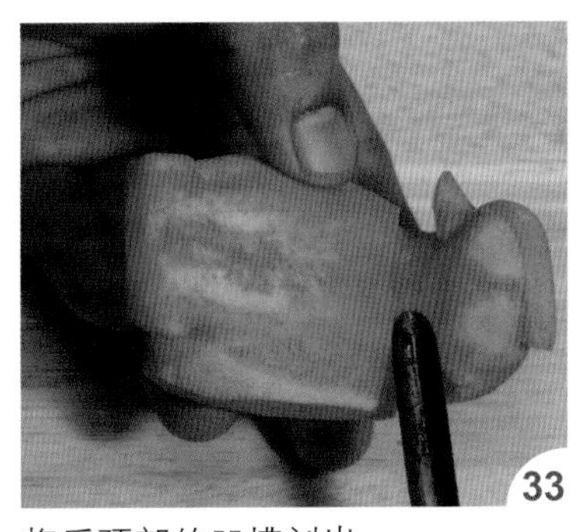

将后颈部的凹槽刻出。

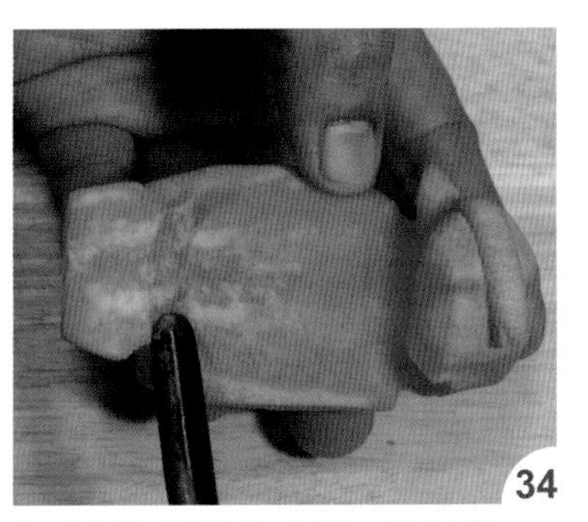

把背部与尾巴的分界凹槽刻出。

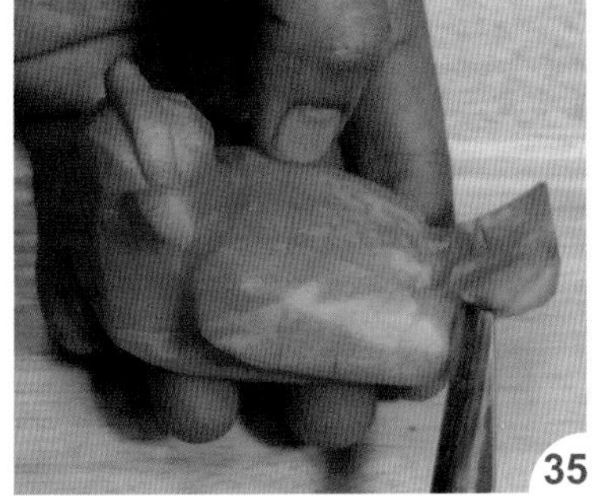

将尾部边角切除。

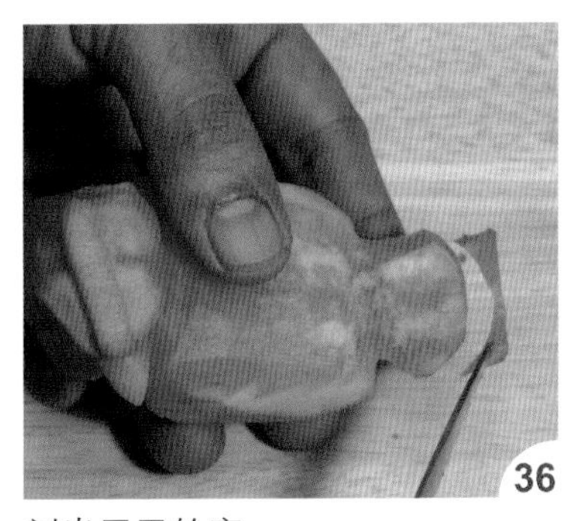

刻出尾巴轮廓。

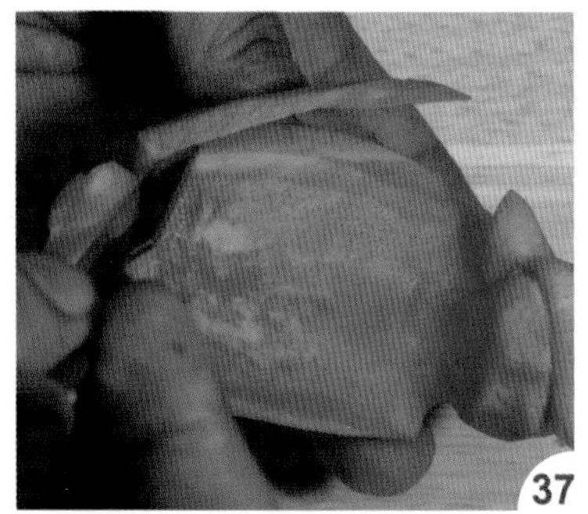

将翅膀的外轮廓弧度修平顺。

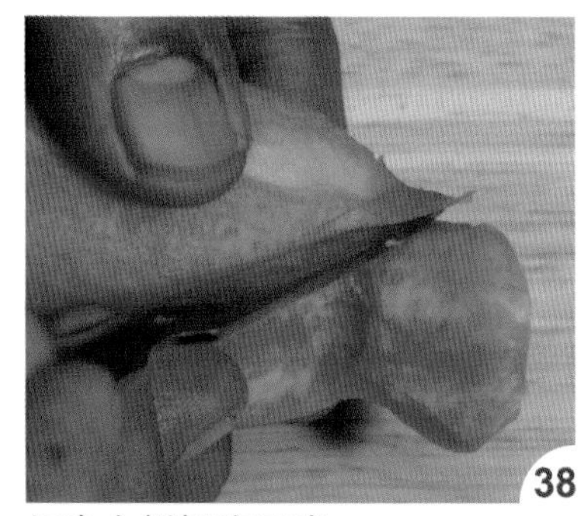

切出右侧翅膀尾端。

再刻出左侧翅尾。

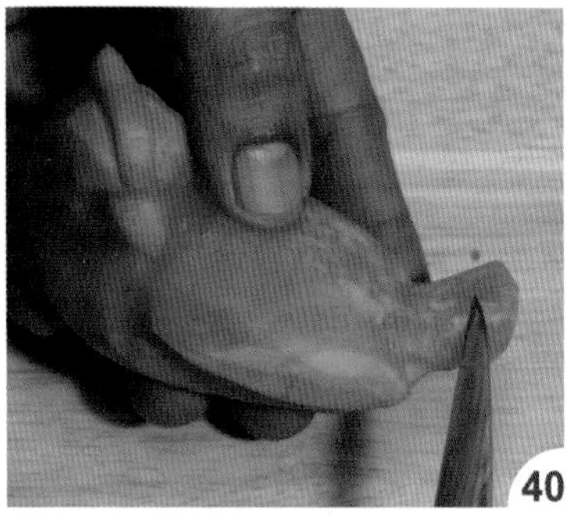

刻出尾巴弧度。

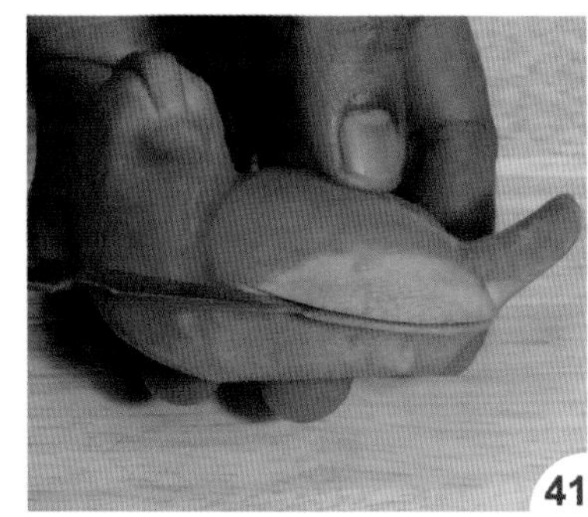

用雕刻刀把翅膀下线条刻出。

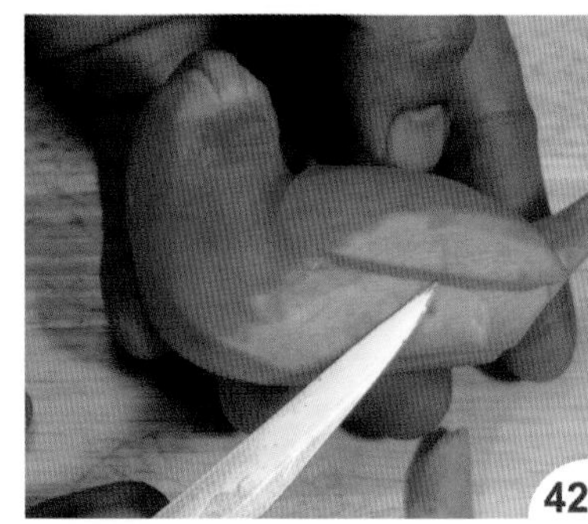

把废料切除。

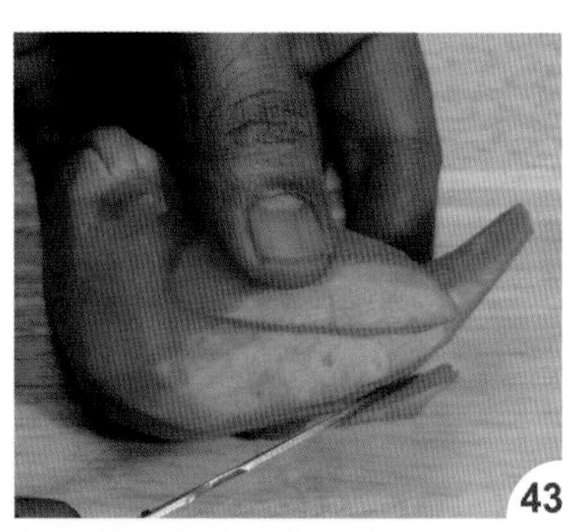

将尾部下面的边角切除。

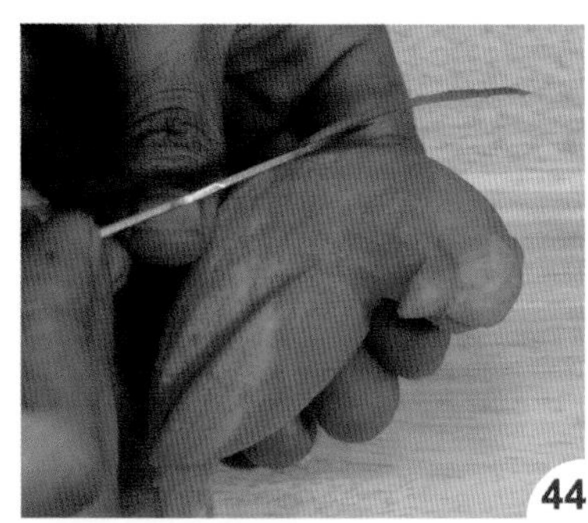

把颈胸部线条刻出。

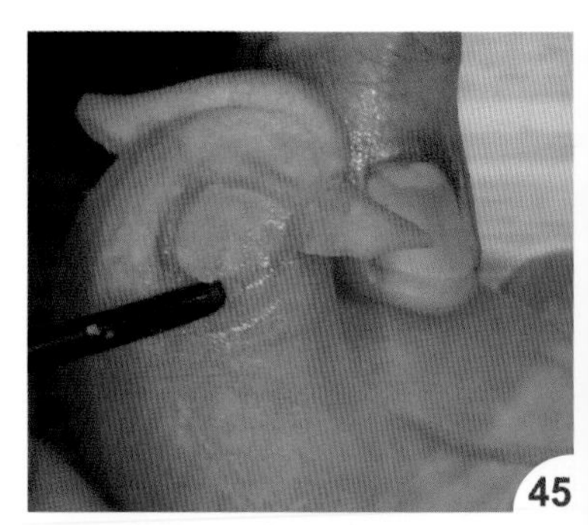

用小圆槽刀刻出脸颊形状。

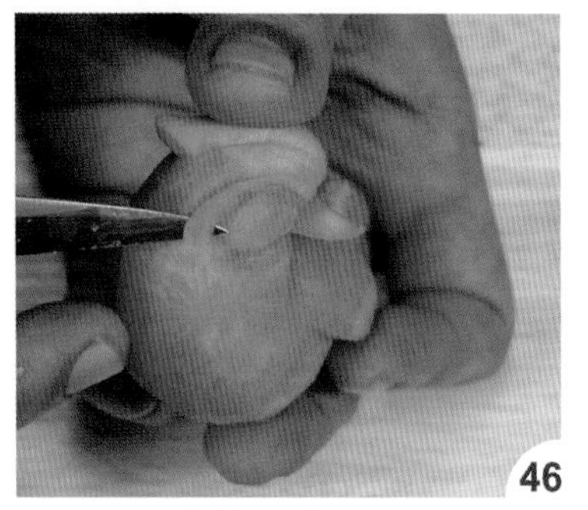

把旁边的废料切除，这样脸颊才会凸出。

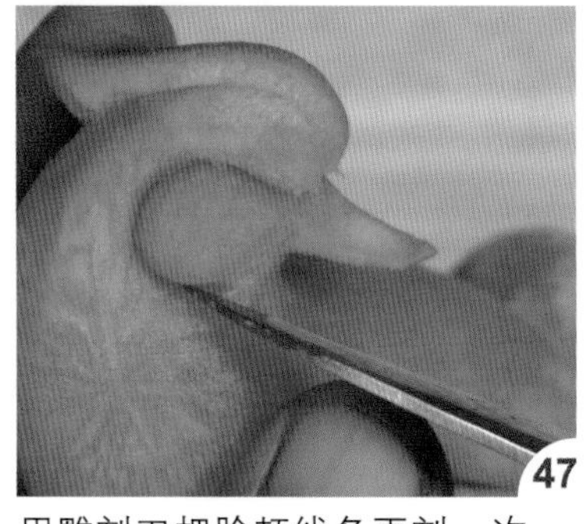

用雕刻刀把脸颊线条再刻一次，让线条更清晰。

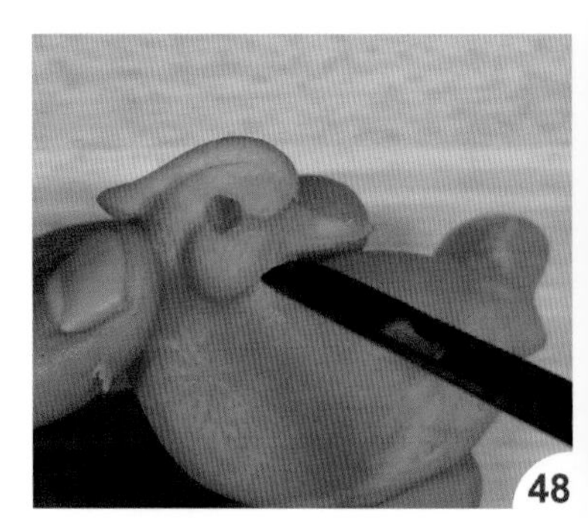

挖出眼睛凹槽。

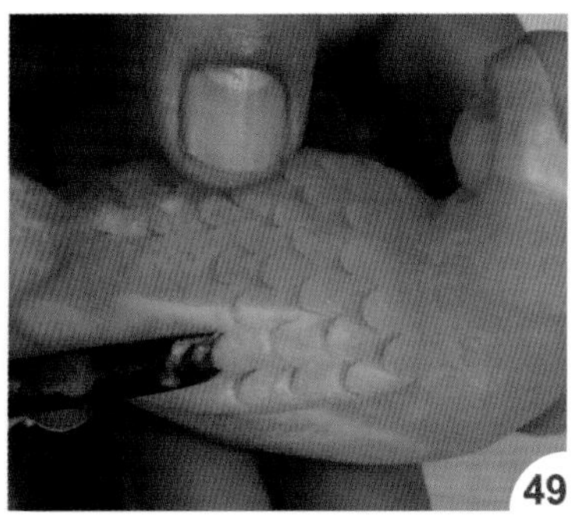

用小圆槽刀刻出翅膀麟片。

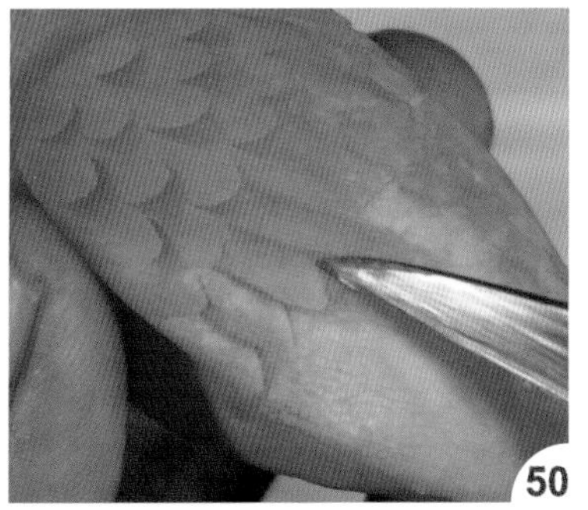

再把副羽刻出。

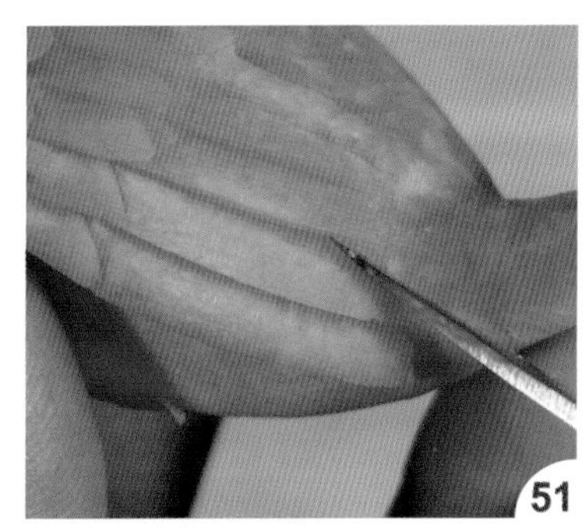

接着刻出翅尾线条。

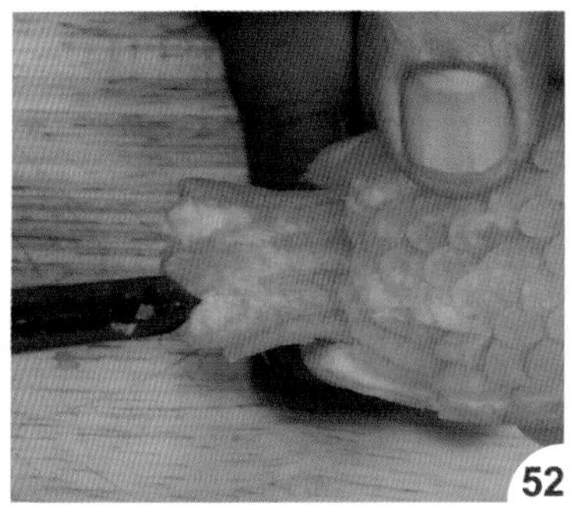

刻出尾巴线条。

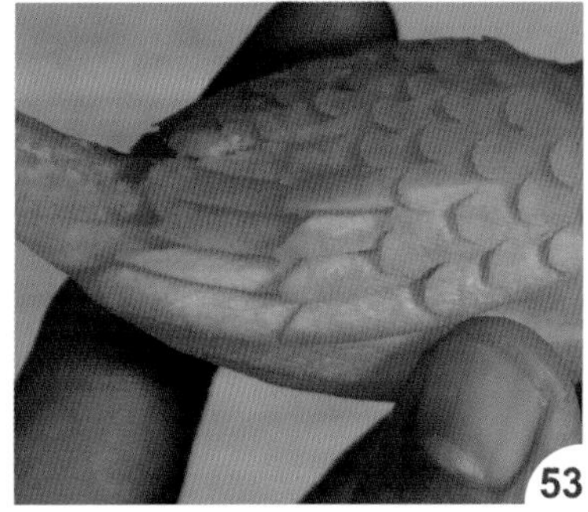

翅膀线条特写。

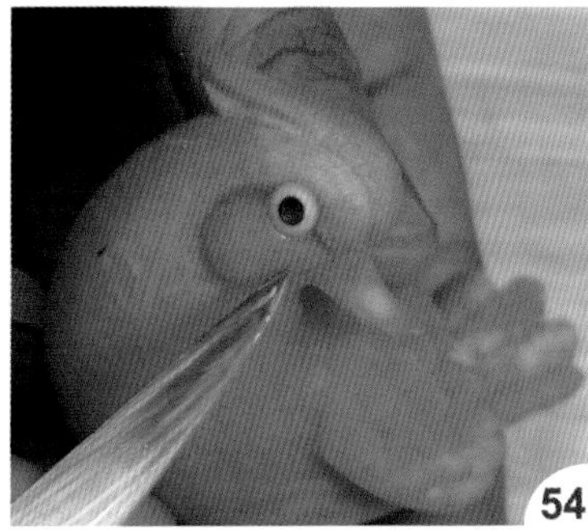

用南瓜刻出眼睛后再装上（参照 p.92 作法 70 ~ 72）。

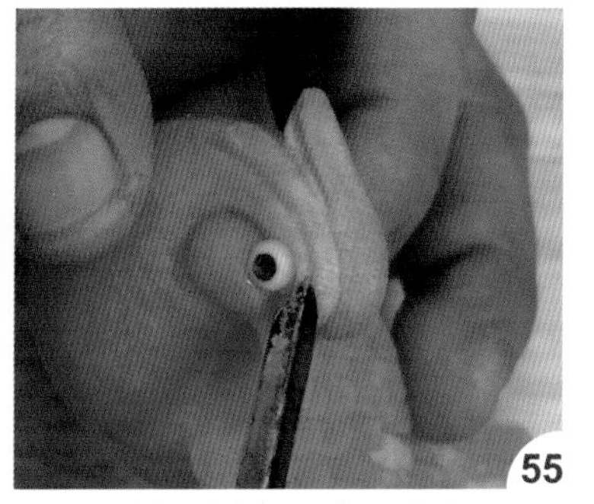

用 V 形槽刀刻出眼睛上线条。

左侧眼线也刻出。

如图完成母鸳鸯。

鸳鸯合照。

用芋头变化出山羊、梅花鹿、猴子和老鹰等动物，
将它们的样貌及姿态，以精湛的手工艺术生动呈现。

山羊

▶材　料

芋头 3 条、南瓜 1 小块

▶工　具

西式切刀、雕刻刀、槽刀组、三秒胶

▶取材比例

高：长：宽 = 1：$1\frac{2}{3}$：$\frac{2}{3}$，如果身高 1 是 9 厘米，长 $1\frac{2}{3}$ 就是 15 厘米，宽 $\frac{2}{3}$ 就是 6 厘米，

前后脚及羊角比例也是以身高为基准的，依此类推即可

· 示意图

A. 俯视图

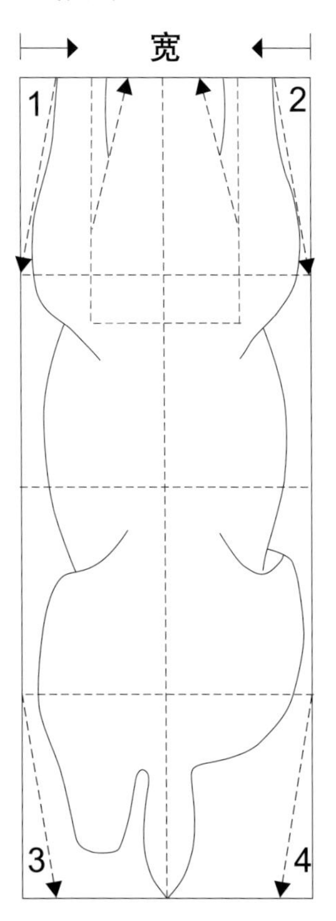

B. 侧视图

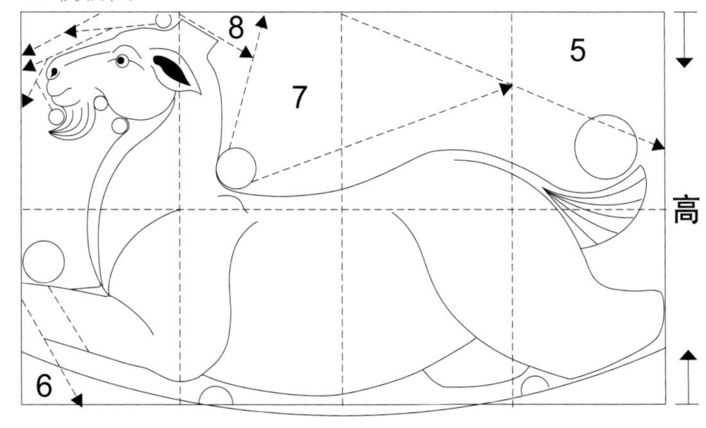

长

C. 部位图

❶左右前脚
（比例为高：长 = $\frac{1}{4}$：$\frac{3}{4}$）

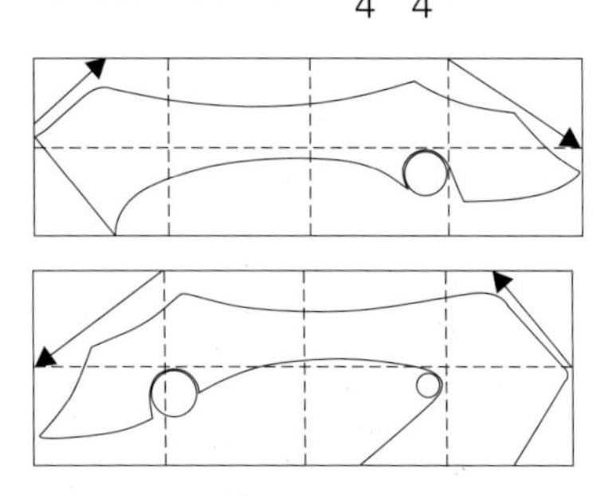

❷前脚粗细图

❸脚蹄

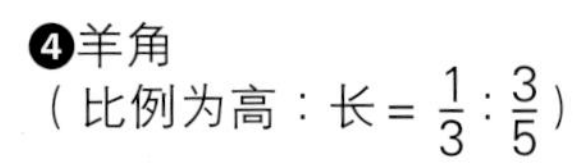

❹羊角
（比例为高：长 = $\frac{1}{3}$：$\frac{3}{5}$）

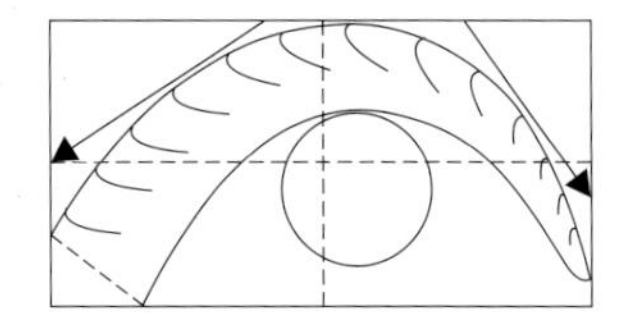

❺左后脚
（比例为高：长＝$\frac{2}{5}$：$\frac{4}{5}$）

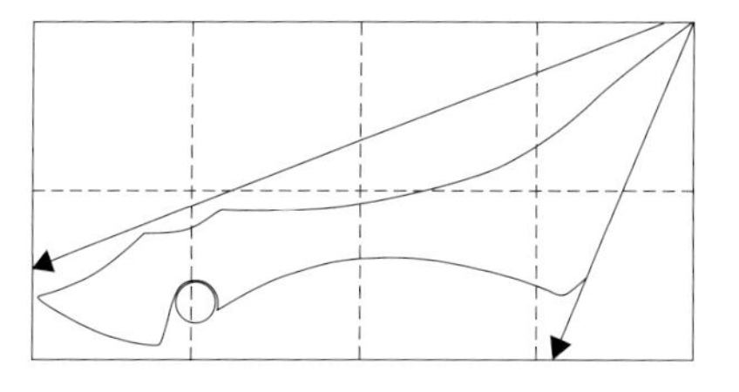

❻右后脚
（比例为高：长＝$\frac{1}{2}$：$\frac{3}{4}$）

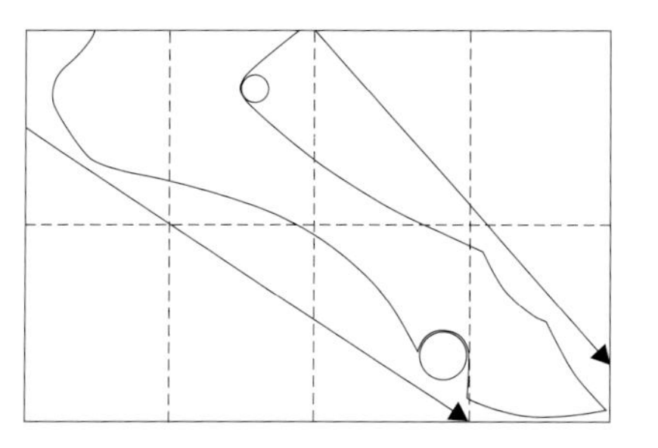

D. 流线动势图

· 作法

将芋头依取材比例用西式切刀切取身体大小。

依俯视图，切除 A1、A2、A3、A4。

再将侧视图 B5 切除。

再切除侧视图的 B6。

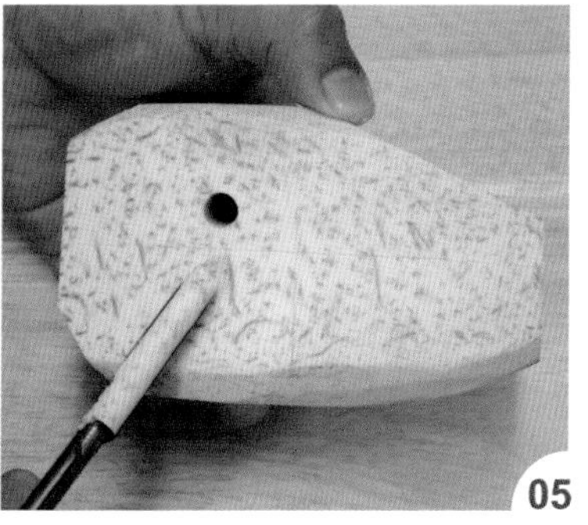

用中圆槽刀把山羊后颈部的圆孔刻出。

切除侧视图背部的 B7。

07

将尾部上面的圆孔刻出。

08

把背部的线条刻出并取下废料。

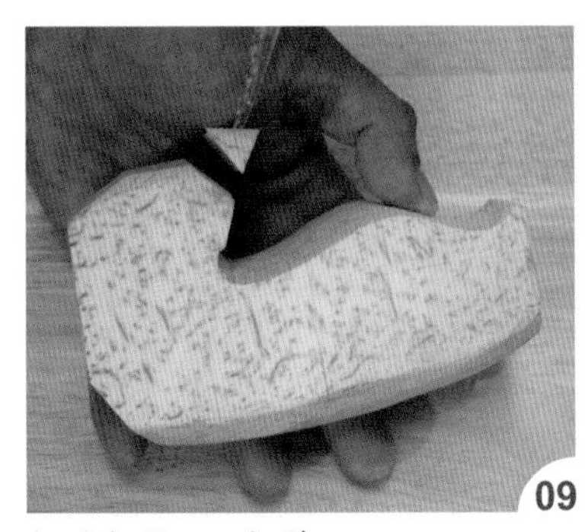

09

把头部的 B8 切除。

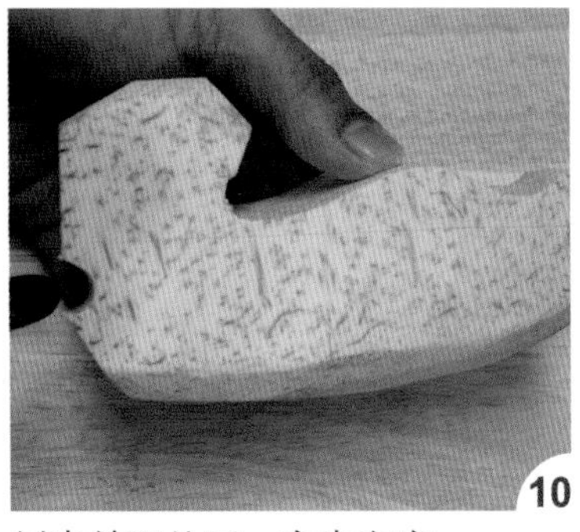

10

刻出前腿的圆，定出高度。

11

把颈部线条刻出，分出颈部、身部。

12

依俯视图切出头部的宽度。

13

切除头部左右两侧，定出头形。

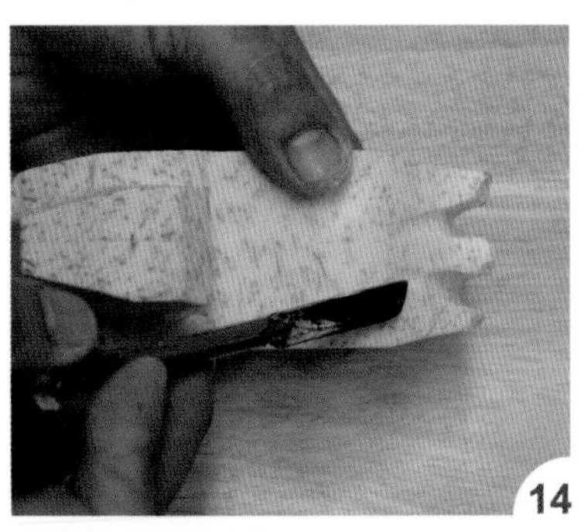

14

把尾巴位置刻出。

15

把旁边多余的废料切除。

16

反转材料，在底部刻出一条凹槽，分出左右边，不要刻太深。

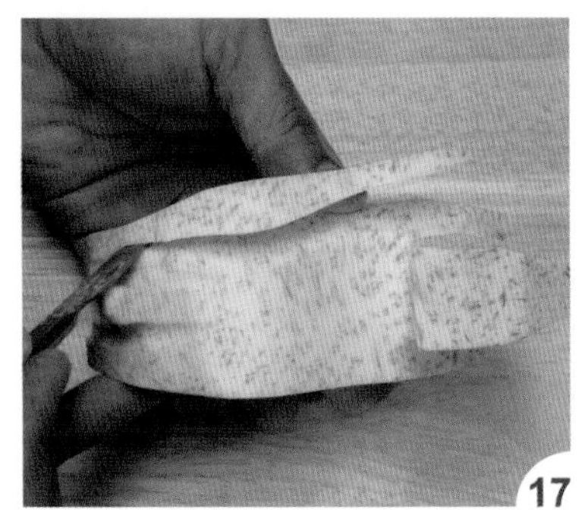

17

将身体侧边的边角切除。

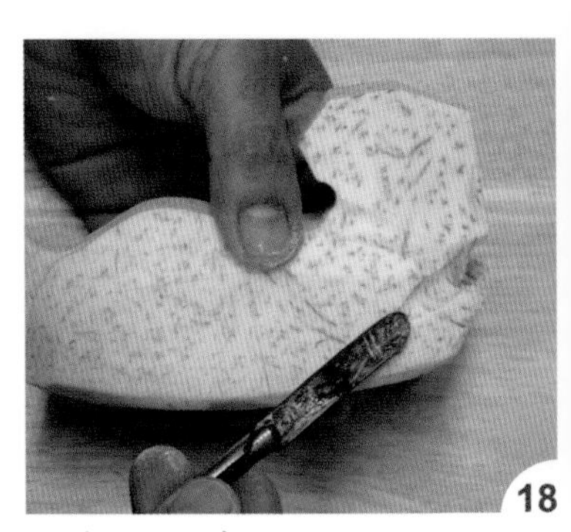

18

把前腿肘刻出。

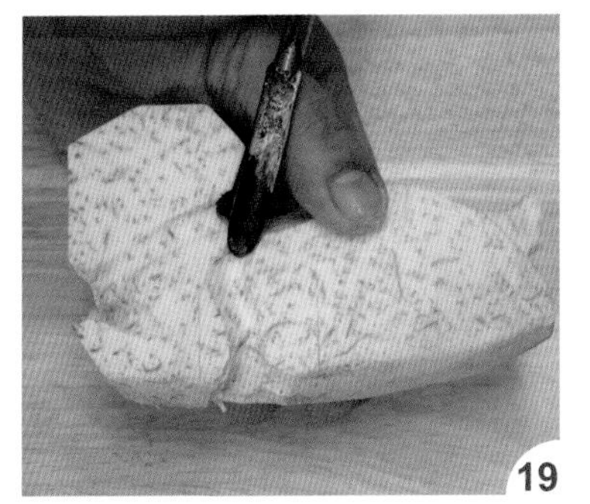

刻出左前腿后线条。

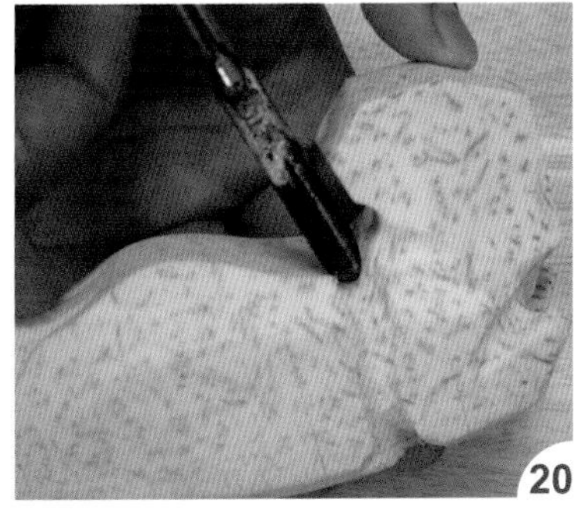

再把右前腿后线条也刻出。

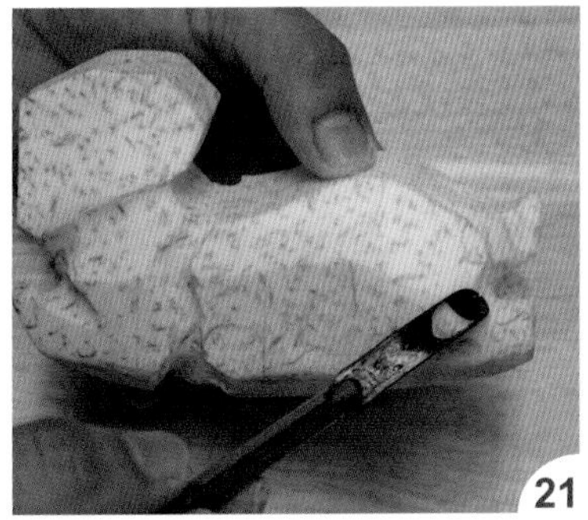

刻出左后腿肘凹槽。

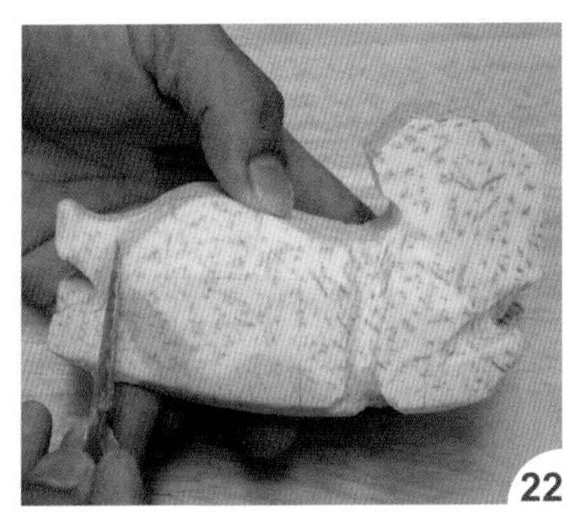

再刻出右后屁股。

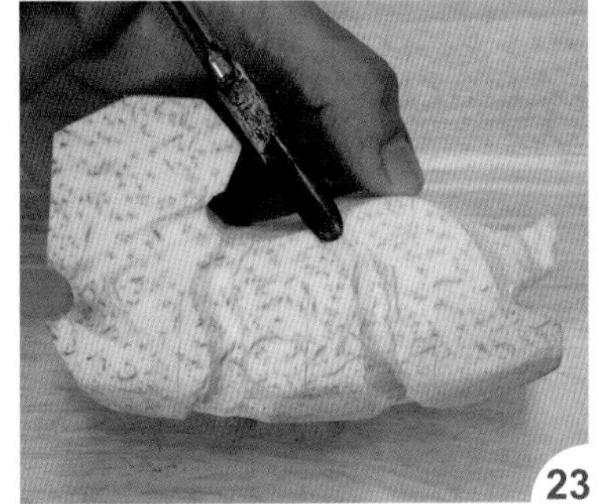

再把左后腿前线条刻出。

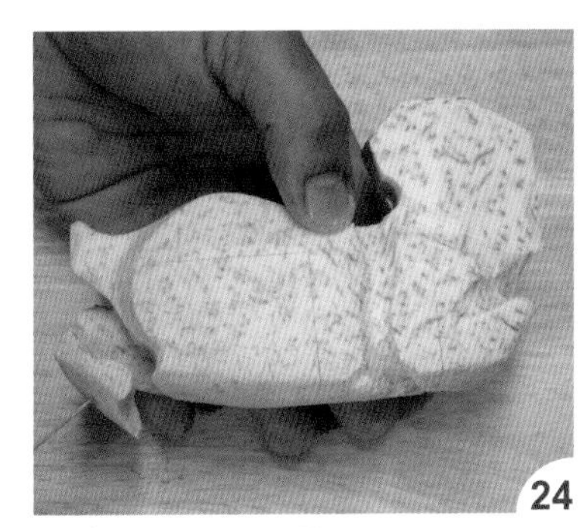

刻出右后腿肘凹槽。

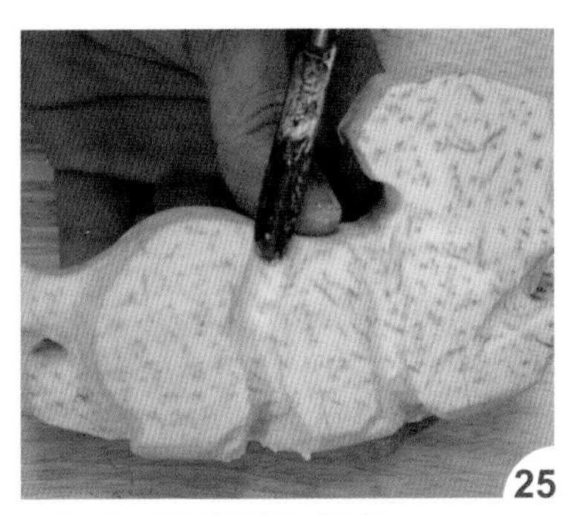

再把右后腿前线条刻出。

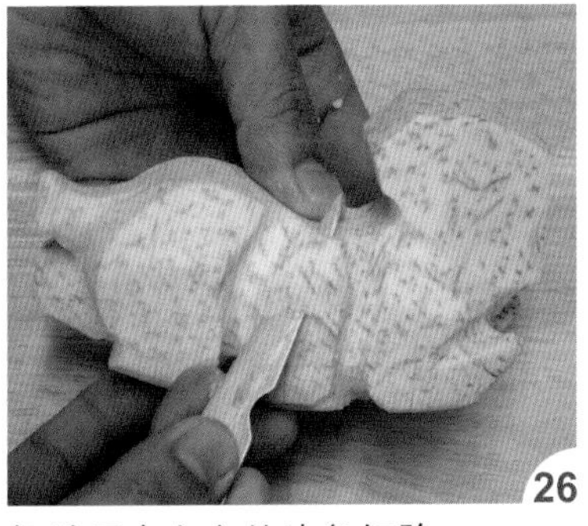

把肚子右上方的边角切除。

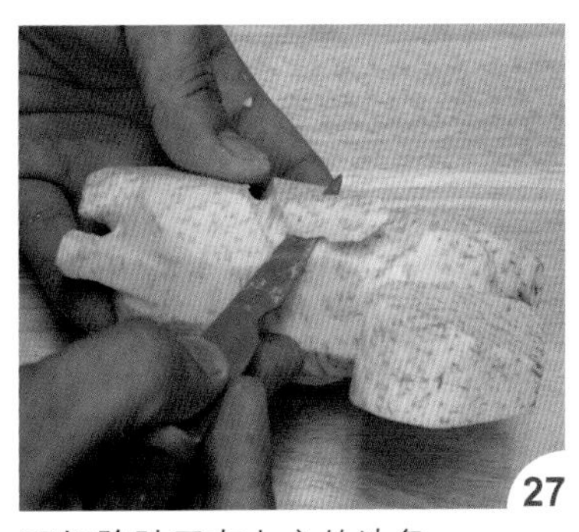

再切除肚子左上方的边角。

反转材料至底部，把肚子的弧度切出。

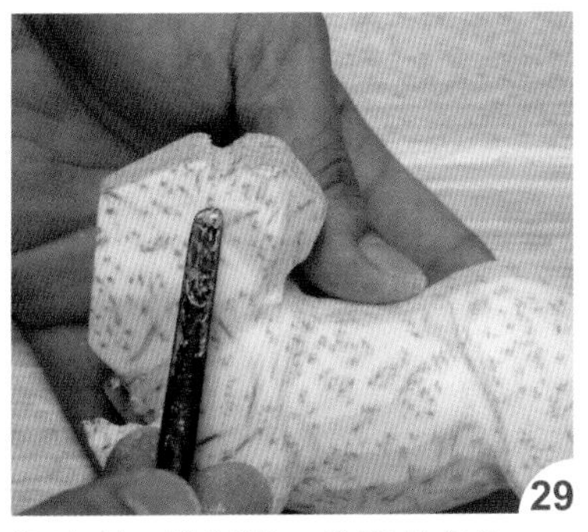

把头顶凹槽刻出，分出羊角处。

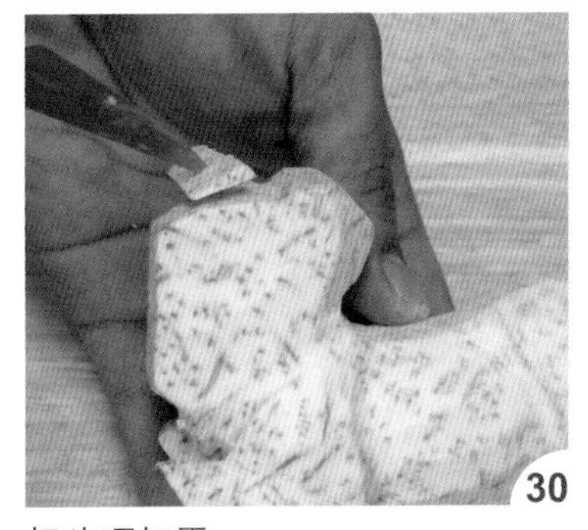

把头顶切平。

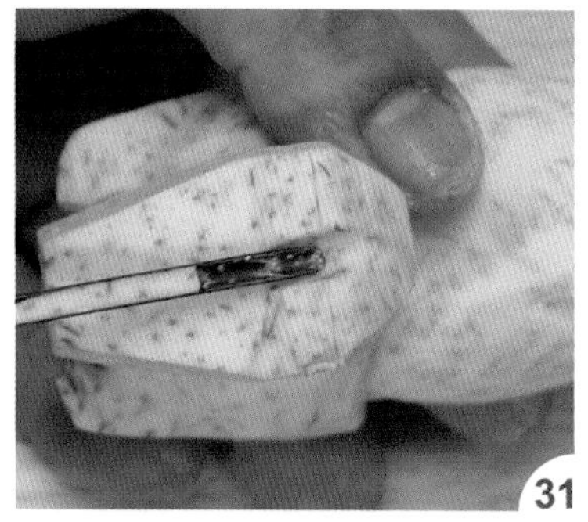

刻出凹槽，分出左右羊角。

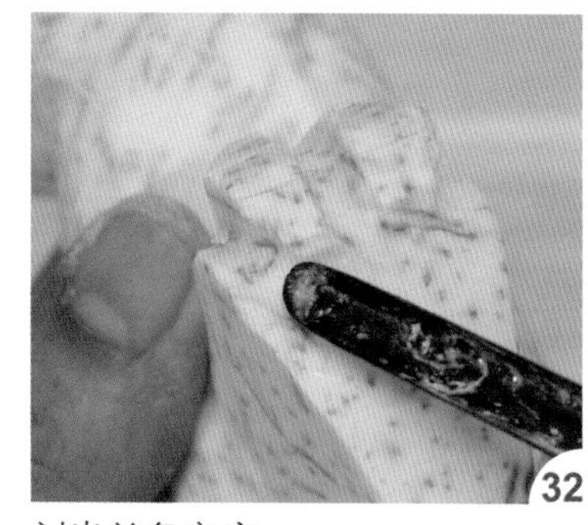

刻出羊角宽度。

定出后方位置。

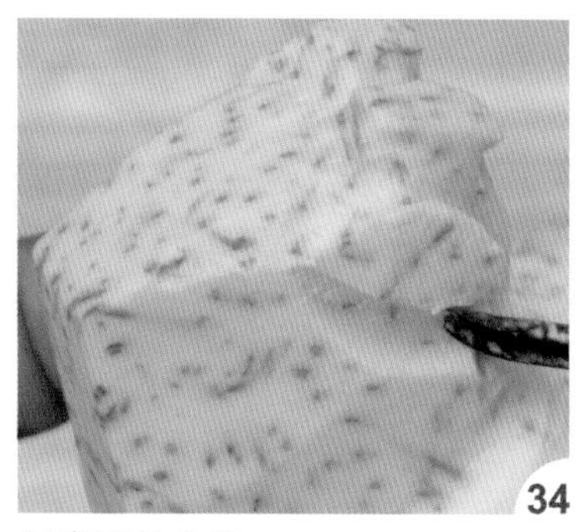

刻出耳朵高度。

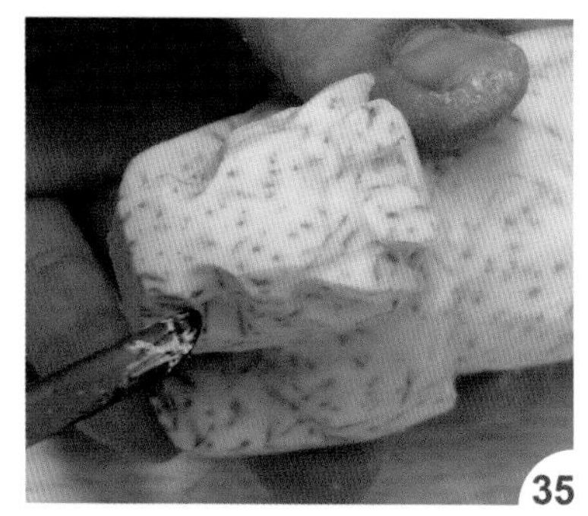

刻出脸部中间的宽度。

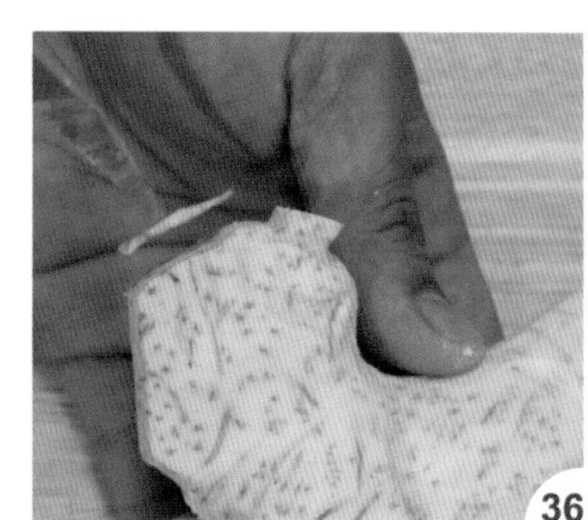

把鼻梁的斜度刻出。

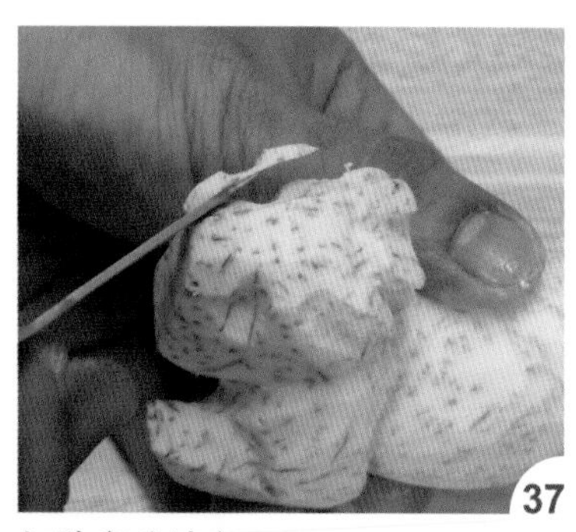

切除鼻头边角。

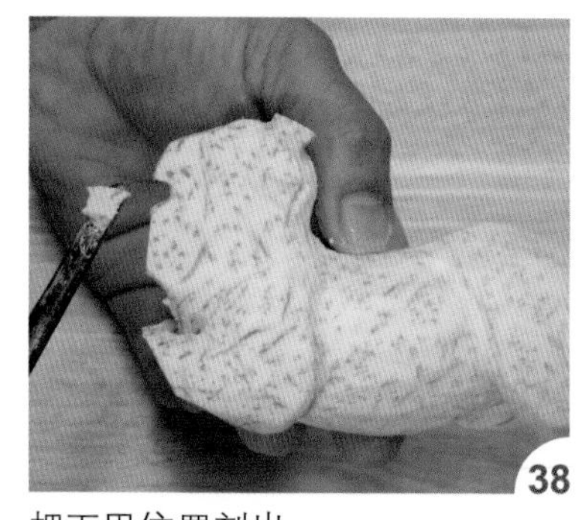

把下巴位置刻出。

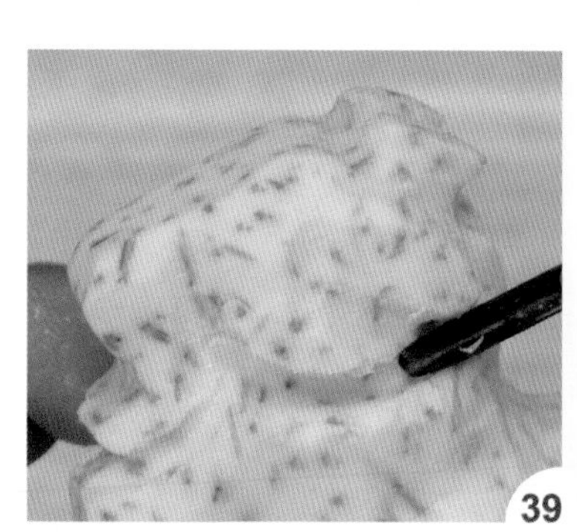

将下脸颊线条刻出。

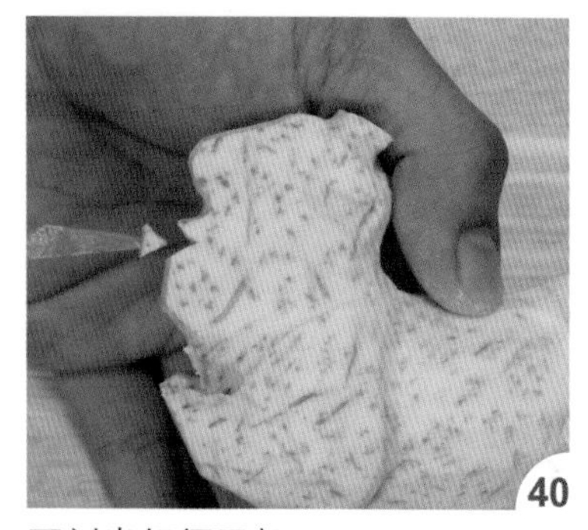

再刻出胡须尾部。

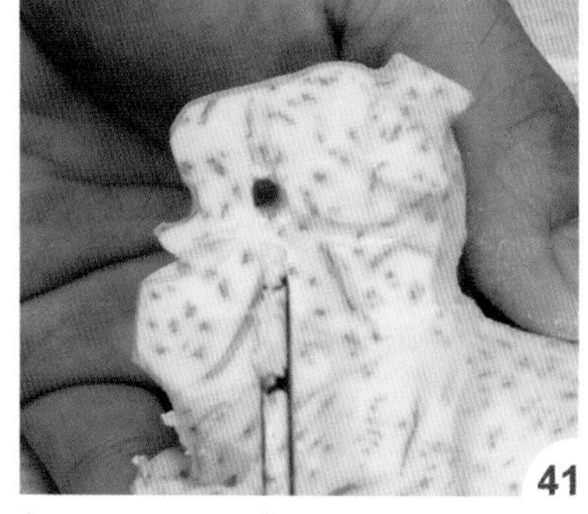

把下巴的圆刻出。

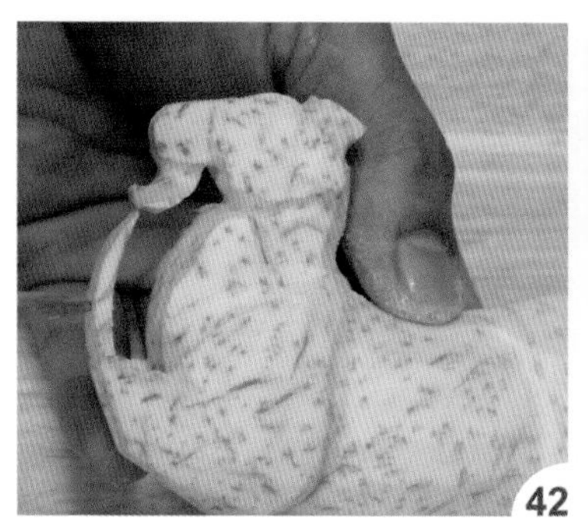

依线条刻出胡须及颈胸部。

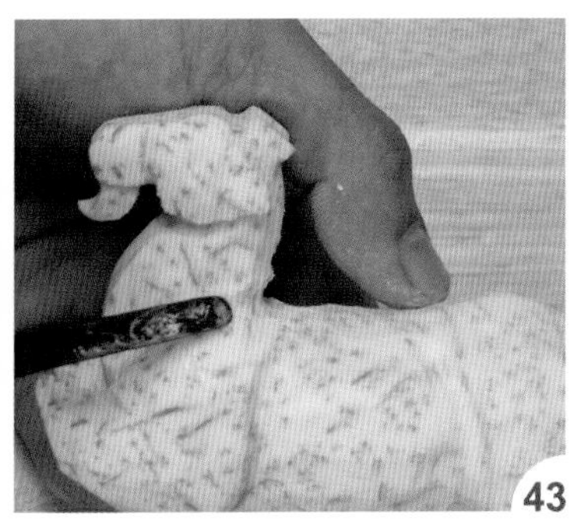

把肩胛处凹槽刻出。

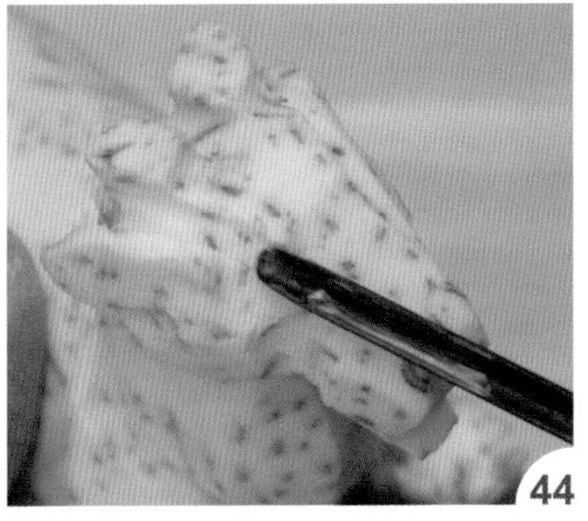

把耳朵上面的凹槽刻出。

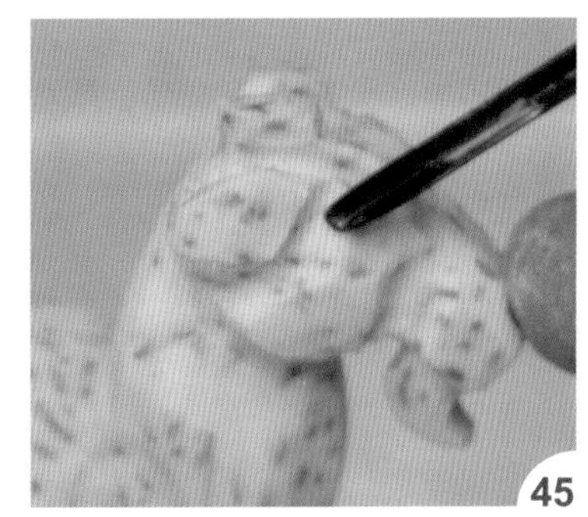

再刻出下面弧度。

把耳朵形状刻出。

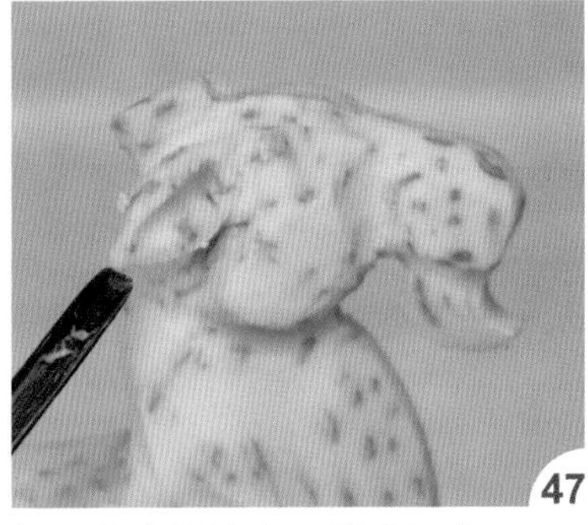

把耳朵中间挖空，形成耳廓。

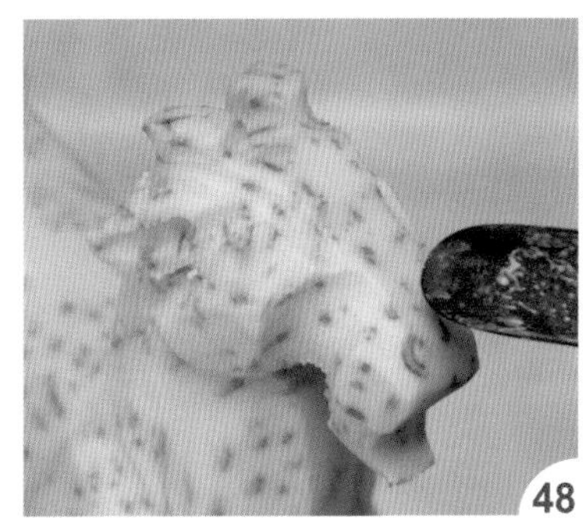

将脸颊弧度再刻鲜明一点。

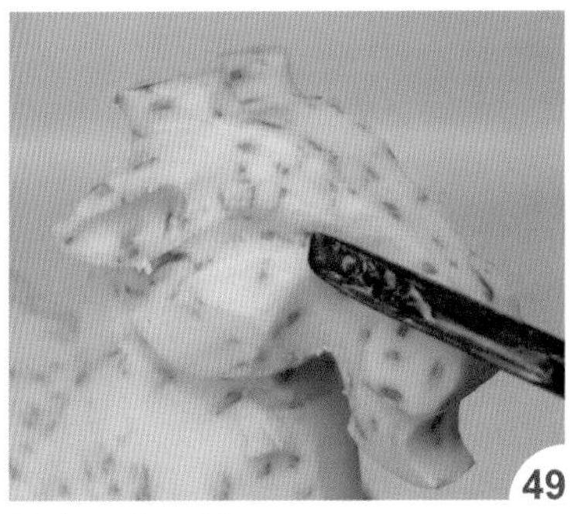

刻出眼线凹槽。

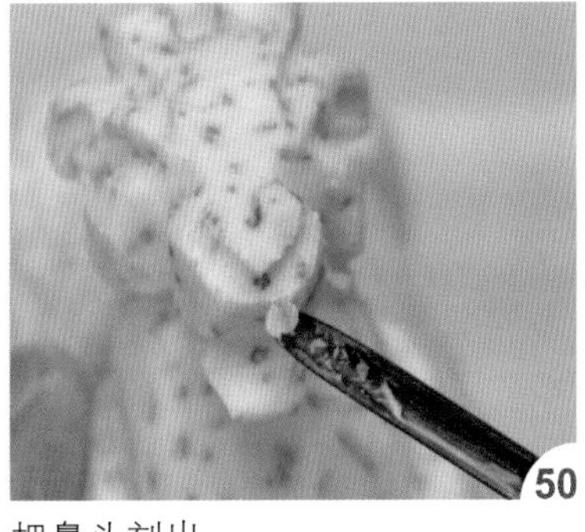

把鼻头刻出。

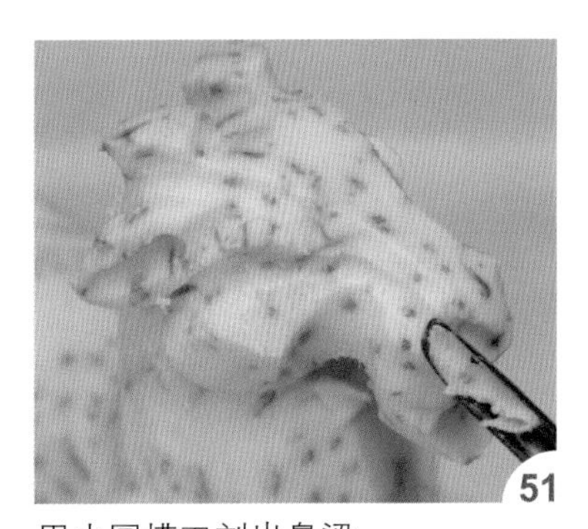

用小圆槽刀刻出鼻梁。

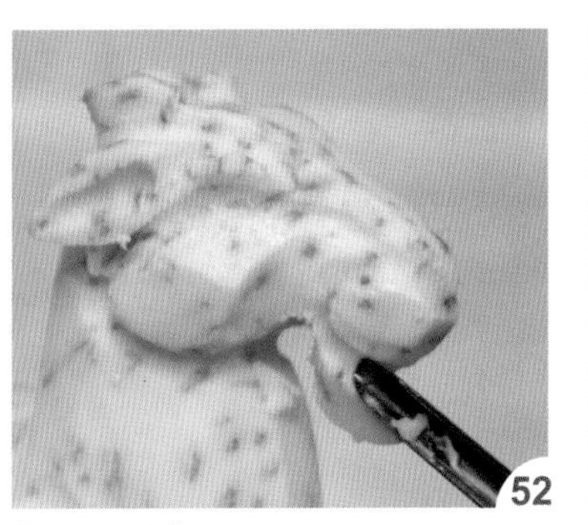

将下巴刻出。

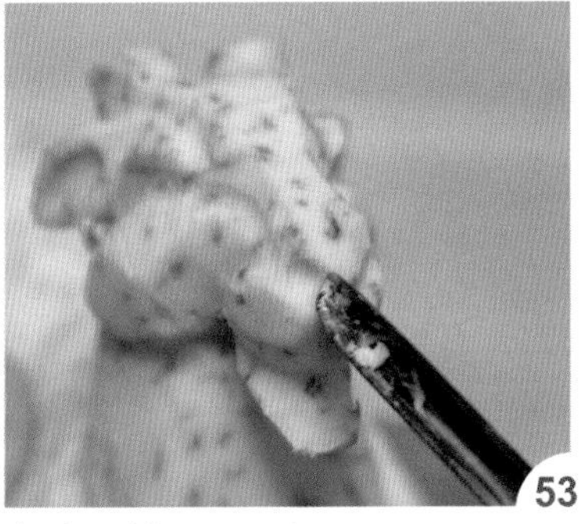

鼻头再刻明显一点。

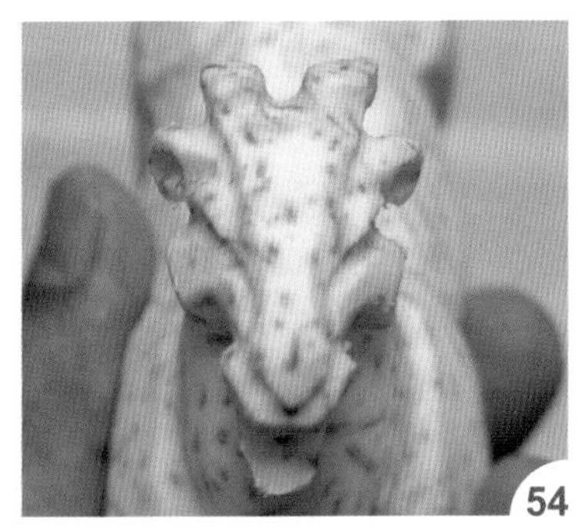

如图刻出头部的轮廓。

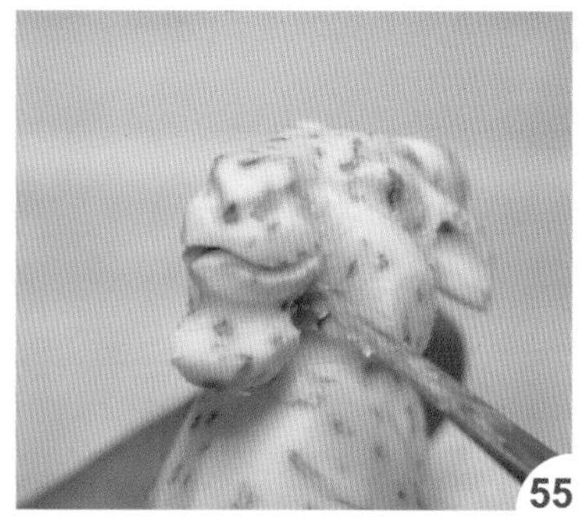
把嘴巴线条刻出。

刻出胡须线条。

把脸颊修平顺一些。

挖出眼睛位置。

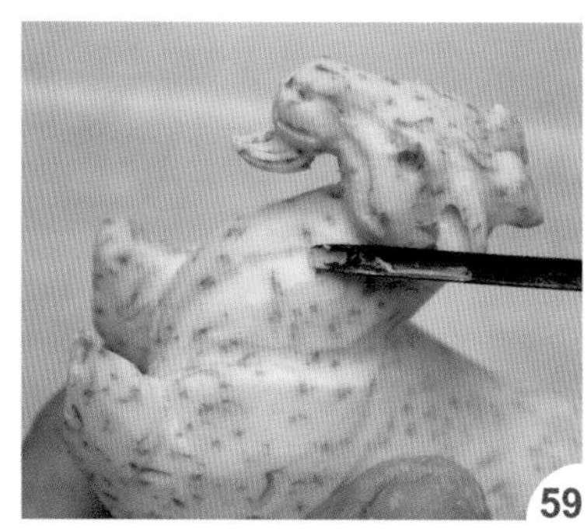
刻出左颈线条。

再刻出右颈线条。

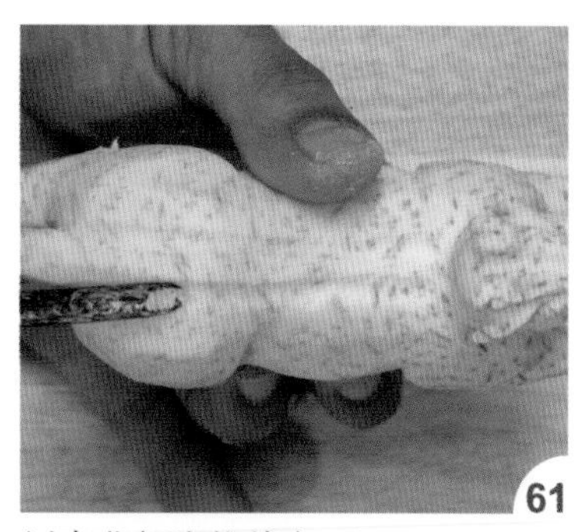
刻出背部脊椎线条。

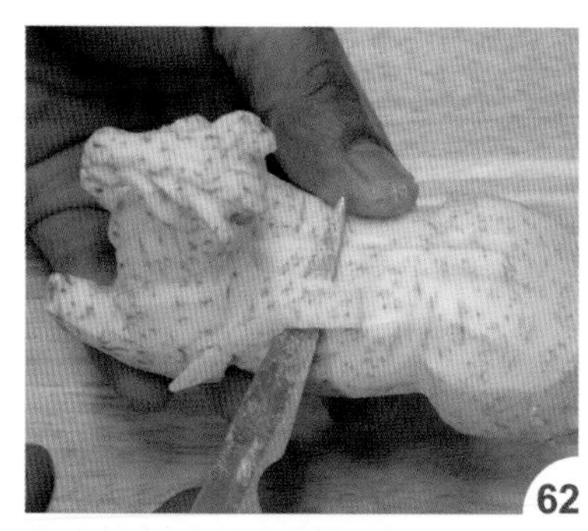
将脊椎侧边的废料切除。

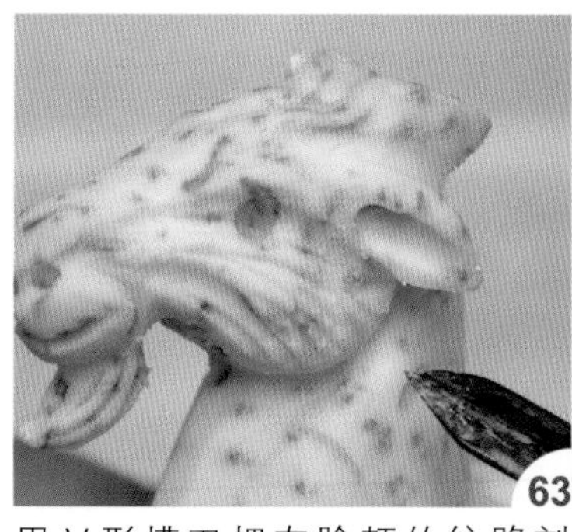
用 V 形槽刀把左脸颊的纹路刻出。

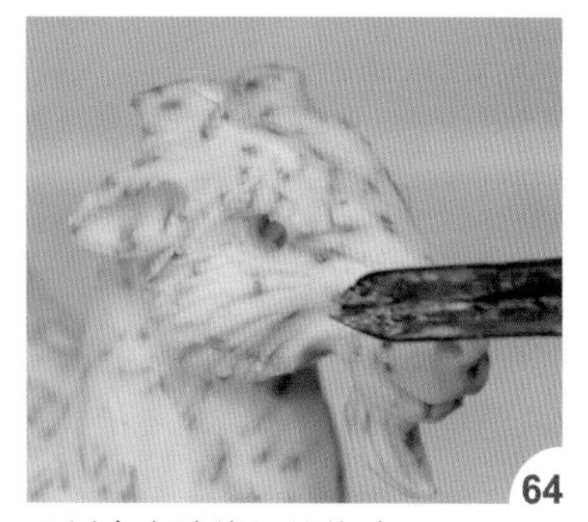
再刻出右脸线颊的纹路。

刻出尾巴的纹路。

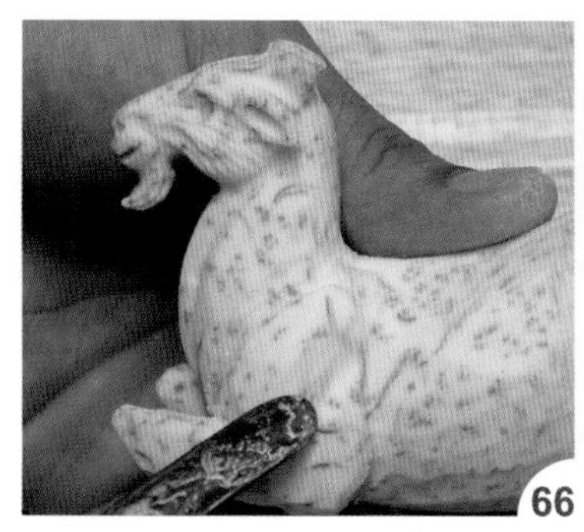
把前腿臂的肌肉线条刻出。

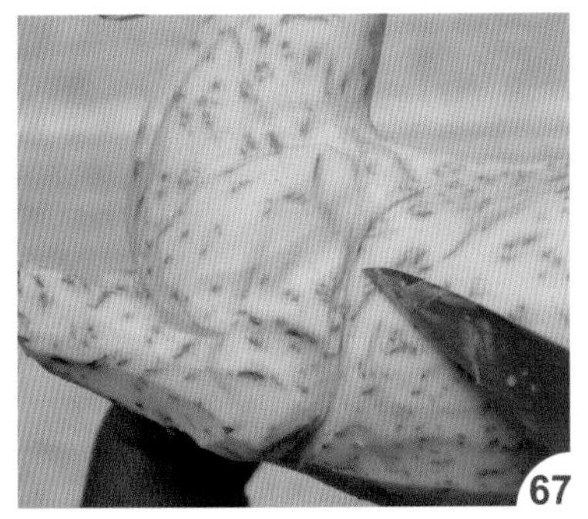

用雕刻刀再加强腿部后方线条。

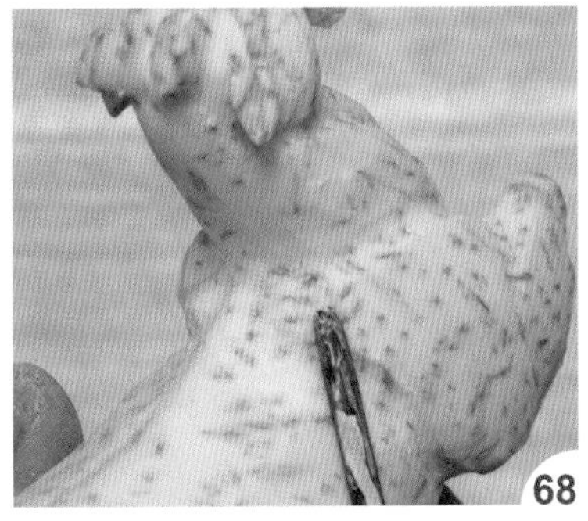

把背部肩胛骨刻出。

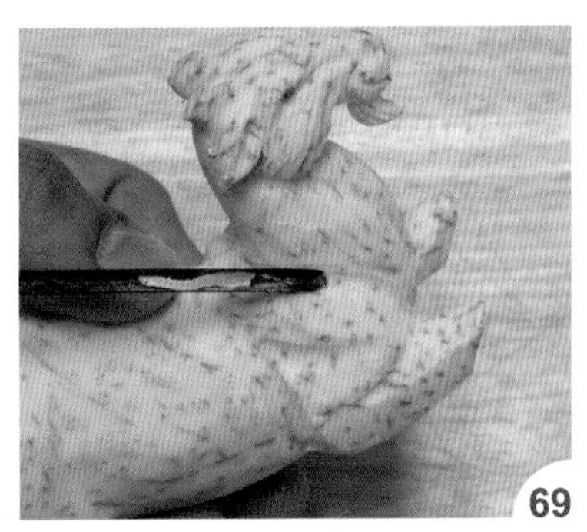

脖颈线再刻鲜明一点。

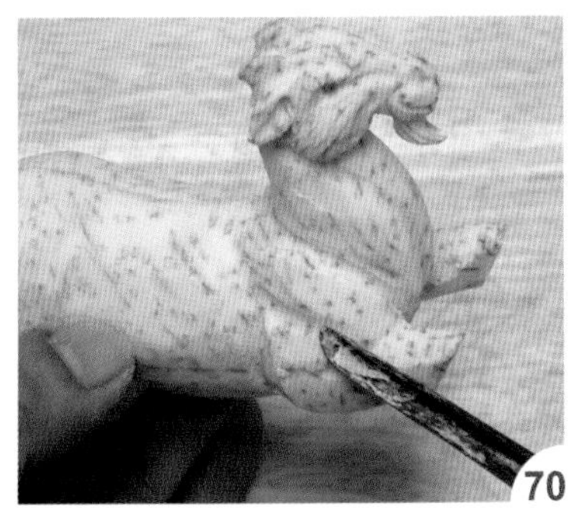

将腿臂的肌肉刻出。

用雕刻刀再加强腿部前方线条。

完成身体的雕刻。

头部左侧的特写。

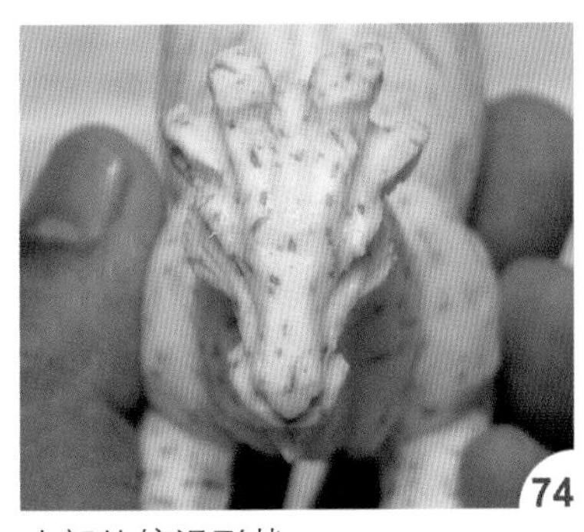

头部的俯视形状。

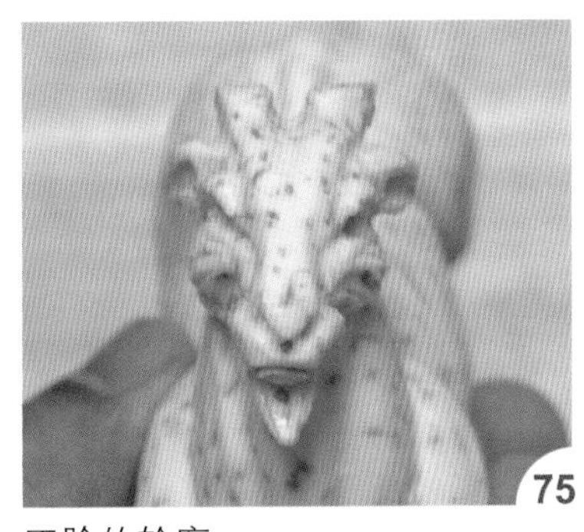

正脸的轮廓。

头部右侧的特写。

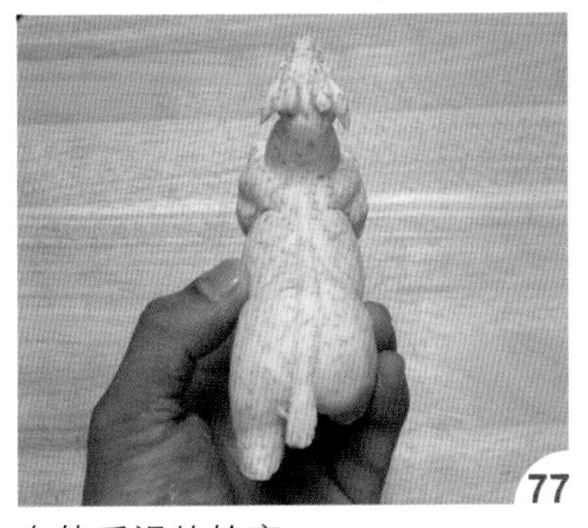

身体后视的轮廓。

身体右侧的特写。

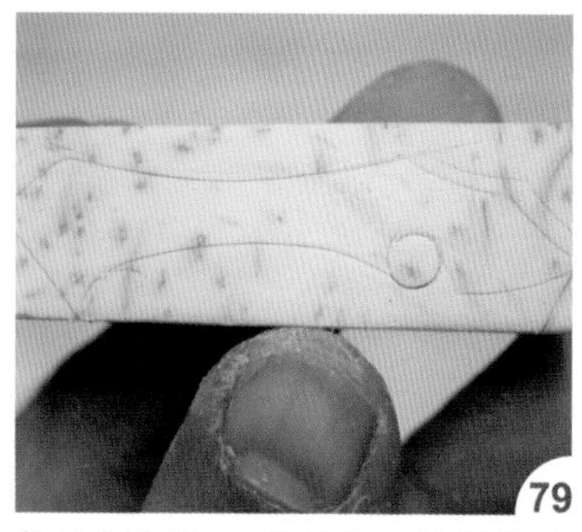

依比例切取四片芋头，按部位图画出右前脚线条。

画出左前脚线条。

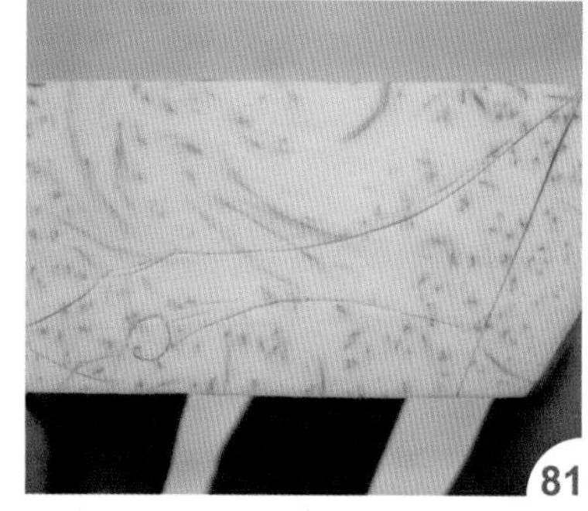

画出左后脚线条。

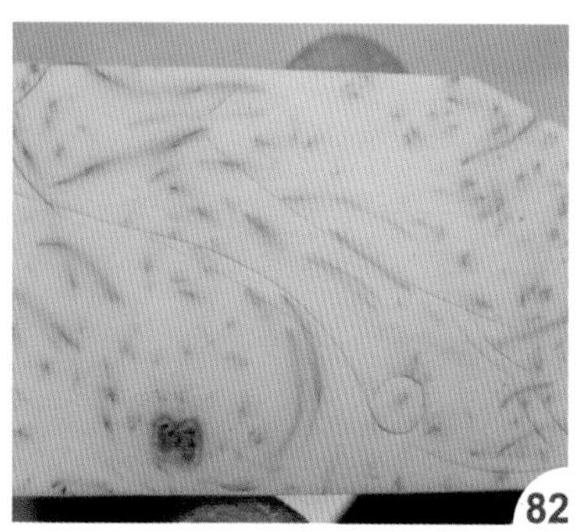

画出右后脚线条。

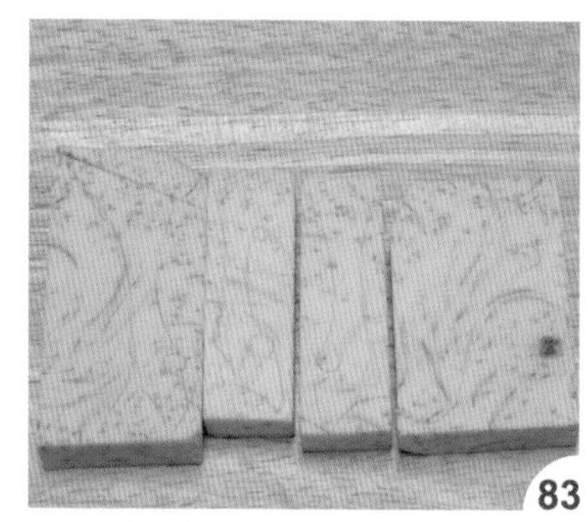

画出的四条羊脚。

依左前脚线条刻出脚蹄。

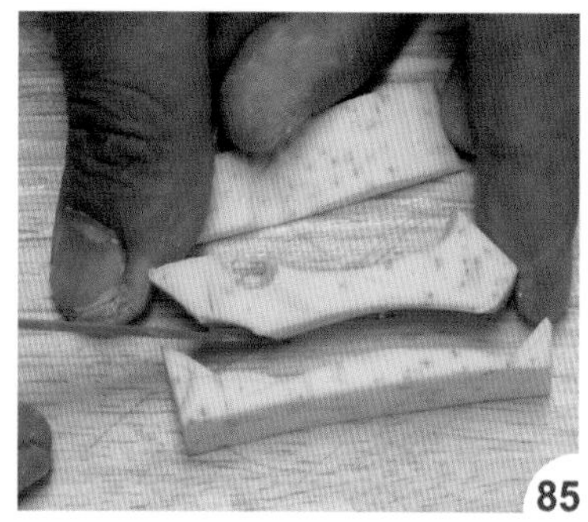

再刻出右前脚。

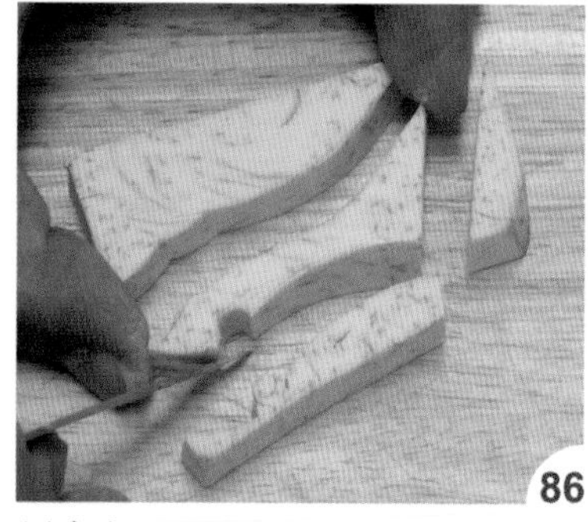

刻出左后脚。

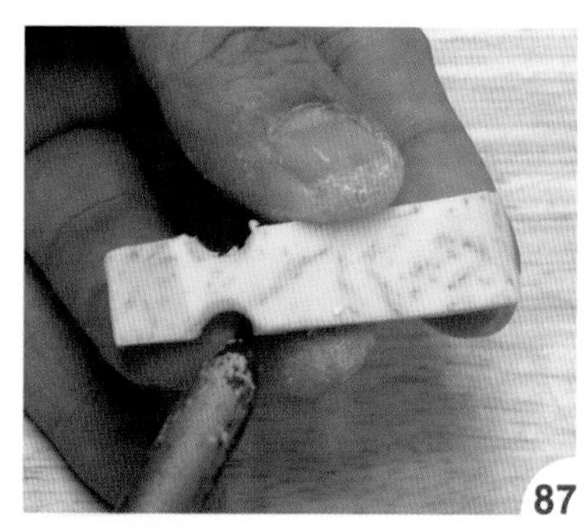

用中圆槽刀刻出关节处。

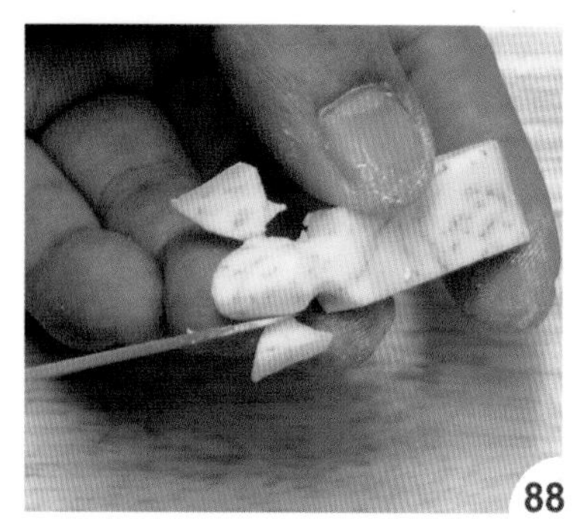

往左右两侧修出羊蹄。

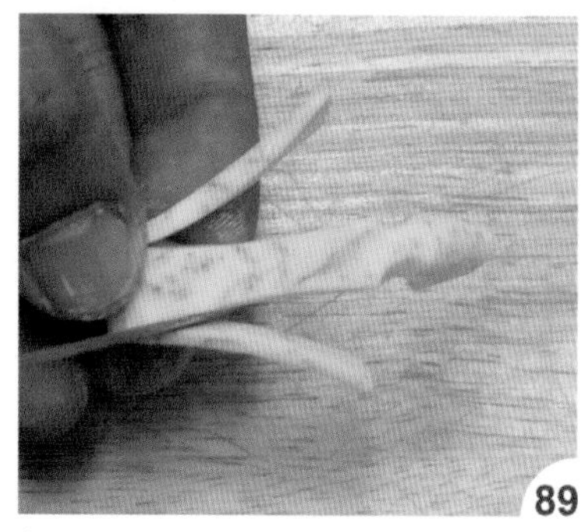

把脚骨的粗细刻出。

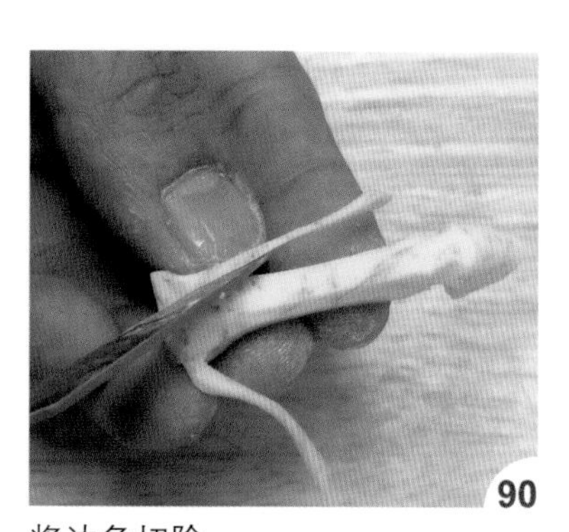

将边角切除。

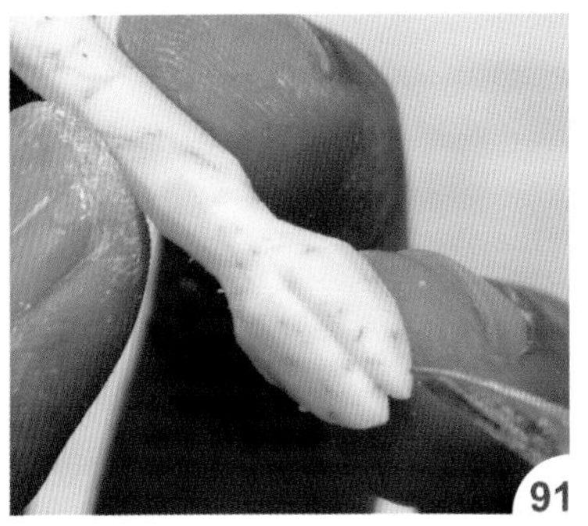

把羊蹄前端再对半切开。

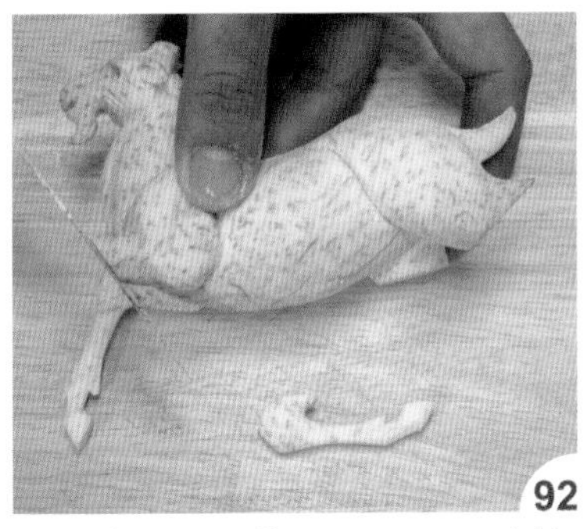

将衔接处切平整后再用三秒胶接上前脚。

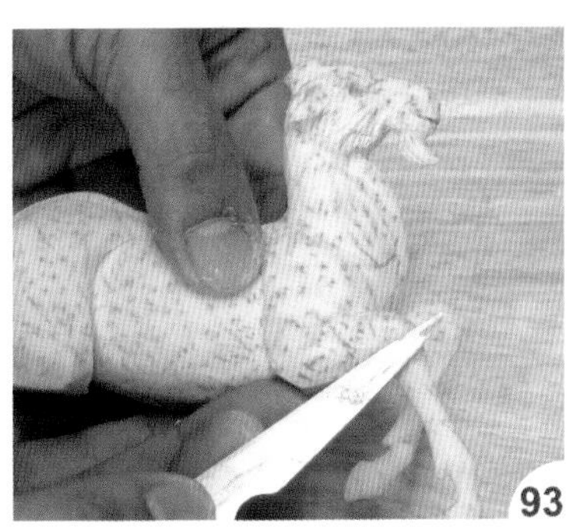

修顺衔接处，使其看不出接缝痕。

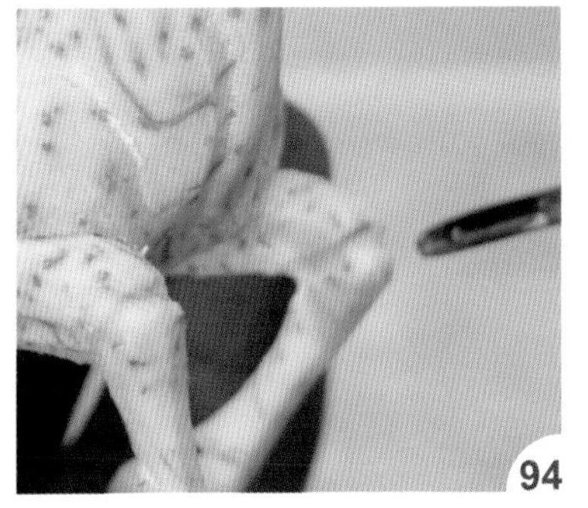

用小圆槽刀把关节处刻出。

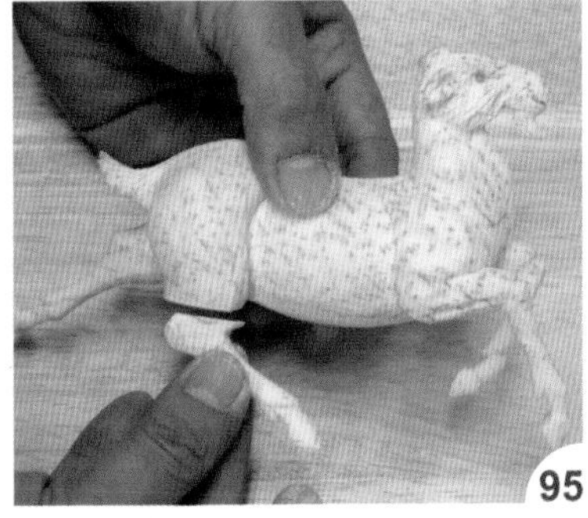

把后脚接上。

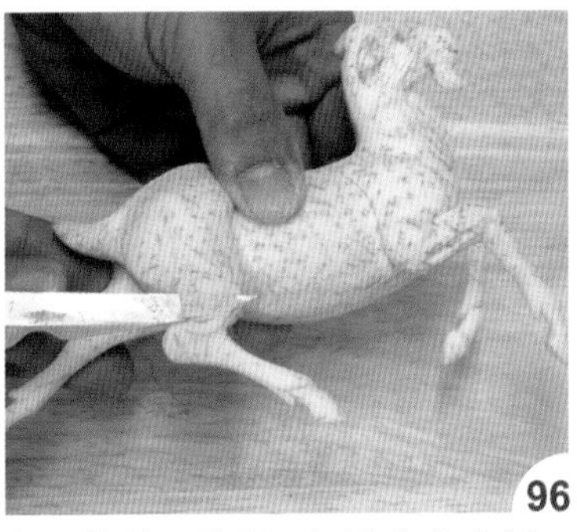

把衔接处再修顺，切除多余废料。

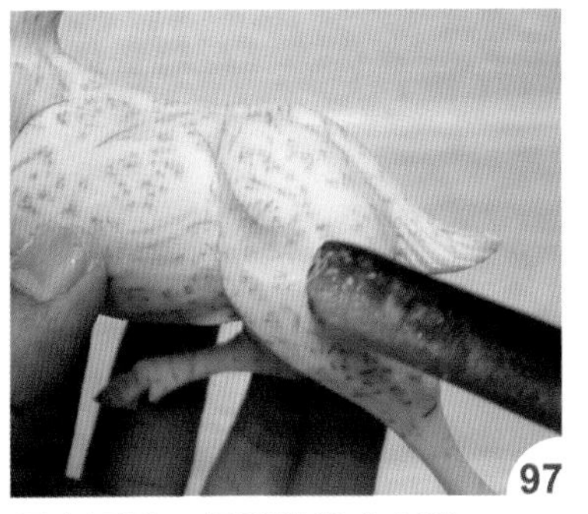

用大圆槽刀把后腿肌肉刻出。

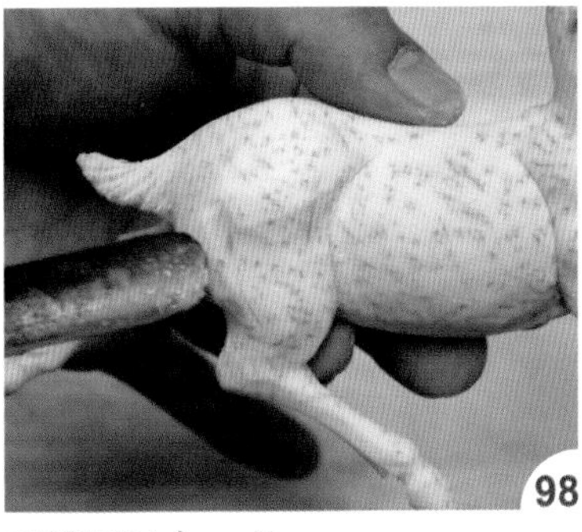

凹槽可以大一点。

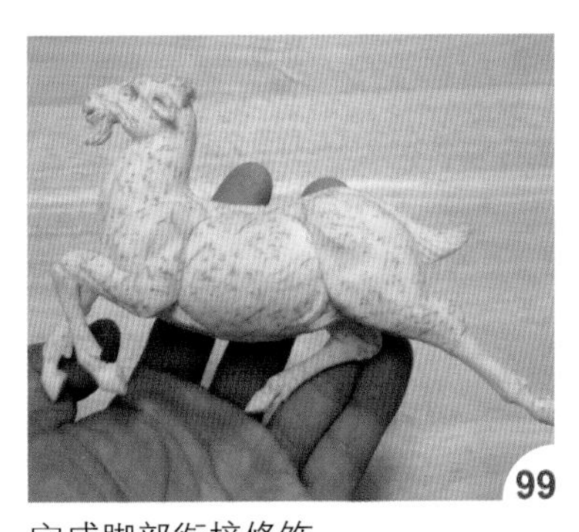

完成脚部衔接修饰。

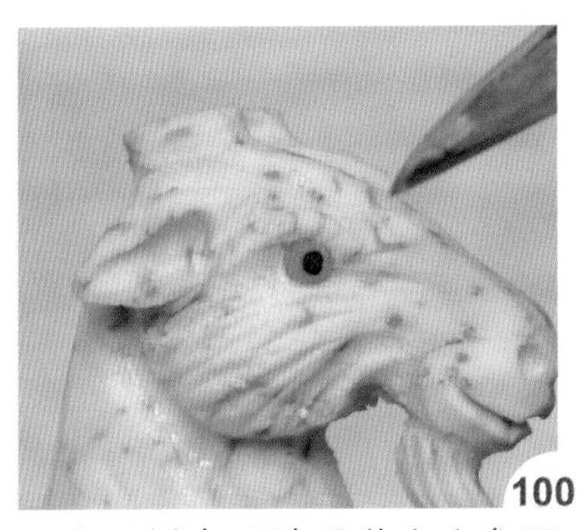

用南瓜刻出眼睛后装上（参照p.92 作法 70 ~ 72）。

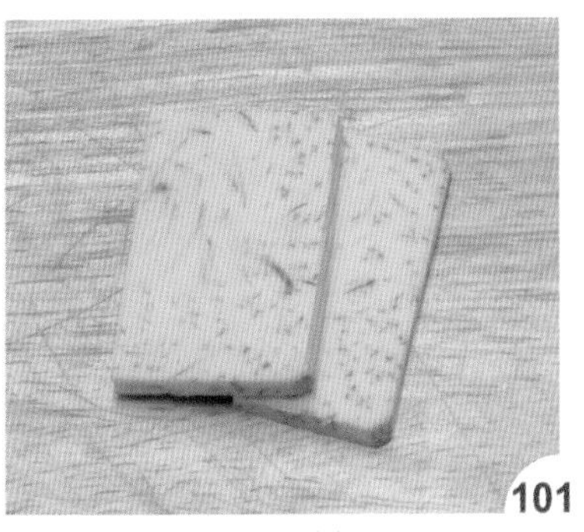

依比例切取羊角材料。

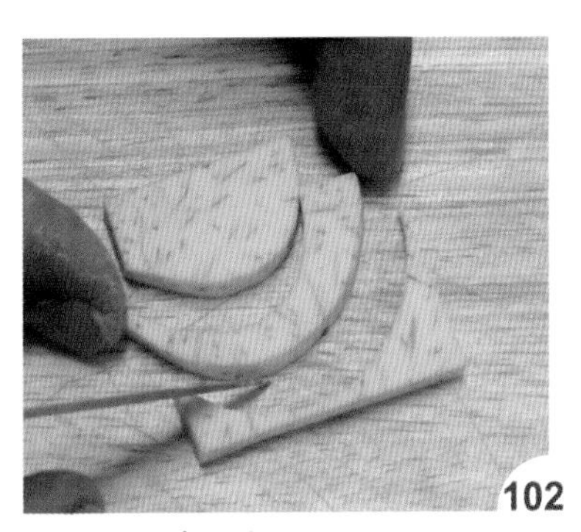

依线条刻出羊角。

修除边角。

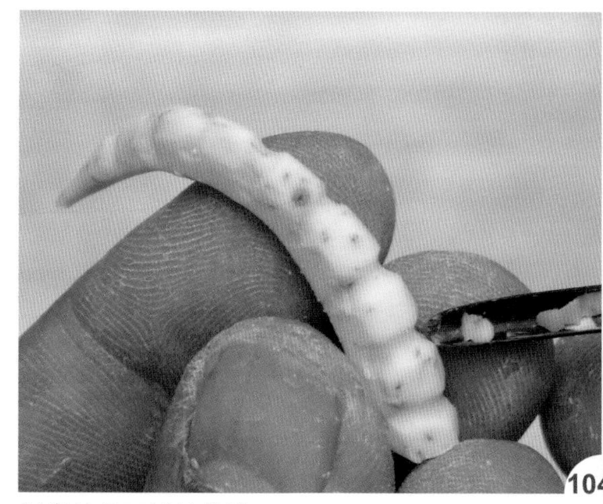

刻出羊角凹槽的纹路。

将刻好的羊角粘在头部。

如图完成山羊雕刻。

可再刻制底座，让作品更有气势。

山羊成品图。

梅花鹿

▶材　料

芋头 3 条、南瓜 1 小块

▶取材比例

高：长：宽 = 1 ：$1\frac{3}{4}$：$\frac{3}{5}$，如果身高 1 是 9 厘米，长 $1\frac{3}{4}$ 就是 15.75 厘米，宽 $\frac{3}{5}$ 就是 5.4 厘米，前后脚及鹿尾、鹿角比例也是以身高为基准的，以此类推即可

▶工　具

西式切刀、雕刻刀、槽刀组、三秒胶

※ 芋头要挑选大条圆胖形，会比较好操作

- **示意图**

A. 侧视图

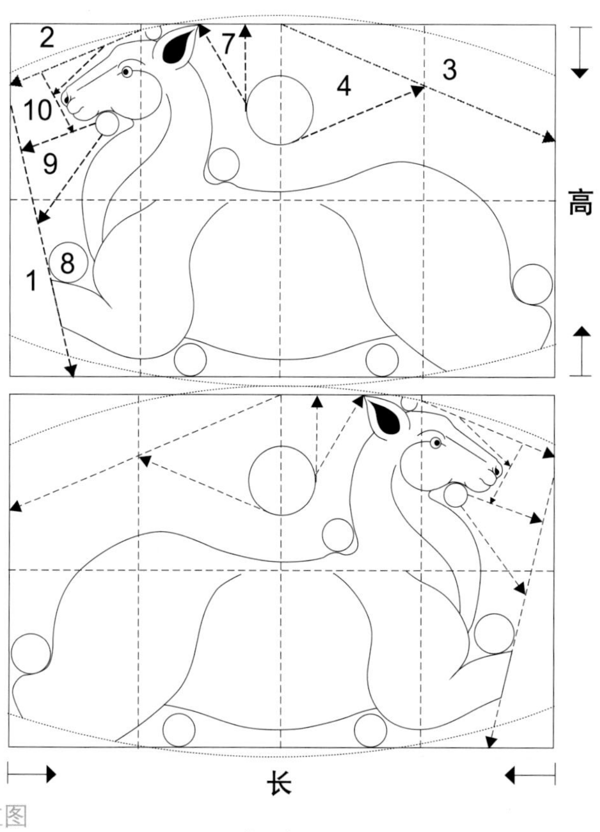

B. 俯视图

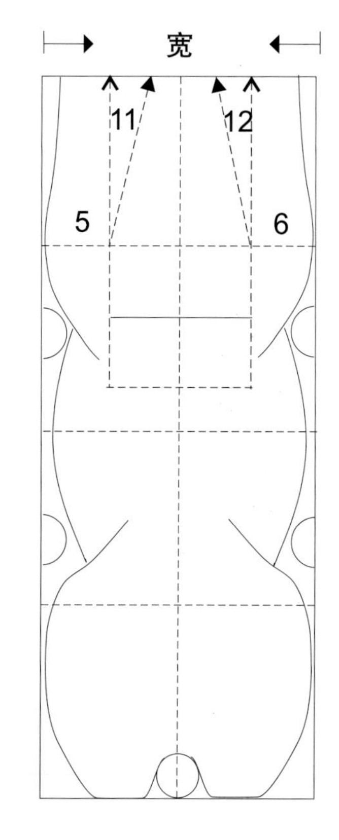

C. 部位图

❶左右前脚（比例为高：长 = $\frac{3}{4}$：$\frac{1}{4}$）X 2 条

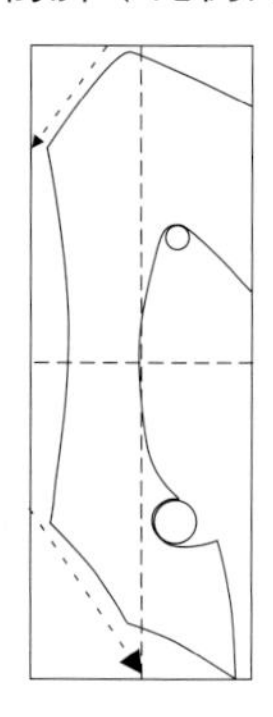

❷前脚粗细图　❸脚蹄

❹左右后脚（比例为高：长 = $\frac{4}{6}$：$\frac{5}{6}$）X 2 条

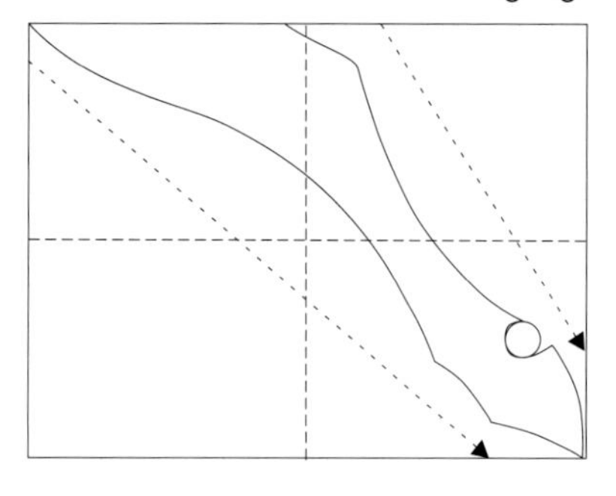

❺鹿尾

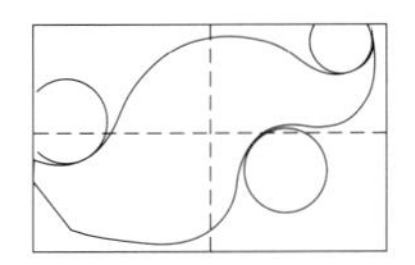

❻鹿角（比例为高：长 = $\frac{1}{2}$：$\frac{3}{5}$）X2 只

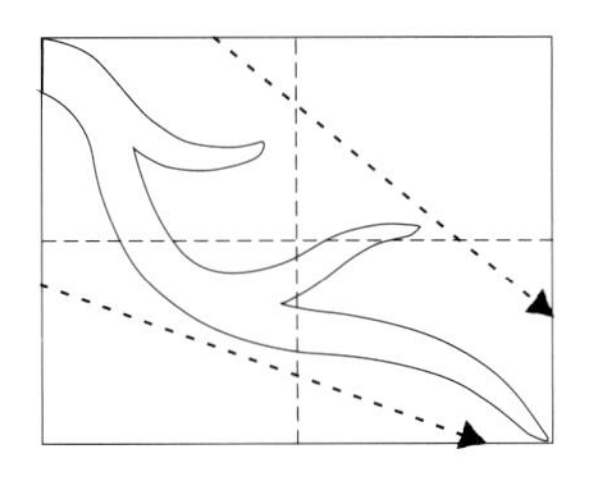

D. 流线动势图

· 作法

将芋头依取材比例用西式切刀切取身体大小。

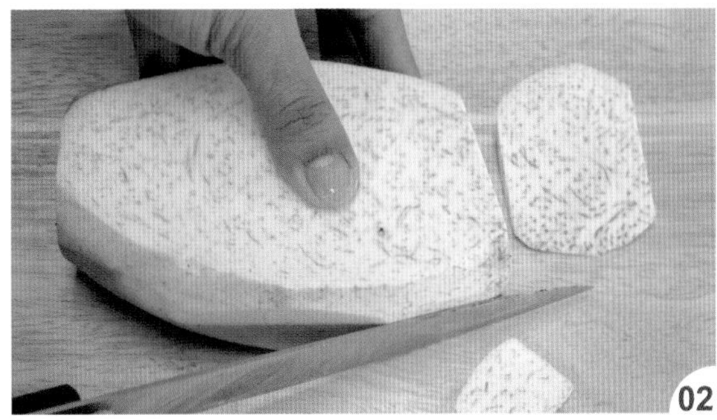

依侧视图切除前脚的斜线（侧视图 A1、A2）。

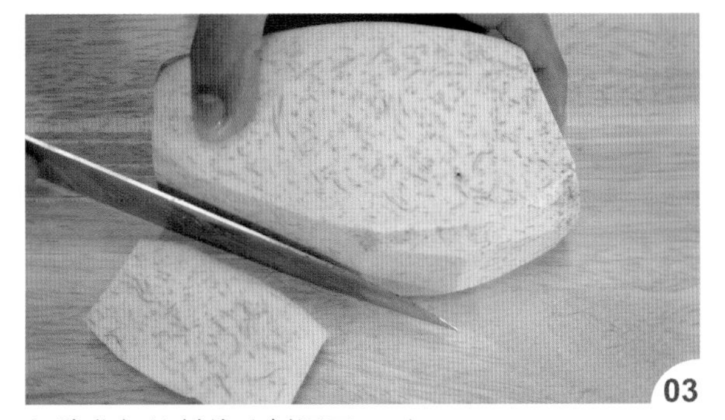

切除背部的斜线（侧视图 A3）。

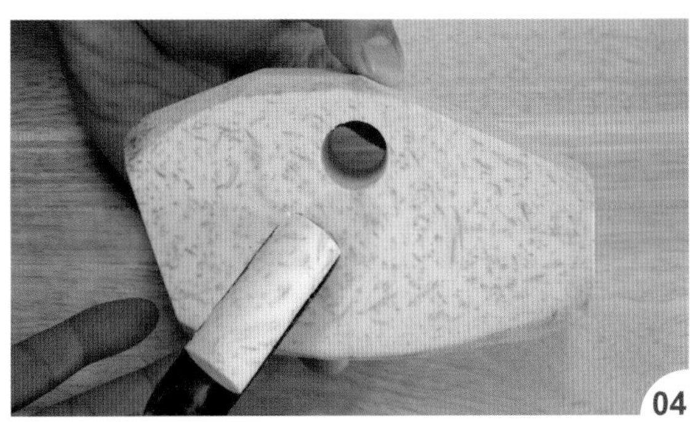

用大圆槽刀在背部挖出一圆孔。

把背部的废料切除（侧视图 A4）。

再用大圆槽刀在脖颈部两侧刻出凹槽。

依俯视图 B5、B6 切出头部的宽度。

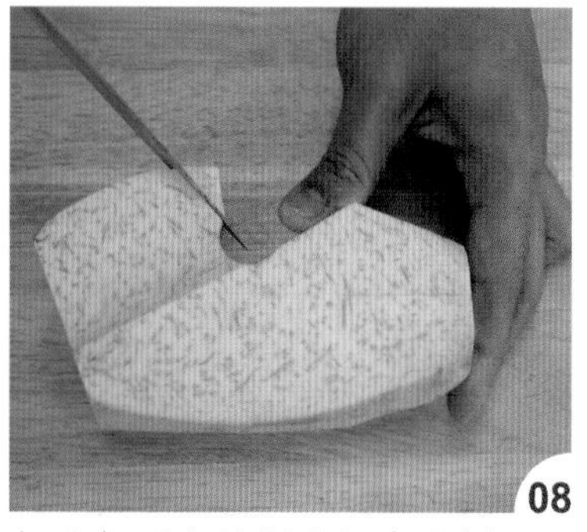

把头部后方的斜度切出（侧视图 A7）。

分出前腿的高度（侧视图 A8）。

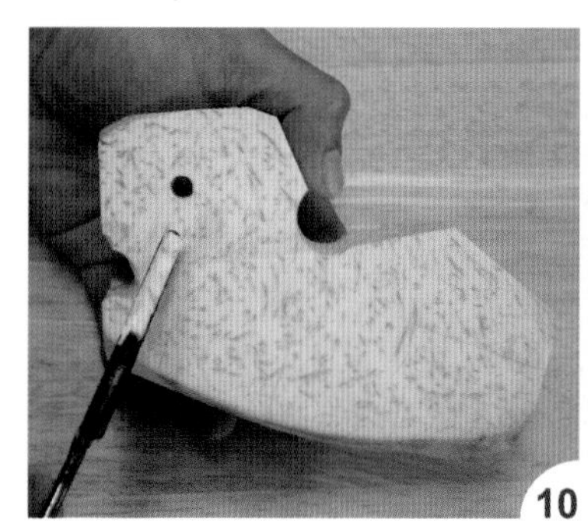

用小圆槽刀把下巴的小圆刻出。

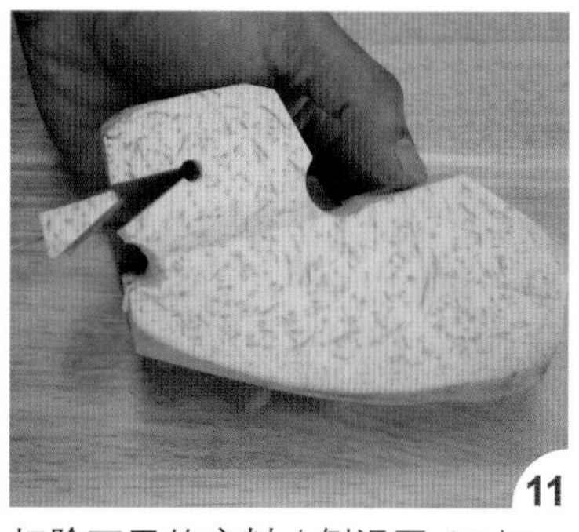

切除下巴的废料（侧视图 A9）。

切出头部的长度（侧视图 A10）。

把前颈部线条刻出。

切除头部左右两侧，定出头形（侧视图 B11、B12）。

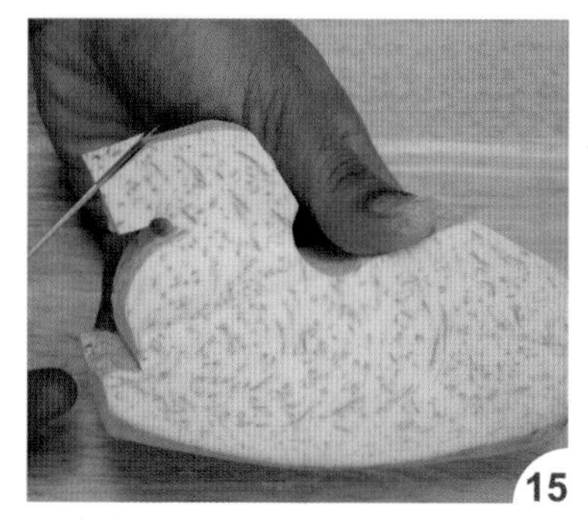

切出鼻梁的斜度。

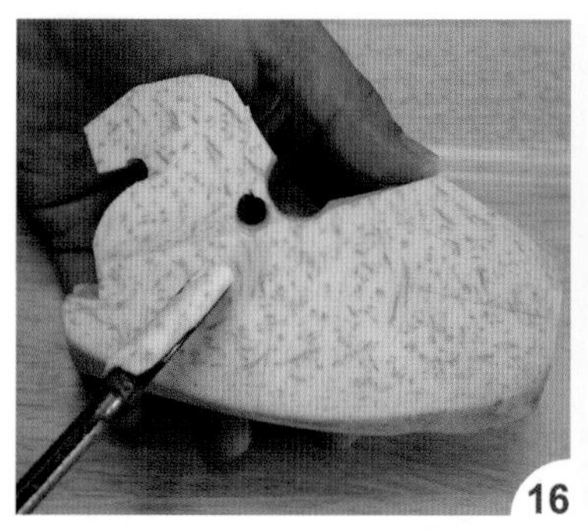

用中圆槽刀刻出后颈部的圆孔。

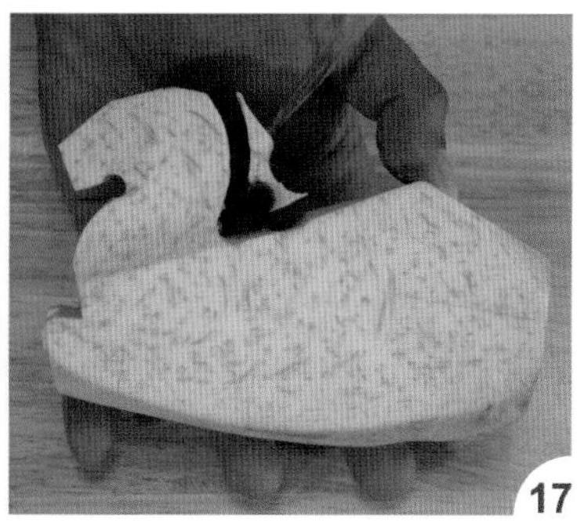

把后颈线条刻出。

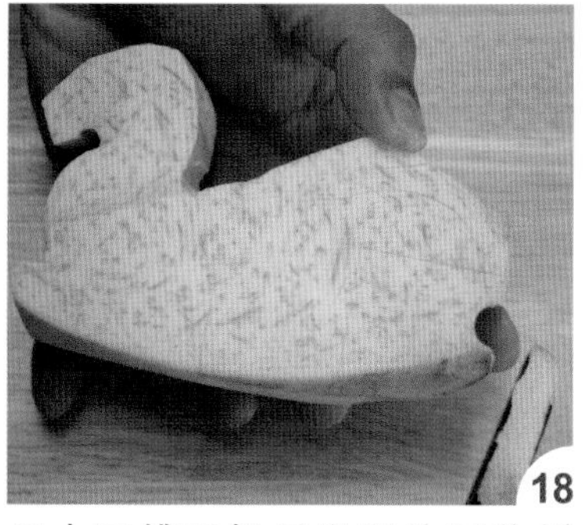

用中圆槽刀把后脚跟的圆孔刻出。

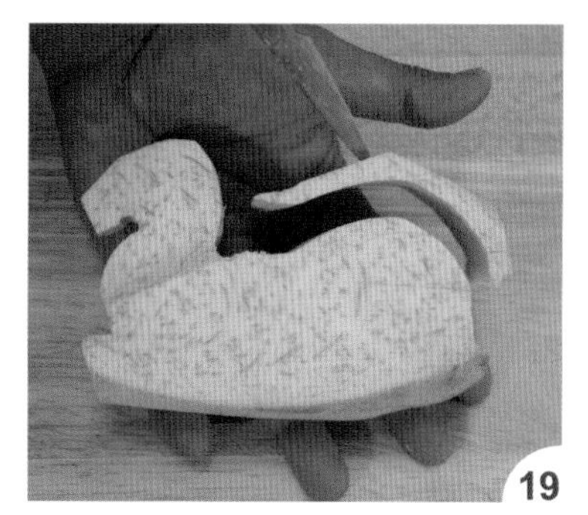

把背部线条刻出。

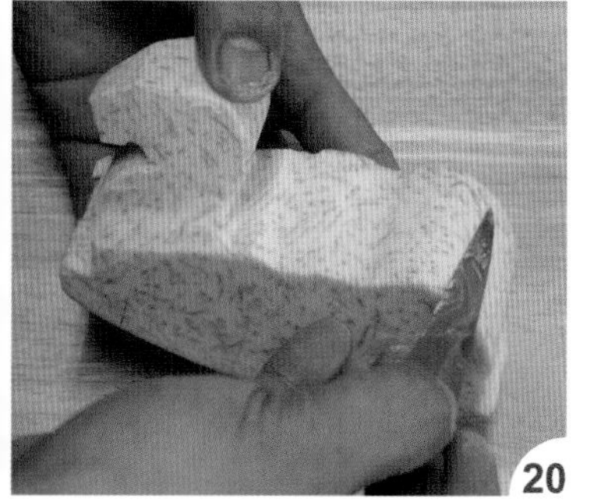

将背部的表面再修顺一点。

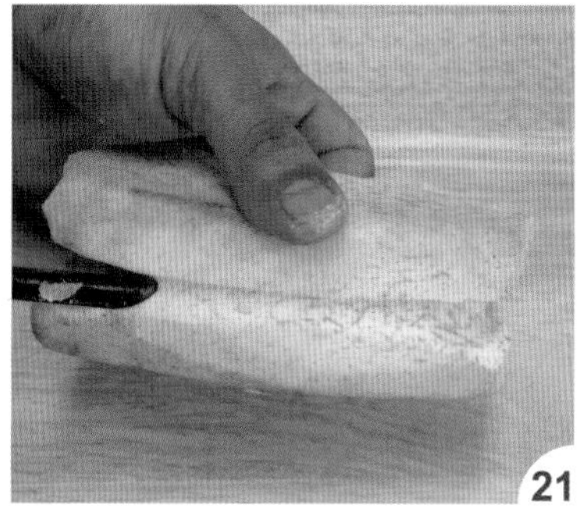

在底部刻出一个凹槽，分出左右两侧。

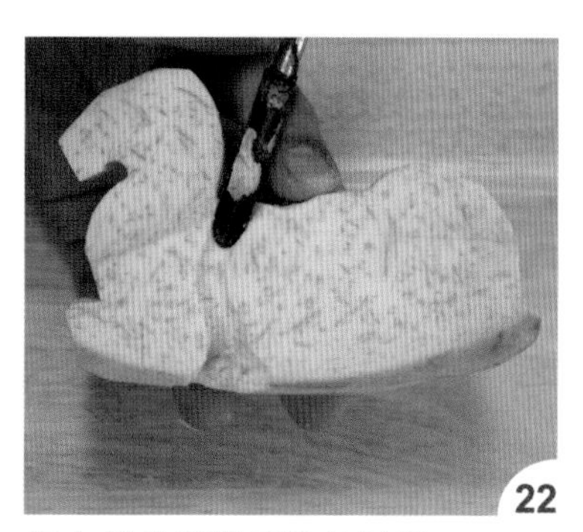

把左侧的前腿后线条刻出。

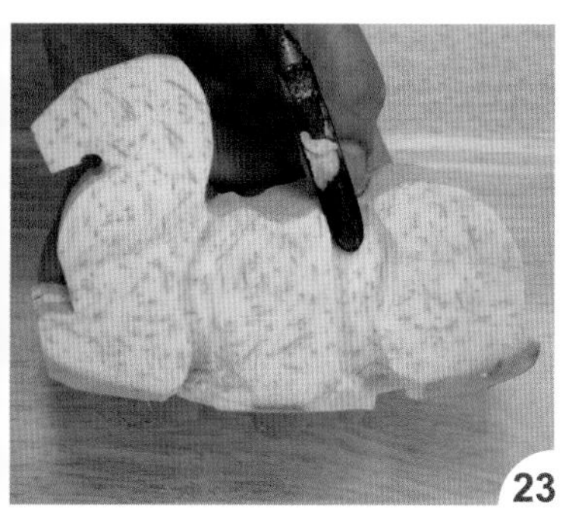

再把后腿前线条刻出。

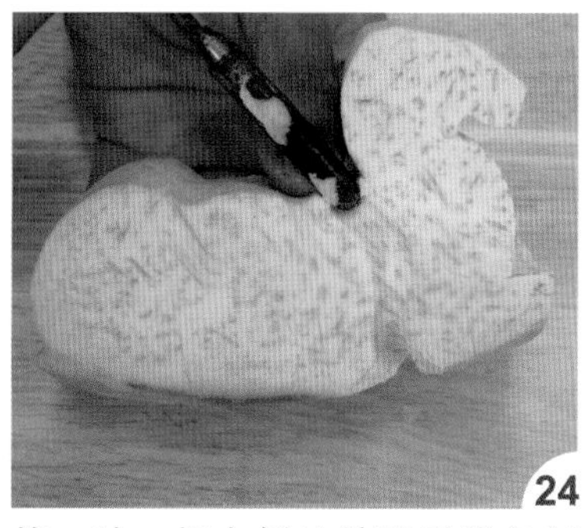

换一边，把右侧的前腿后线条刻出。

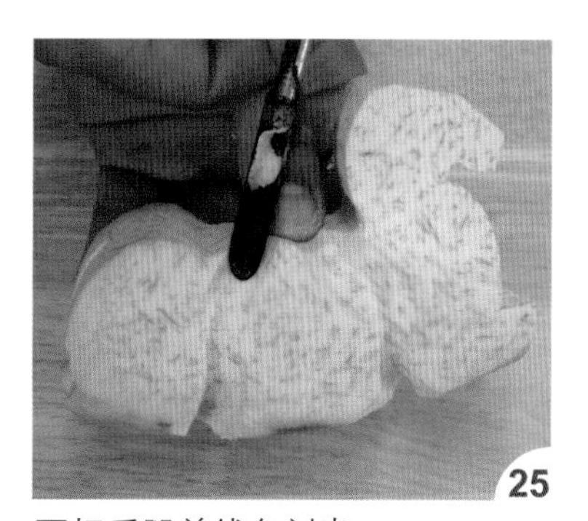

再把后腿前线条刻出。

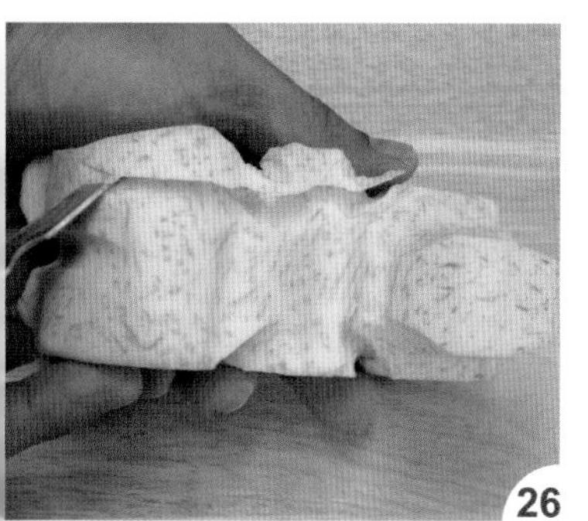

把身体的左上侧边角切除。

再切除右上侧边角。

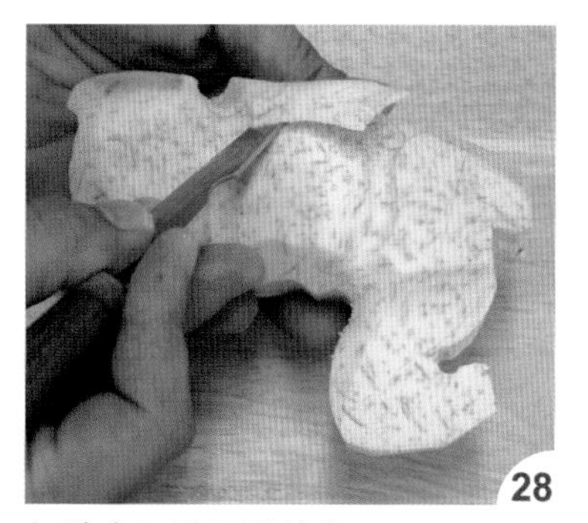

切除左下肚子的边角。

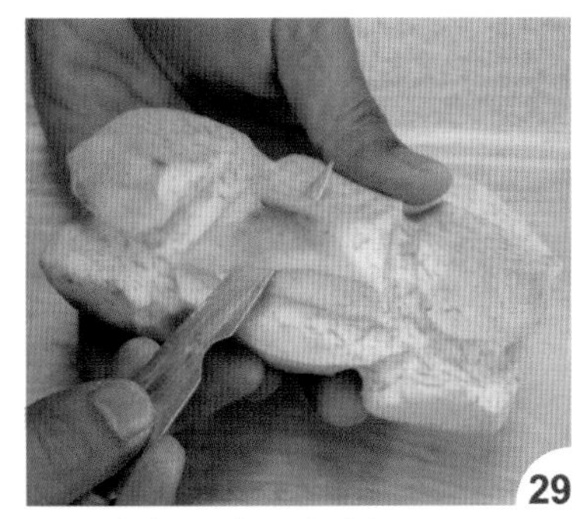

再切除右下肚子的边角。

刻出右侧肩颈线条。

再将左侧肩颈线条刻出。

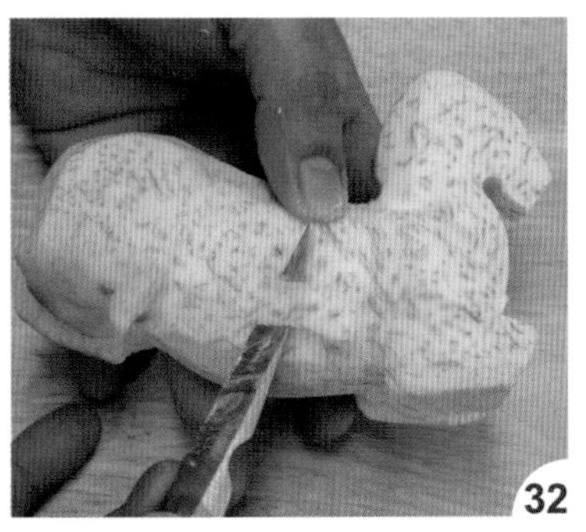

把肚子修平顺一些。

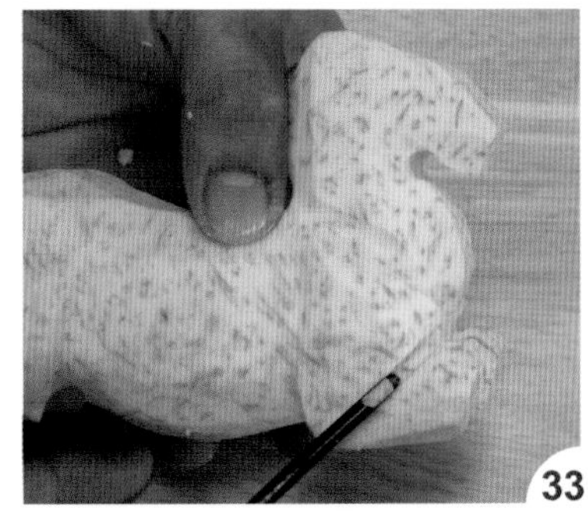

把前腿线条再刻明显一点。

至目前为止，大约的身体雏形。

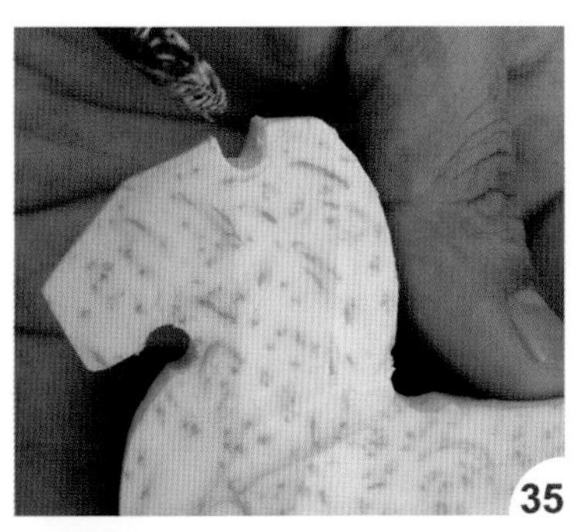

依侧视图，用小圆槽刀把耳朵跟头部分开。

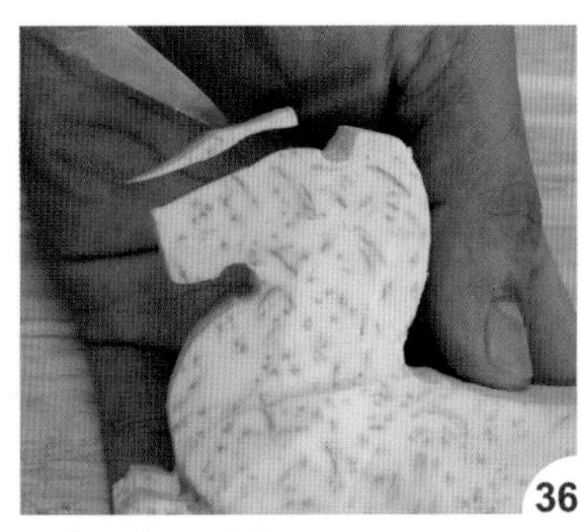

刻出头部上线条。

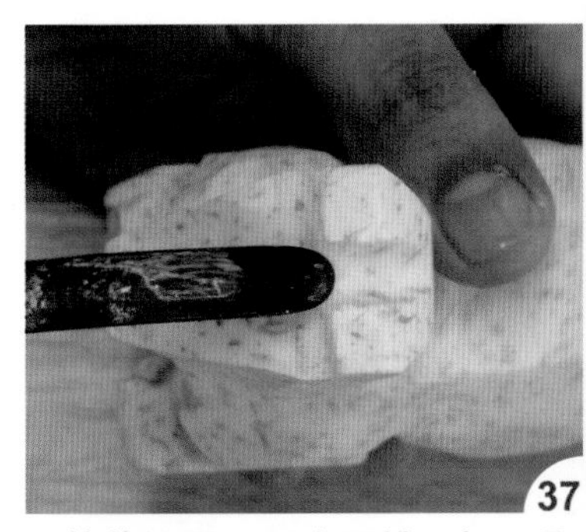

再按俯视图，用小圆槽刀把耳朵由中间分开。

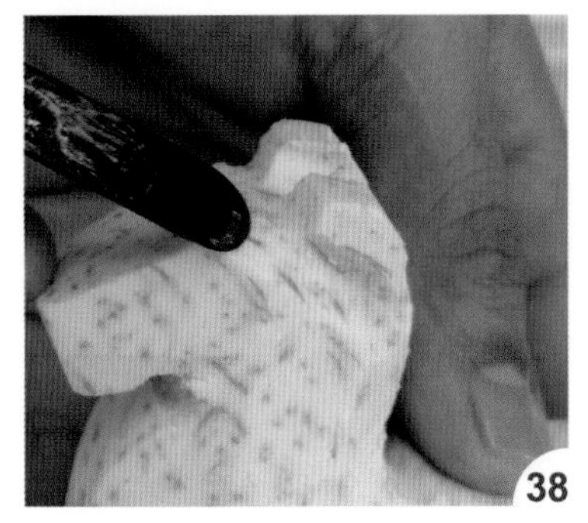

把耳朵外侧的凹槽刻出。

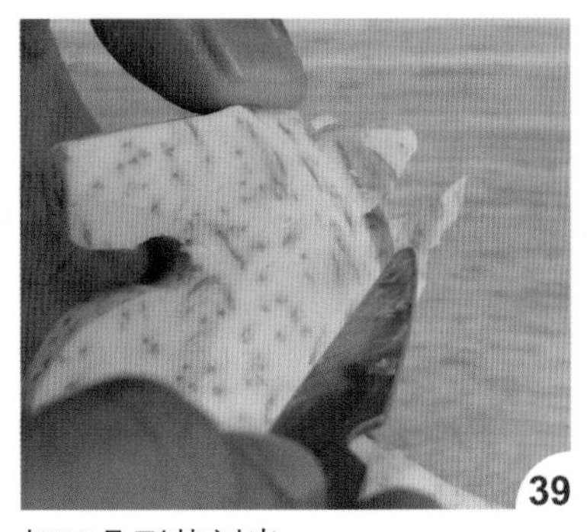

把耳朵形状刻出。

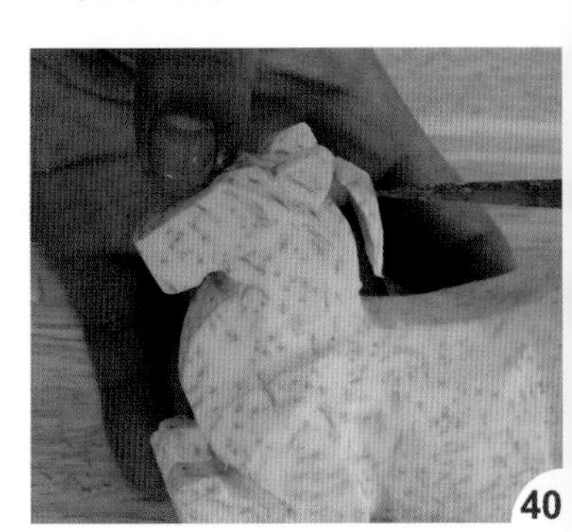

后颈部再切顺一些。

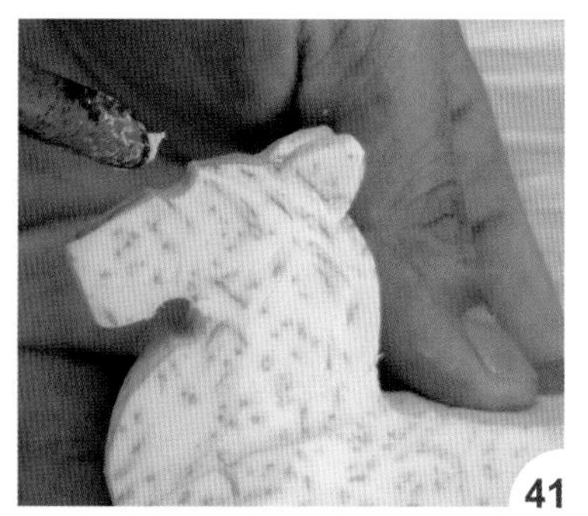

用小圆槽刀把额头刻出。

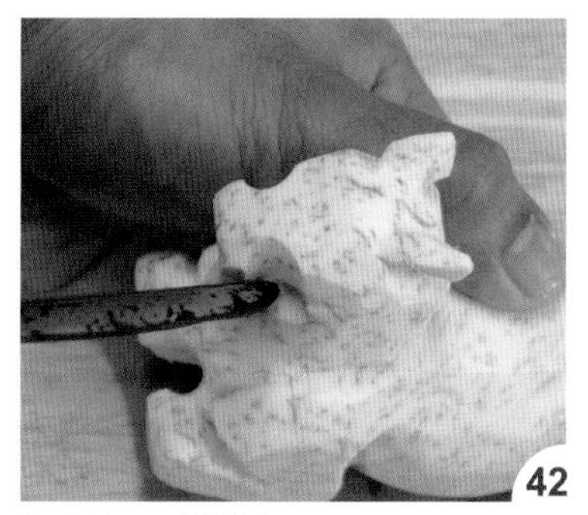

把鼻梁两侧刻瘦。

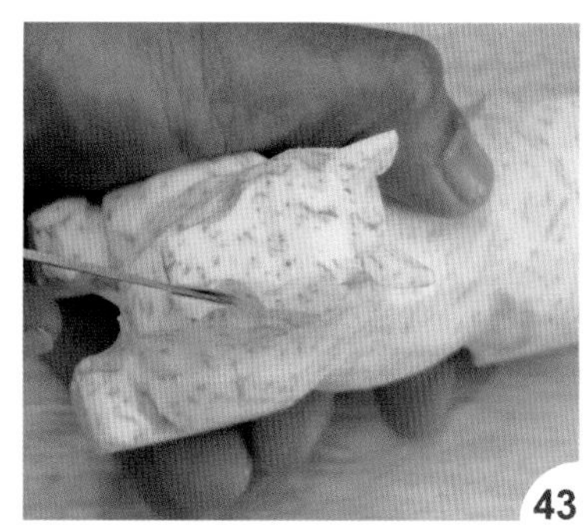

切出鼻部宽度。

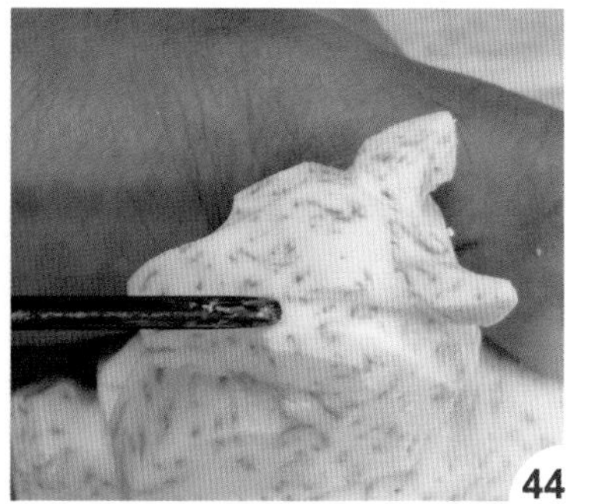

把眼线刻出。

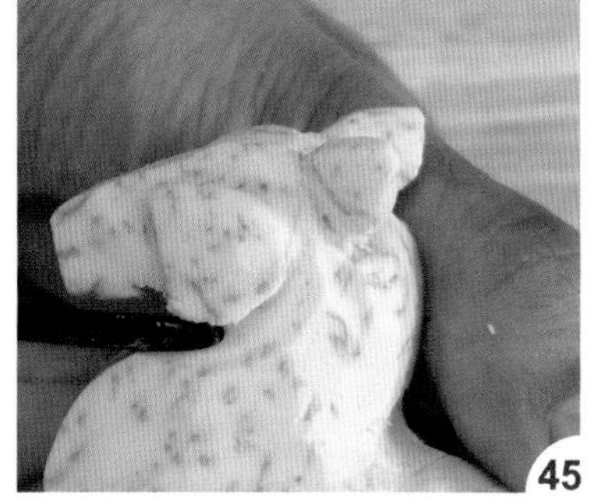

再把脸颊弧度刻出。

刻出脸颊弧线。

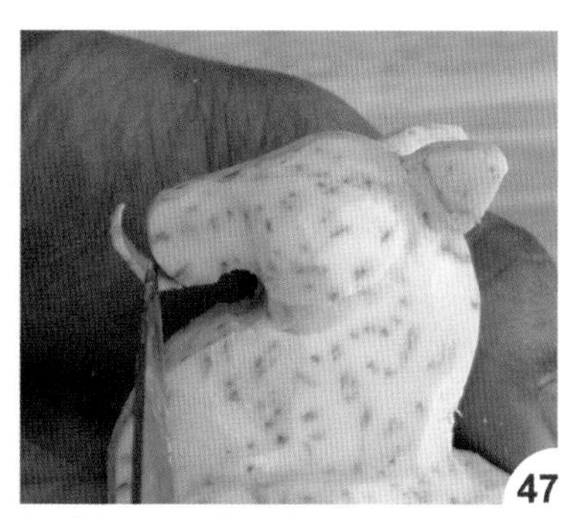

把嘴部的弧度刻出。

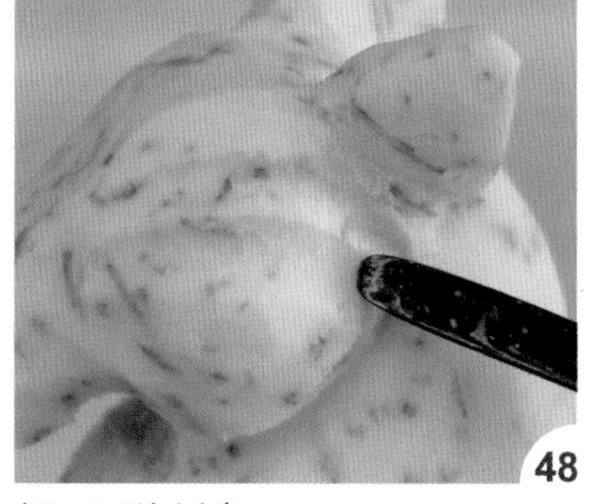

把下眼线刻出。

把耳朵中间挖空，形成耳廓。

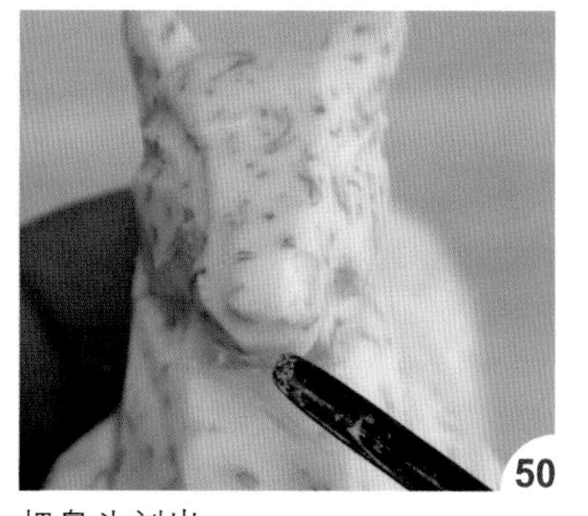

把鼻头刻出。

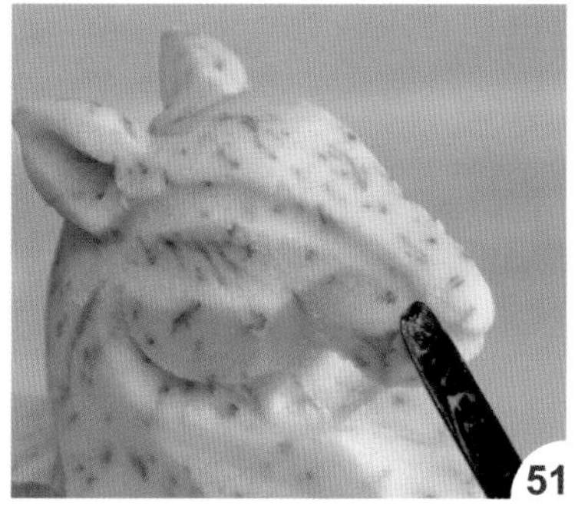

用小圆槽刀刻出鼻梁。

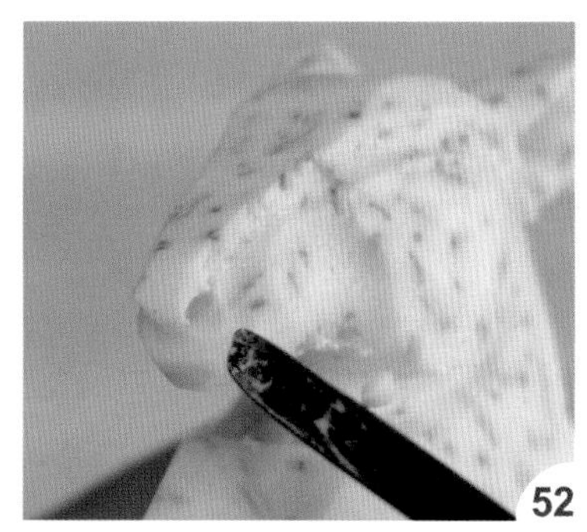

挖出鼻孔。

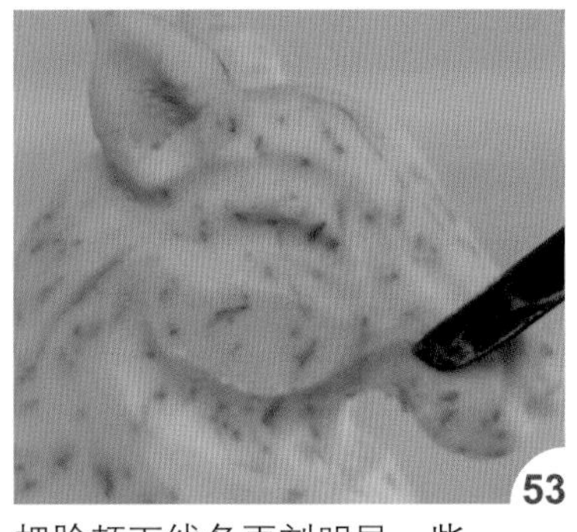

把脸颊下线条再刻明显一些。

刻出头顶中间的凹槽。

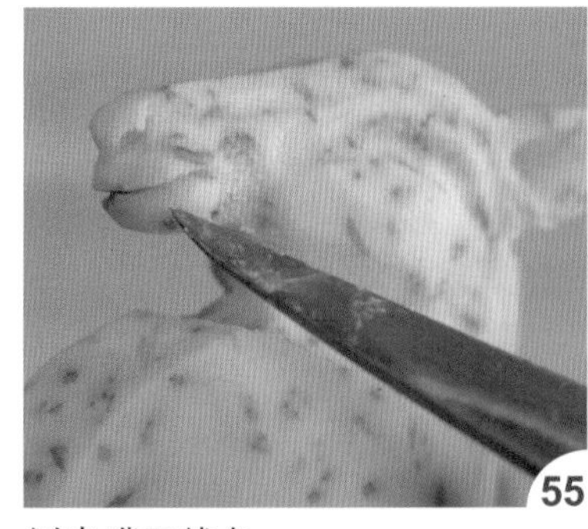

刻出嘴巴线条。

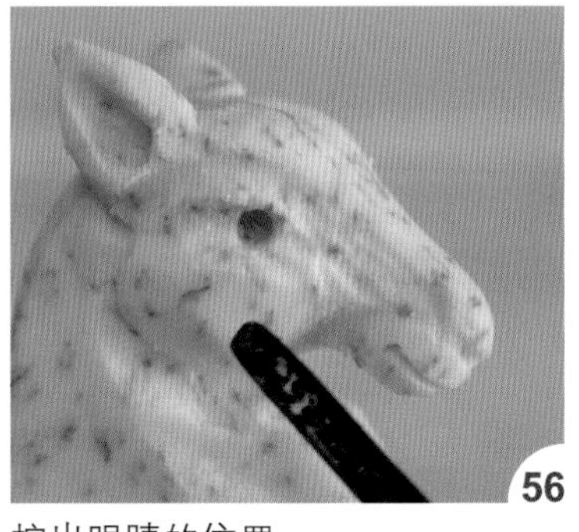

挖出眼睛的位置。

接着把后颈再修平顺。

修饰前颈部的弧度。

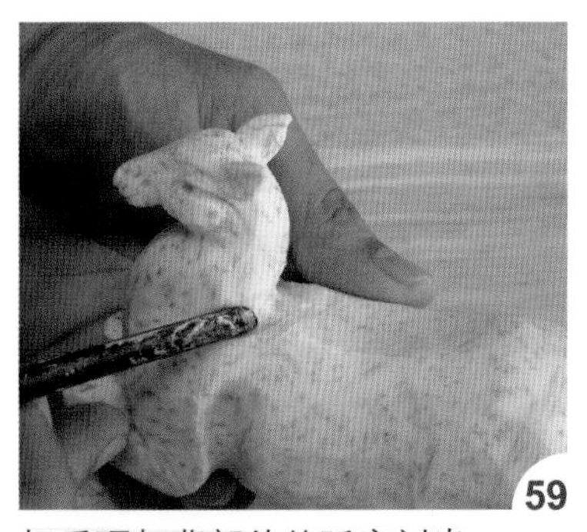

把后颈与背部处的弧度刻出。

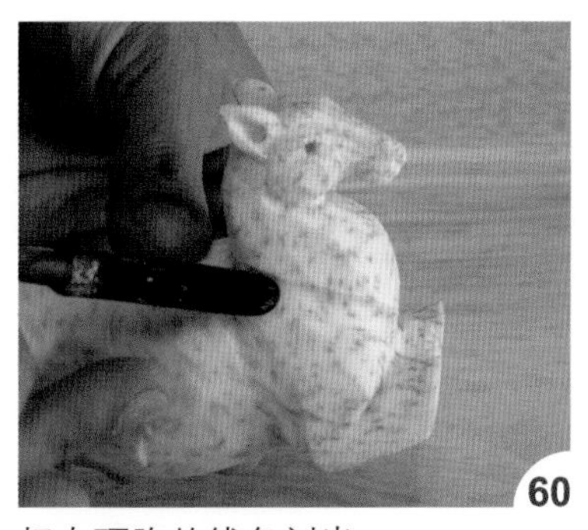

把右颈胸的线条刻出。

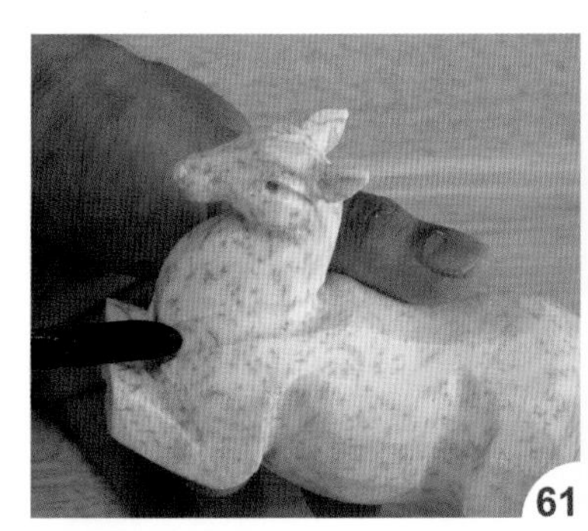

再刻出左颈胸线。

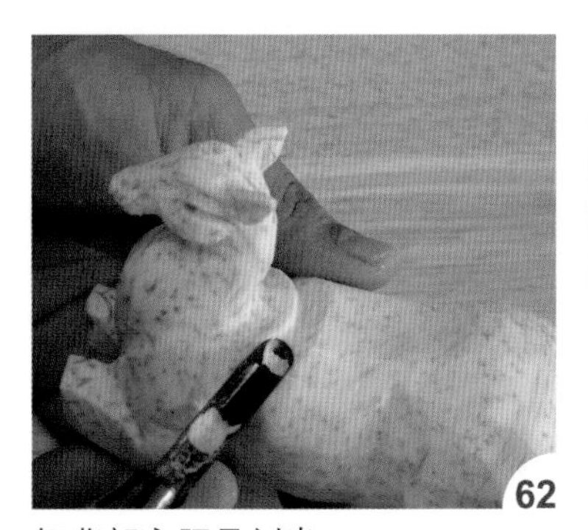

把背部肩胛骨刻出。

前脚再切瘦一点。

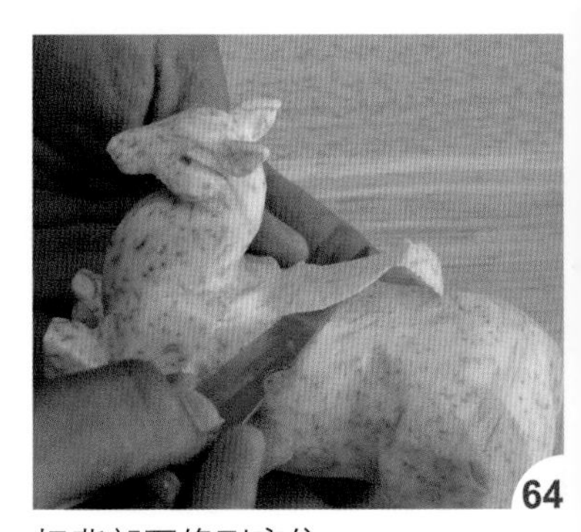

把背部再修到定位。

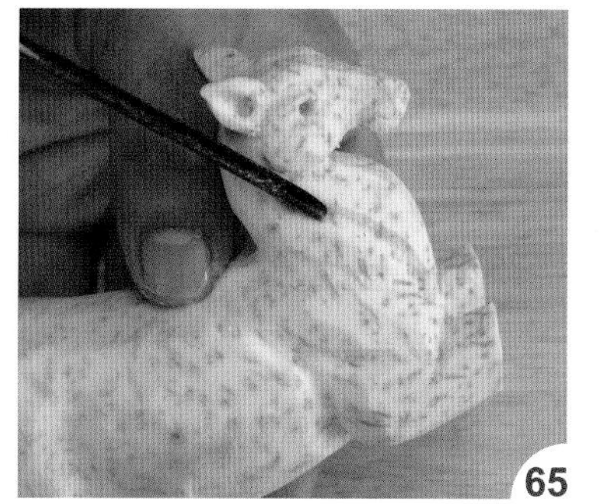

刻出颈部的加强线条。

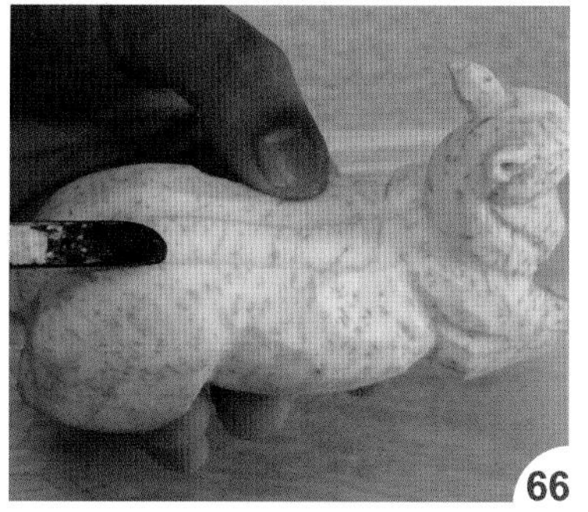

把背部脊椎刻出。

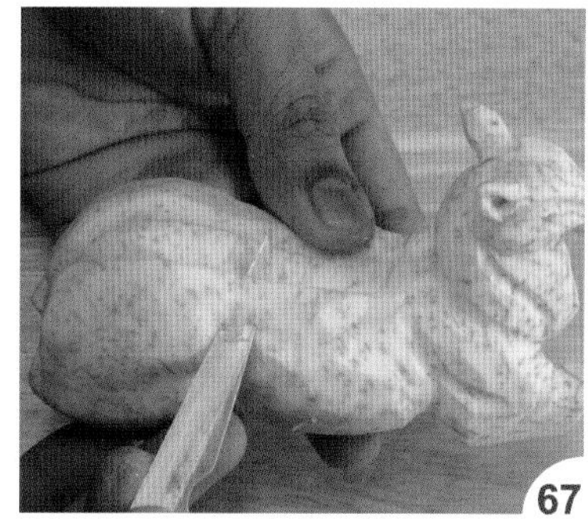

将脊椎侧边的废料切除。

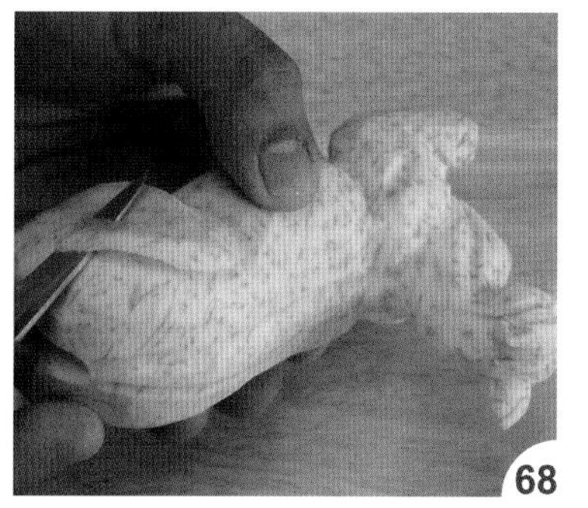

修饰大腿弧度。

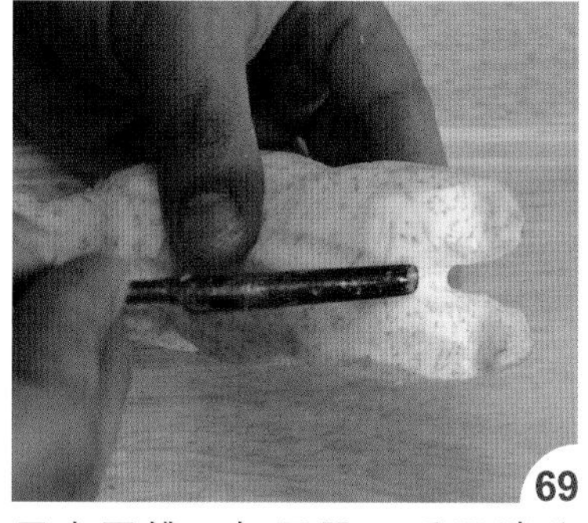

用小圆槽刀把屁股及后腿端分开。

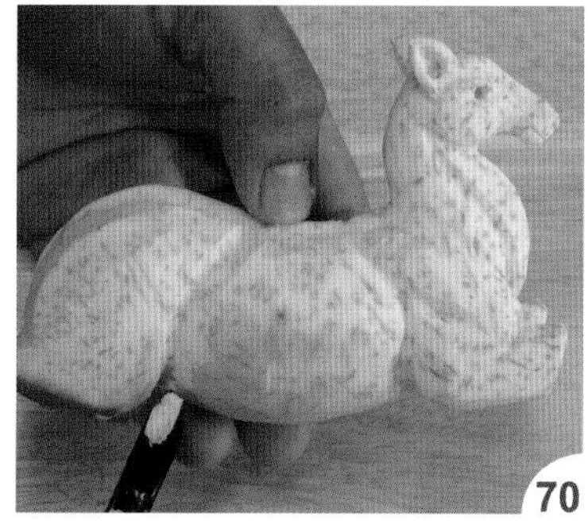

将后腿前线条再刻深一点。

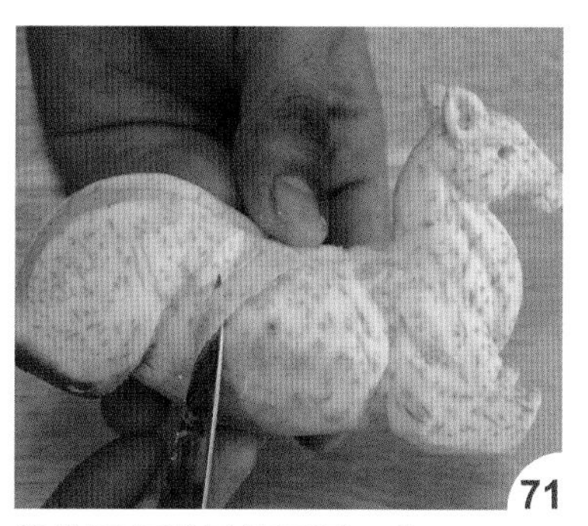

接着再把肚子修圆弧一些。

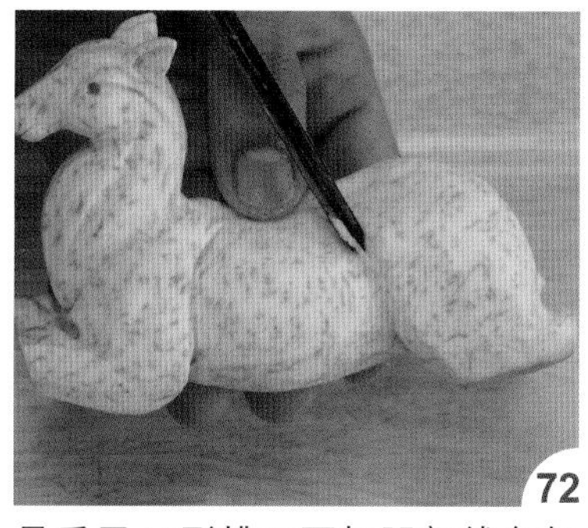

最后用 V 形槽刀再把腿部线条加强刻深，完成身体部分。

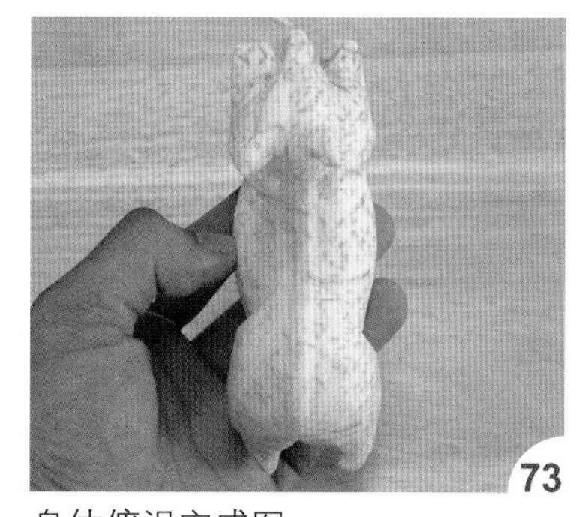

身体俯视完成图。

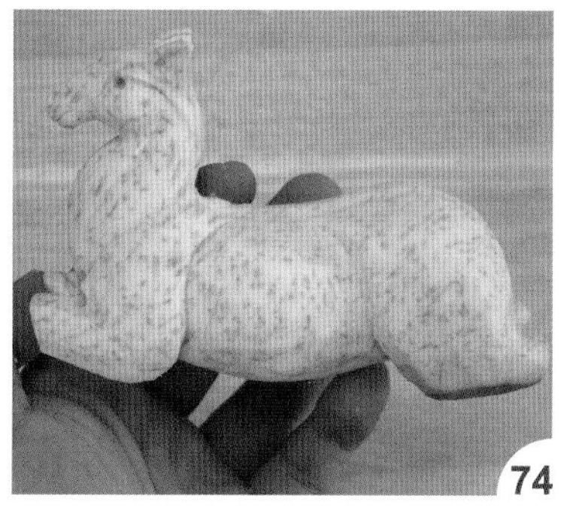

左侧身体完成图。

右侧身体完成图。

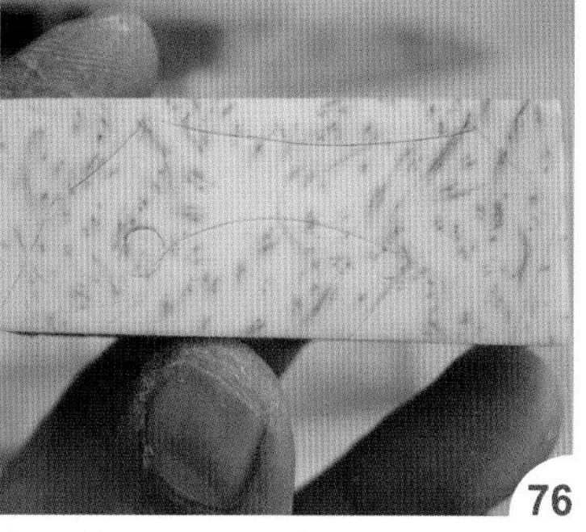

依比例切取四片芋头，按部位图将四条脚的线条画出。

脚部取材范例。

刻出前脚线条。

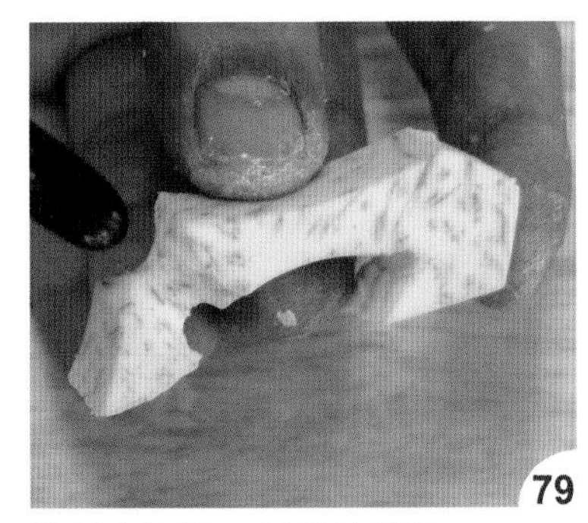

先用中圆槽刀刻出关节处。

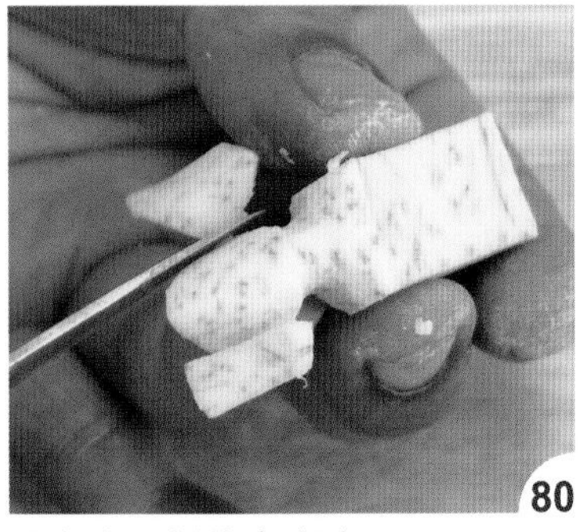

往左右两侧修出鹿蹄。

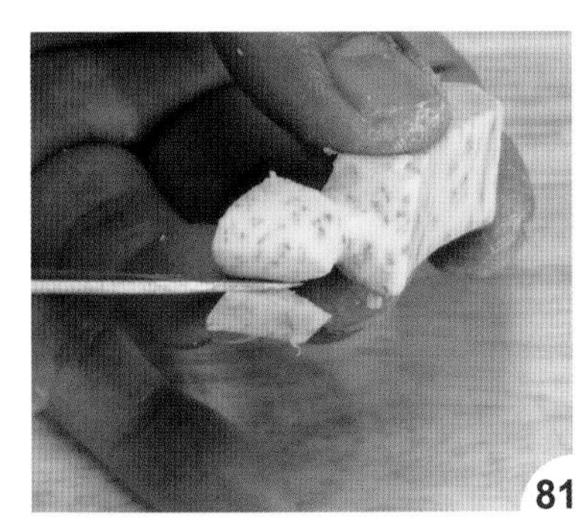

修饰鹿蹄的弧度。

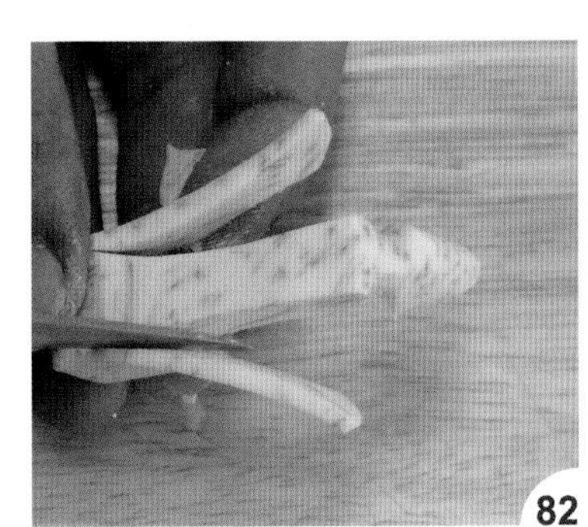

把脚骨的粗细刻出。

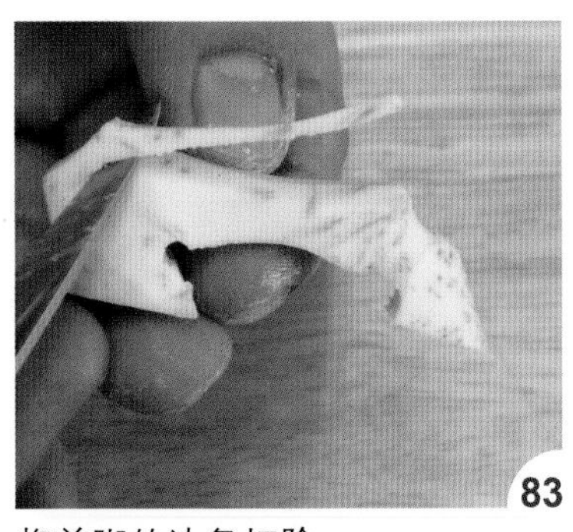

将前脚的边角切除。

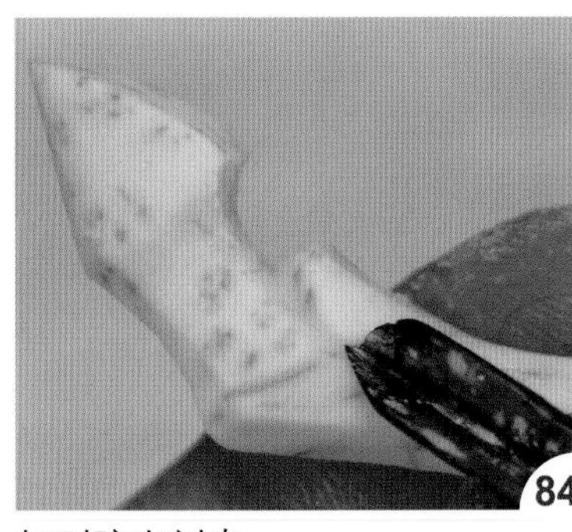

把副蹄尖刻出。

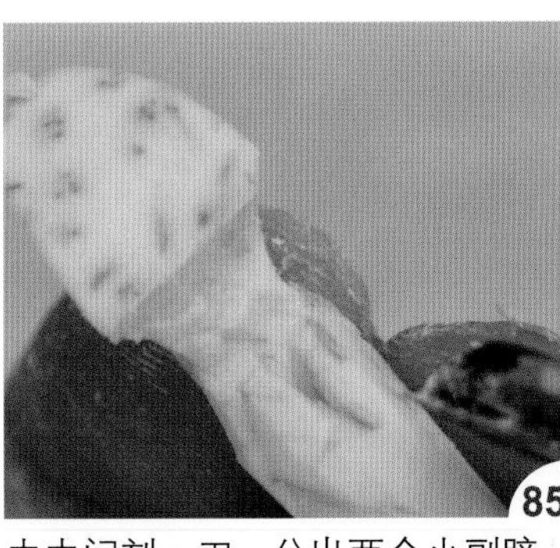

由中间刻一刀，分出两个小副蹄。

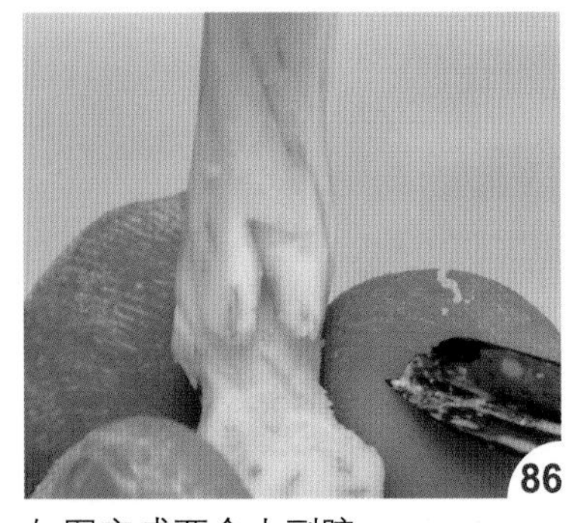

如图完成两个小副蹄。

把鹿蹄前端再对半切开。

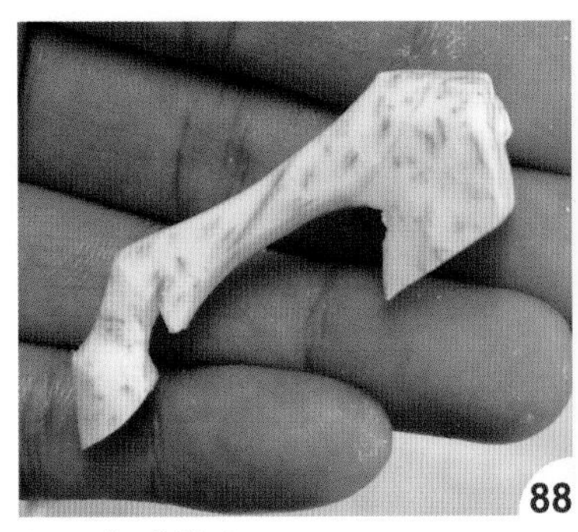

如图完成前脚。

切取后脚的材料外形。

依脚部线条刻出后脚。

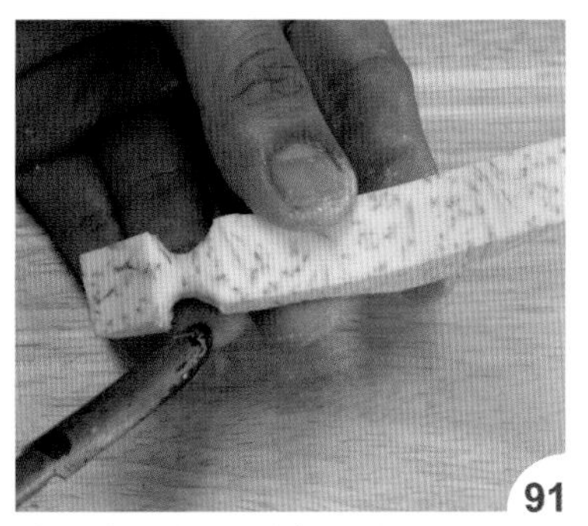

先用中圆槽刀刻出关节处。

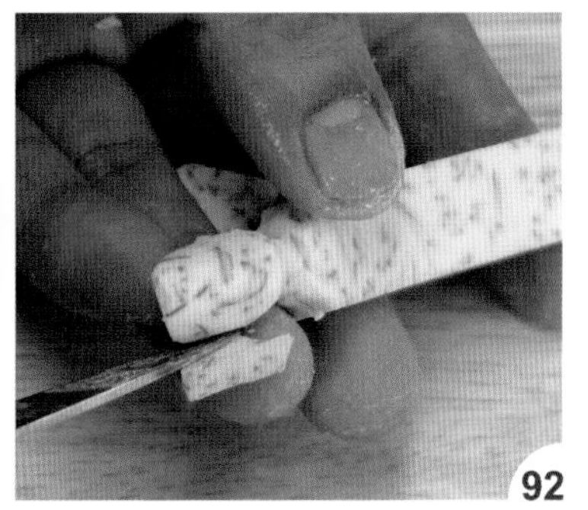

往左右两侧修出鹿蹄。

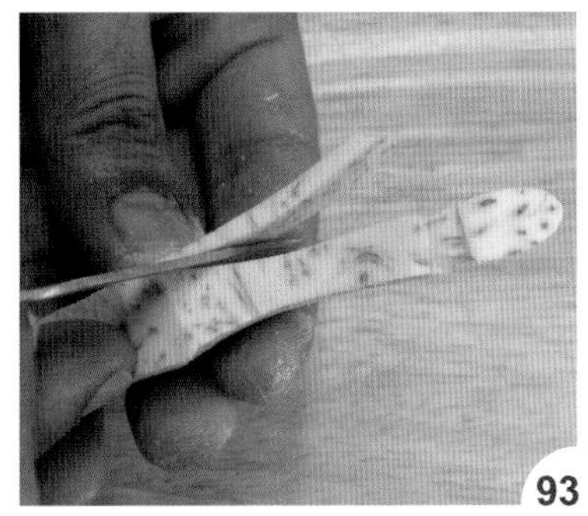

把脚骨的粗细刻出。

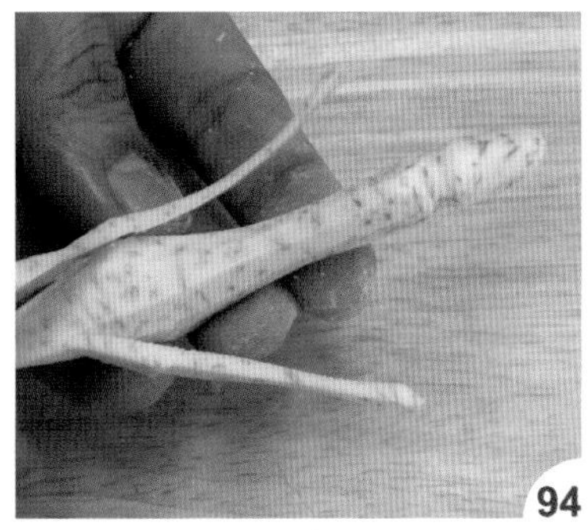

将后脚的边角切除。

由中间刻一刀，分出两个小副蹄。

如图完成后脚。

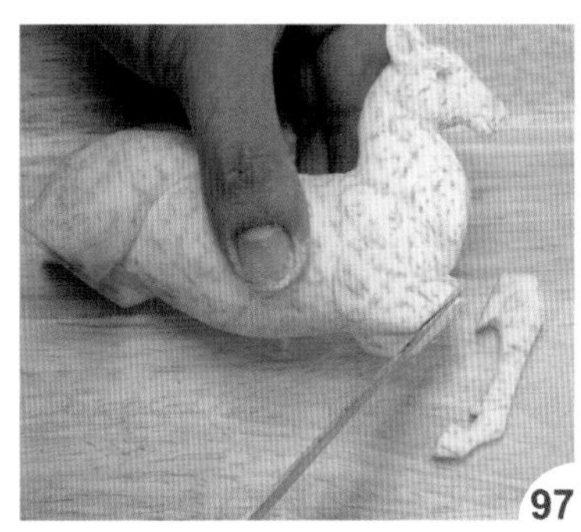

将要衔接处再切平整。

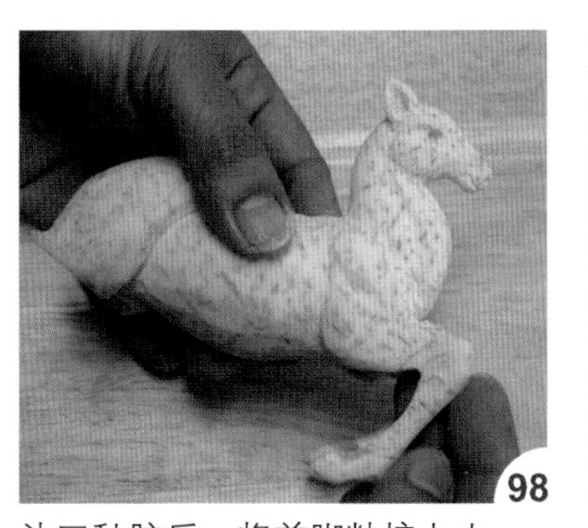

沾三秒胶后，将前脚粘接上去。

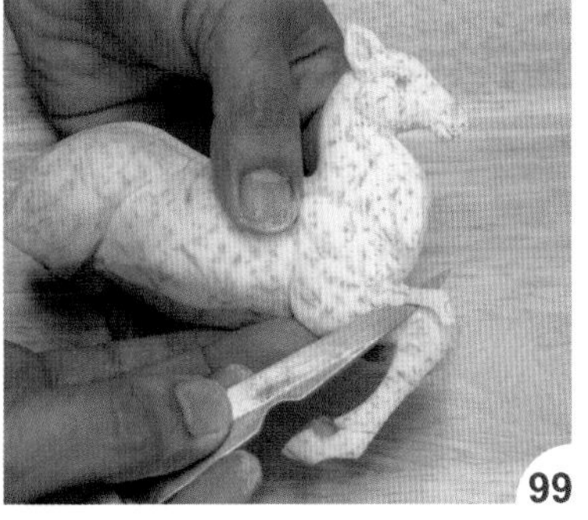

把衔接处再修顺，比较看不出接缝痕。

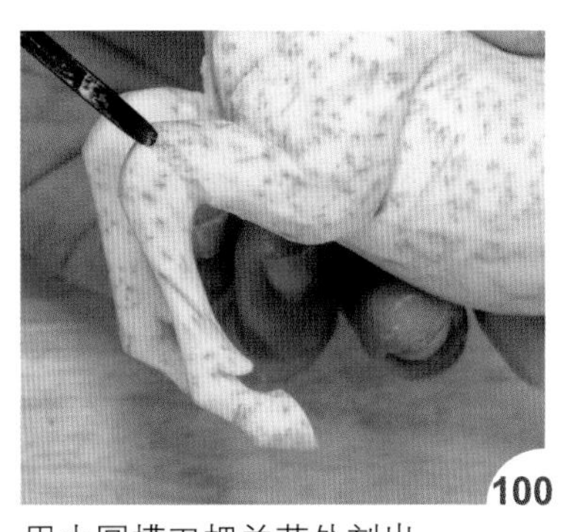

用小圆槽刀把关节处刻出。

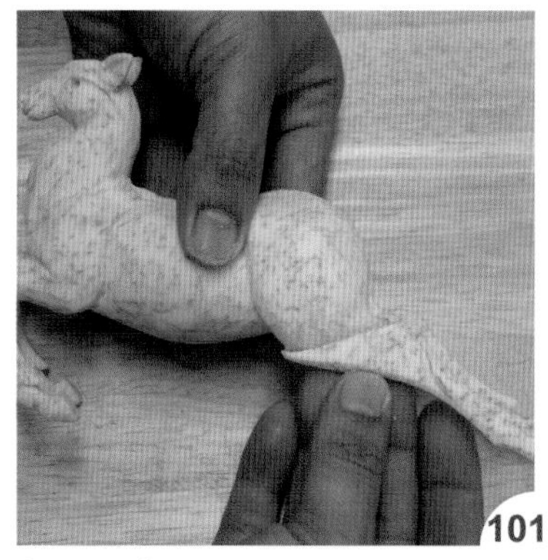

101

把后脚接上。

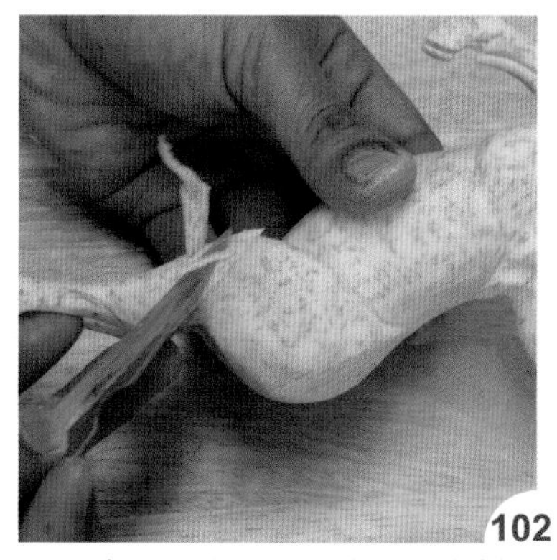

102

把衔接处再修顺，切除多余废料。

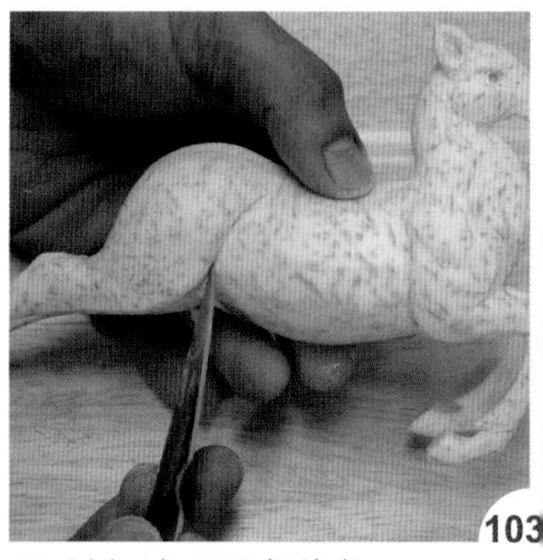

103

用雕刻刀加强腿部线条。

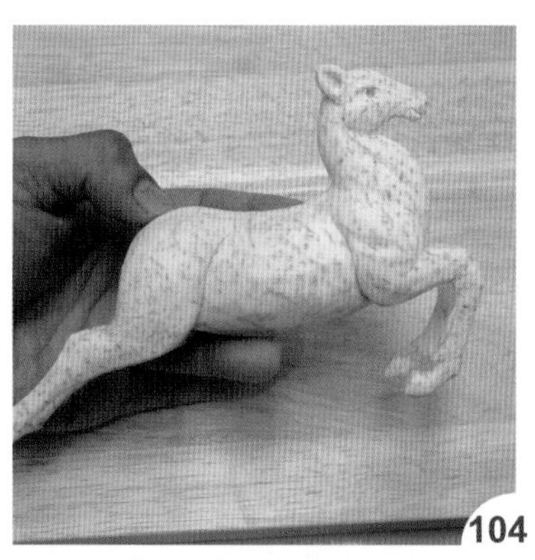

104

如图完成脚部的衔接与修饰。

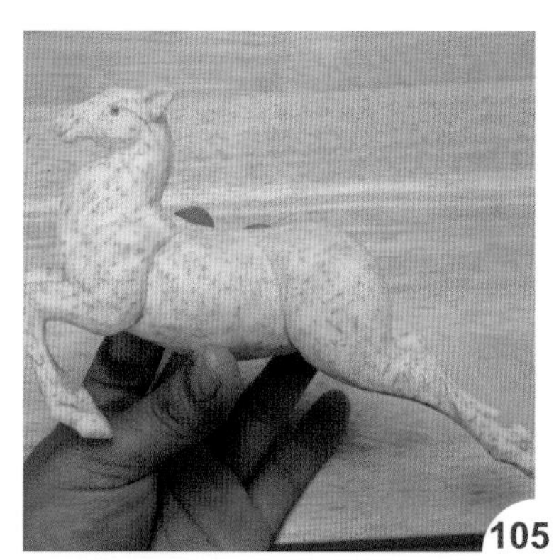

105

左侧完成图。

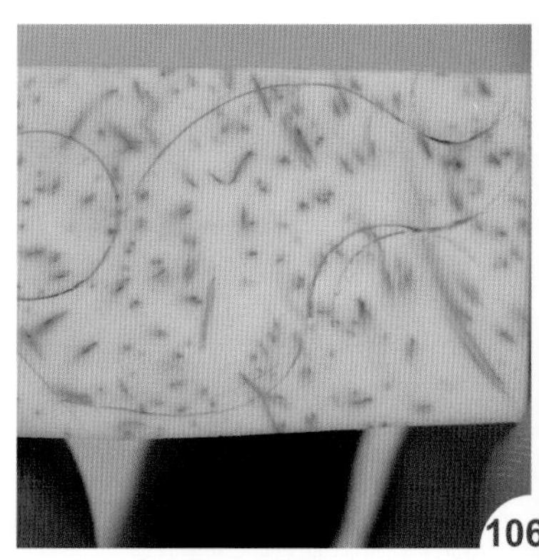

106

依比例切取尾巴的材料，并画出线条。

107

将尾巴刻出。

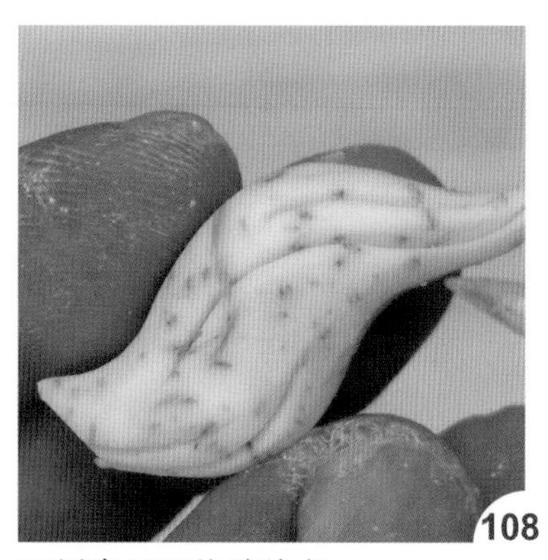

108

再刻出尾巴纹路线条。

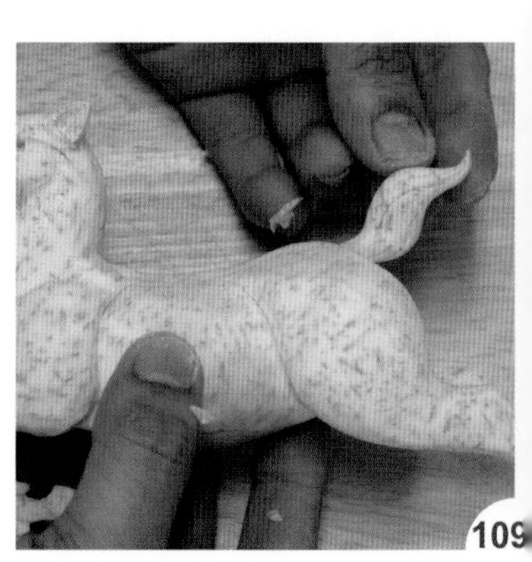

109

将尾巴粘接上。

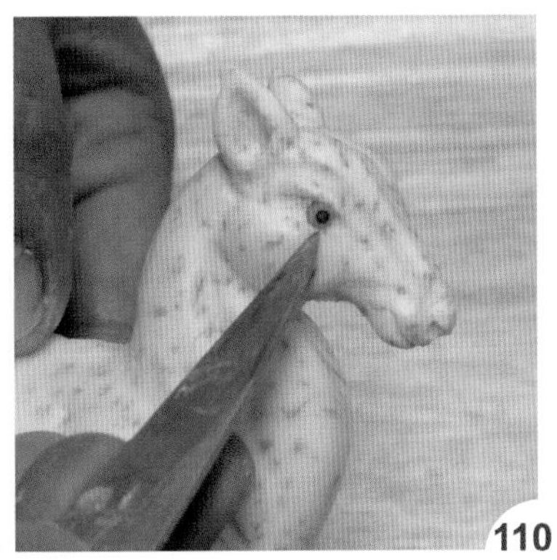

用南瓜刻出眼睛后装上（参照 p.92 作法 70 ~ 72）。

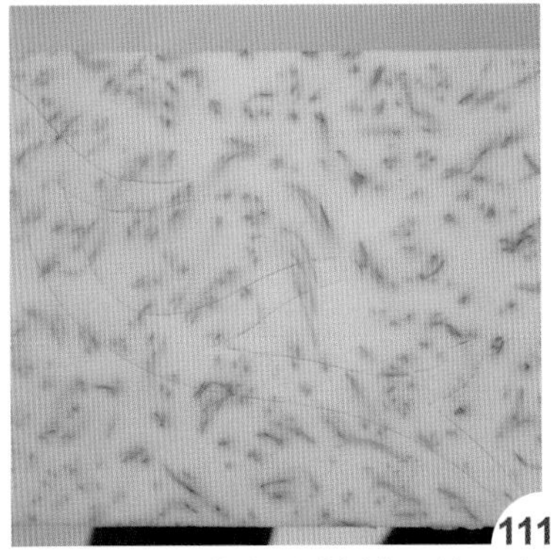

依比例切取鹿角的材料，并画出线条。

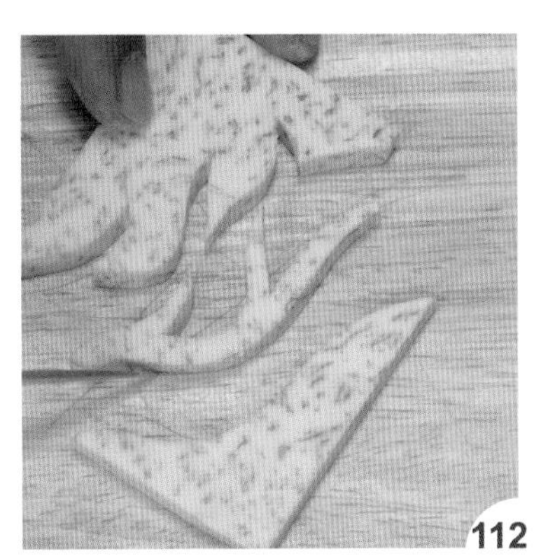

依线条刻出鹿角。

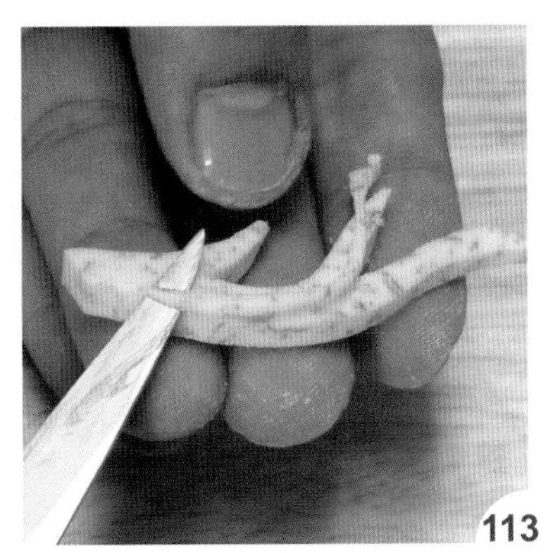

切除边角呈圆弧状。

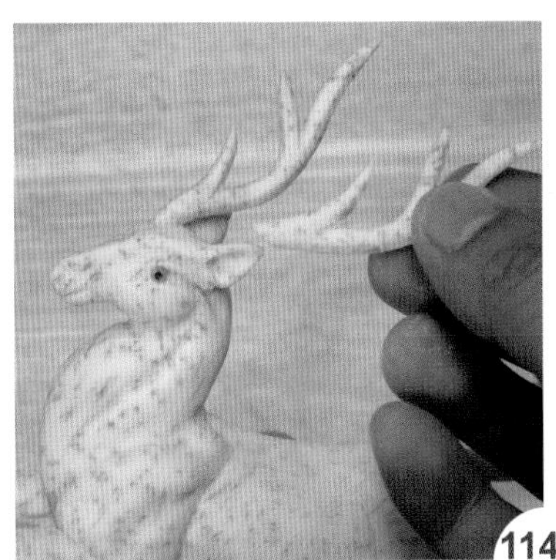

将刻好的鹿角粘在头部。

如图完成梅花鹿雕刻。

可再刻制底座，让作品更有气势。

猴子

▶材　料
芋头 1 条、南瓜 1 小块

▶工　具
西式切刀、雕刻刀、槽刀组、三秒胶

▶取材比例
长：高：宽 = 1 ：$1\frac{3}{5}$：$\frac{4}{5}$，此比例以长度为基准，如长度是 9 厘米，高 $1\frac{3}{5}$ 就是 14.4 厘米，宽 $\frac{4}{5}$ 就是 7.2 厘米

※ 芋头要挑选大条圆胖形，会比较好操作

· 示意图

A. 侧视图　❶左侧身体

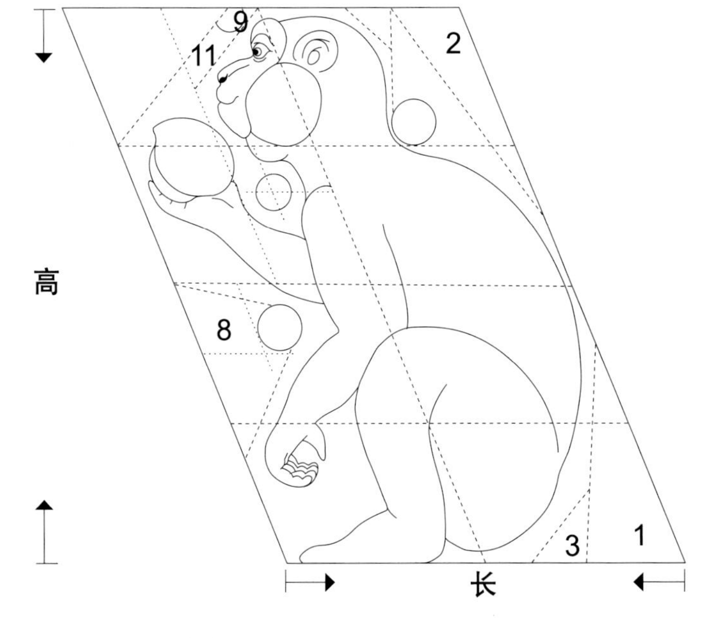

B. 正视图

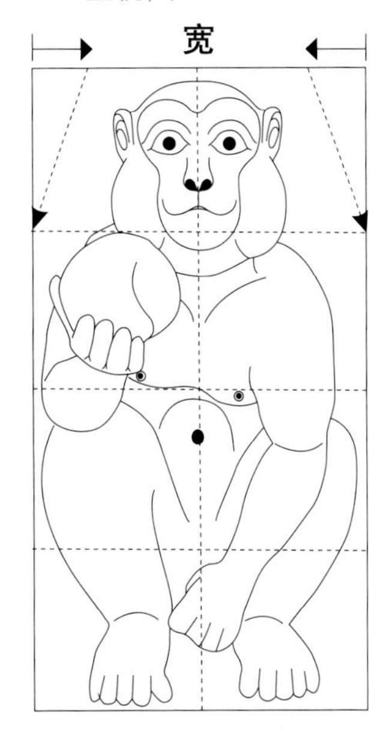

❷右侧身体

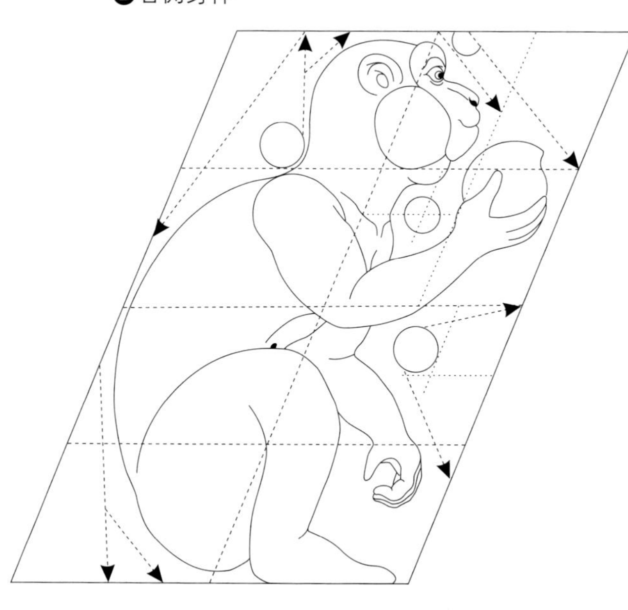

C. 后视图

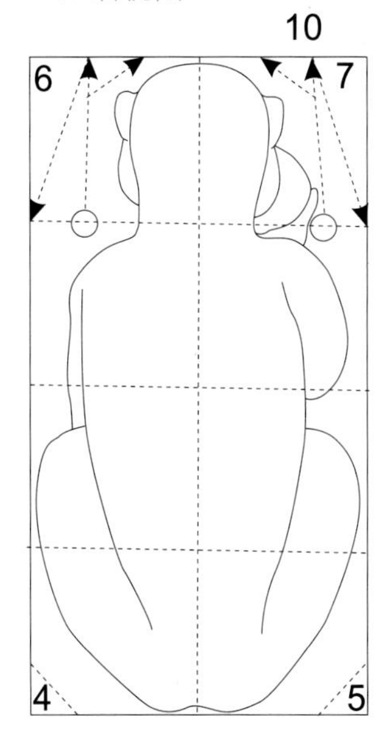

D. 尾巴

（比例为高：长 = $\frac{1}{2}$：$1\frac{1}{5}$）

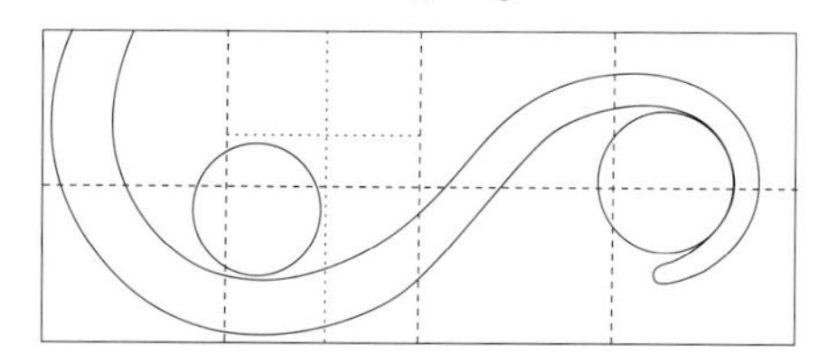

E. 完成图

· 作法

01 用西式切刀把芋头侧边切除。

02 依取材比例切取身体大小。

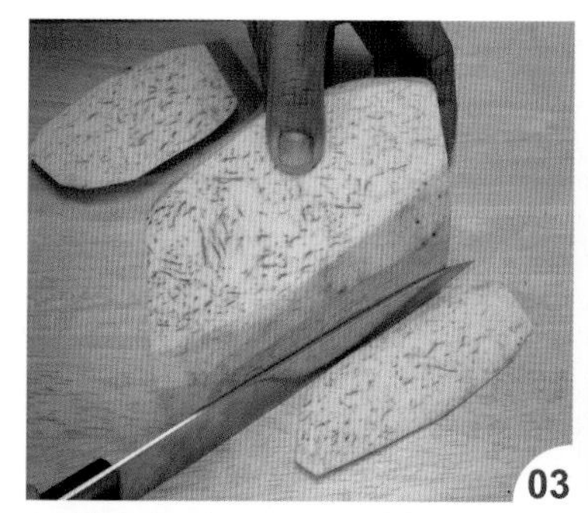

03 把斜边切除，尽量呈斜的平行四边形。

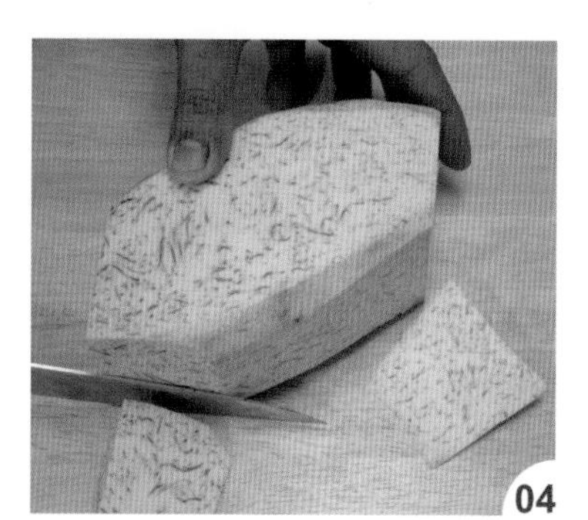

04 把侧视图 A1、A2 切除。

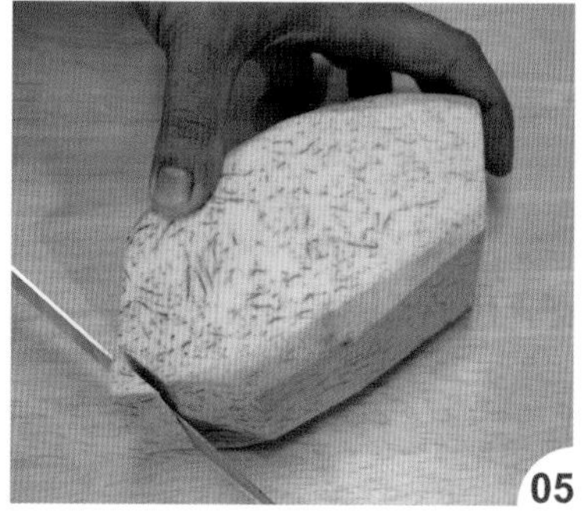

05 再切除 A3 的位置。

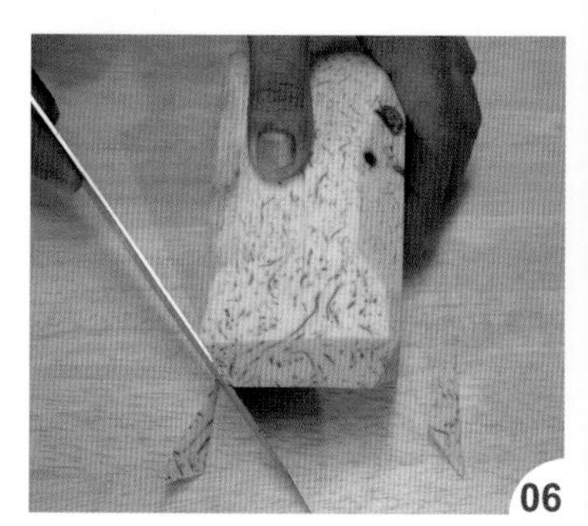

06 把后视图 C4、C5 处切除。

把后视图 C6、C7 切除。

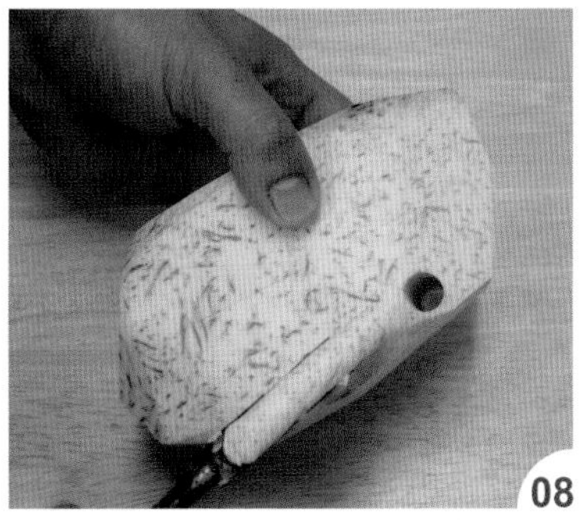

依侧视图，用中圆槽刀刻出后颈部的圆。

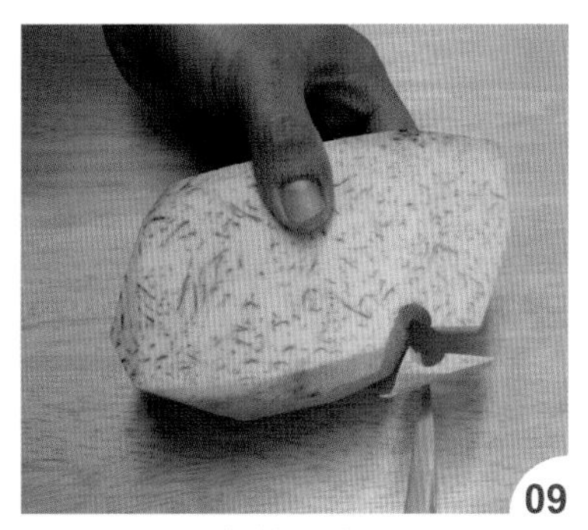

用雕刻刀把废料切除。

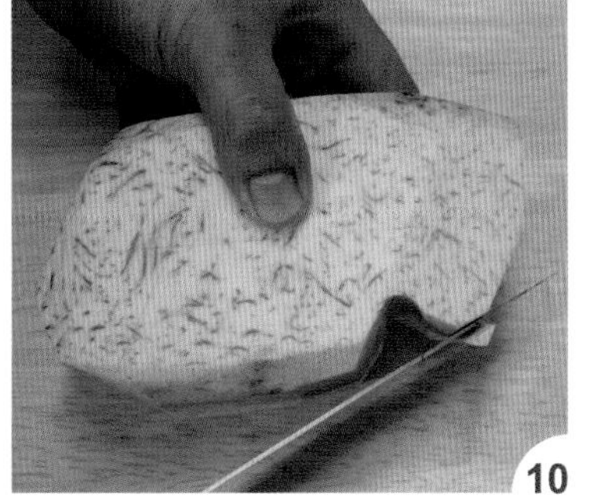

并把后脑上面的三角形也切除。

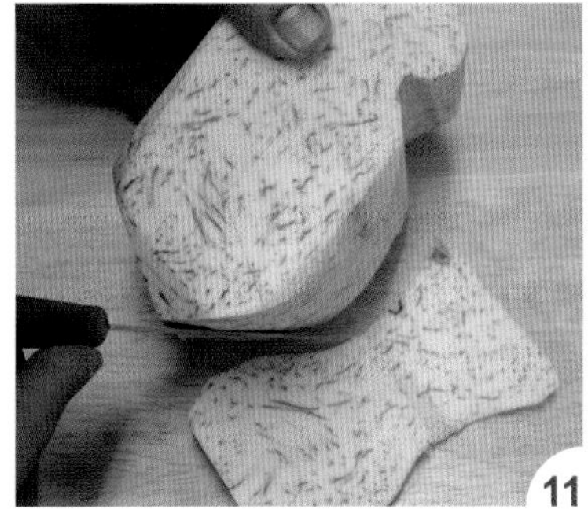

将背部的弧度刻出。

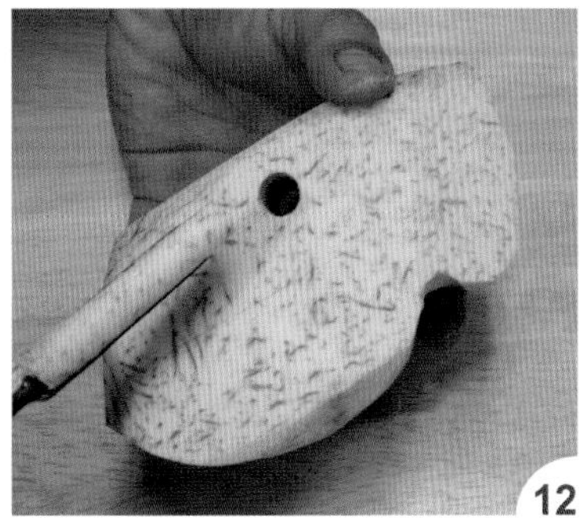

用中圆槽刀把两手中间的圆刻出。

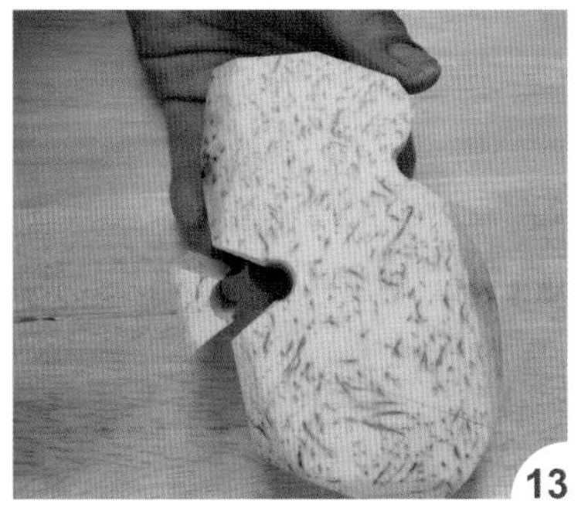

切除 A8 的废料。

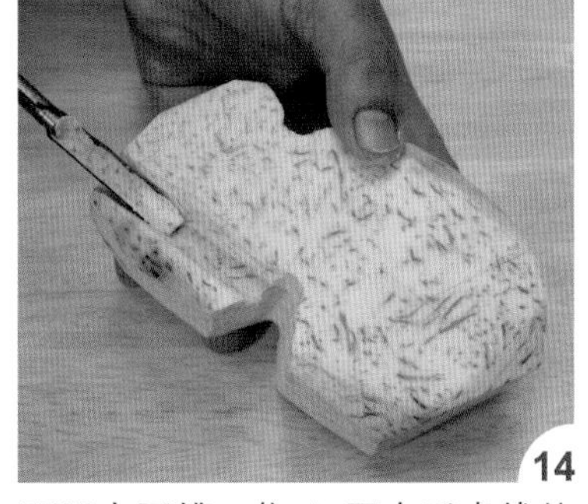

再用中圆槽刀依 A 图右手虚线的位置刻出凹槽。

将凹槽外侧切平顺。

把颈部刻出。

把额头上方 A9 的凹槽刻出。

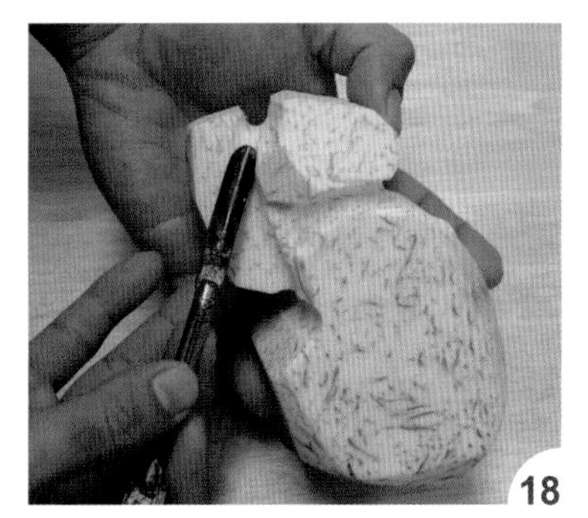

将凹槽连接刻至顶端。

将右手往内切。

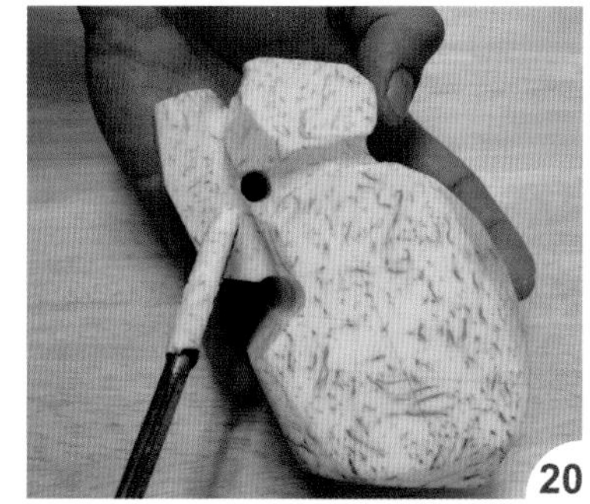

用中圆槽刀把下巴的圆刻出。

再将右侧的颈部刻 出（后视图C10）。

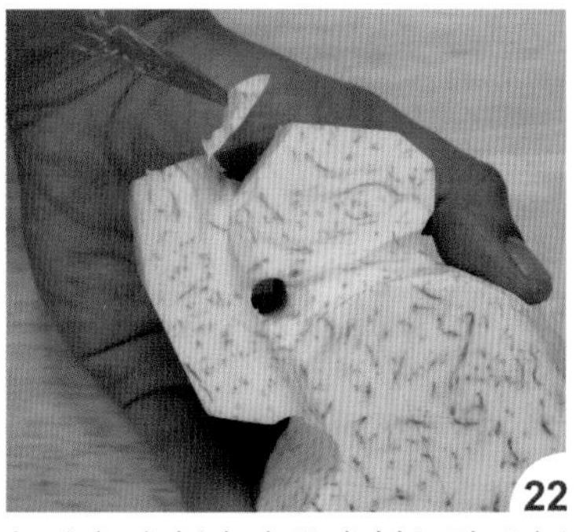

把头部右侧多余的废料切除（侧视图 A11），将脸部的斜度切出。

用大圆槽刀把右手腕的位置定出。

把手肘的斜度刻出。

切出寿桃的斜度。

将寿桃与脸部切开。

依后视图切出头部顶端的边角。

再依侧视图把后脑的边角切除。

切除身体两侧的边角。

将头左前边角切除。

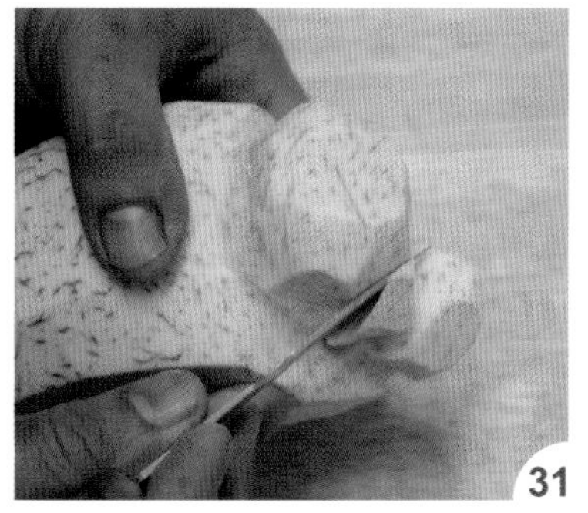

再切头部的右边角。

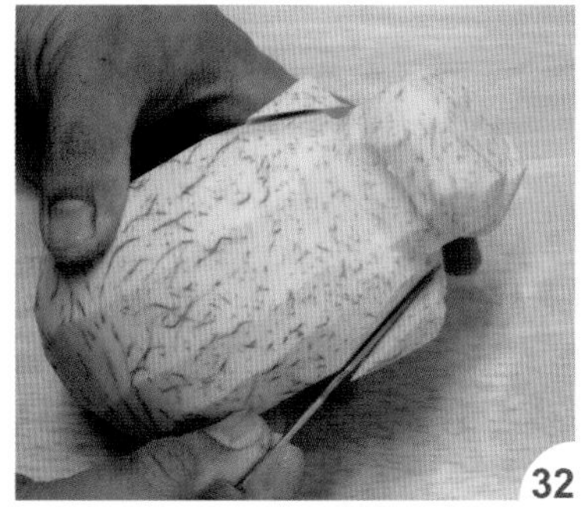

将肩膀往内切，缩小肩宽。

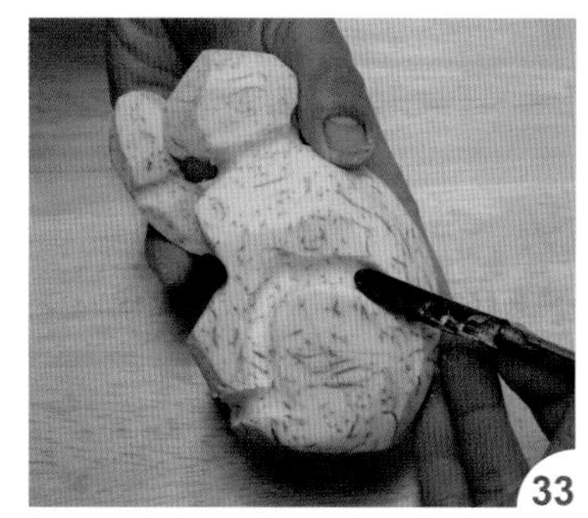

刻出左侧大腿线条。

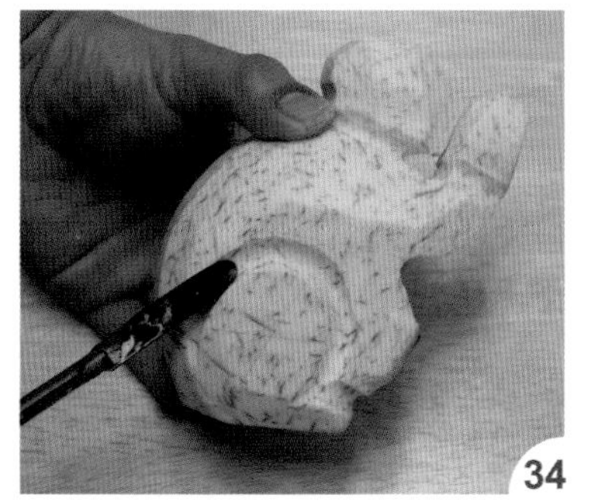

再刻出右侧大腿线条。

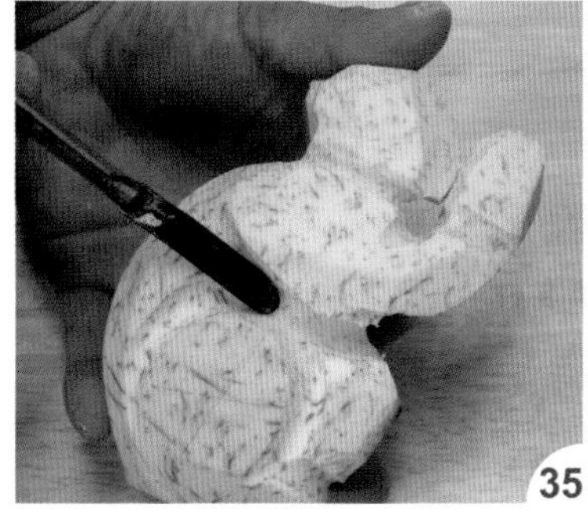

刻出右手臂膀。

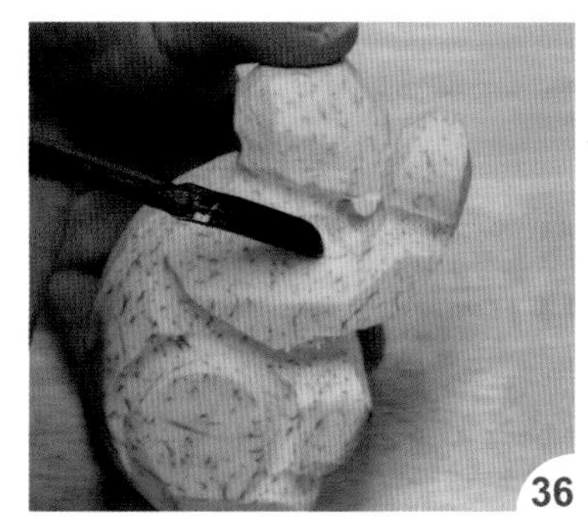

把手肘刻出。

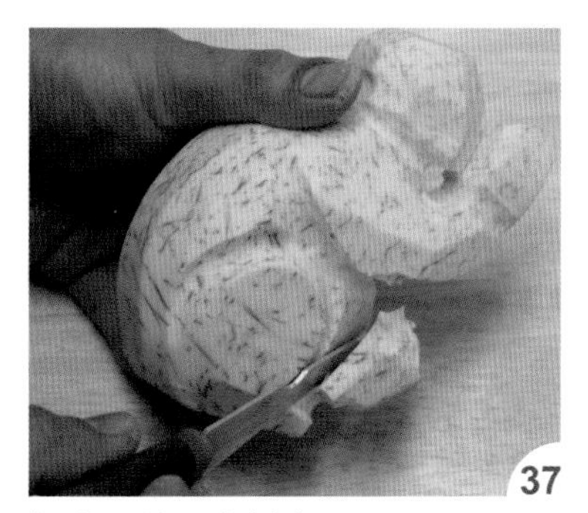

把小腿的弧度刻出。

刻出左手外侧斜度。

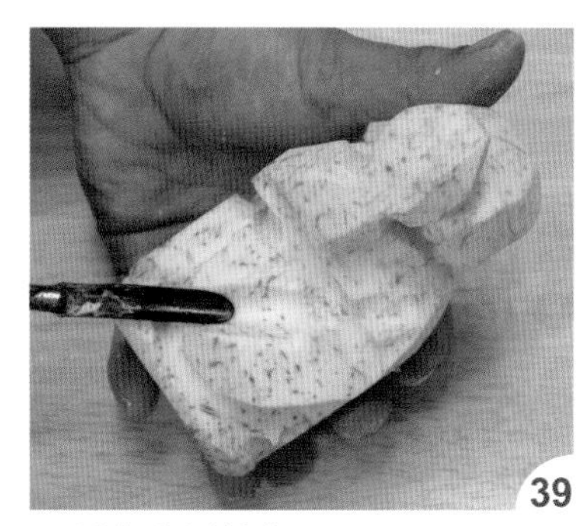

再刻出内侧斜度。

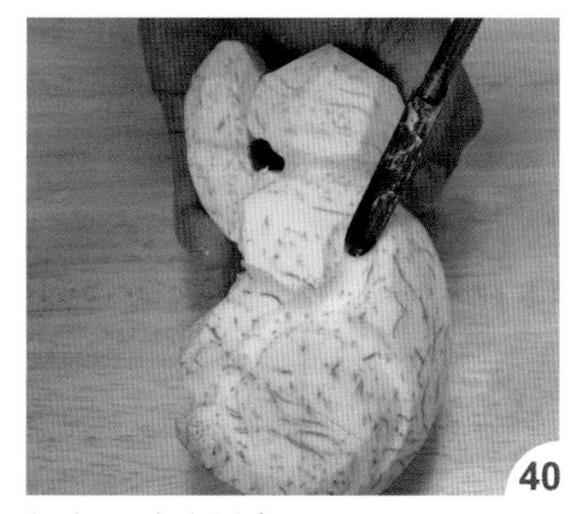

把左手臂膀刻出。

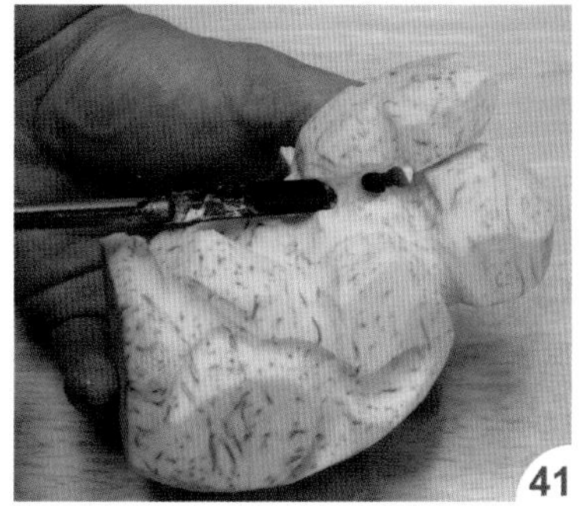

将右手内侧刻出。

刻出肚子的深度。

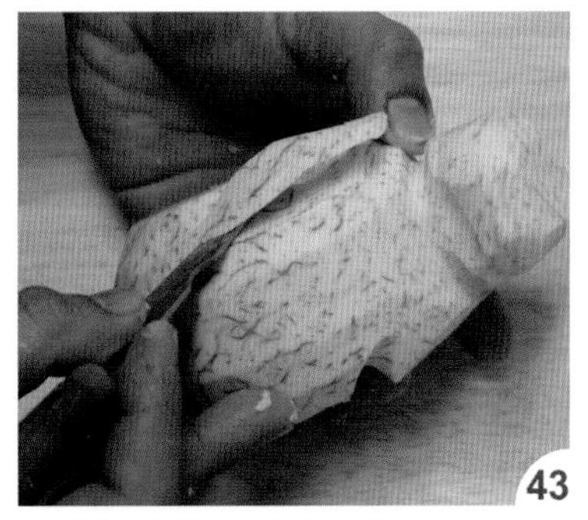

把背部左侧的弧度切出。

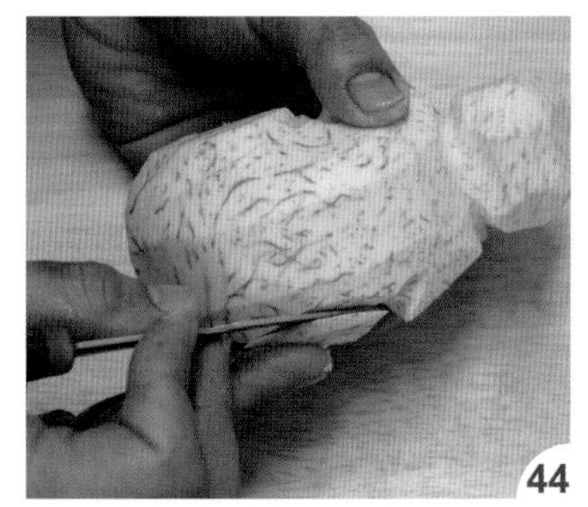

再切背部右侧。

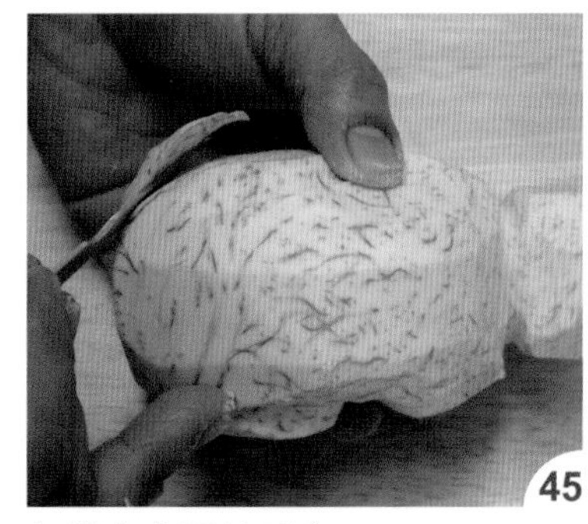

切除左大腿的弧度。

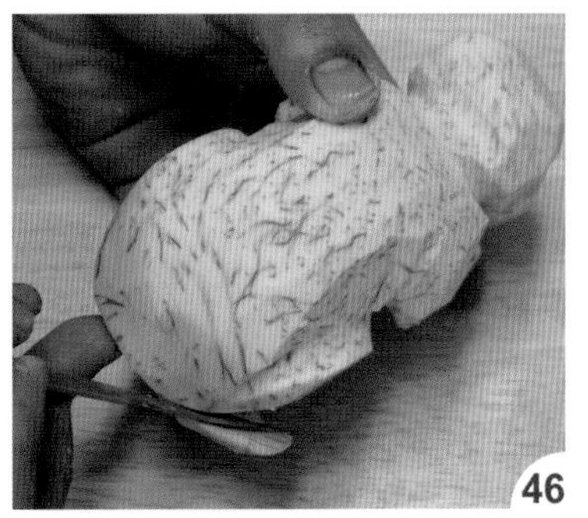

再修右侧大腿。

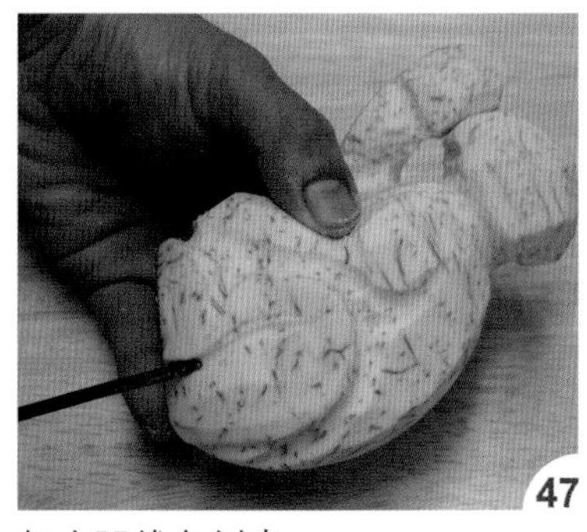

把小腿线条刻出。

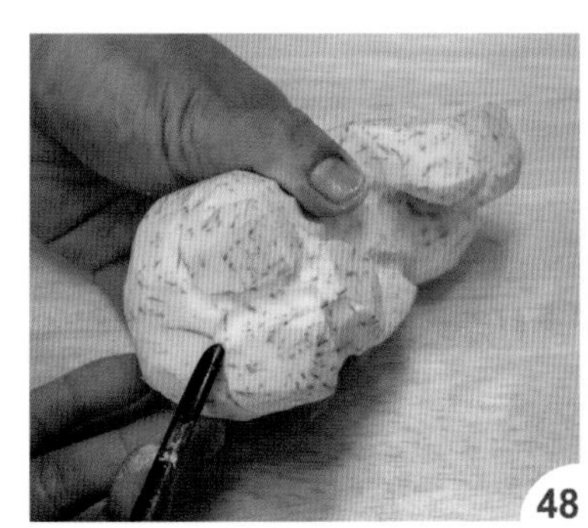

翻至底部，刻出左右脚。

将右手手腕处再刻得明显点。

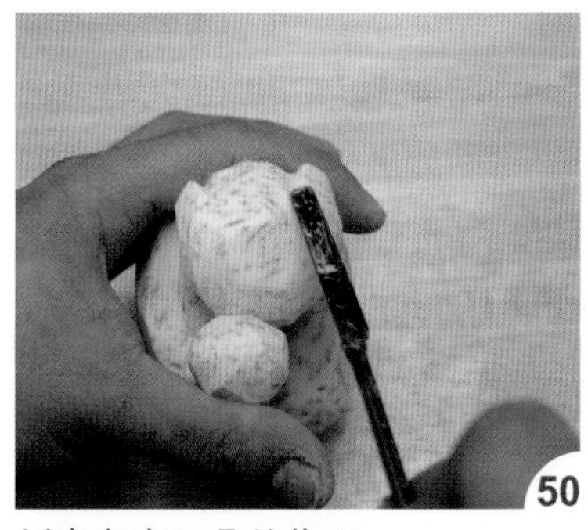

刻出左右耳朵的位置。

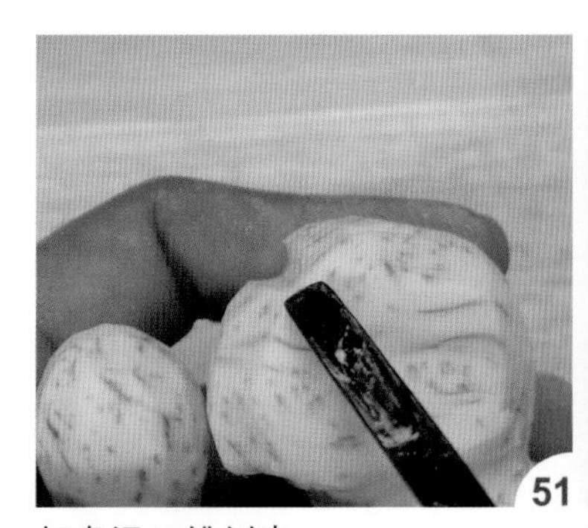

把鼻梁凹槽刻出。

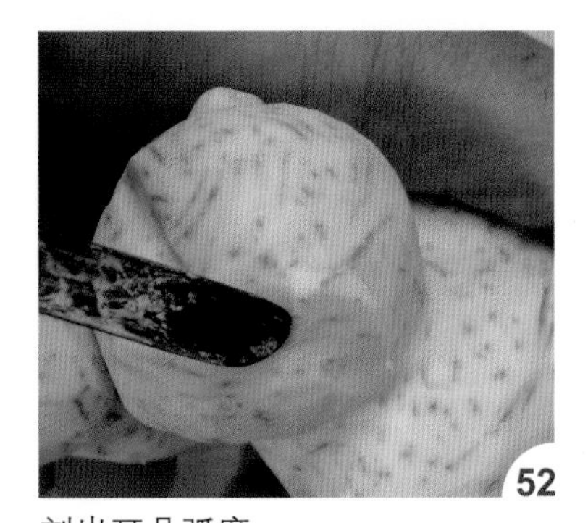

刻出耳朵弧度。

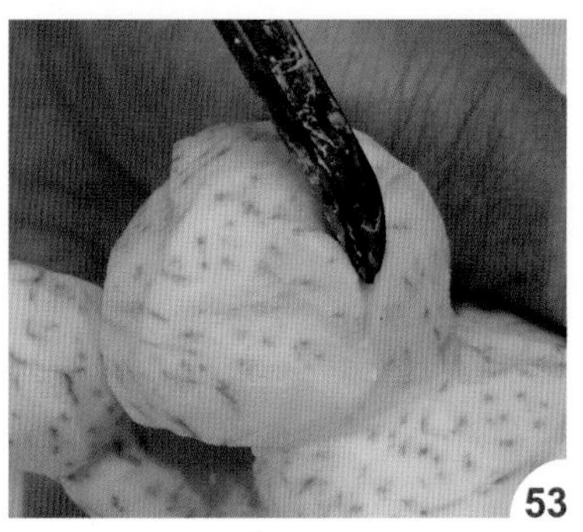

把耳朵后方刻出。

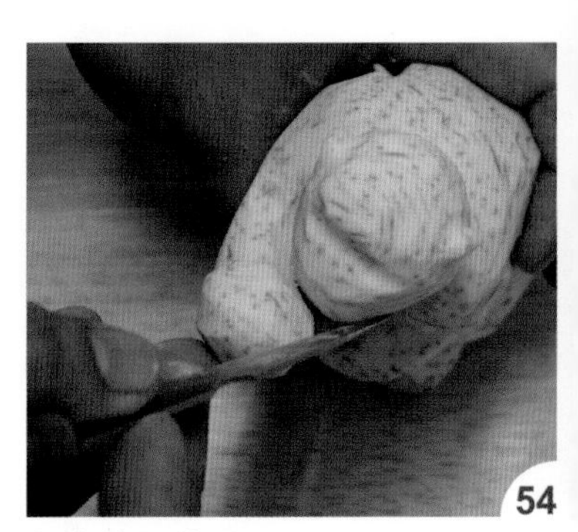

把左脸颊修顺。

将脸形刻出。

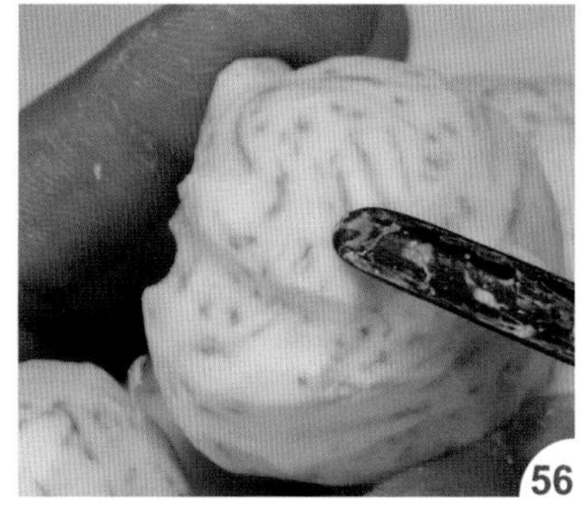

把眼骨上方凹槽刻出。

把侧脸弧度刻出。

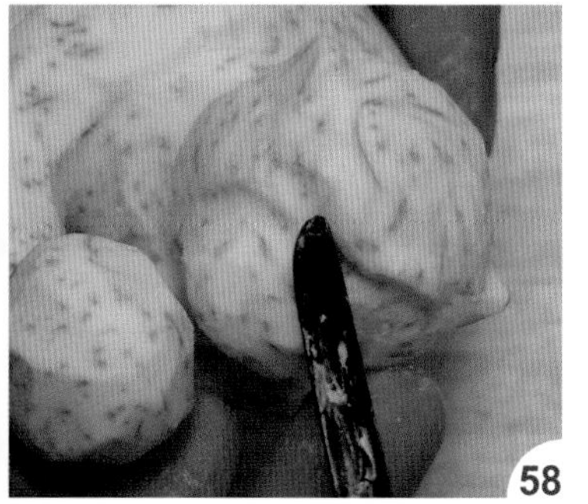

把眼窝刻出。

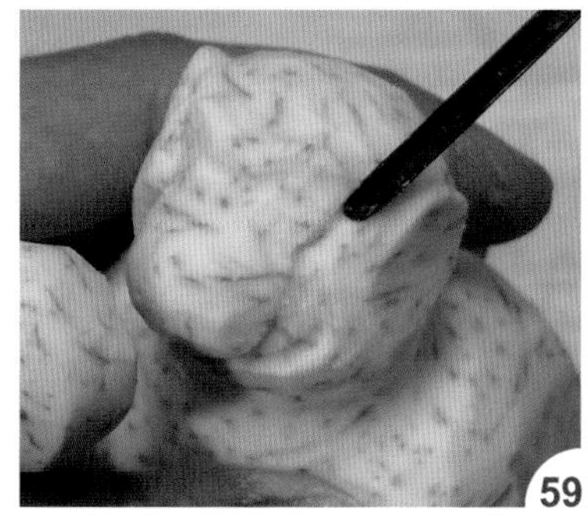

刻出上脸形状。

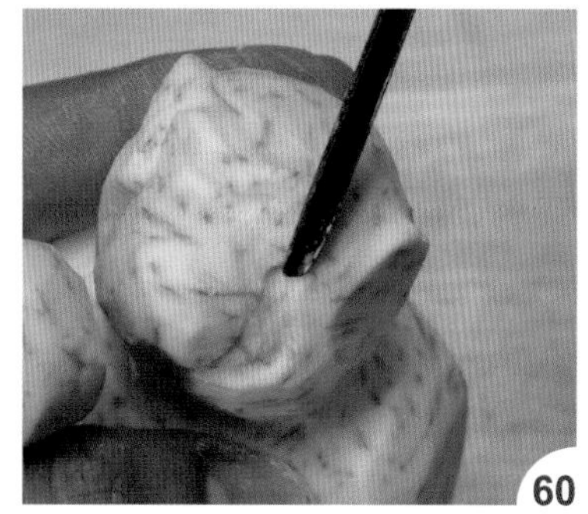

再刻左下脸形状。

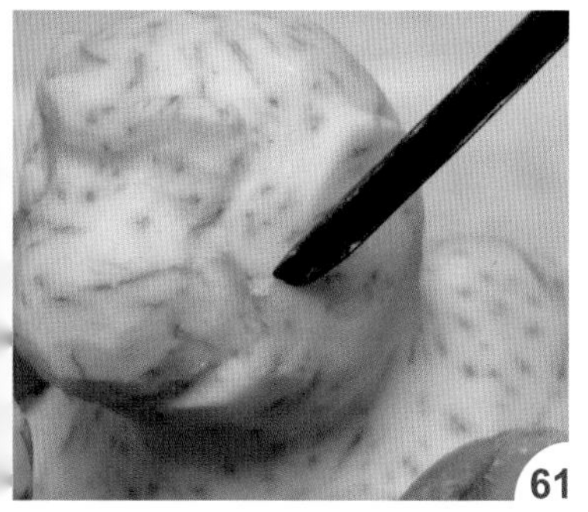

把弧度刻顺。

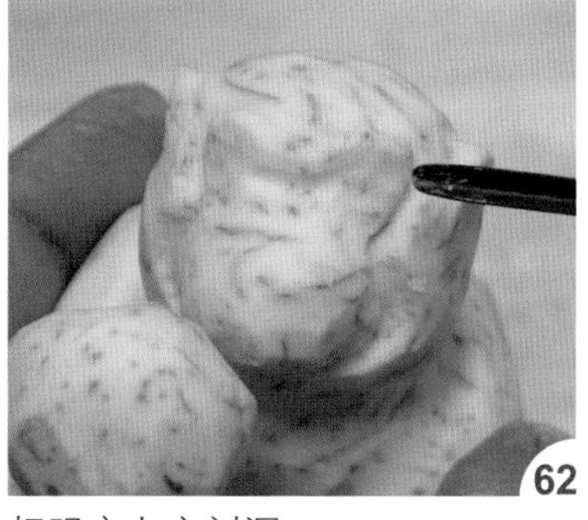

把眼窝上方刻深。

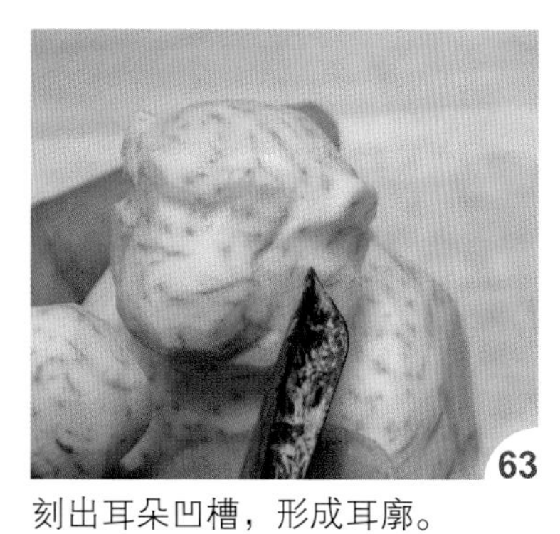

刻出耳朵凹槽，形成耳廓。

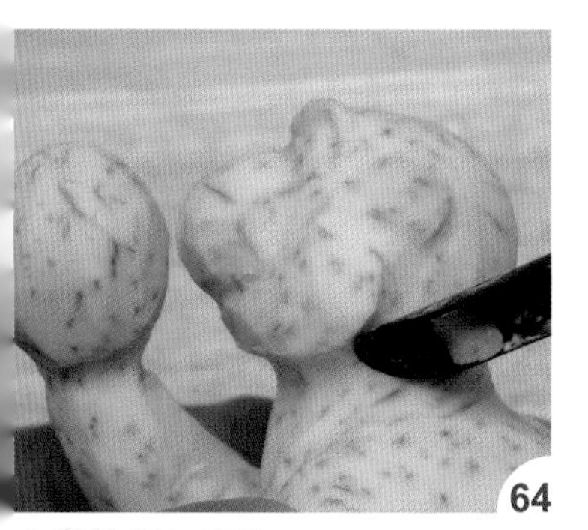

分出脸颊与耳朵。

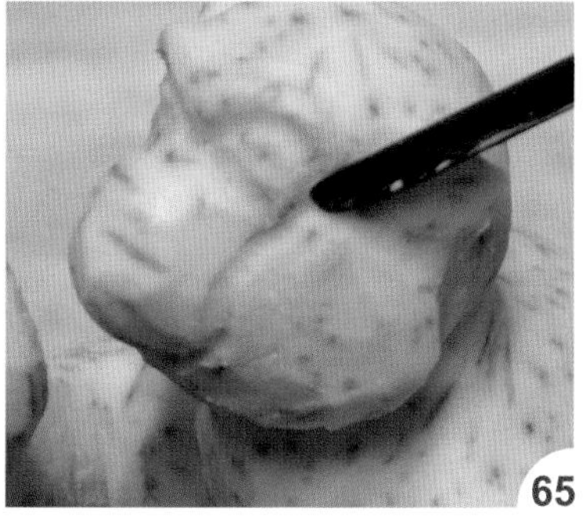

再刻出脸颊轮廓。

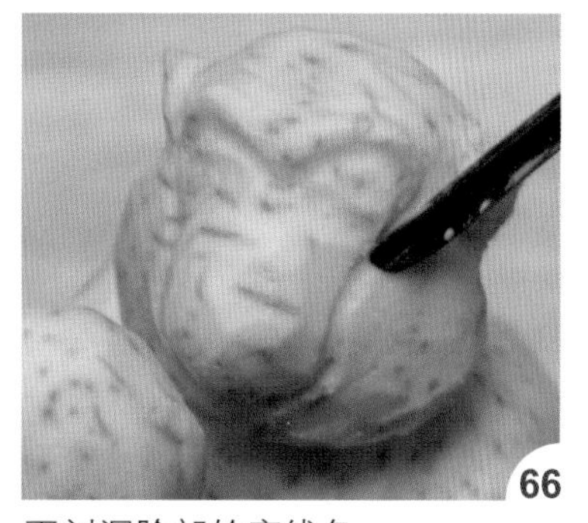

再刻深脸部轮廓线条。

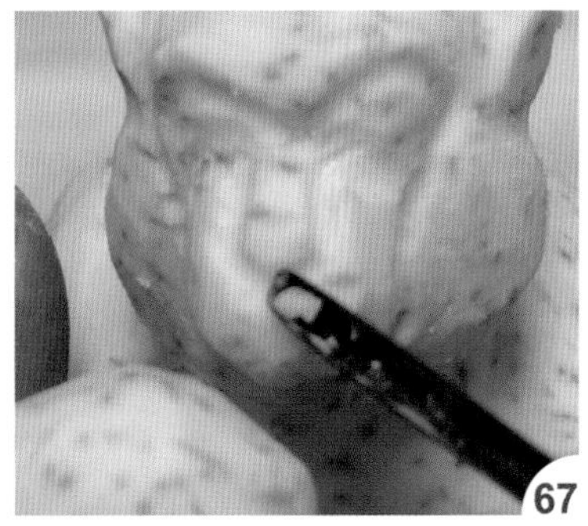

刻出鼻子。

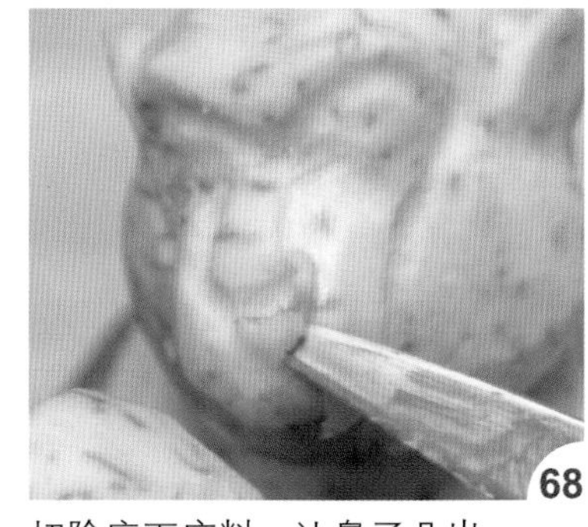

切除底下废料，让鼻子凸出。

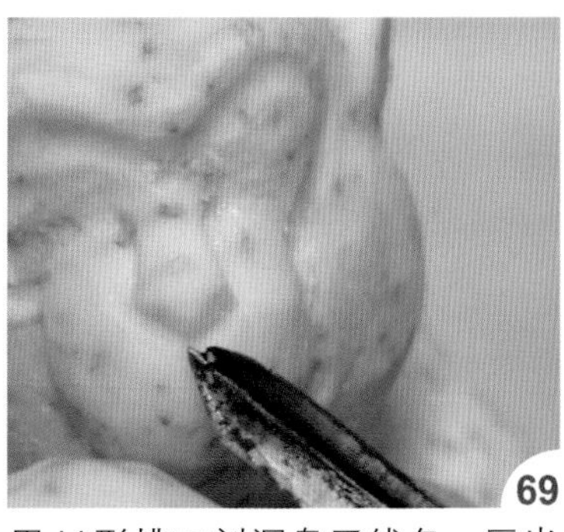

用 V 形槽刀刻深鼻子线条，画出人中。

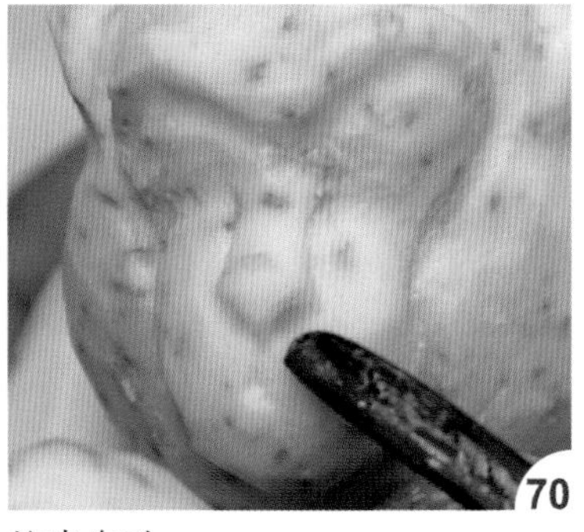

挖出鼻孔。

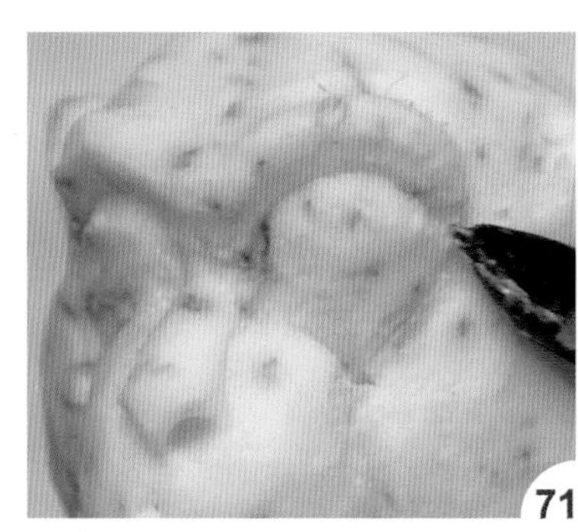

刻出上眼线。

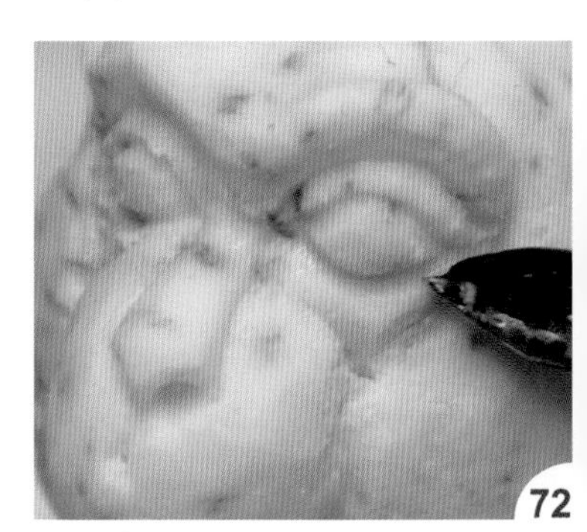

再刻出下眼线。

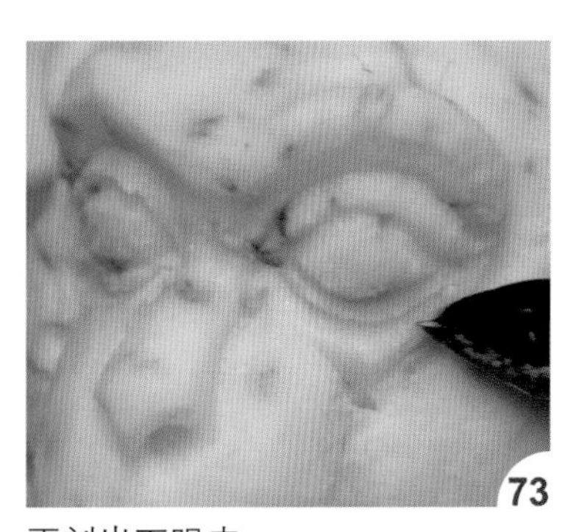

再刻出下眼皮。

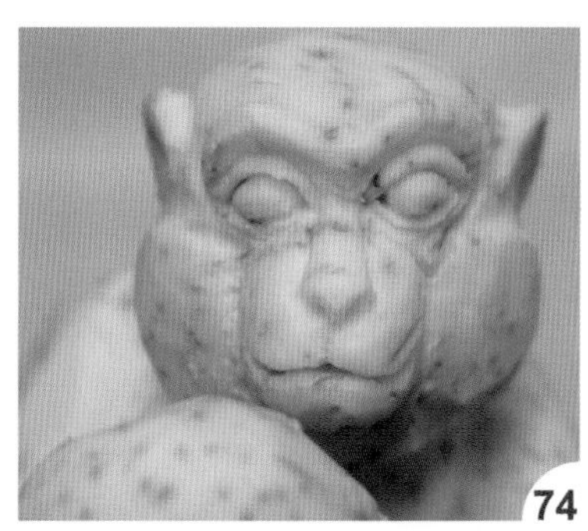

把嘴巴线条刻出。

刻出下脸颊弧度。

刻至目前为止的头形。

把耳朵线条刻出。

再刻出脸颊的猴毛纹路。

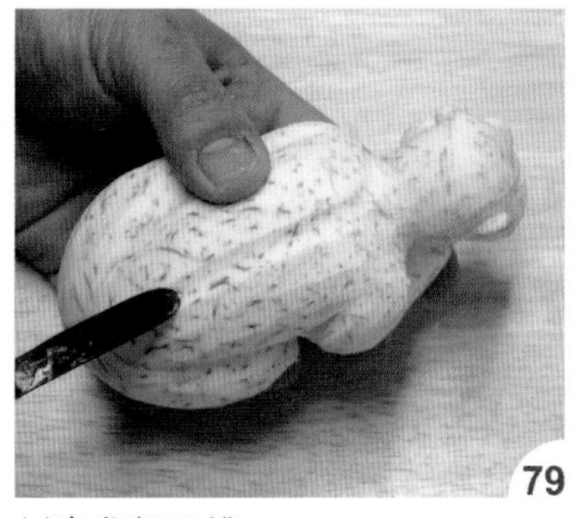

刻出背部凹槽。

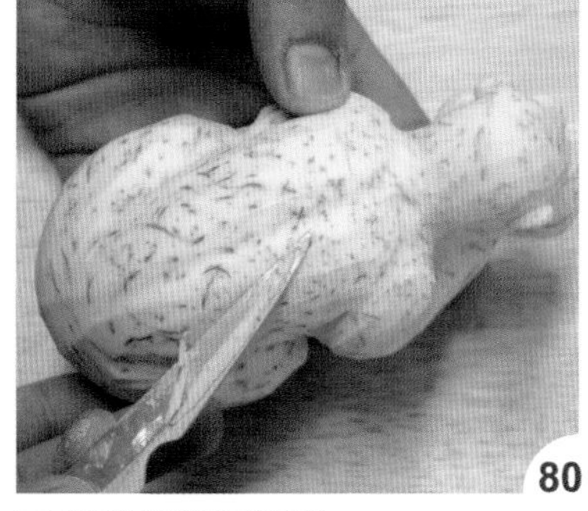

再把背部表面修顺。

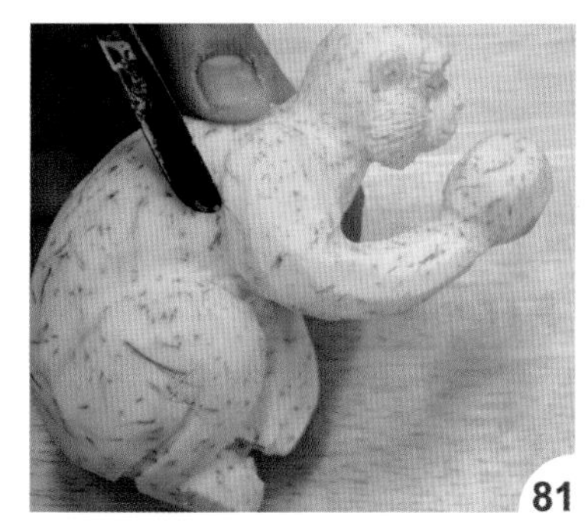

将后手臂刻至定位。

把手肘线条刻出。

将上臂修瘦一些。

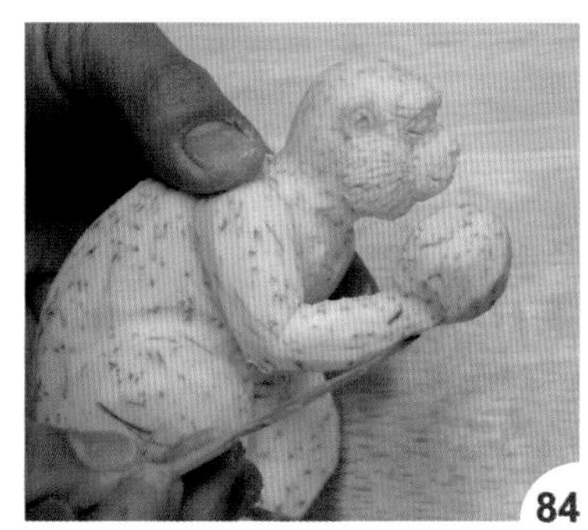

把手部修顺。

手腕再刻明显。

刻出手指的轮廓。

用 V 形槽刀把线条再刻深。

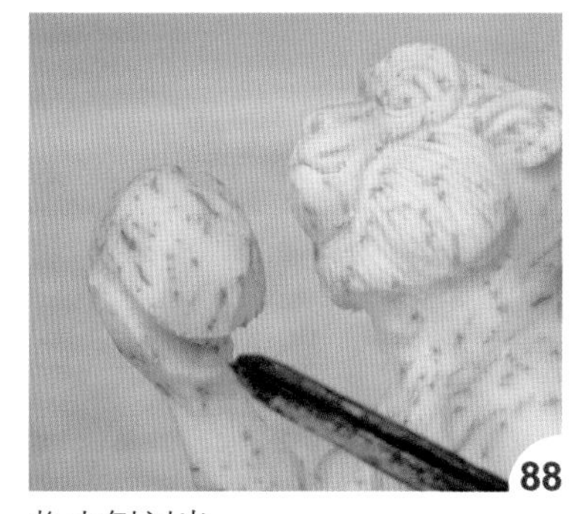

将内侧刻出。

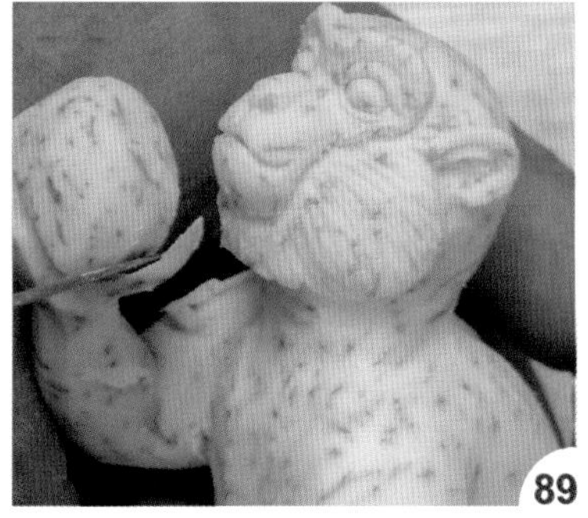

把寿桃外形修出。

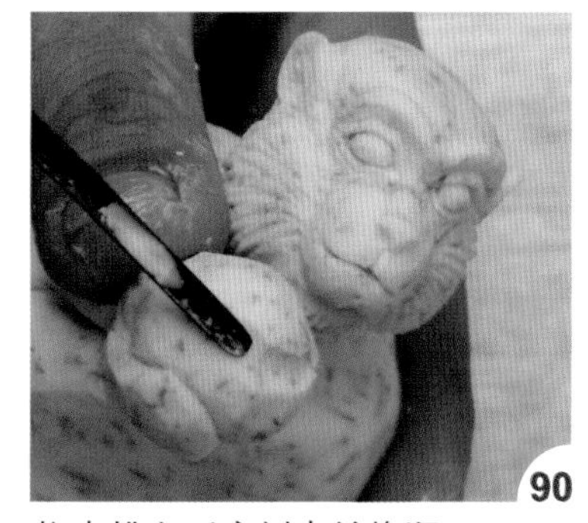

将寿桃上弧度刻出并修顺。

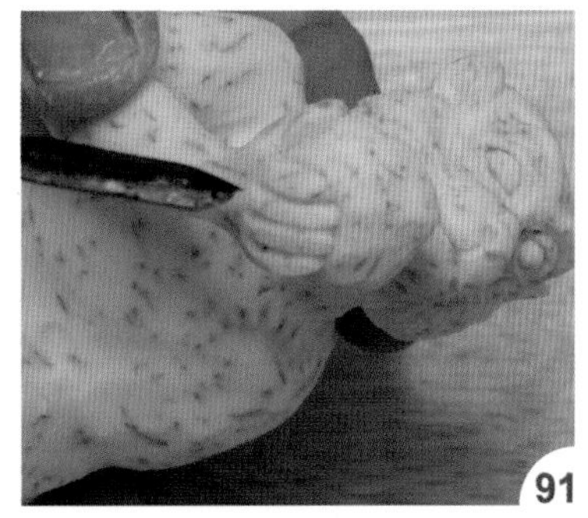

刻出猴子的手指头。

刻出寿桃的 S 线条。

把大腿线条刻明显一些。

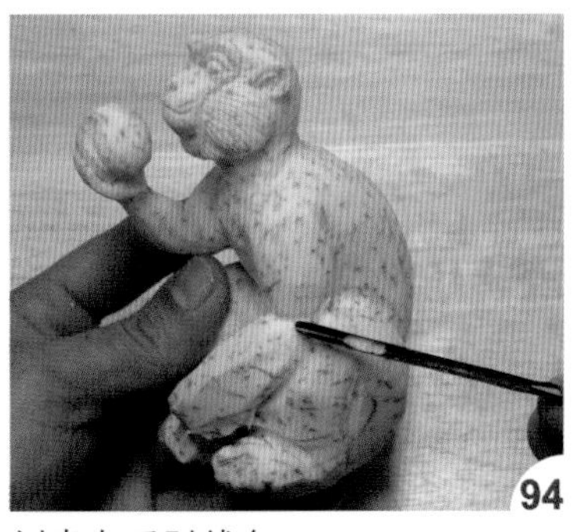

刻出左手肘线条。

刻出内侧线条。

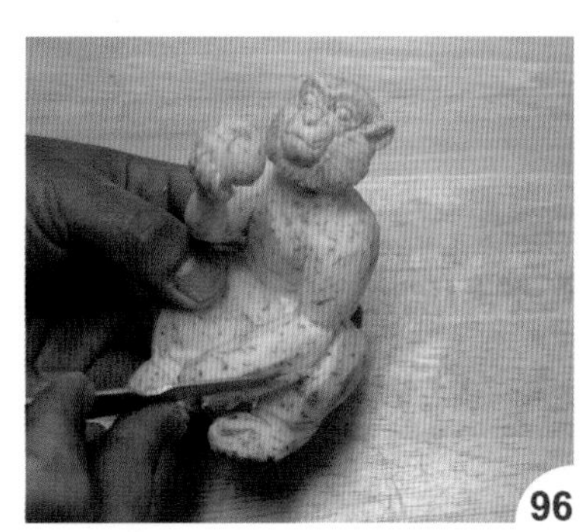

将手部修顺。

把胸部轮廓刻出。

再将胸部修顺。

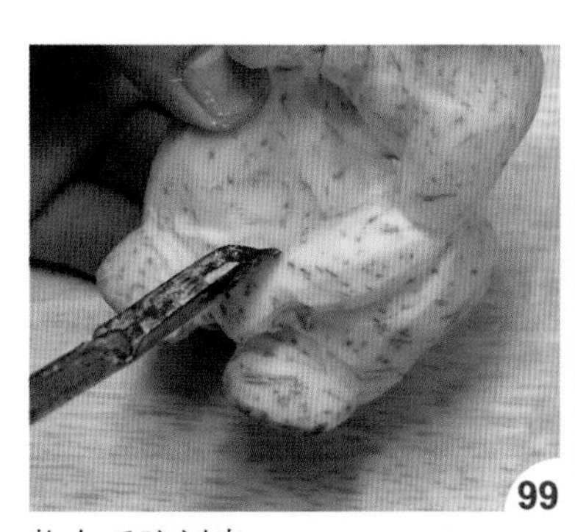

将左手腕刻出。

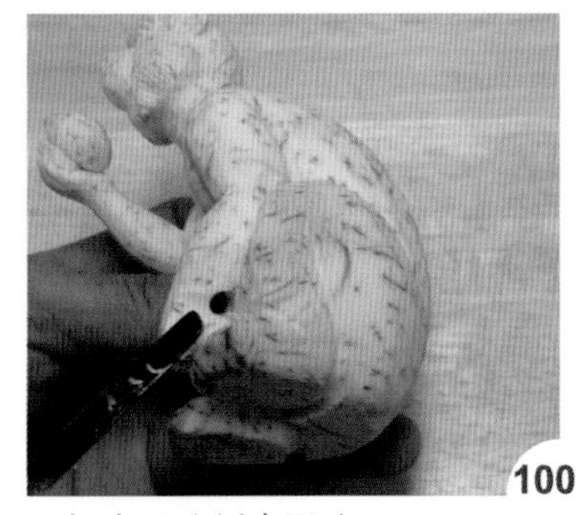

再把内手腕刻出圆孔。

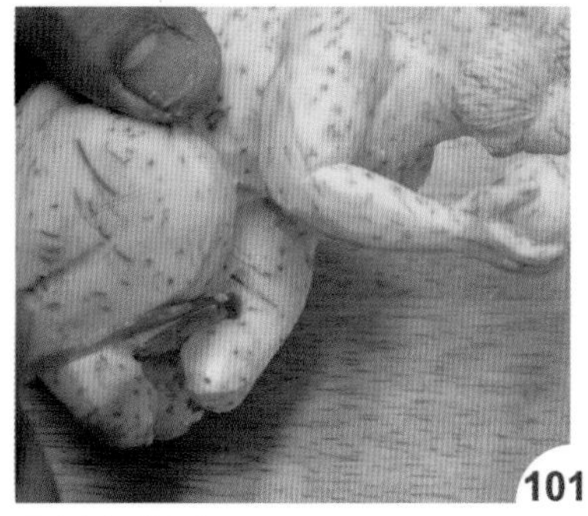

再刻出外形。

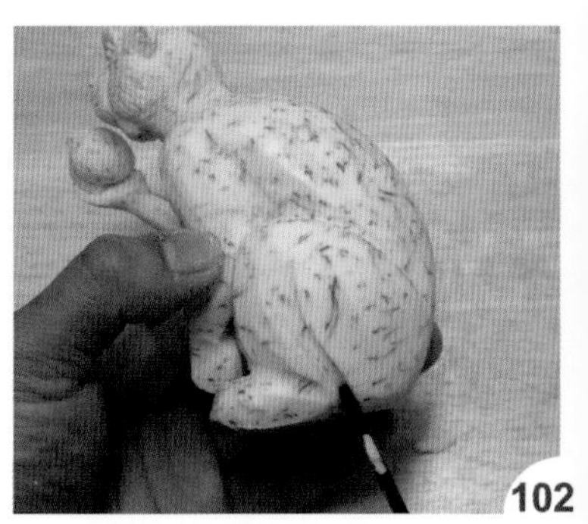

把左侧腿部线条再刻出一遍。

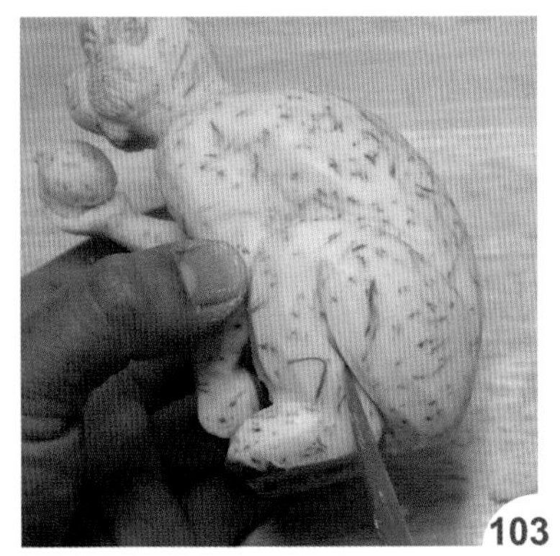

再用雕刻刀将线条刻出。

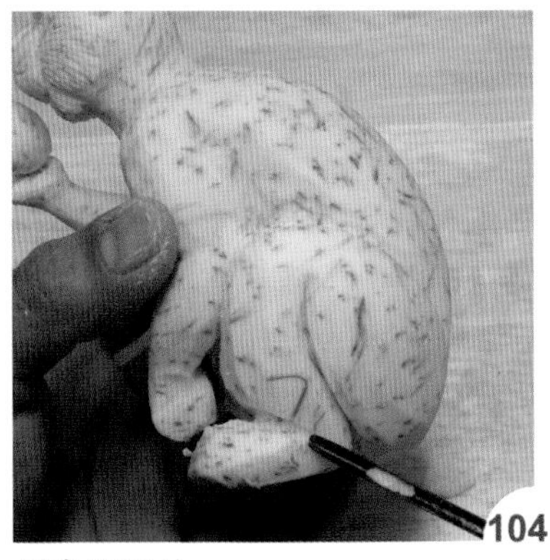

刻出脚踝处。

把小腿修瘦。

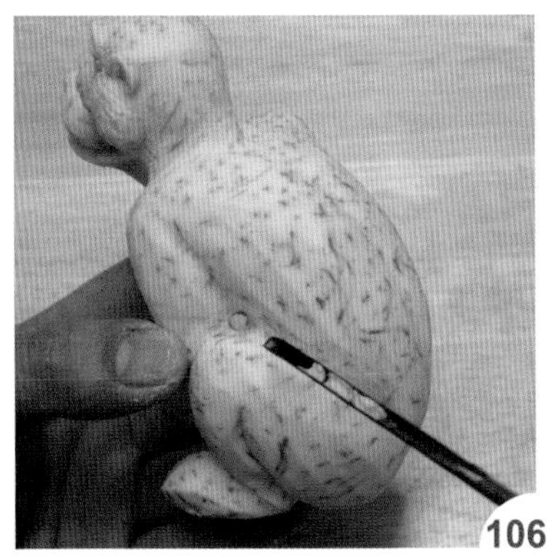

在左手与脚中间挖洞，使手脚分开。

刻出上臂膀线条。

将左手心挖空。

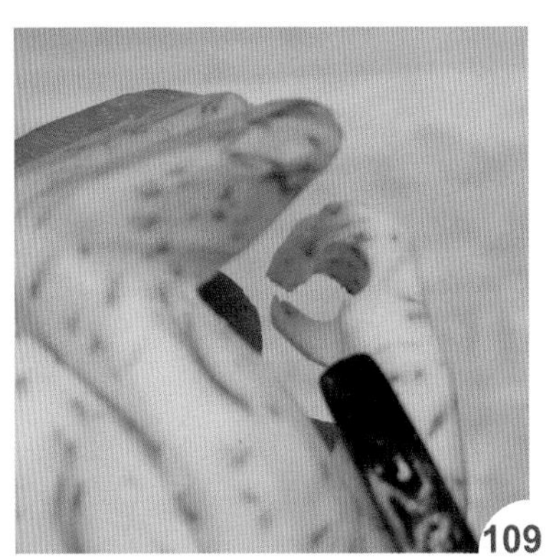

刻出手掌内侧凹槽，成握物状。

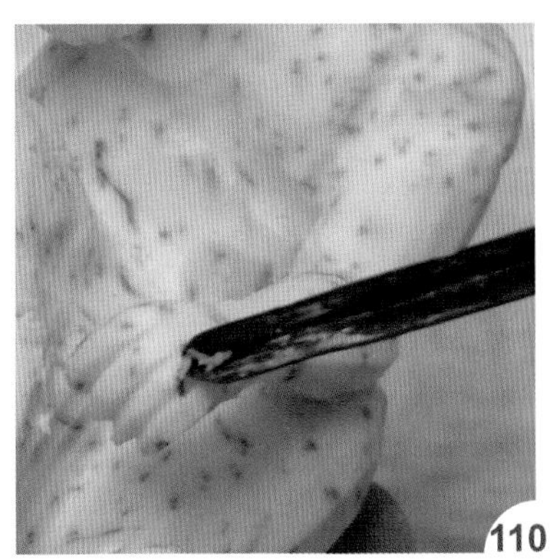

再刻出手指。

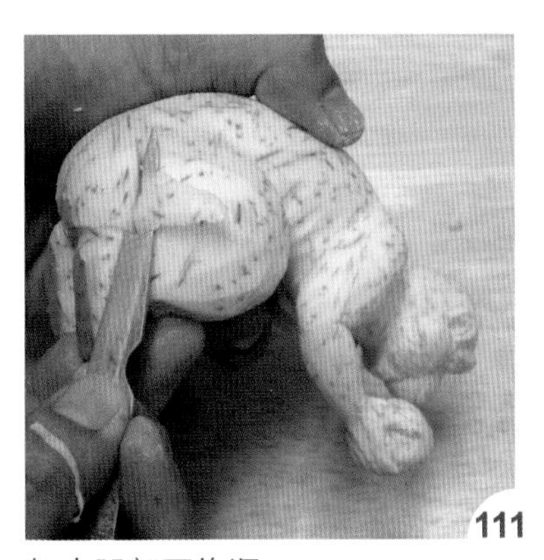

把大腿部再修顺。

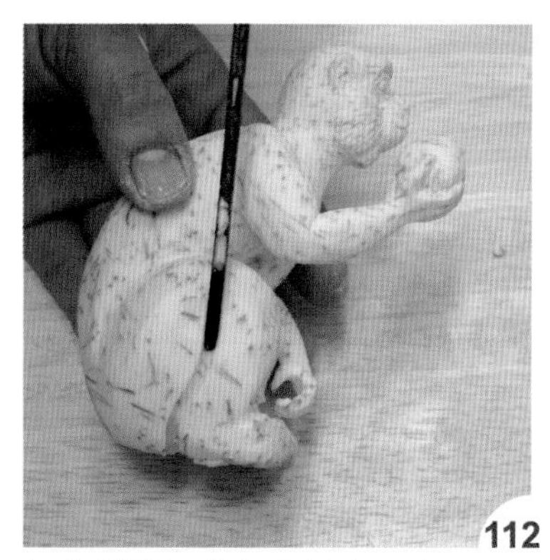
把右侧腿部线条再刻出一遍。

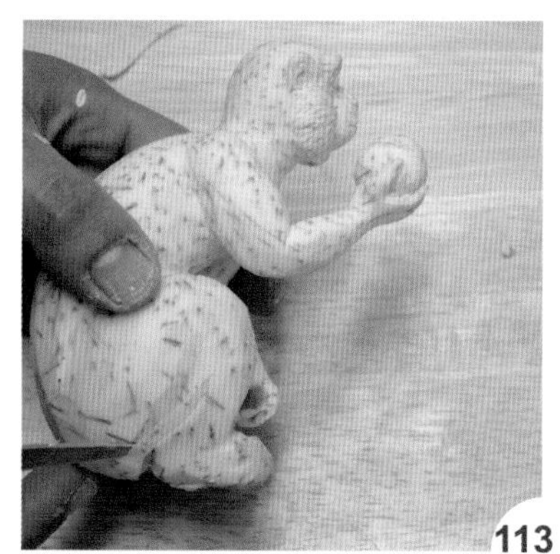
再用雕刻刀将线条刻出。

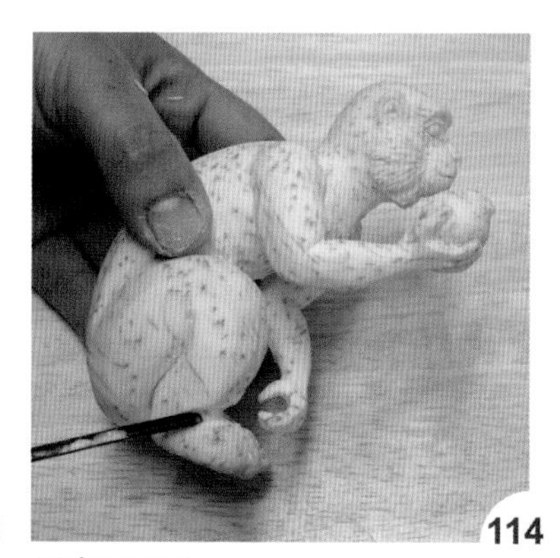
刻出脚踝处。

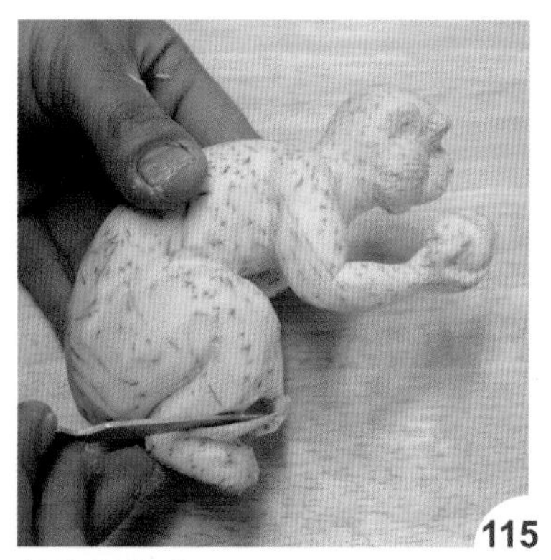
把小腿修瘦。

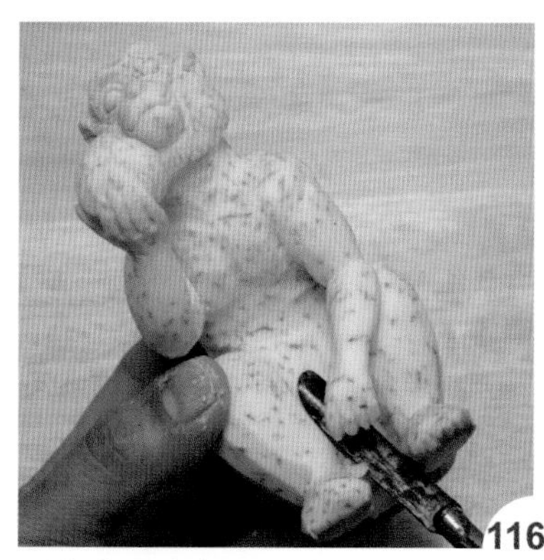
刻出大腿内侧的弧度。

再把内侧线条刻出。

切出脚掌外形。

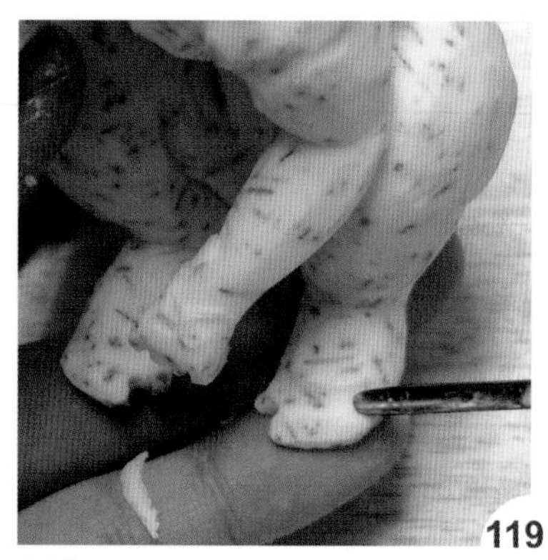
刻出脚指凹槽。

再刻出脚指头。

翻至底部，把屁股线条刻出。

刻至目前为止，正面完成图。

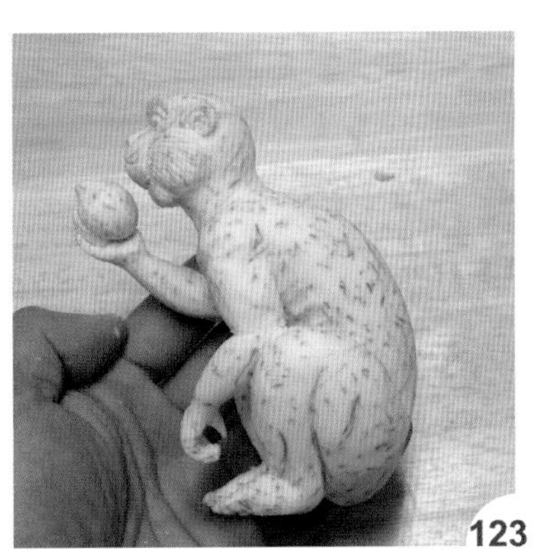

左侧完成图。

挖出肚脐。

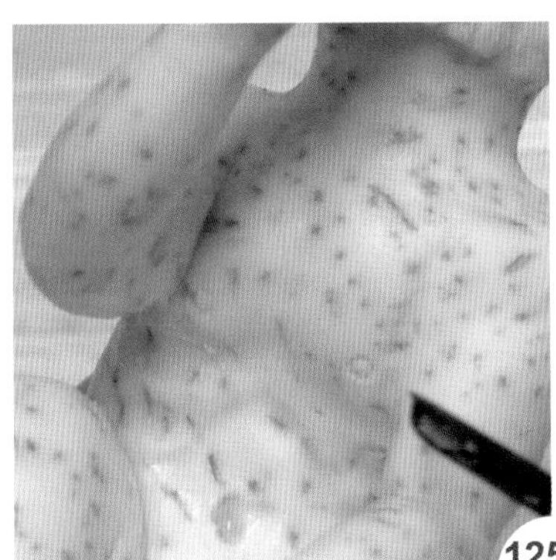

刻出奶头。

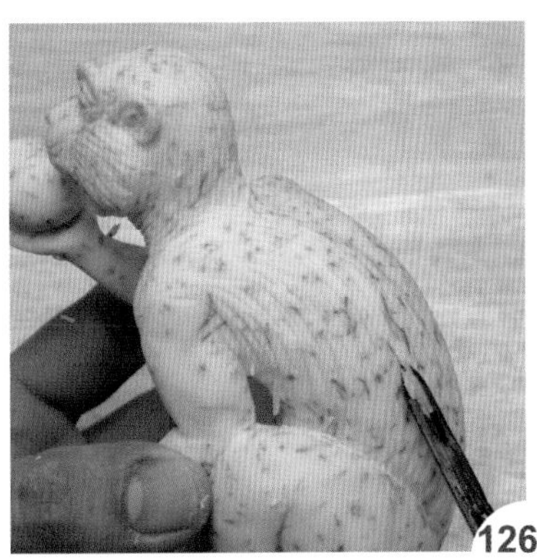

用V形槽刀刻出背部的猴毛纹路。

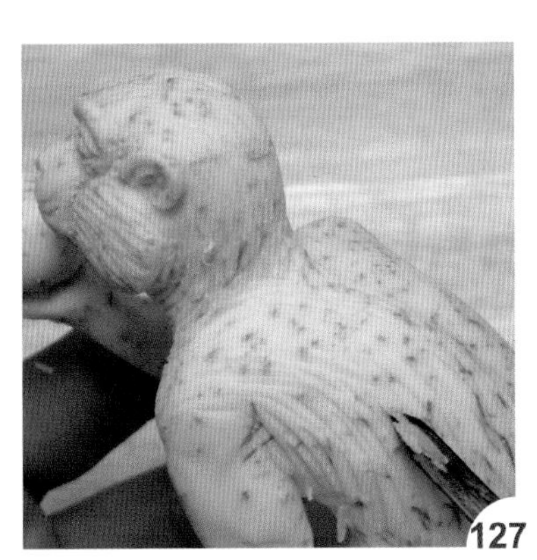

可以刻细一点。

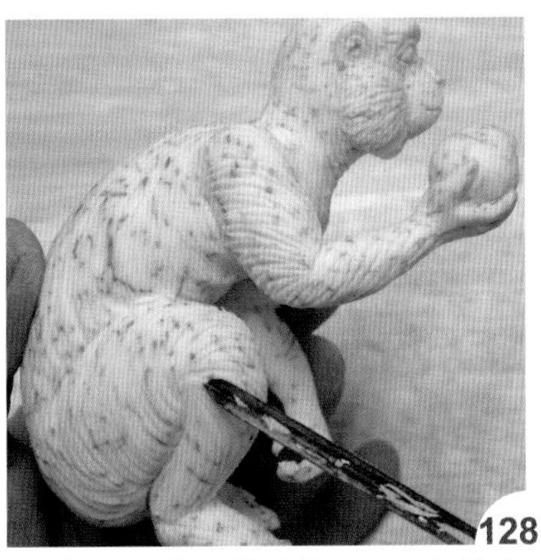

纹路的方向需控制好，会比较自然。

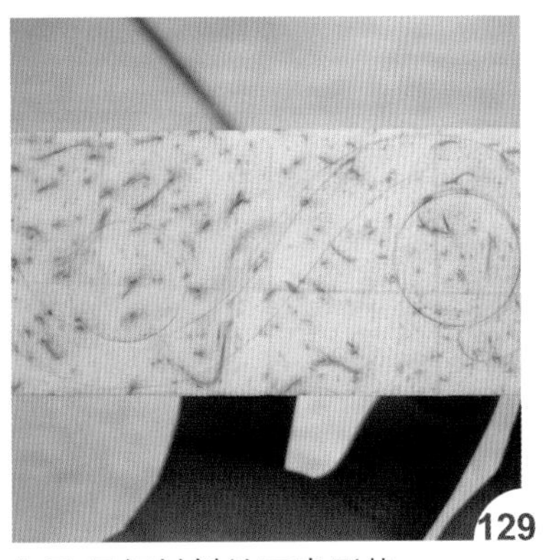

切取尾部材料并画出形状。

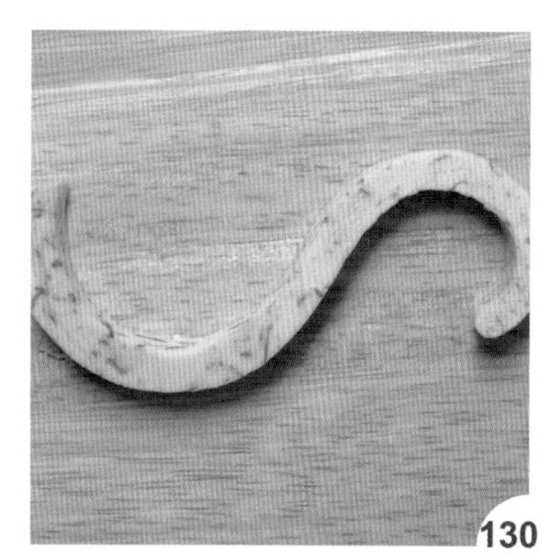
130
依线条刻出尾巴。

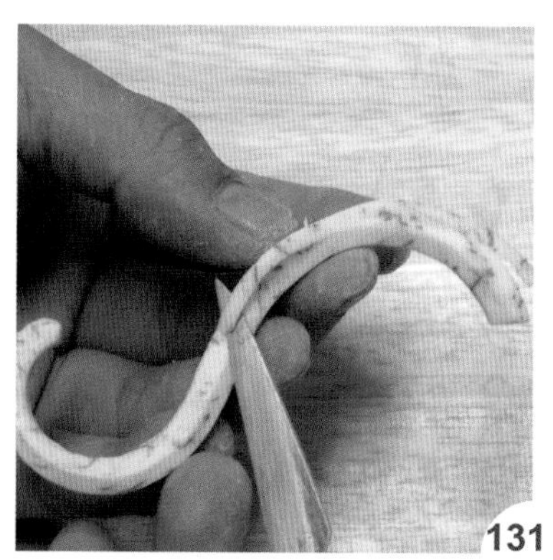
131
把边角切除修顺。

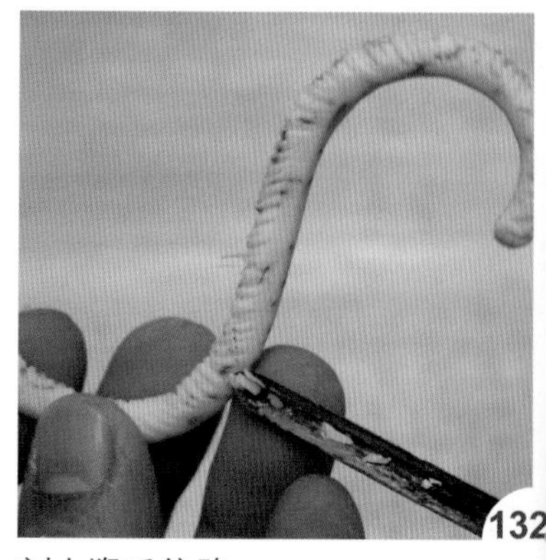
132
刻上猴毛纹路。

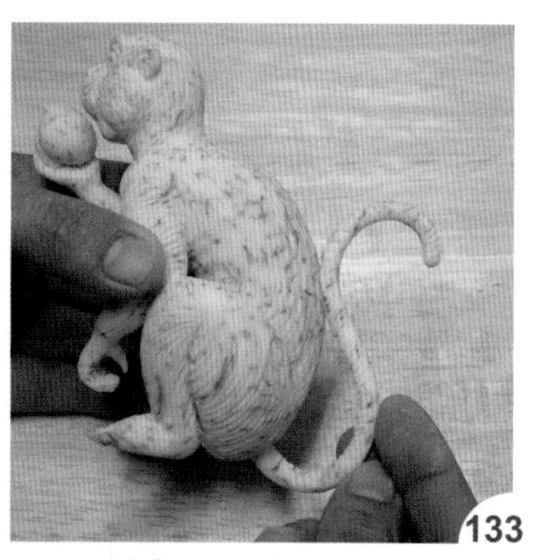
133
以三秒胶将尾巴粘上。

134
左侧完成形状。

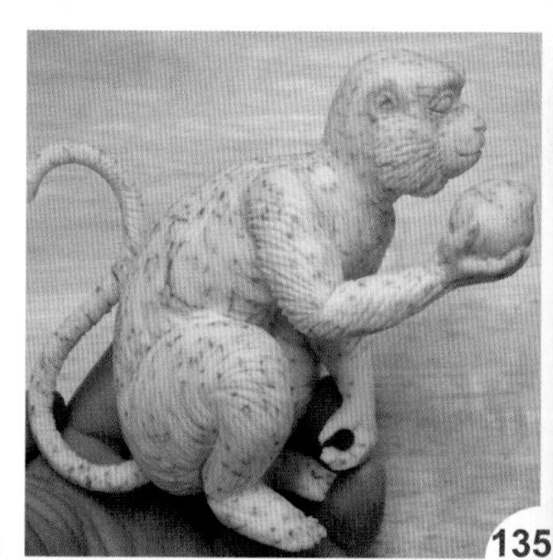
135
右侧完成形状。

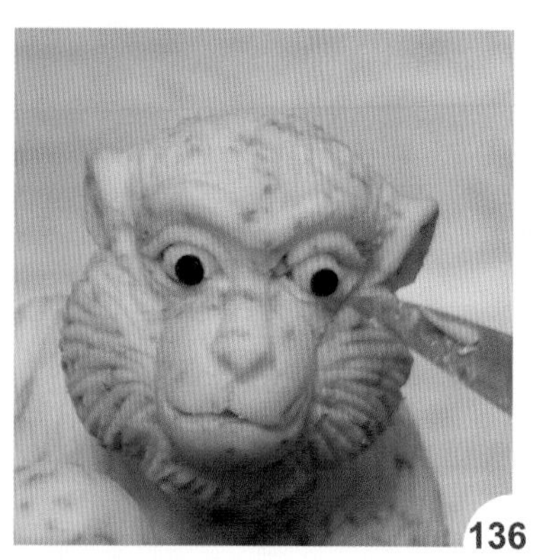
136
切取南瓜表皮当眼睛并粘上（参照 p.92 作法 70 ～ 72）。

137
如图完成猴子。

138
头部特写。

老鹰

▶材　料

芋头 3 条

▶工　具

西式切刀、雕刻刀、槽刀组、牙签、三秒胶

▶取材比例

高：长：宽 = 1：2：1，如果身体的比例高 1 是 9 厘米，

那翅膀的宽 $\frac{1}{3}$ 就是 3 厘米，鹰爪的长 $\frac{3}{5}$ 就是 5.4 厘米

· 示意图

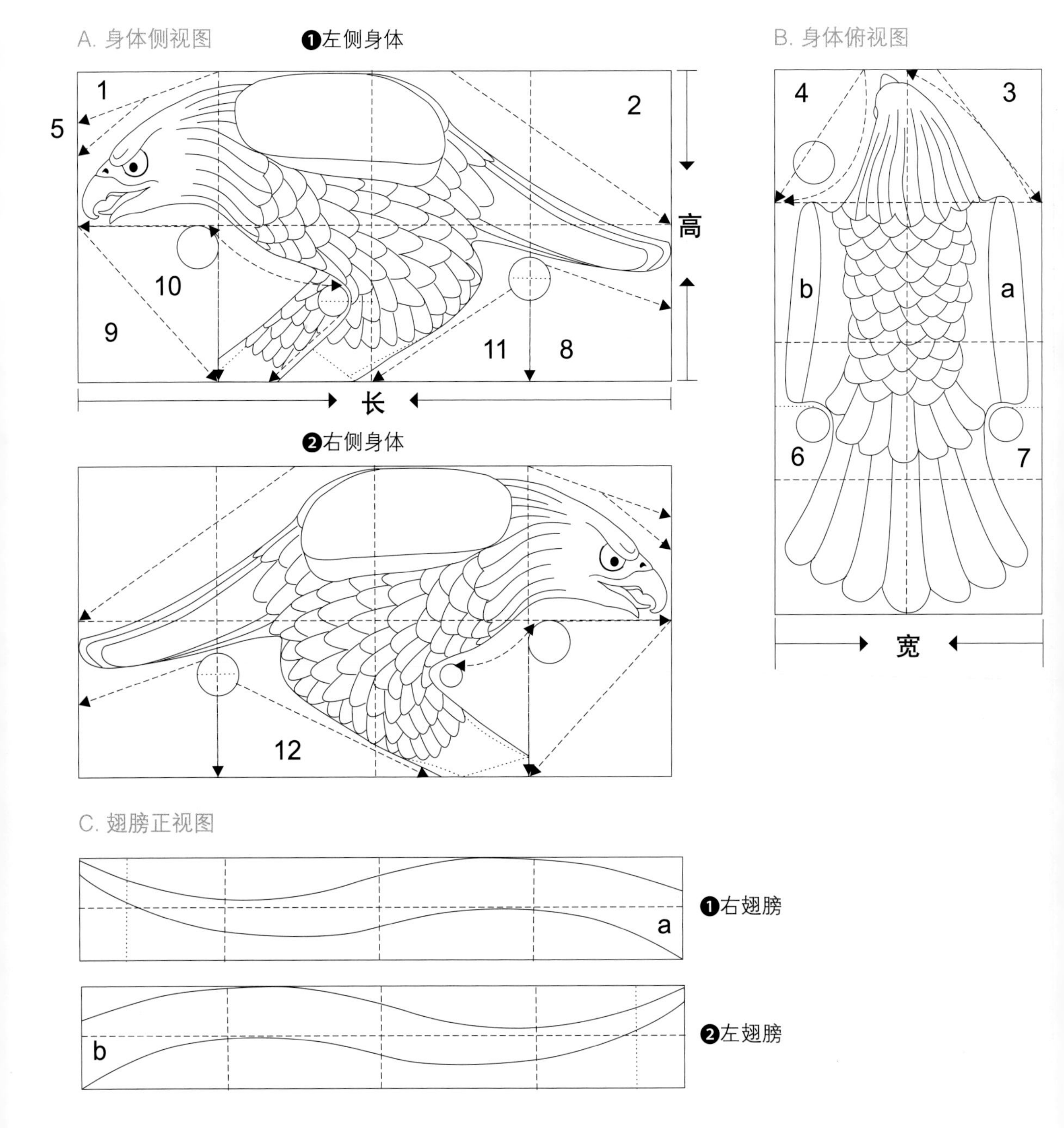

D. 翅膀俯视图

❶左翅膀

（比例为高：长：宽 = 1 ： 2 ：$\frac{1}{3}$）

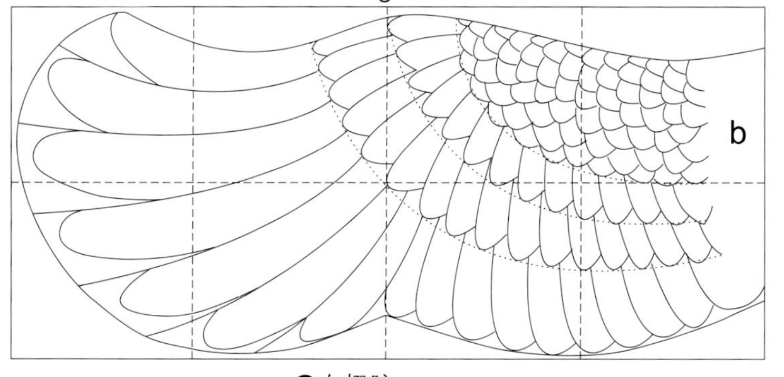

❷右翅膀

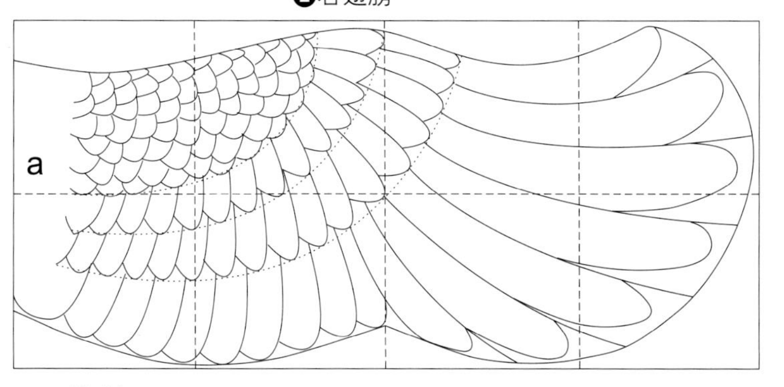

E. 鹰爪

❶侧视图（比例为高：长：宽 = $\frac{1}{3}$ ： $\frac{3}{5}$ ： $\frac{1}{3}$）

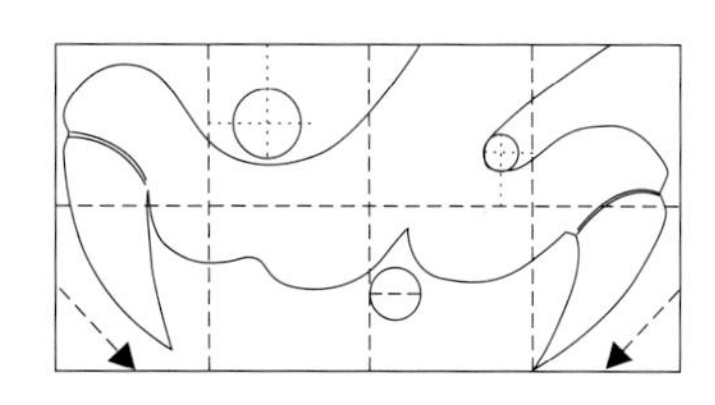

❷俯视图

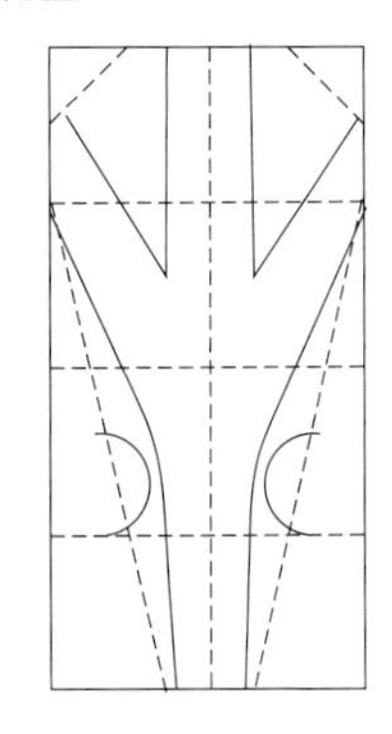

· 作法

将芋头依比例切取身体大小，把侧视图 A1 切除。

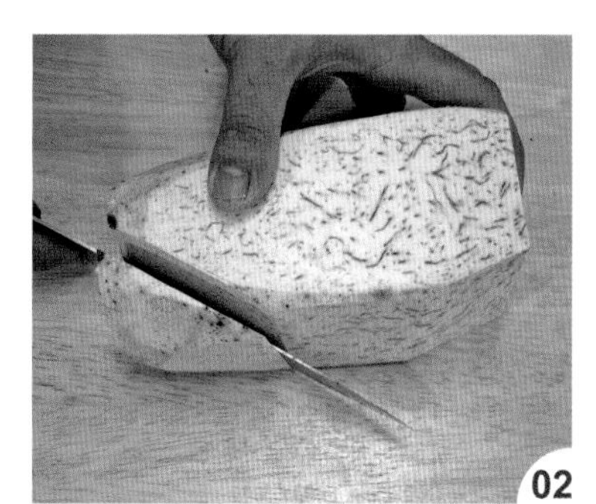

再切除 A2 的三角形。

把俯视图 B3 切除。

再切除 B4。

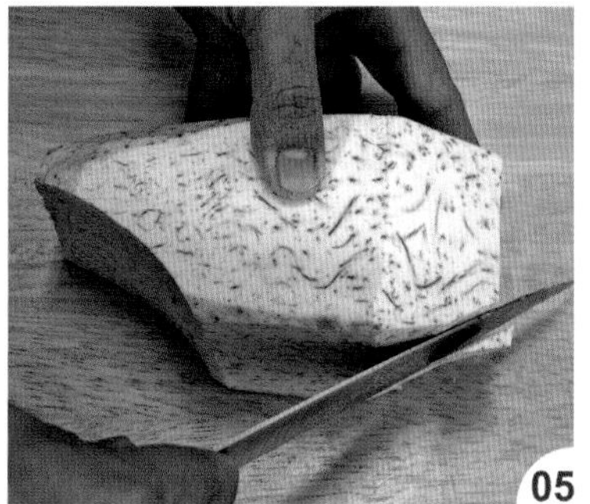

依侧视图切出尾部的弧度后，再切出头部斜度。

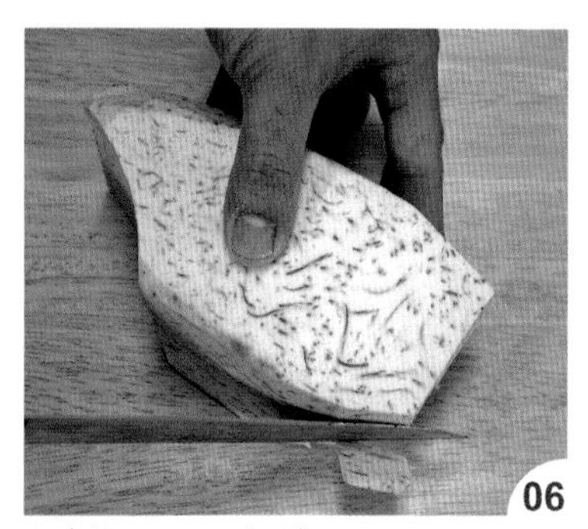

如侧视图 A5 切除。

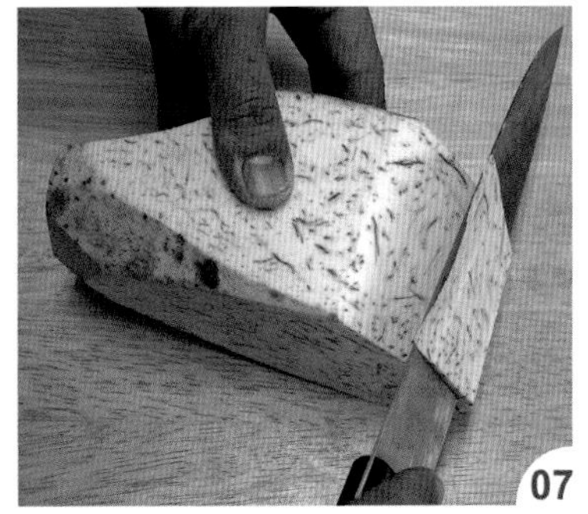

切出右颈部的弧度。

用大圆槽刀刻出左肩的圆。

再刻出左侧线条。

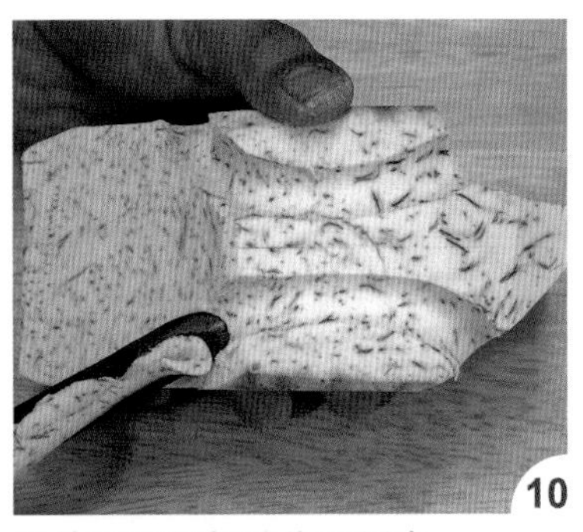

依俯视图把翅膀位置刻出。

依侧视图刻出左侧翅膀的位置。

把右侧翅膀也刻出。

把背部中间的废料切除。

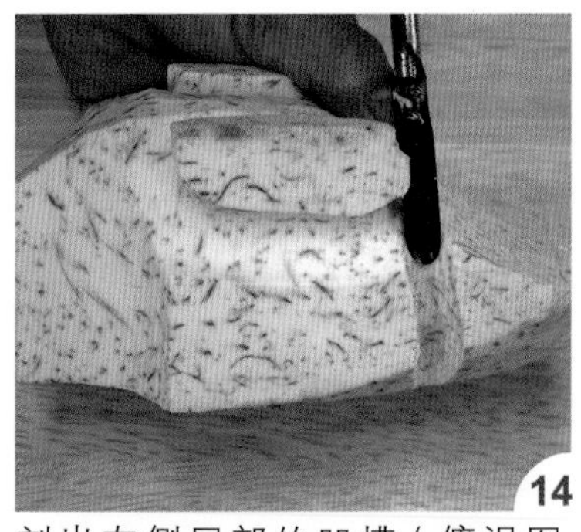

刻出左侧尾部的凹槽（俯视图B6）。

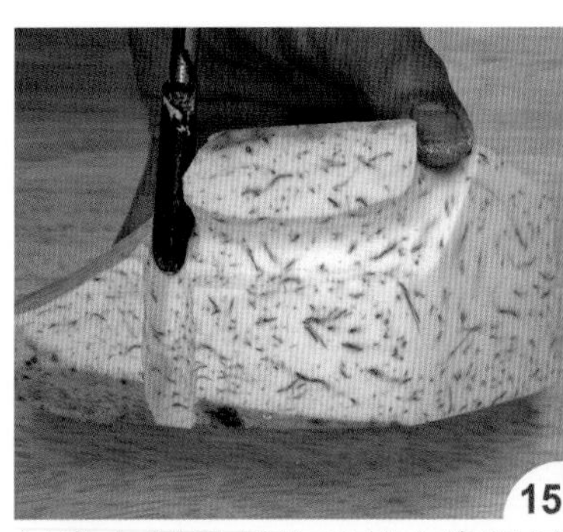

刻出右侧尾部的凹槽（俯视图B7）。

刻出尾部下面的圆。

把侧视图 A8 切除。

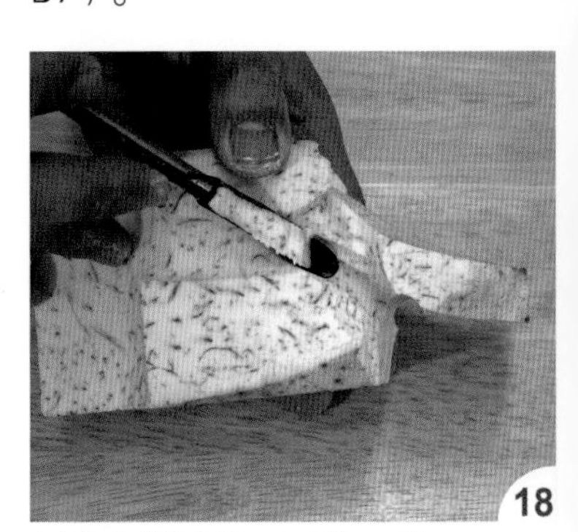

刻出左侧尾部下面的凹槽。

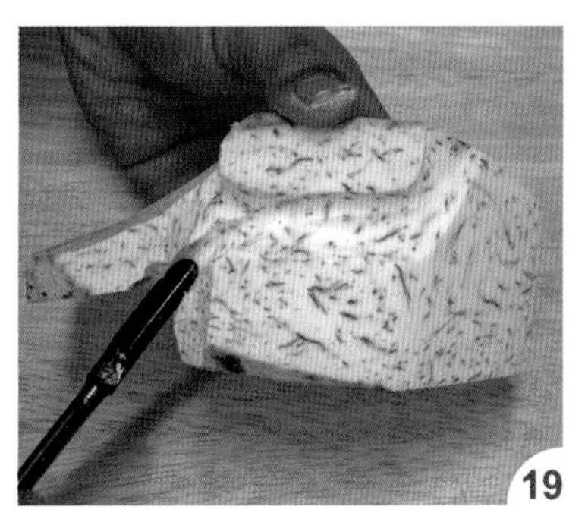

再刻右侧尾部下面的凹槽。

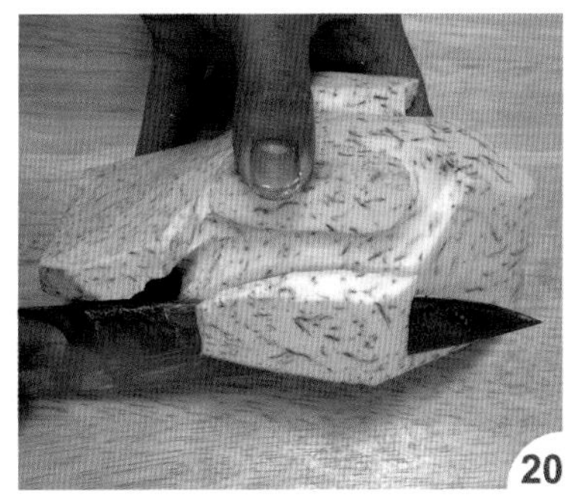

把侧边腿部切瘦一些。

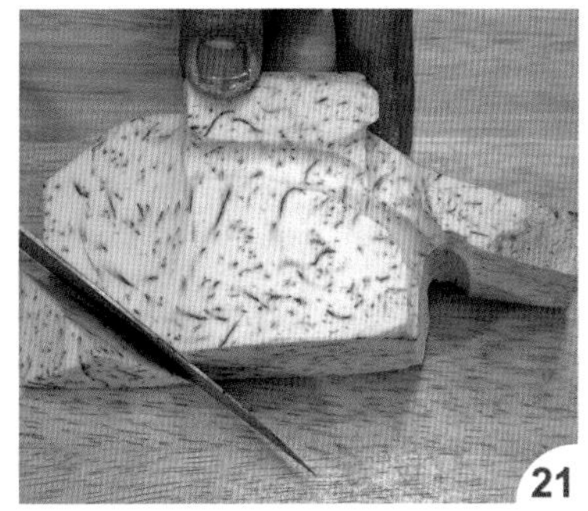

把侧视图 A9 切除。

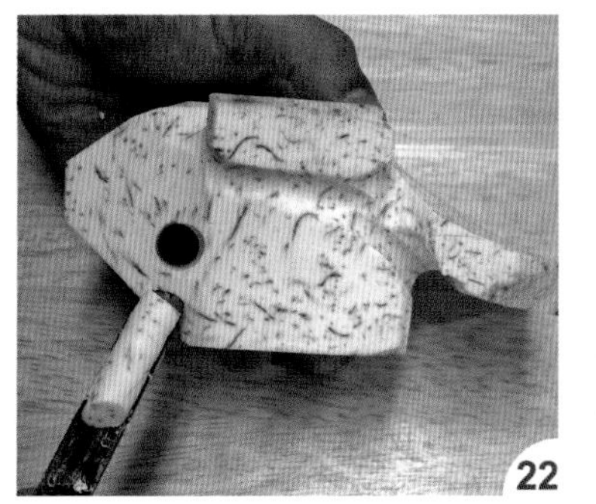

刻出胸前的圆孔。

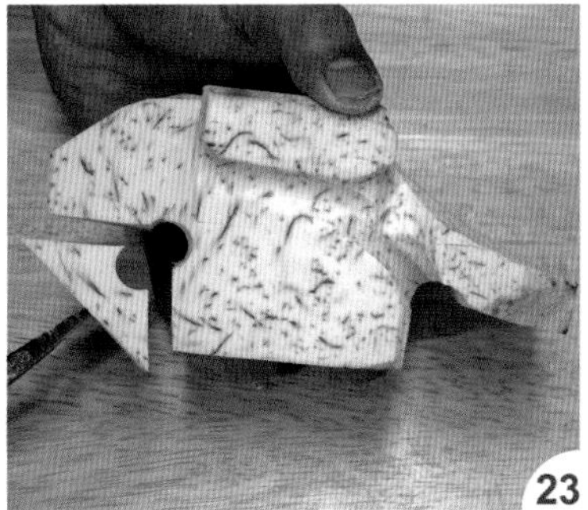

把侧视图 A10 切除。

翻至底部，分出左右脚。

切出右侧翅膀衔接处的斜面。

再切左侧。

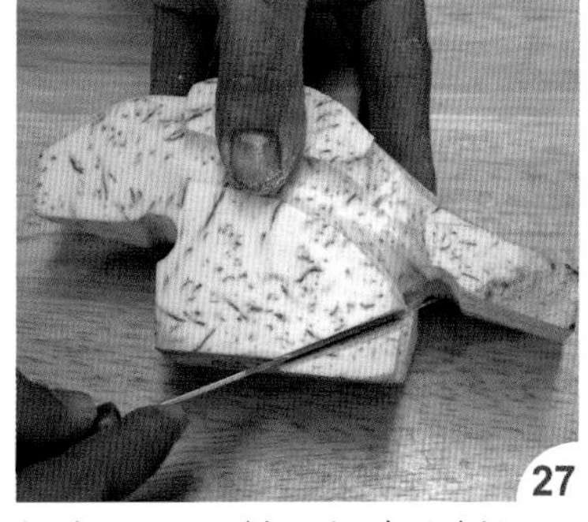

把左脚的后斜面切出（侧视图 A11）。

再刻出脚部的圆孔。

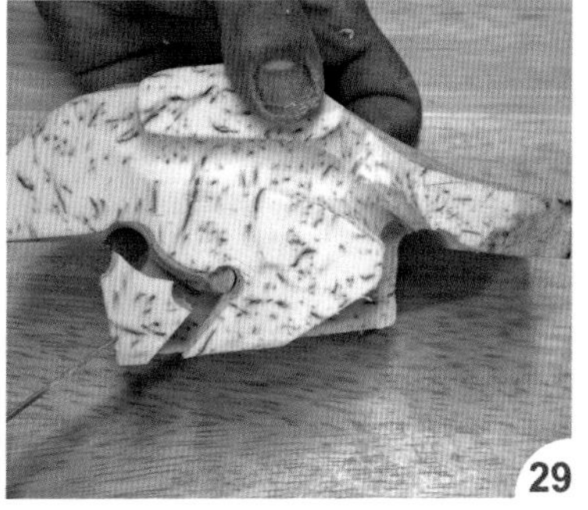

并依脚部线条刻除废料。

刻出右脚后斜面（侧视图 A12）。

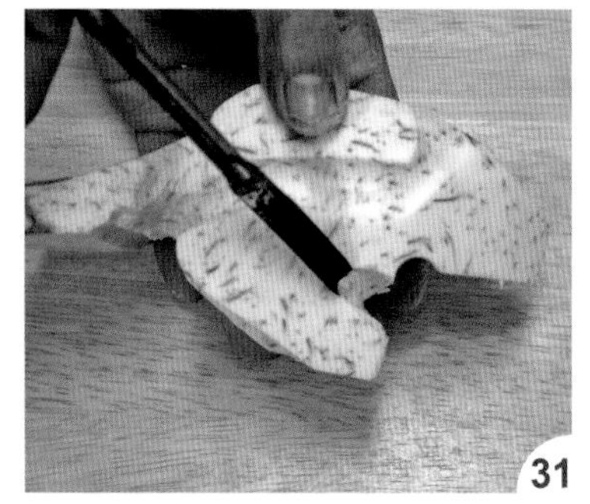

刻出脚肘凹处。

将大腿下面的弧度刻出。

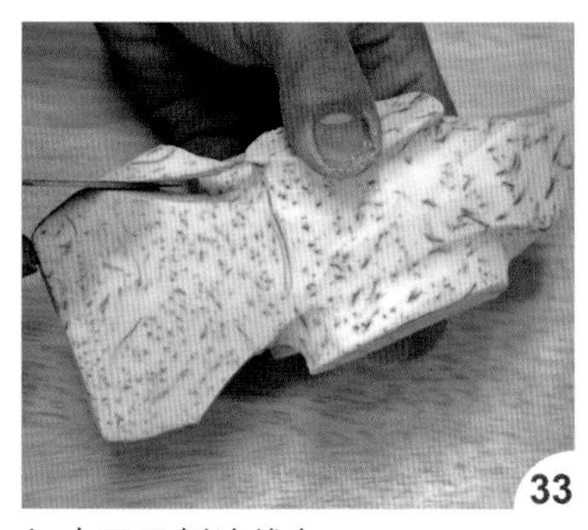

切出尾巴侧边线条。

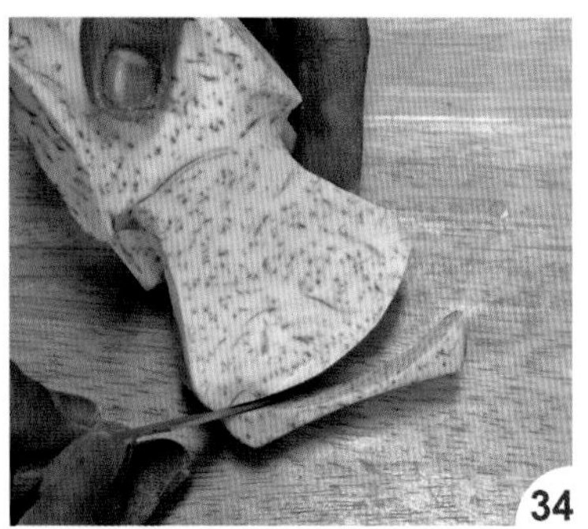

再修出下缘弧度。

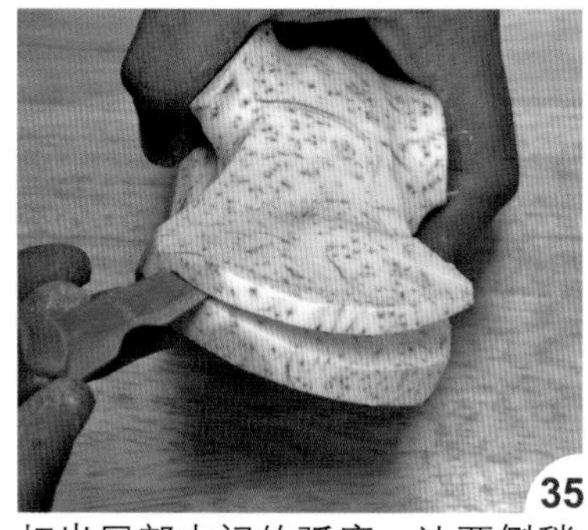

切出尾部中间的弧度，让两侧稍往上翘。

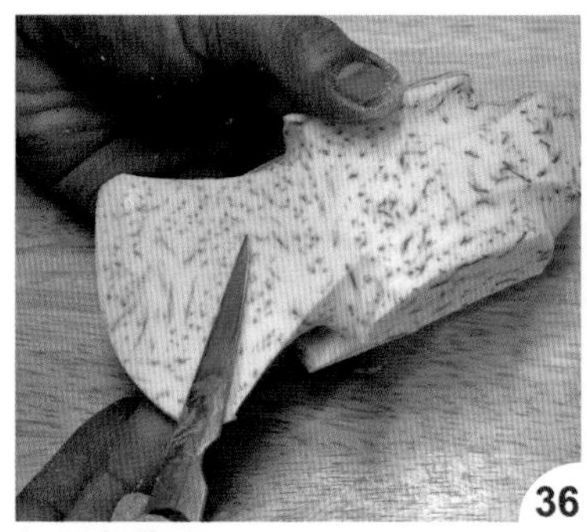

把尾部修顺。

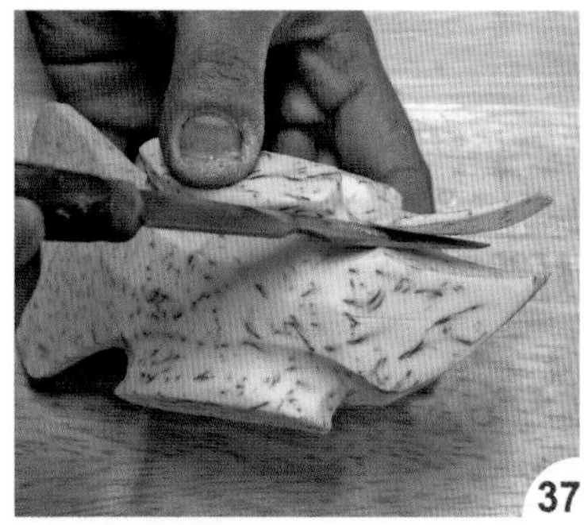

修出左侧脸颊。

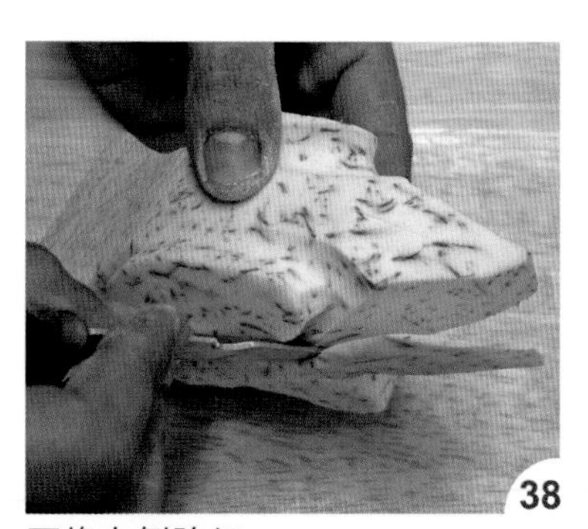

再修右侧脸颊。

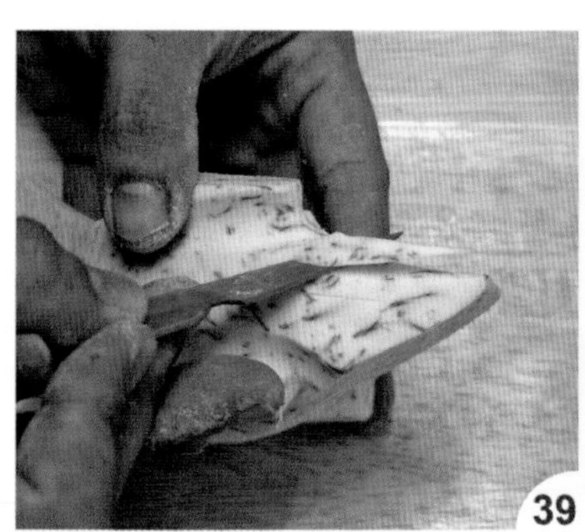

切除左侧边角。

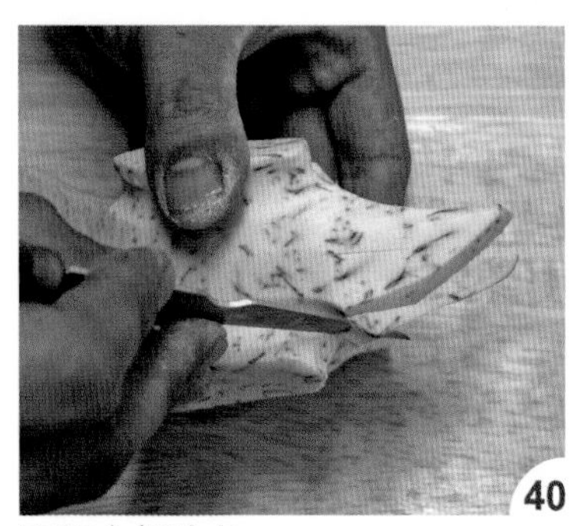

再切右侧边角。

刻出嘴巴的弧度。

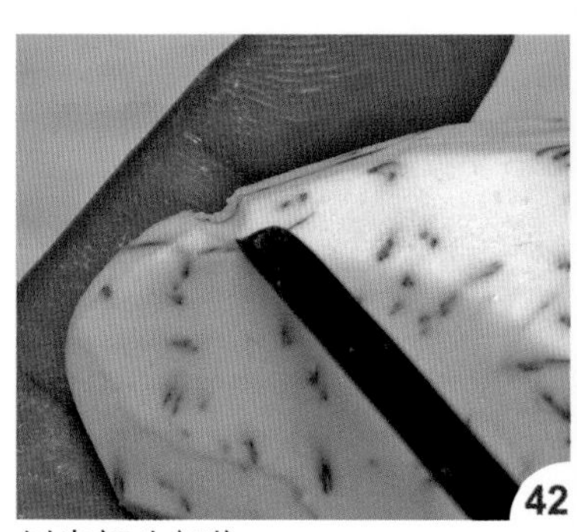

刻出额头部位。

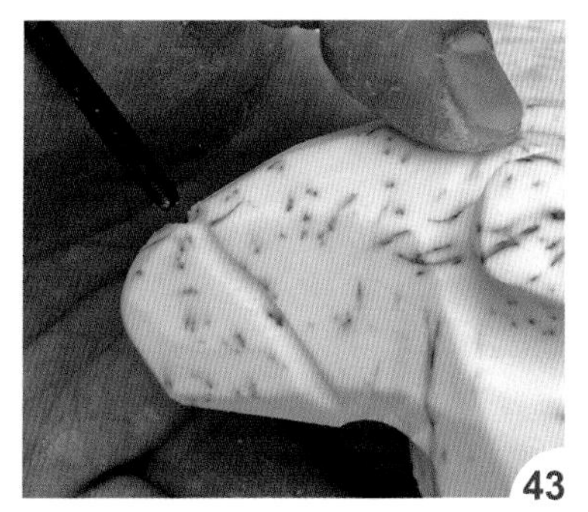
刻出嘴部的范围。

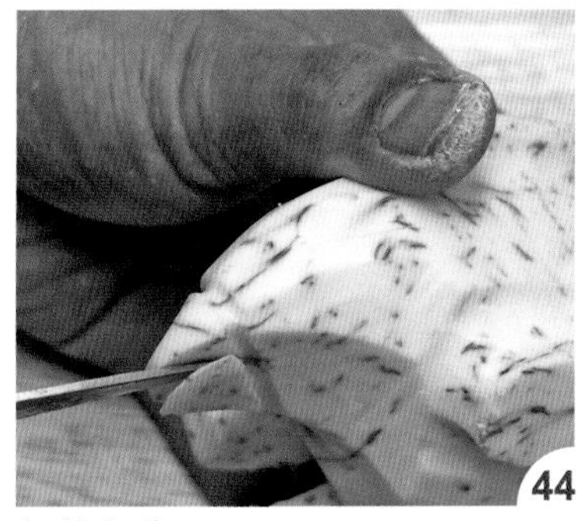
切薄左嘴。

再切薄右嘴，定出嘴部的 V 形。

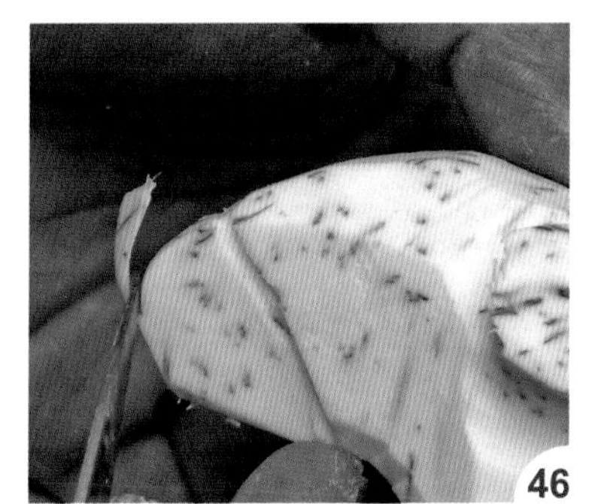
刻出倒勾嘴的弧度。

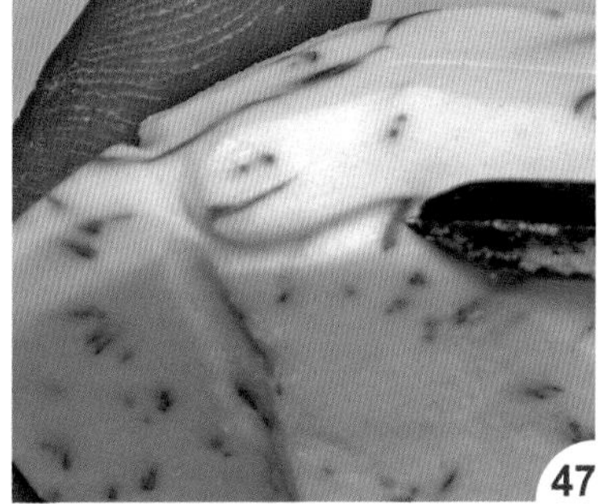
刻出左眼上线条。

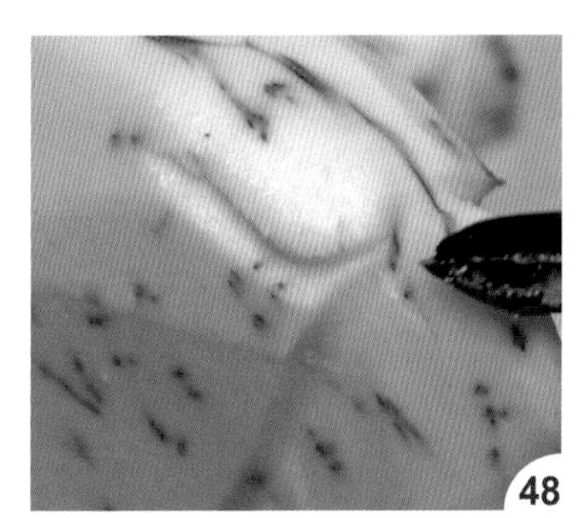
刻出右眼上线条。

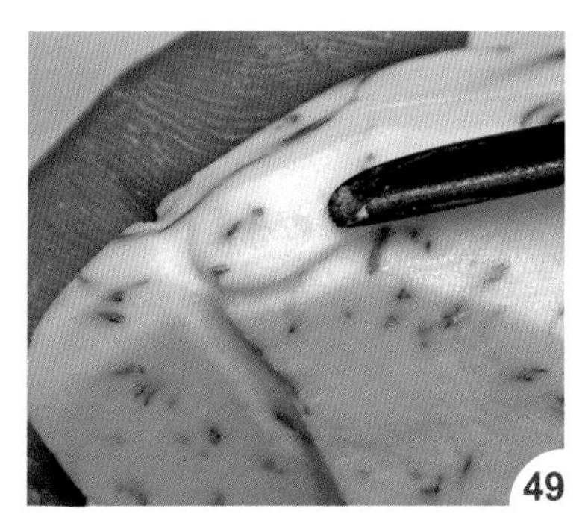
刻出凹痕。

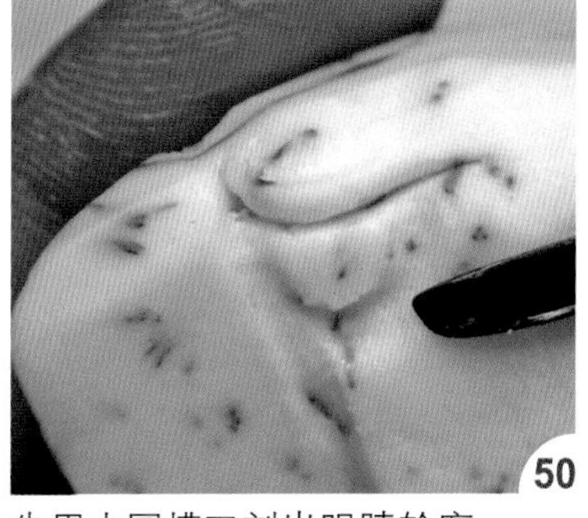
先用小圆槽刀刻出眼睛轮廓。

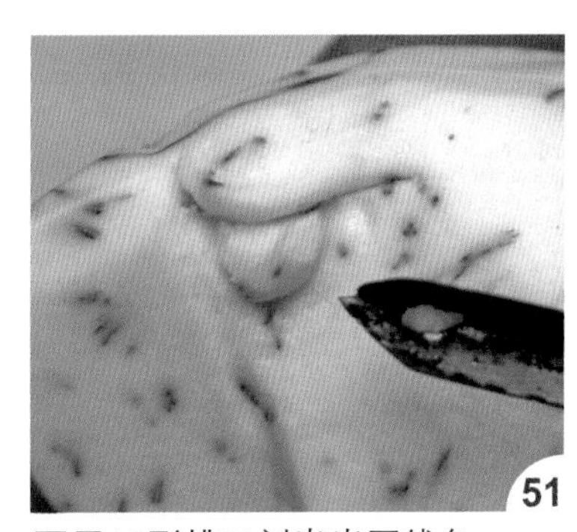
再用 V 形槽刀刻出半圆线条。

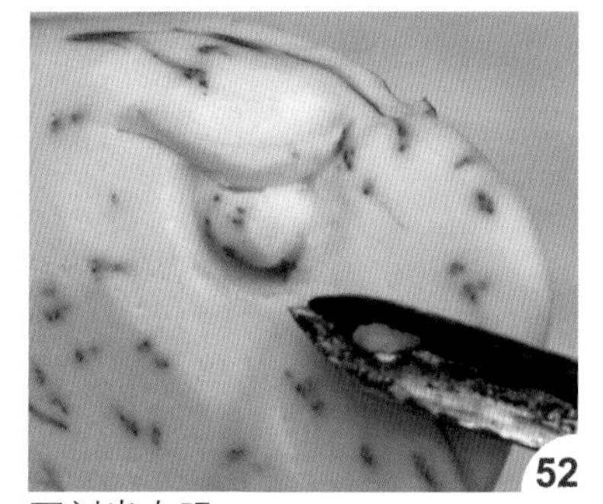
再刻出右眼。

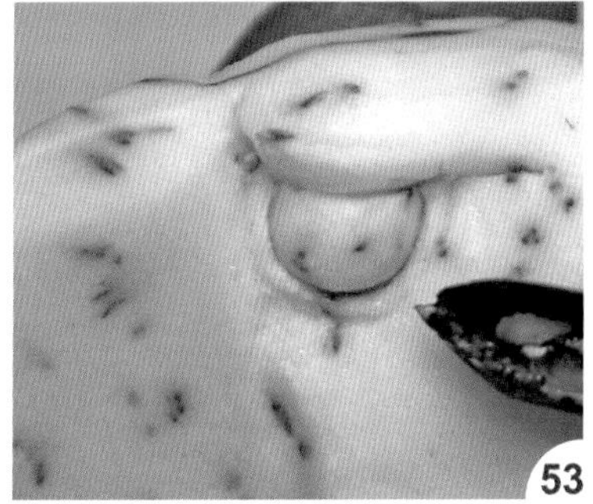
接着刻出下眼线。

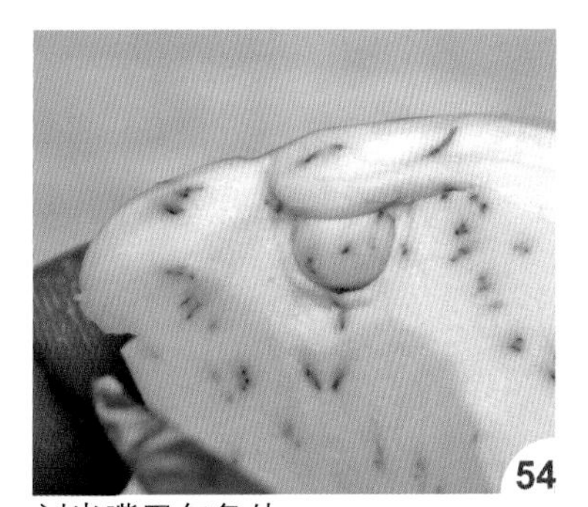
刻出嘴巴勾角处。

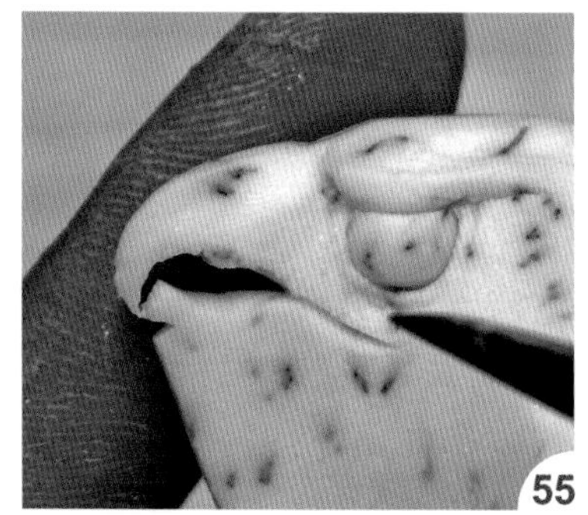

再刻出上嘴下线条。

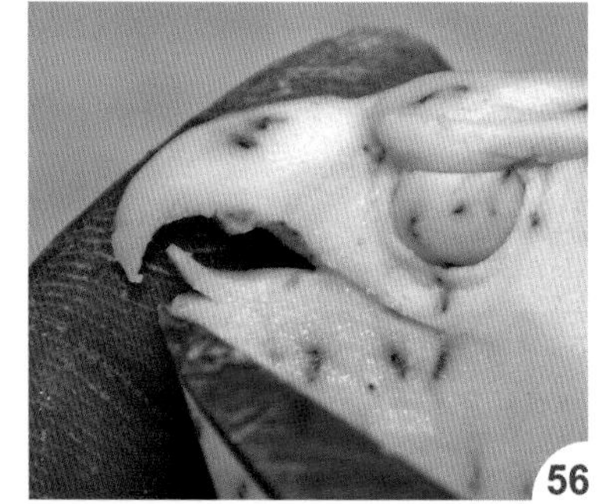

刻出舌尖。

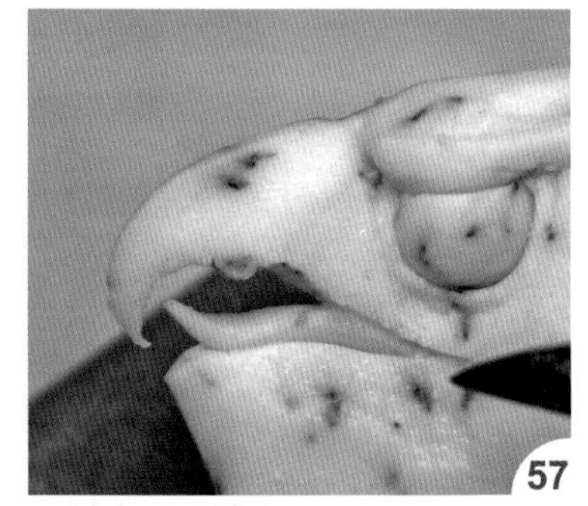

再刻出舌头线条。

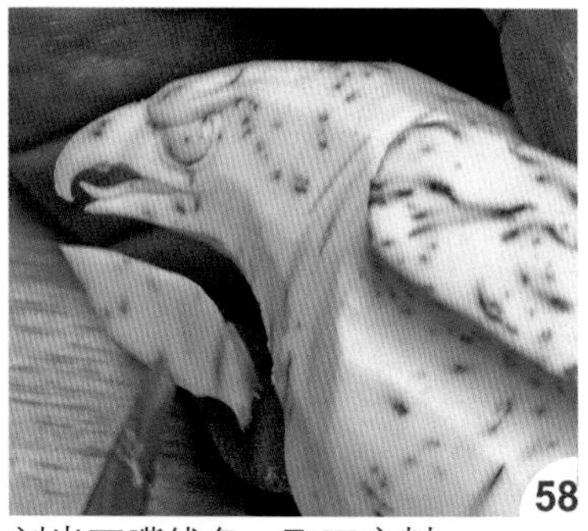

刻出下嘴线条，取下废料。

把右颈部切瘦。

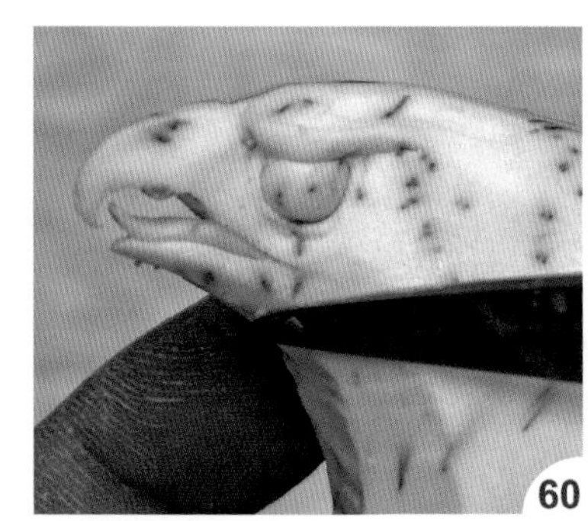

再修左颈部。

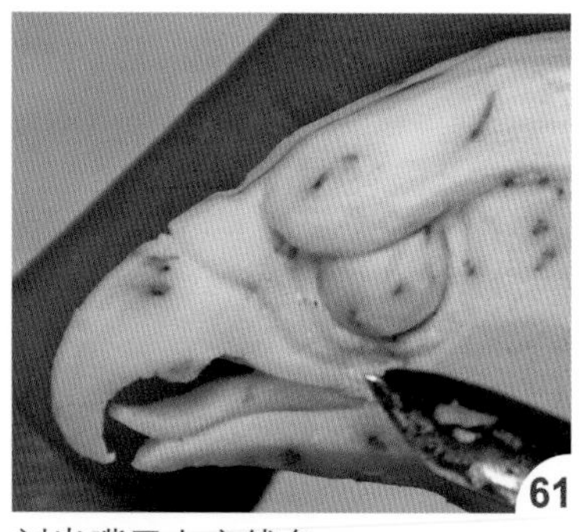

刻出嘴巴上方线条。

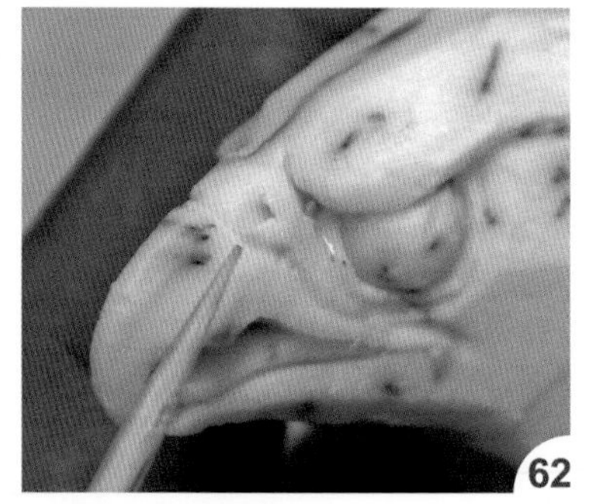

用牙签挖出鼻孔。

把下腹部修顺。

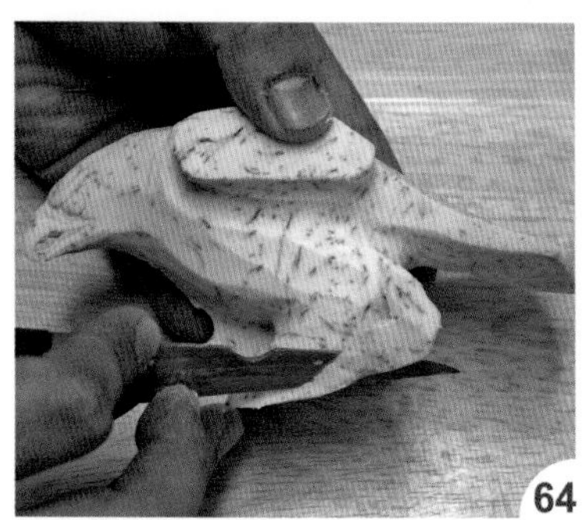

修出脚部的弧度。

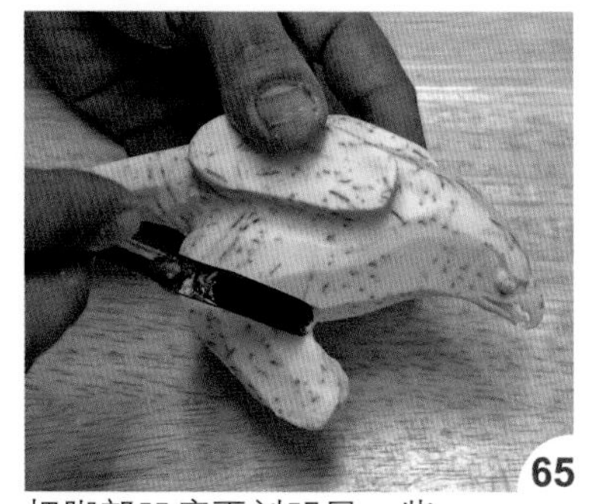

把脚部凹痕再刻明显一些。

两脚中间再刻深一点。

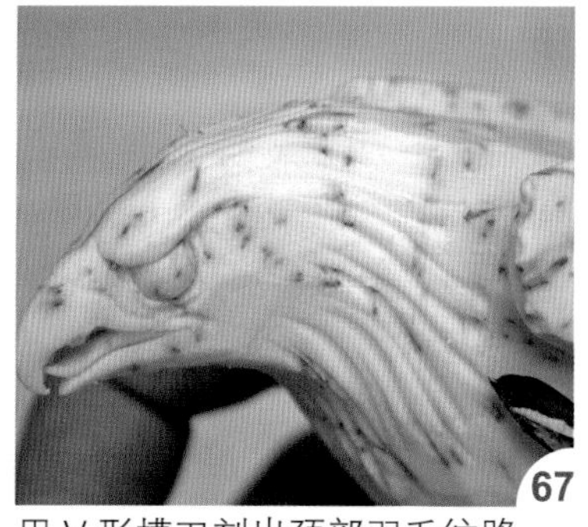

用 V 形槽刀刻出颈部羽毛纹路。

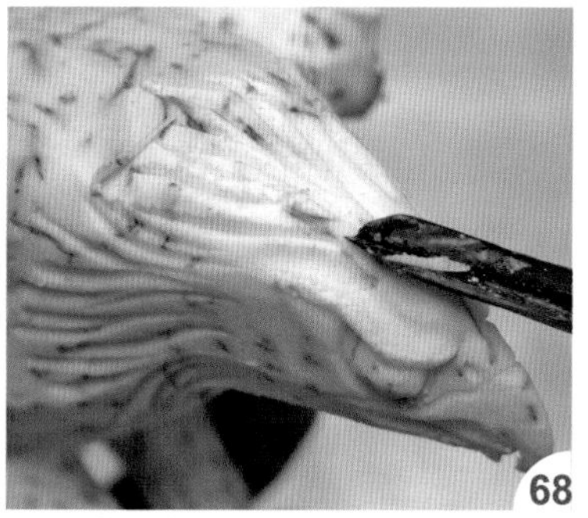

再刻出头部纹路。

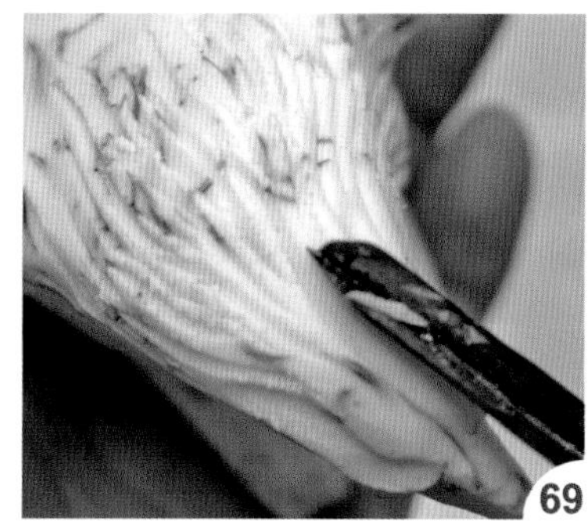

纹路间距要紧密一点。

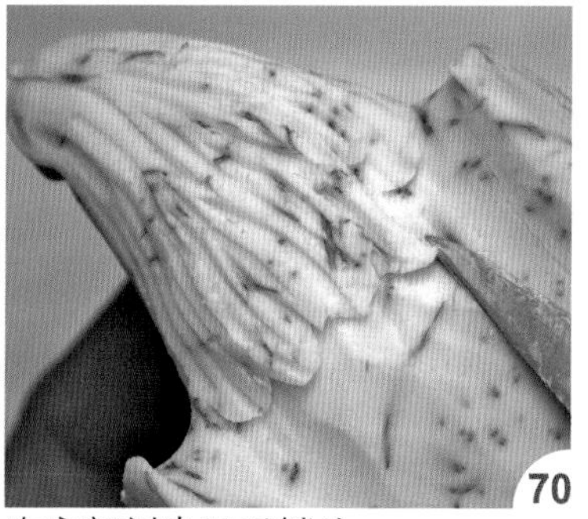

在肩部刻出羽毛鳞片。

将背部整个刻出羽毛鳞片。

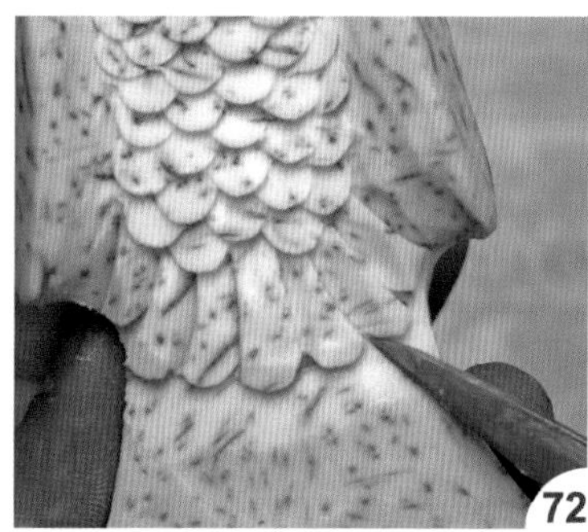

再刻出尾部副羽。

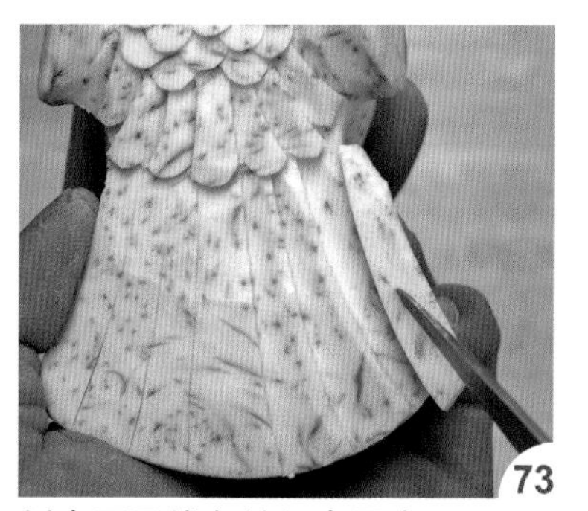

刻出尾巴线条并切出层次。

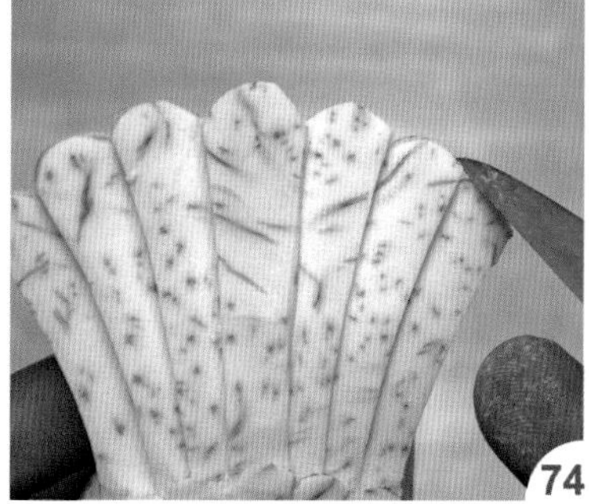

将羽毛尾端弧度刻出。

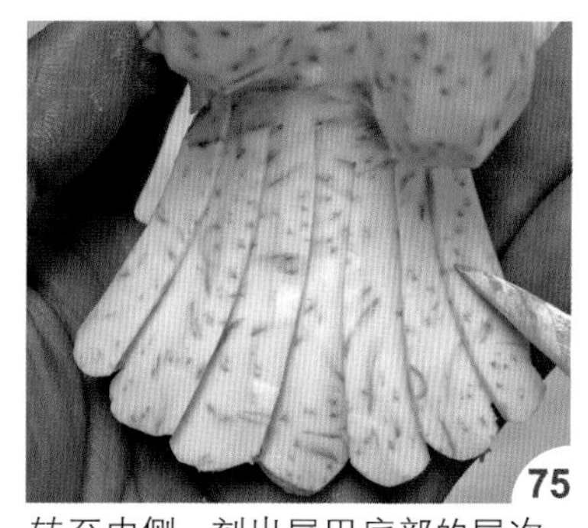

转至内侧，刻出尾巴底部的层次。

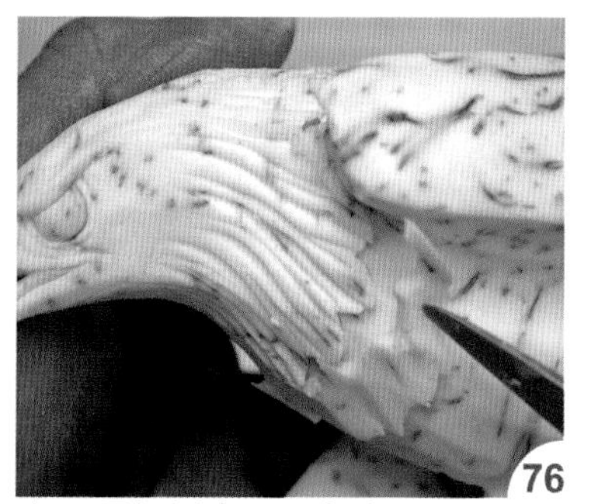

在下颈部刻出羽毛起点。

羽毛纹路再刻细密一些。

慢慢刻出羽毛鳞片层次。

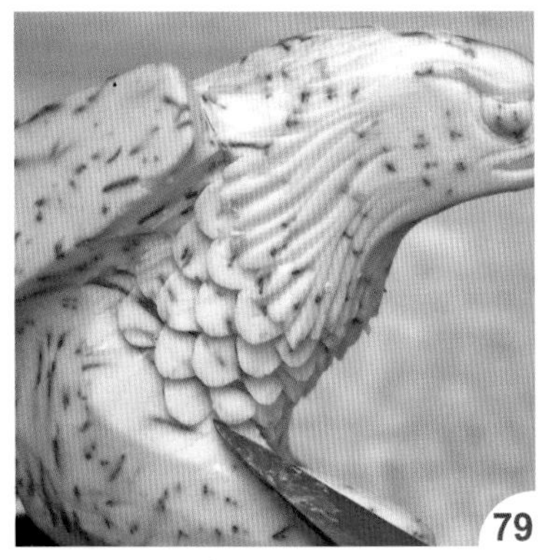

一圈一圈刻出羽毛鳞片。

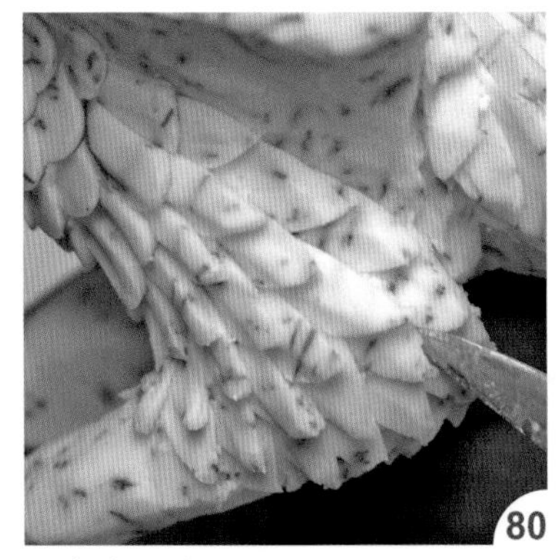

刻出大腿处的羽毛。

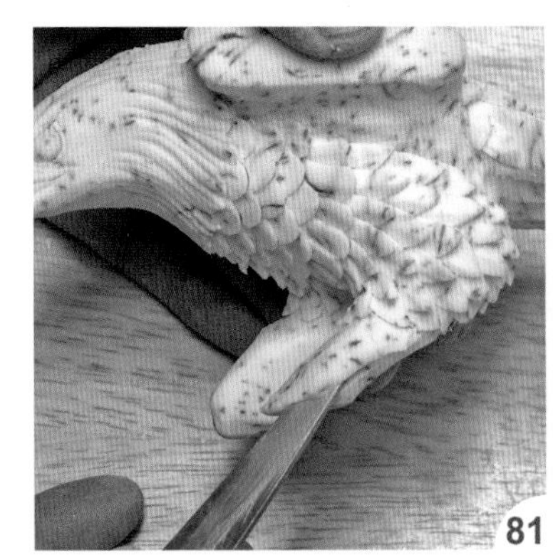

再切薄小腿处。

羽毛须顺着方向转弯并刻出层次。

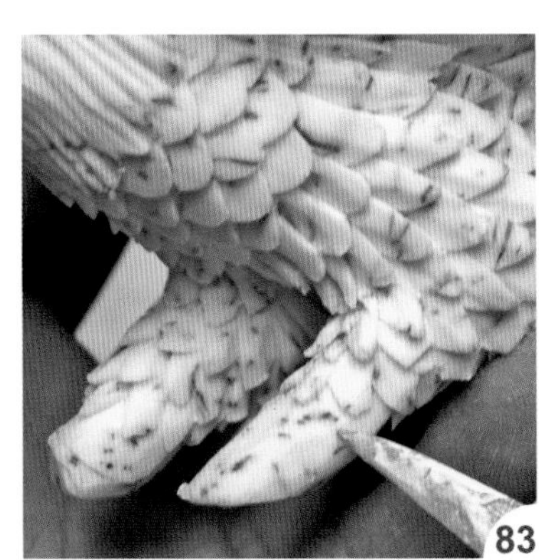

刻至脚部上方。

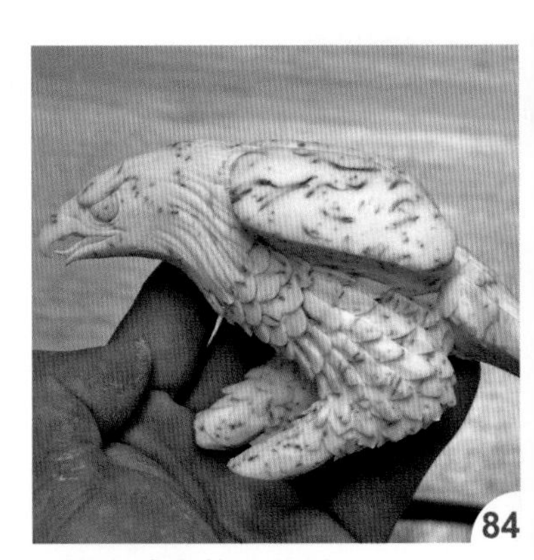

如图完成身体的雕刻。

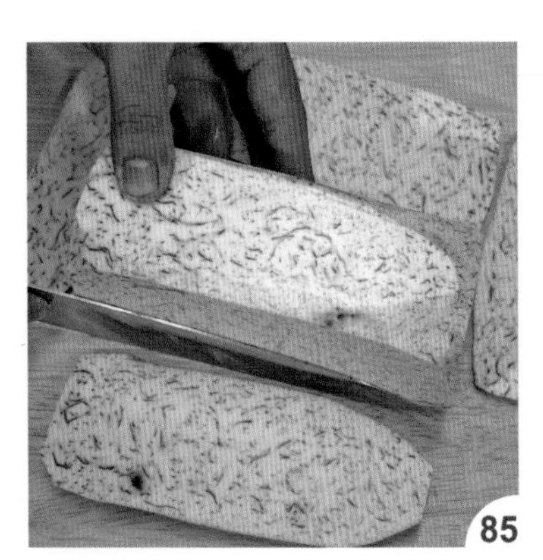

依翅膀比例切取适当芋头。

对半切开。

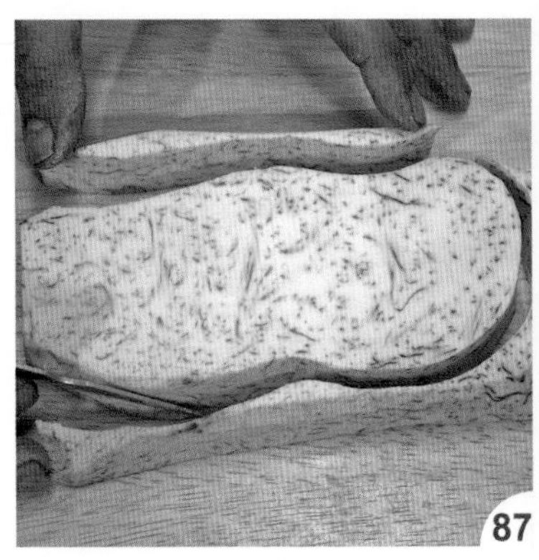

依俯视图线条刻出外轮廓。

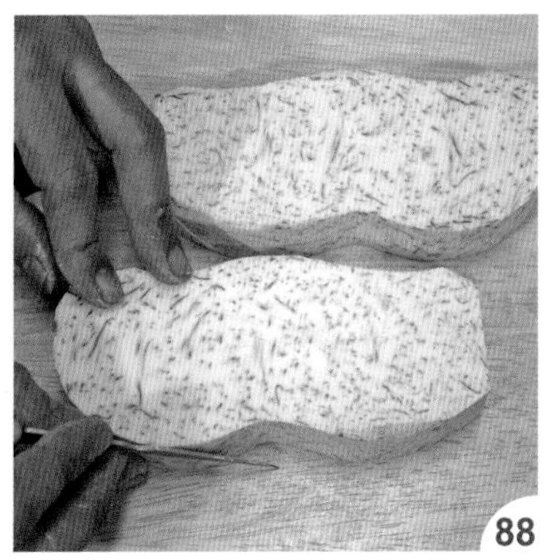

将两片芋头都刻出。

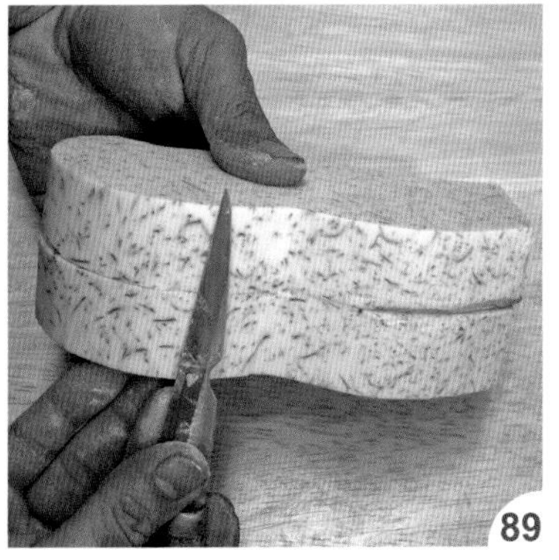

可叠在一起修饰边缘。

依翅膀正视图的线条刻出起伏形状。

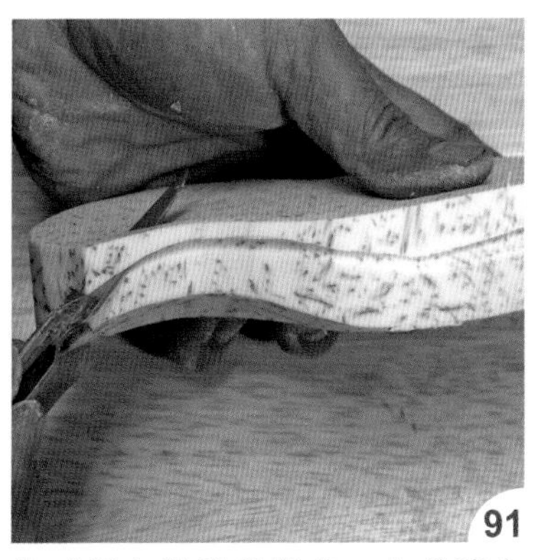

先对照左翅膀的线条，在前端先刻出起伏弧度。

再修出中间的凹面。

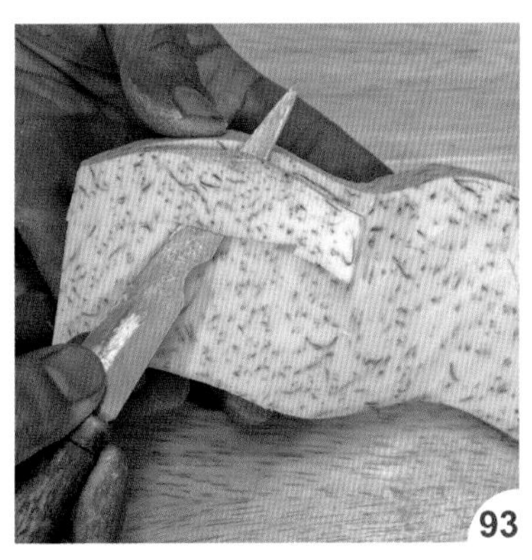

再刻出后端的弧度。

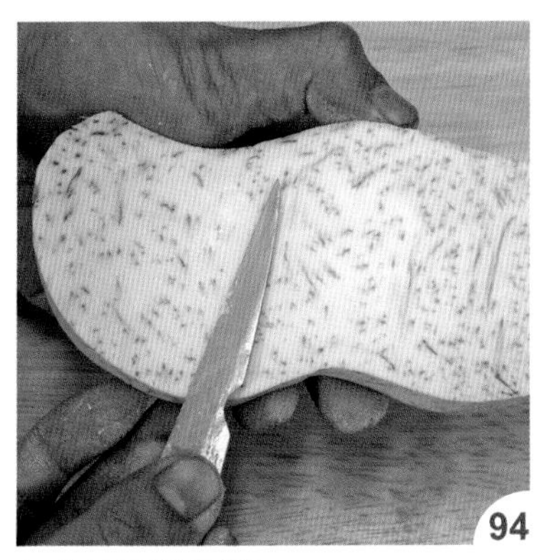

把上面再修平顺。

把上面再修平顺。

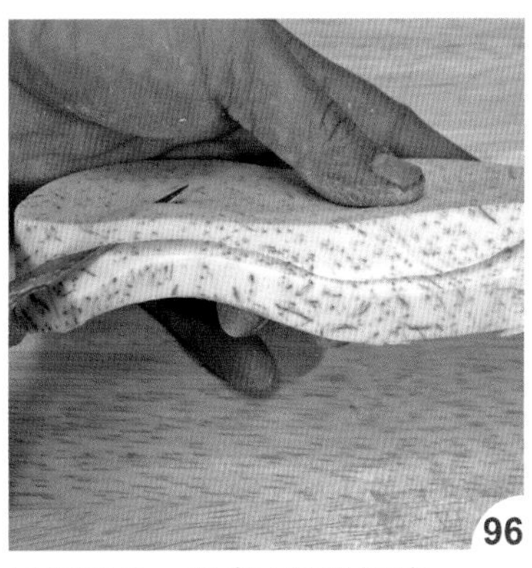

反转芋头，刻出下面的弧度。

切薄厚度。

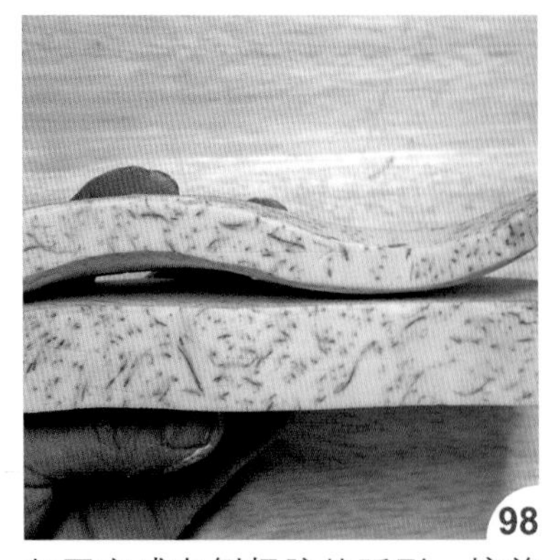

如图完成左侧翅膀的弧形，接着再刻出右翅膀弧形。

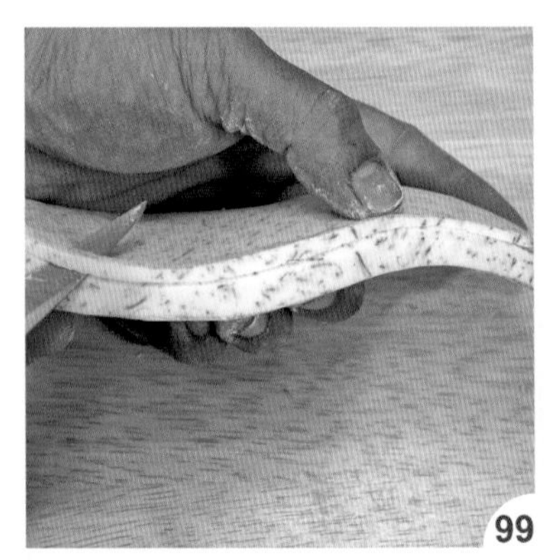

先刻右翅膀的边角。

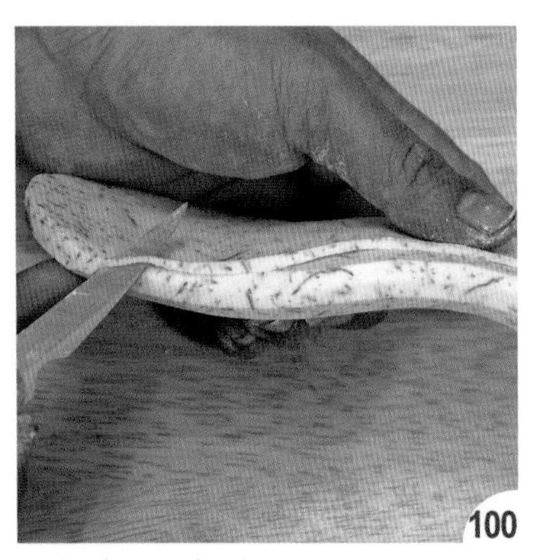

再刻除另一侧边角。

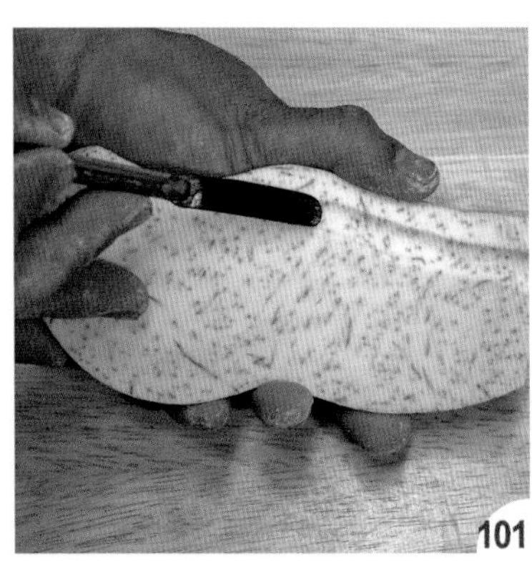

在右翅膀的下面刻出凹槽。

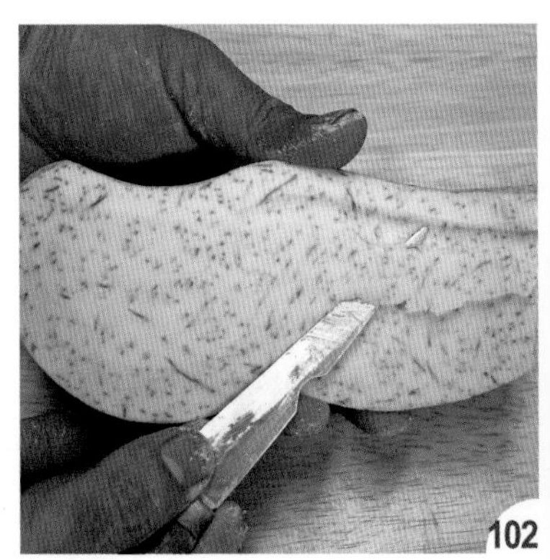

并把旁边修平打薄。

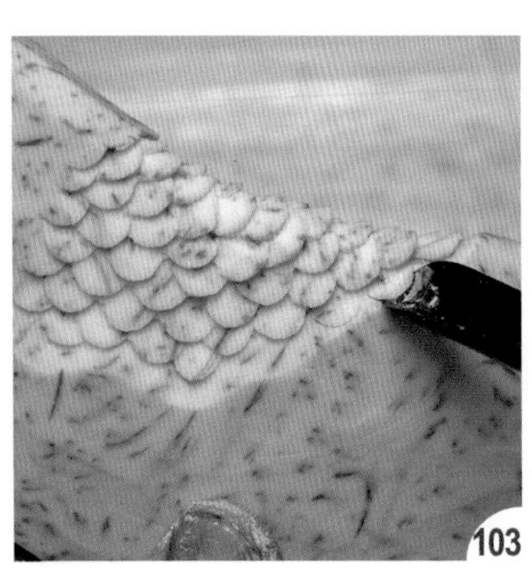

由上面开始刻出羽毛鳞片，先用中圆槽刀刻出半圆形。

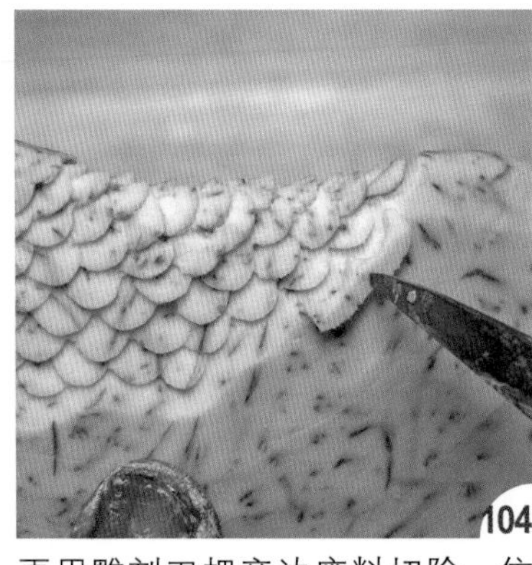

再用雕刻刀把旁边废料切除，依此类推。

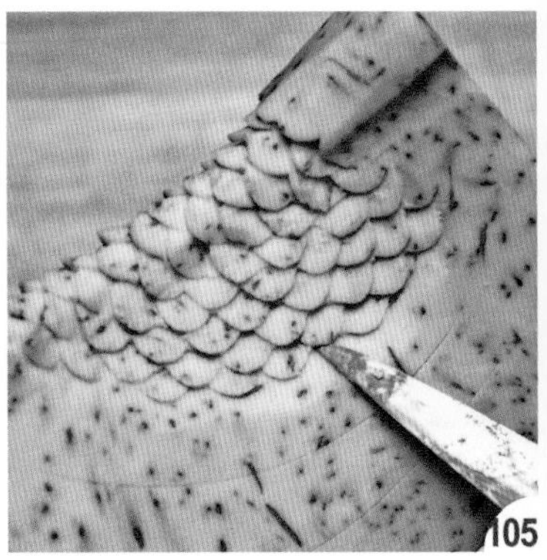

翅膀内侧也要刻出羽毛鳞片。

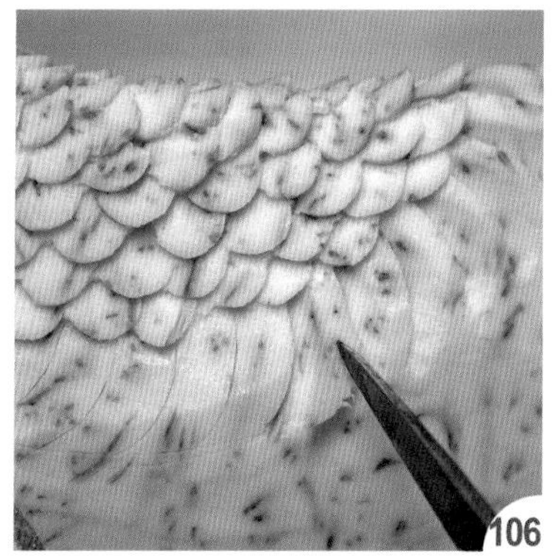

在上面刻出第一层副羽。

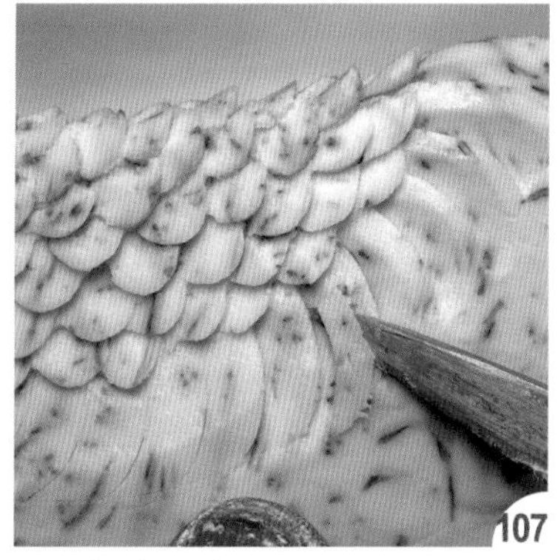

羽毛切出层次。

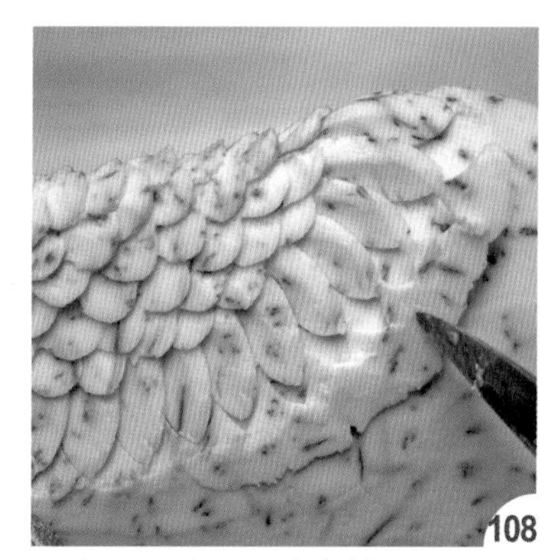

刻出羽尾端并切除废料。

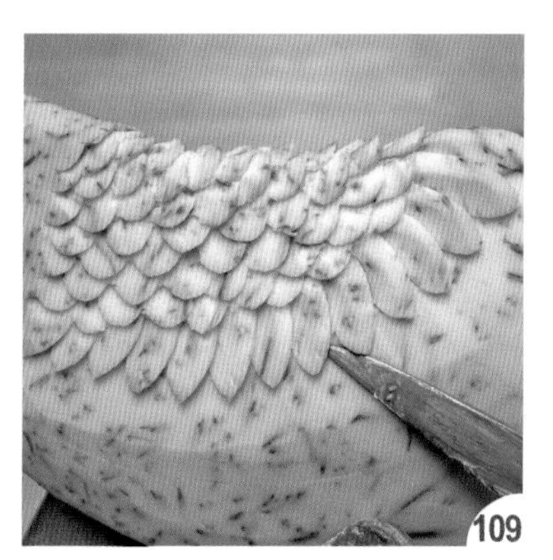

并把羽毛下方修平顺。

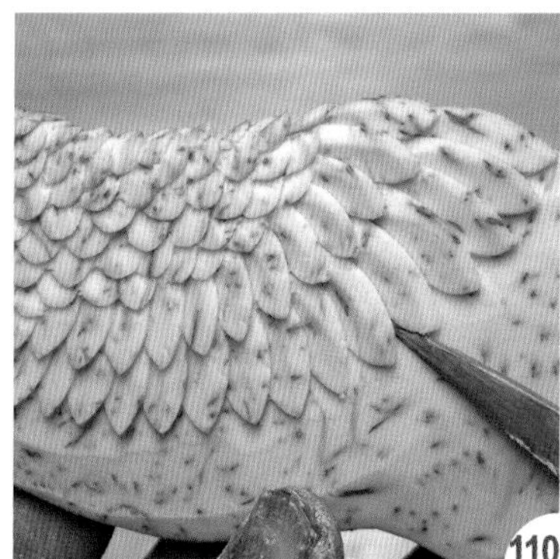

再刻出第二层副羽。

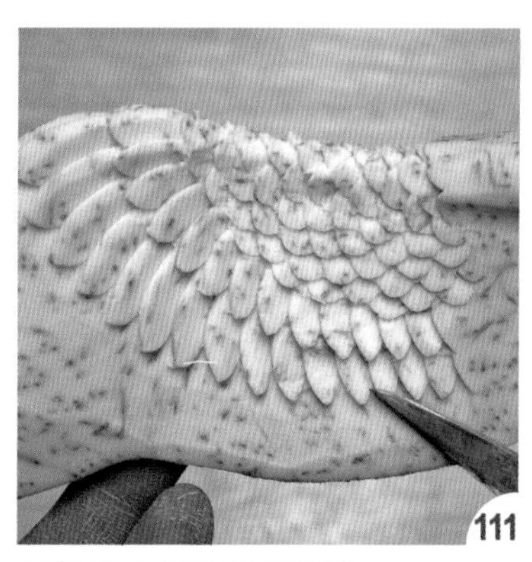

把翅膀内侧的副羽刻出。

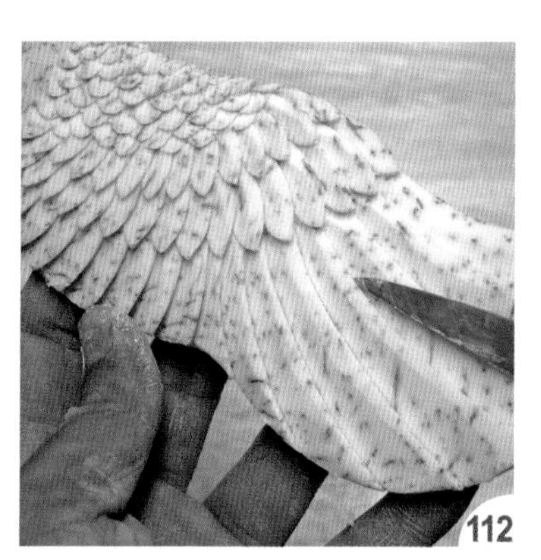

刻出第三层主羽线条。

把羽尾端弧度刻出。

切出羽尾端下面的层次。

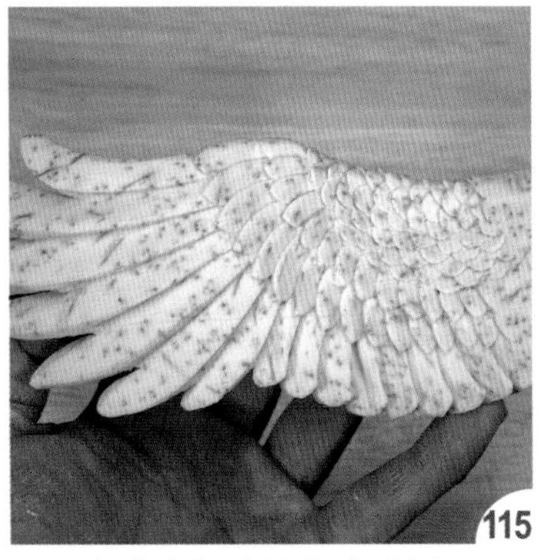
115
如图完成右翅膀的纹路雕刻。

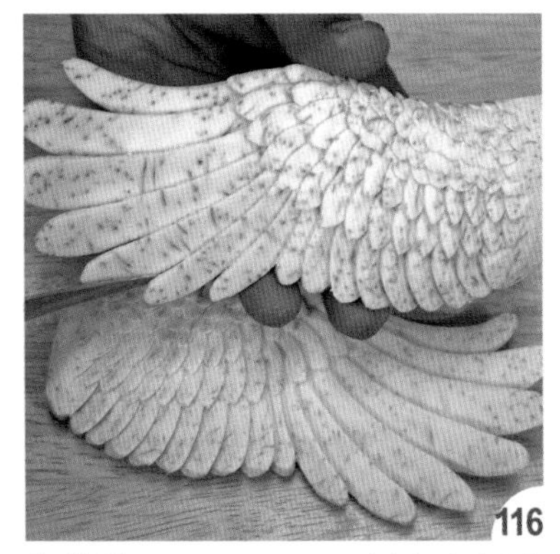
116
依作法 101 ～ 115，刻出左翅膀纹路。

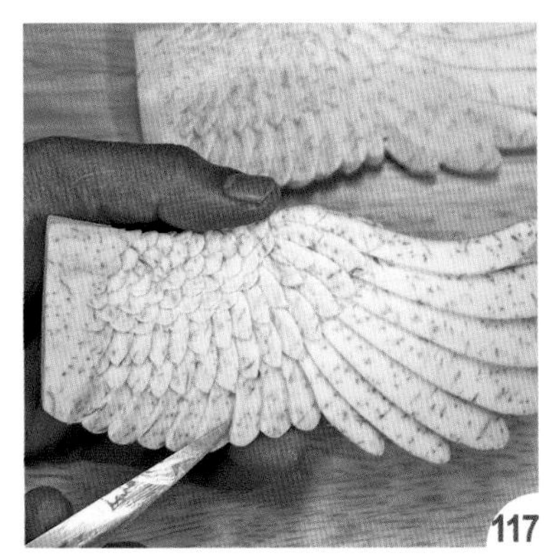
117
再将右翅膀内侧的羽毛线条修顺。

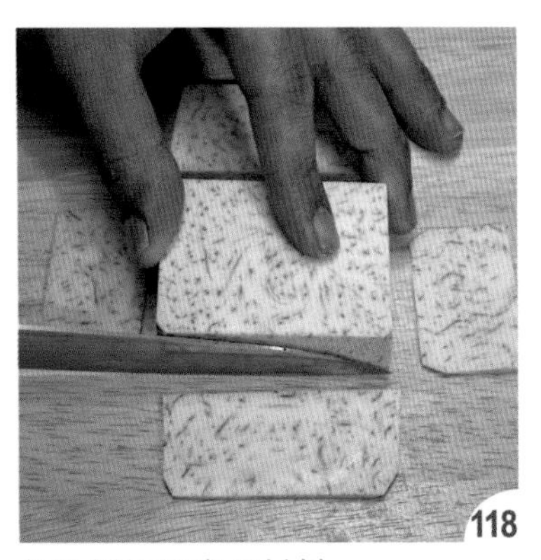
118
依比例切取鹰爪材料。

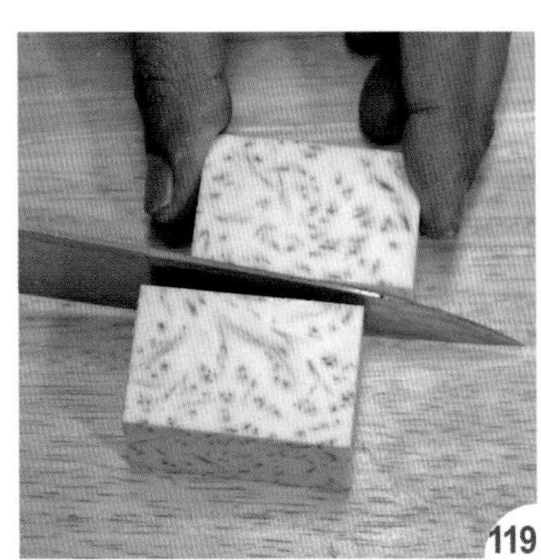
119
将芋头对半切开。

120
切出爪部外形。

121
切除侧视图前后下方的小角。

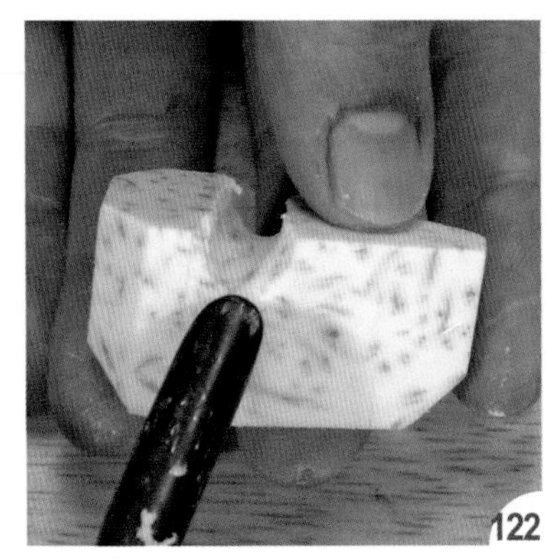
122
刻出前爪端的凹槽。

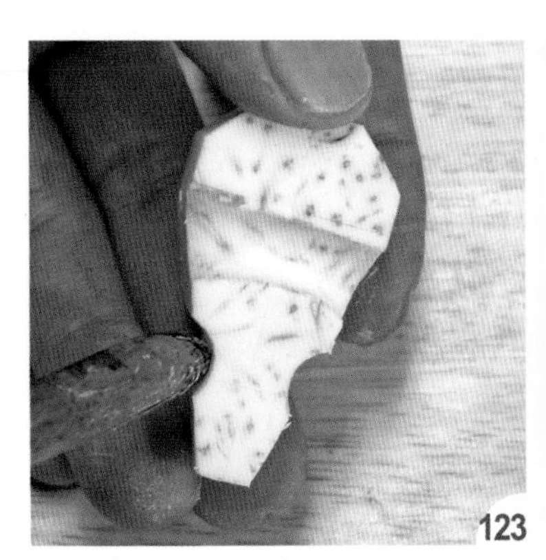
123
再刻出后爪的宽度。

将爪部侧边的弧度刻出。

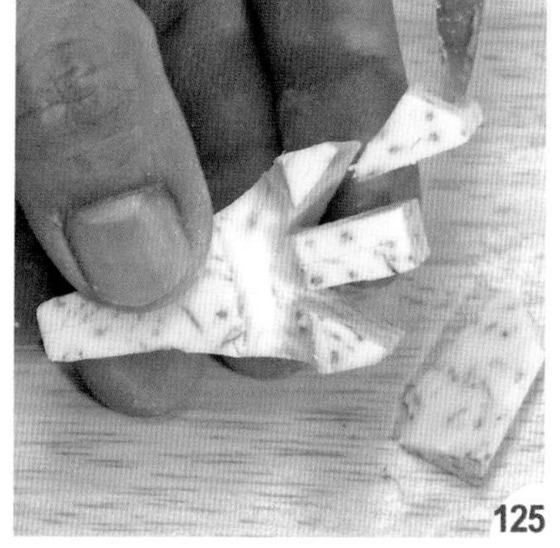

切V形，分出前面三爪。

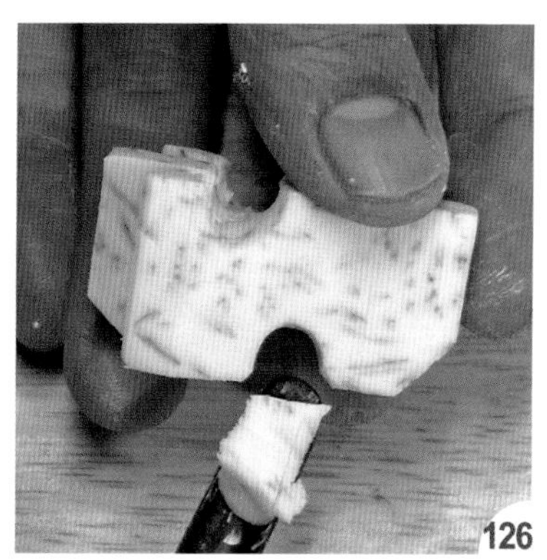

在下面刻一凹槽，定出爪的厚度。

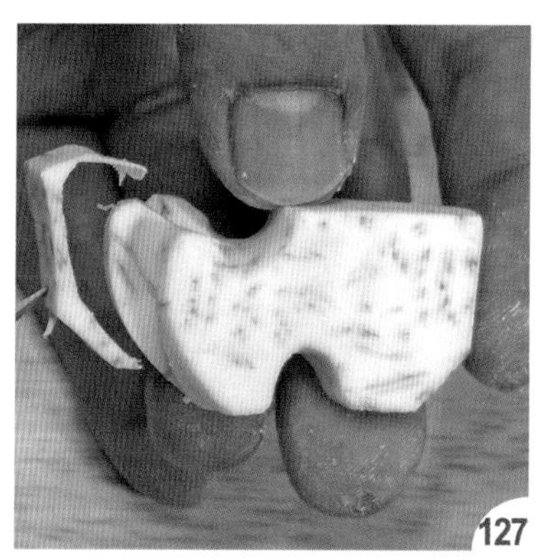

刻出前爪弧度。

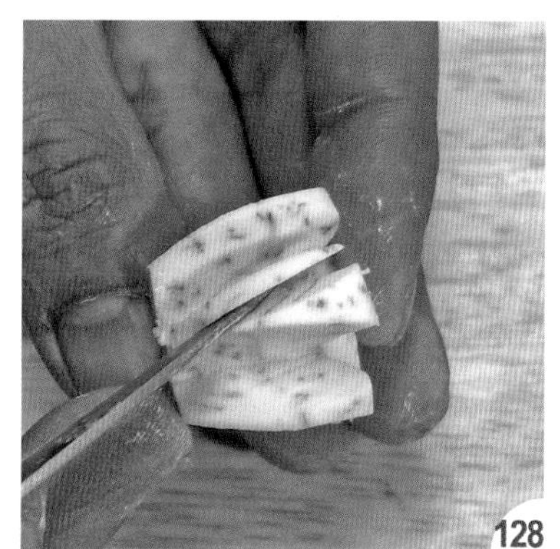

再把爪子修尖，如V形。

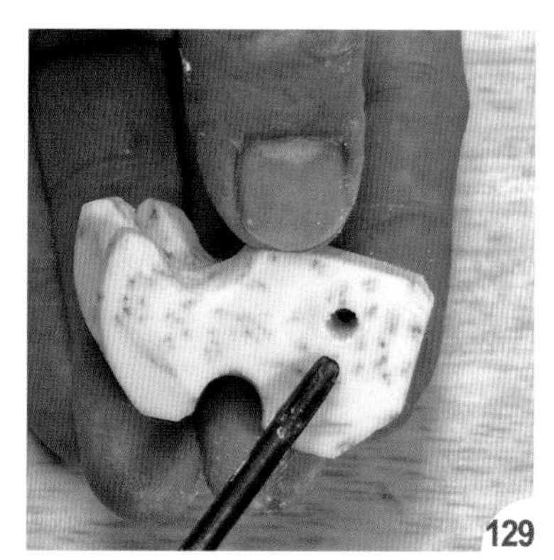

刻出后爪的圆孔。

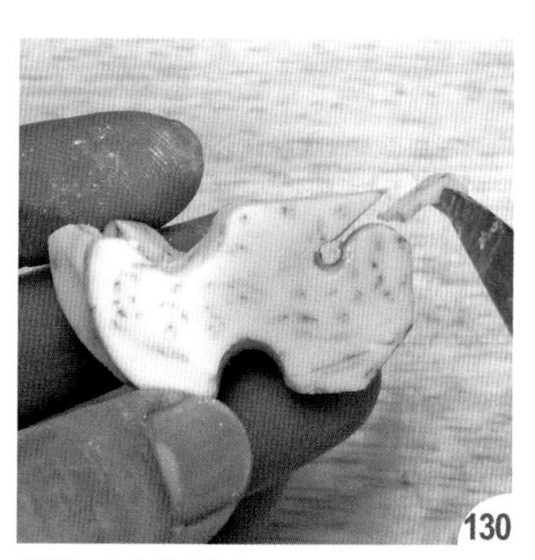

修饰爪尖的弧度。

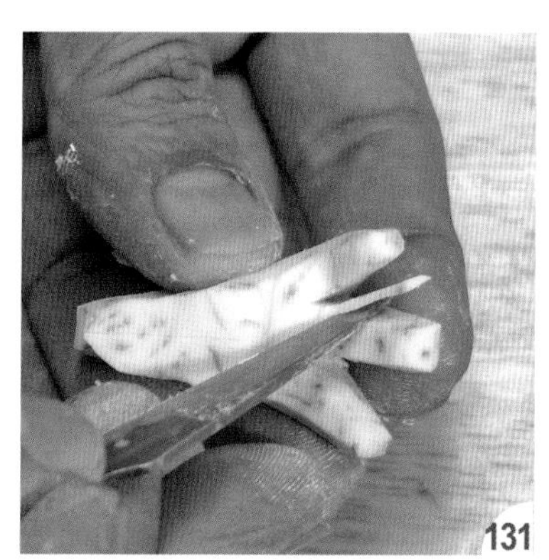

修除爪的小边角。

刻出爪底的弧度。

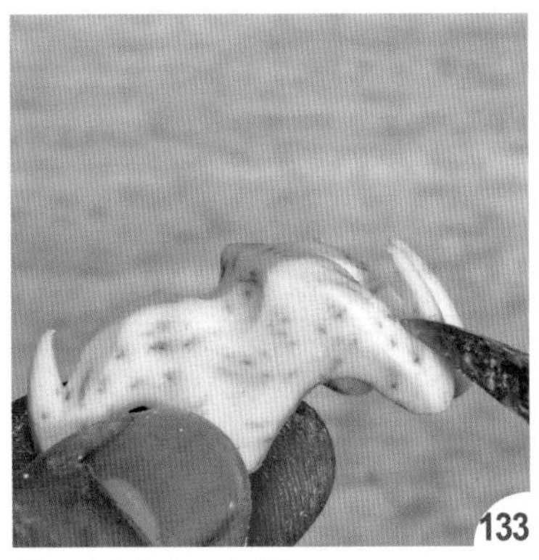

前爪侧边也要切除。

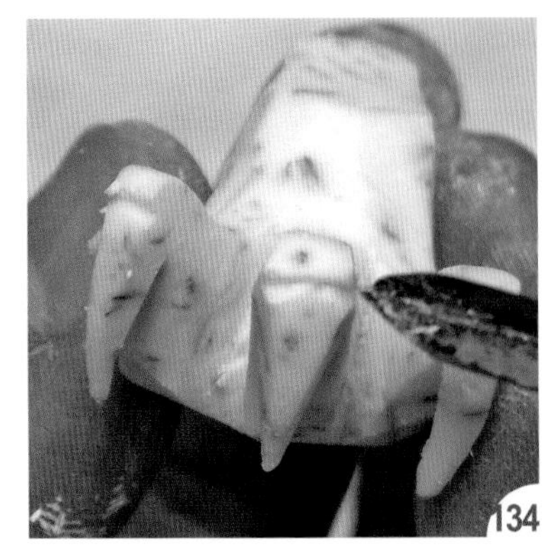

再刻出爪子上方的弧线。

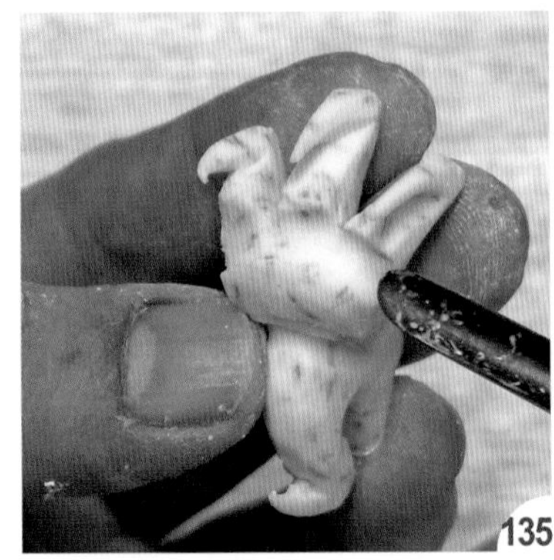

用中圆槽刀把爪底的弧度刻出。

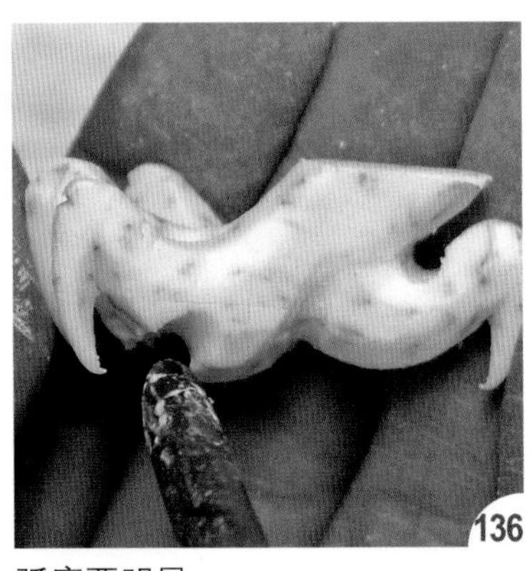

弧度要明显。

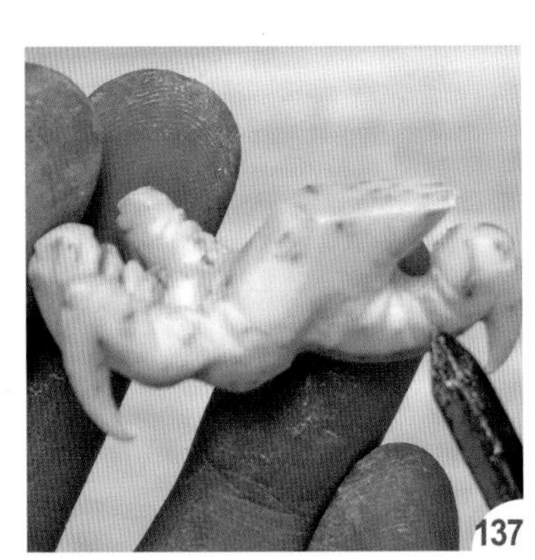

再刻出爪子上面的爪纹。

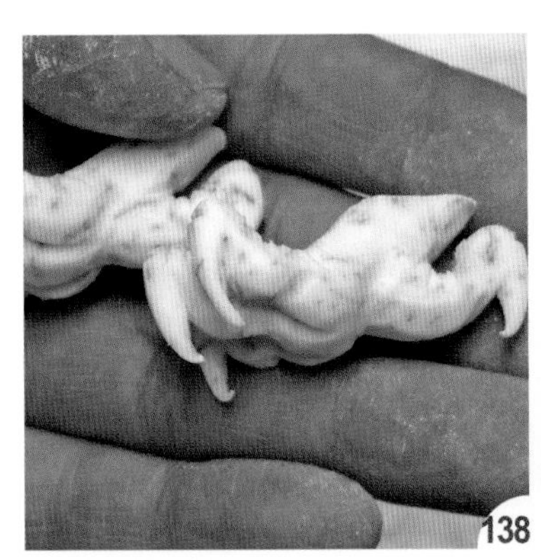

如图完成鹰爪。

将衔接面切平整，沾三秒胶后接上右翅膀。

将表面修平顺。

内侧再用槽刀将接缝处刻除。

再刻出羽毛补满即可。

同作法 139 ~ 142，接上左翅膀。

粘接爪子。

修平顺后再刻出爪纹。

如图完成鹰爪衔接。

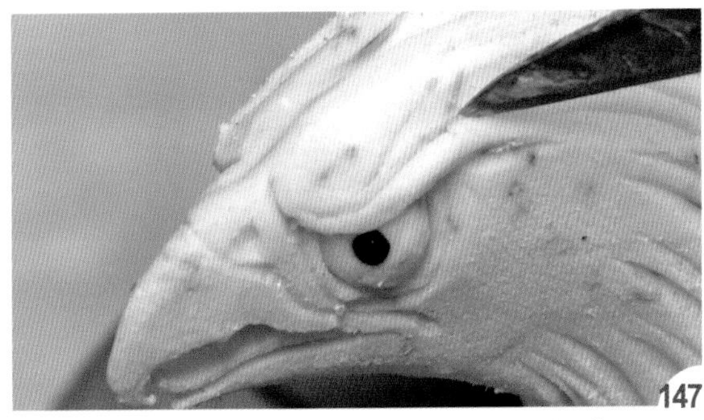

刻取南瓜深绿表皮当眼睛（参照 p.92 作法 70 ~ 72），再刻出上眼皮线条。

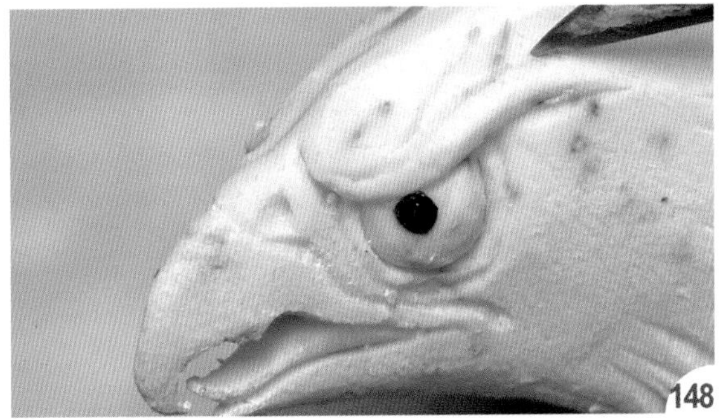

如图完成老鹰。

可再刻制底座衔接，让整体更有气势。

附录

作品欣赏

关公

西瓜头像雕刻

达摩

西瓜头像雕刻

苦瓜

香皂雕刻

鲤鱼

香皂雕刻

海绵宝宝

南瓜雕刻

魁星踢斗

芋头雕刻

龙

地瓜、芋头雕刻

骏马

芋头雕刻

周处除三害

芋头雕刻

花和尚鲁智深

地瓜、芋头雕刻

貂蝉

芋头雕刻

吉弟龙门

芋头雕刻

刘安制豆腐

芋头雕刻

老鹰·王者之风

芋头雕刻

孔子

芋头雕刻

愤怒鸟

地瓜、芋头、

红萝卜、南瓜雕刻